Les Ressources

Agricoles et Forestières

des Colonies Françaises

PAR

HENRI JUMELLE

Professeur à la Faculté des Sciences de Marseille

MARSEILLE
BARLATIER, IMPRIMEUR-ÉDITEUR
17-19, Rue Venture, 17-19

1907

LES RESSOURCES

AGRICOLES ET FORESTIÈRES

DES COLONIES FRANÇAISES

EXPOSITION COLONIALE DE MARSEILLE 1906

Commissaire général :

Jules CHARLES-ROUX,

Ancien député

Délégué des Ministres des Colonies, des Affaires étrangères et de l'Intérieur

Commissaire général adjoint :

Dr Edouard HECKEL,

Professeur à la Faculté des Sciences, Directeur-Fondateur de l'Institut colonial

Secrétaires généraux :

Paul GAFFAREL,   Albert PONSINET,

Professeur à la Faculté des Lettres   Chef du Service colonial

Paul MASSON,

Professeur à la Faculté des Lettres

Directeur :

Victor MOREL,

Directeurs adjoints :

Auguste GIRY   .   Clément DELHORBE

COMMISSION DES PUBLICATIONS ET NOTICES

Président :

Ernest DELIBES,

Président de la Société de Géographie de Marseille

Vice-Présidents :

Michel CLERC,   Paul MASSON,

Professeur à la Faculté des Lettres   Professeur à la Faculté des Lettres

Secrétaires :

De GÉRIN-RICARD,   Raymond TEISSEIRE,

Secrétaire général de la Société   Secrétaire de la Société
de Statistique   de Géographie

EXPOSITION COLONIALE DE MARSEILLE
❧ 1906 ❧

Les Ressources

Agricoles et Forestières

des Colonies Françaises

PAR

HENRI JUMELLE

Professeur à la Faculté des Sciences de Marseille

MARSEILLE
BARLATIER, IMPRIMEUR-ÉDITEUR
17-19, Rue Venture, 17-19

1907

Avertissement

Nous tenons à dire que ce n'est pas sans hésitation que nous avons entrepris cet ouvrage ; nous n'avons cédé qu'à de pressantes sollicitations.

Le plan qui nous était imposé était un essai de géographie botanique économique de nos colonies. On nous demandait de tracer la répartition des cultures et des diverses plantes utiles spontanées, dans toutes nos possessions.

Si nous avons été vivement blâmé d'avoir, tout d'abord, refusé ce travail, les personnes qui ont, en botanique coloniale, quelque compétence pourraient peut-être, par contre, penser aujourd'hui que, en acceptant, nous n'avons pas été dépourvu de prétention. C'est pour échapper à ce reproche que nous faisons allusion au passé, et à la résistance que, pendant un certain temps, nous avons opposée.

Nous avons, du reste, le devoir d'ajouter bien vite que nous avons été heureusement secondé par les zélés commissaires de l'Exposition de Marseille, auprès desquels nous avons toujours trouvé un accueil dont nous conservons un agréable souvenir.

MM. Brenier et Haffner, pour l'Indo-Chine ; M. Max Robert, pour l'Afrique occidentale française ; M. Baudon, pour le Congo ; M. Teyssonière, pour Madagascar, ont, en particulier, avec une patience inlassable, répondu à nos questions et recherché les documents ou échantillons que nous leur demandions à tout instant.

Pour Madagascar, dont les collections nous intéressaient spécialement, nous ne pouvons oublier tous les renseignements précieux que nous devons à Jully, dont l'érudition n'avait d'égale que son amabilité toujours souriante. La mort de l'ancien commissaire de la section de Madagascar ne nous dispense point de rappeler ici son nom.

En dehors de l'Exposition, nous avons été aussi, maintes fois, aidé utilement.

VIII

Certains passages des chapitres de l'Afrique occidentale française et du Congo ne doivent leur précision botanique qn'aux notes ou déterminations inédites qu'a bien voulu, par correspondance, nous communiquer l'explorateur du Soudan et du Chari-Tchad, M. A. Chevalier.

Dans le chapitre consacré à Madagascar, nous avons introduit par anticipation quelques notes dont le développement ne trouvera qu'ultérieurement place dans la série des publications que nous poursuivons, en collaboration avec M. Perrier de la Bathie, sur la flore du nord-ouest de l'île. Il est bien entendu qu'il convient d'attribuer à M. Perrier de la Bathie tout l'honneur de ces observations nouvelles.

Enfin, au dernier moment, nous avons reçu de M. le capitaine Vacher un mémoire sur les plantes à caoutchouc de l'extrême-sud de Madagascar dans lequel nous avons puisé tous les matériaux de l'étude complémentaire qu'on trouvera à la fin de ce volume. On verra quelle contribution importante le manuscrit que M. Vacher nous a si généreusement et si aimablement confié apporte à l'histoire des végétaux caoutchoutifères de l'île, telle que nous l'avions déjà tentée dans le cours de l'ouvrage.

A toutes les personnes que nous venons de nommer nous adressons nos bien vifs remerciements.

Tout ce concours de bonnes volontés ne nous fait que plus redouter d'avoir échoué dans notre tâche, en n'ayant peut-être pas su mettre en valeur comme il eût été possible et désirable tous les documents fournis. Nous pouvons, en tout cas, assurer que nous avons fait constamment tous nos efforts pour mener à bien, dans la limite où nous en étions capable, la tâche ingrate et ardue que, presque malgré nous, nous avions assumée.

15 Juillet 1907.

ALGÉRIE

La répartition générale des cultures dans notre colonie algérienne a été tracée avec netteté par MM. Rivière et Lecq, dans l'excellent manuel (1) publié par ces deux auteurs en 1900.

Au point de vue orographique, MM. Rivière et Lecq rappellent tout d'abord que l'Algérie doit être considérée comme une contrée essentiellement montagneuse, qui pourrait être représentée schématiquement par un régime de vastes plateaux assez élevés, que supportent, au Nord et au Sud, deux systèmes continus de chaînes de montagnes formant arêtes.

Ces deux systèmes, parallèles au littoral, restent, en même temps, sensiblement parallèles entre eux dans toute la traversée des provinces d'Oran et d'Alger, mais se rapprochent peu à peu dans la province de Constantine et arrivent en contact à la frontière tunisienne.

La chaîne septentrionale est la *chaîne tellienne*, qui occupe, sur le territoire algérien, une largeur moyenne de 150 kilomètres. Elle est couverte de forêts ; ses vallées sont fertiles et ses plaines riches. C'est le pays agricole par excellence.

La chaîne méridionale est la *chaîne saharienne*, large également de 150 kilomètres environ. Elle comprend notamment le puissant massif du Djebel-Amour et les monts Aurès.

Entre ces deux chaînes, les Hauts-Plateaux, immenses plaines légèrement ondulées, sont à une altitude moyenne de 800 mètres.

De cette orographie résulte une division de l'Algérie en quatre régions agricoles bien distinctes :

---

(1) *Manuel pratique de l'agriculteur algérien*; Challamel, Paris.

1° Une *région marine*, chaude, humide, de très faible altitude ;

2° Une *région montagneuse*, tempérée vers la mer, mais de plus en plus froide à mesure qu'on s'éloigne et qu'on s'élève ;

3° Une *région des Hauts-Plateaux*, en général sèche et aride, avec des températures extrêmes, très basses pendant l'hiver ;

4° Une *région désertique et saharienne,* brûlante, sèche, à pluies très rares.

La première de ces régions, ou *zone de l'oranger,* est le pays de grande culture : céréales, primeurs, vignobles à grand rendement. Ses surfaces les plus favorables sont les grandes plaines de l'Habra, du Chélif, de la Mitidja et de la Seybouse.

La région montagneuse, à laquelle appartient la Kabylie, peut être dite la *zone de l'olivier,* bien que cet arbre s'arrête avant le faîte, marquant par sa disparition (avant Souk-Ahras, Constantine, Tiaret, Saïda) la limite du climat méditerranéen. La végétation de la région est encore caractérisée par les caroubiers, les chênes et les conifères ; et, disent MM. Rivière et Lecq, « l'arboriculture européenne y rencontre certaines localités favorables aux vergers, dont les plus renommés sont ceux de Médéa et de Miliana pour le département d'Alger, de Constantine et de son Hamma à l'Est, et de Tlemcen et de quelques autres points à l'Ouest. »

Aux faibles altitudes on rencontre encore l'oranger ; aux altitudes moyennes, la vigne continue à prospérer, mais avec de plus faibles rendements que dans la région marine.

Sur les Hauts-Plateaux, la forêt est rare ; c'est la *région de l'alfa.* En certains points, cependant, des aménagements d'eau permettent la végétation arborescente des pays froids. Les poiriers, les abricotiers, les cerisiers réussissent plus ou moins.

Enfin, dans la partie désertique, dont les caractéristiques sont la siccité de l'air, l'élévation de la température, la fréquence des vents et un sol aride, le seul arbre utile est le *dattier* des oasis.

Et c'est donc de toutes ces contrées, soumises à des climats divers, que proviennent respectivement les différents produits qui, centralisés dans les ports du littoral, sont expédiés en France et à l'étranger.

En 1904, ces exportations — ou, du moins, les seules qui nous intéressent ici, c'est-à-dire celles qui ont pour origine la culture ou l'exploitation forestière — ont été les suivantes :

Céréales	fr. 20 786.000	Crin végétal	fr.	2.948.000
Légumes secs et farines..	1.097.000	Alfa		6.145.000
Dari, millet et alpiste..	121.000	Bois de chêne		231.000
Pommes de terre	2.075.000	Lièges bruts, râpés ou en		
Fruits de table frais	2.490.000	planches		12.761.000
Figues	2.322.000	Écorces à tan, moulues ou		
Amandes	51.000	non		1.361.000
Dattes	1.893 000	Légumes frais		1.465.000
Tabacs divers..	5.021.000	Paille à balais		8.000
Huiles d'olives	4.086.000	Boissons fermentées		93.449.000

Les céréales. — Les trois principales de ces céréales, cultivées surtout dans tout le Tell algérien (y compris les Hauts-Plateaux de la région de Sétif), puis un peu aussi en certain points de l'Aurès, là où la pluviosité moyenne annuelle est d'au moins trente-cinq centimètres, sont le blé, l'avoine et l'orge, pour lesquels les exportations, en 1904, ont été :

Blé	92.279.200 kilos
Avoine	42.657.700 —
Orge	39.936.400 —

Le département d'Oran, en particulier, est essentiellement agricole ; et sa production en grains dépasse la moitié de la production totale de l'Algérie, qui était de 1.673.800.000 kilos en 1904 et de 1.470.300.000 kilos en 1905.

En 1904, on évaluait à 707.380 hectares la surface couverte par le blé, l'orge et l'avoine dans ce département, ce total correspondant à :

283.870 hectares de cultures européennes (270.775.000 kilos de grains)
423 510 — — indigènes (295.588.000 — —)

Pour la seule région de Sidi-Bel-Abbès, réputée entre toutes pour le soin qu'elle apporte à la culture des céréales, la superficie était de 130.000 hectares, qui ont produit 145 millions de kilos de graines.

Blés. — Les blés cultivés sont des blés durs et des blés tendres, les premiers obtenus principalement par les indigènes, et les seconds, au contraire, plutôt récoltés par les colons.

En 1904, dans le département d'Oran, les cultures européennes correspondaient à 107.750 hectares de blés tendres et 50.750 hectares de blés durs ; et, inversement, les cultures indigènes correspondaient à 50.750 hectares de blés tendres et 116.160 hectares de blés durs.

Les deux principales variétés de blés tendres cultivées en Algérie sont, dans la région de Sidi-Bel-Abbès, la *Touzelle de Provence*, ou *Touzelle de Bel-Abbès*, non barbue, et, dans le département d'Alger, le *blé de Mahon*, barbu.

Deux autres variétés qui, depuis 1892, grâce aux efforts de M. Trabut, se répandent, paraît-il, de plus en plus, même chez les indigènes, sont la *Richelle blanche* et la *Richelle n° 2*.

Les variétés de blés durs sont nombreuses (1). Les plus estimées, pour leur rendement et leur grain, sont, d'après M. Rivière, le *Tunsi*, le *Hached* et le *Khala*, comme blés à farines, et le *Mahmoudi*, le *Mohamed-Ben-Bachir* et le *Hebda* comme blés à semoules.

Ces bons blés durs algériens sont vendus à peu près aux mêmes prix que les blés tendres. En 1905 — où les prix des deux sortes étaient exceptionnellement élevés — ils étaient cotés de 20 francs à 32 francs le quintal, alors que les blés tendres valaient de 21 francs à 33 francs.

L'Algérie n'a donc nullement à regretter que son climat et son sol se prêtent plutôt à la culture de ces blés durs qu'à celle des blés tendres.

Les exportations ont surtout lieu à destination de la France. En 1904, sur les 99.275.200 kilos de blés expédiés, il en a été importé chez nous 92.199.400 kilos ; 72.400 kilos seulement ont été dirigés vers la Tunisie et 7.400 vers d'autres pays.

Sur place, les quantités employées par les minoteries sont de plus en plus élevées. Dans le département d'Oran, notamment, depuis quelques années, l'industrie meunière s'est rapidement développée, tant au point de vue de la puissance de production que du perfectionnement de l'outillage.

Chaque jour aussi, d'autre part, la fabrication des pâtes alimentaires devient plus importante. De grandes usines se sont installées, par exemple, à Oran, à Saïda, à Bel-Abbès et à Mascara.

Avoine. — L'avoine est très peu cultivée par les indigènes. Dans le département d'Oran, en 1904, la surface consacrée par les Européens à cette culture était de 67.720 hectares, alors qu'elle n'était pour les indigènes que de 5.270.

(1) Voir à ce sujet : *The algerian durum wheats*, par C. SCOFIELD ; Washington, 1902.

Les exportations des 42.657.700 kilos, d'une valeur de 5.715.000 francs, se sont ainsi réparties :

En France...................... 40.300.800 kilos
En Portugal.................... 2.315.800 »

Rustique et assez résistante à la sécheresse, l'avoine est une bonne céréale pour l'Algérie.

Orge. — Les indigènes, qui font entrer l'orge dans leur consommation, la cultivent naturellement beaucoup plus que l'avoine ; et leurs cultures sont même plus étendues — à l'inverse de ce que nous venons de constater pour la Graminée précédente — que les cultures européennes.

Dans ce même département d'Oran, pour lequel nous avons déjà comparé les cultures de blé et d'avoine faites par les indigènes et les colons, il y avait en 1904 :

57.650 hectares d'orge ensemencés par les Européens
260.860   »   »   »   indigènes

Les 57.650 hectares de culture européenne ont rendu 58.698.000 kilos de grains ; les 260.860 hectares de culture indigène ont donné 200 255.000 kilos.

Les orges algériennes exportées le sont, en grande partie, vers les départements du nord de la France, qui les apprécient, dit-on, beaucoup pour la fabrication de la bière.

En 1904, les 39.936.400 kilos expédiés (5.272.000 francs) l'ont été dans les pays suivants :

France.......	39.341.300 kilos	Espagne........	86.800 kilos
Portugal.... .	312.000 »	Autres pays.....	45.400 »
Maroc........	150.000 »		

Dans la colonie même, d'ailleurs, l'orge est aujourd'hui utilisée pour la brasserie, car, en 1903, une fabrique a été créée à Oran-Karguentah par la « Société anonyme algérienne », qui espère parvenir à alimenter dans un avenir prochain toute l'Algérie. La fabrication serait bientôt de 15.000 hectolitres de bière. Les orges employées sont les orges du pays maltées en France.

Pour les céréales autres que les trois précédentes, quelques mots sont suffisants.

Le *seigle* est peu cultivé en Algérie. Les exportations en 1904 ont été de 160.000 kilos, vendus 23.000 francs.

Le *sorgho*, en tant que céréale, est cultivé dans la région montagneuse, sur tous les plateaux frais. Le *sorgho blanc*, ou *bechna*, est le sorgho à couscouss des Kabyles aisés ; les pauvres et les animaux consomment le *sorgho noir*, ou *dra*.

L'*alpiste*, ou *millet long* (*Phalaris canariensis* Lin.), le *berraka* des Arabes, ne vit qu'avec d'autres céréales, dans les terres riches et humides. Sa graine n'en est pas moins récoltée accessoirement pendant le vannage du blé et donne lieu à un certain commerce pour la nourriture des oiseaux. Elle est exportée avec le millet et le dari ; et l'ensemble de ces graines représente des exportations annuelles de 500.000 kilos environ (491.800 kilos, au prix de 121.000 francs, en 1904).

Les cultures fourragères. — L'Algérie exporte régulièrement une certaine quantité de fourrages, fournis par les prairies naturelles. Les exportations ont été, en 1904, de 6.439.000 kilos, valant 430.000 fr.; et les pays importateurs ont été l'Angleterre (3.225.600 kilos), la Tunisie (1.058.200 kilos) et la France (871.600 kilos).

On cultive aussi en Algérie, comme fourrages, l'orge et l'avoine. Le sorgho a été abandonné à la suite des empoisonnements qu'il a fréquemment provoqués. Sa culture pourrait être cependant reprise pour la coupe en vert, maintenant qu'il est bien reconnu (1) que ces accidents sont dus à un glucoside cyanogénique, la dhurrine, qui ne se trouve que dans les plantes trop jeunes ou mal développées, et surtout dans celles qui ont été trop abondamment fumées avec des nitrates.

La variété à recommander serait, non le *sorgho d'Alep*, qui est vivace, mais le *sorgho sucré*, à tige séveuse et sucrée, qui est annuel.

Quant au *sorgho à balais*, il est surtout cultivé pour ses inflorescences, dont les longues ramifications constituent la paille à balais. Les exportations d'Algérie, en 1904, ont été de 16.400 kilos (430.000 francs) de ces inflorescences égrenées. Elles pourraient être plus

---

(1) Kew Bulletin of the Imperial Institute; vol. I.

Sur les plantes à glucosides cyanogéniques, voir : GUIGNARD, *Le haricot à acide cyanhydrique* (Revue de Viticulture, 1906),et *Nouveaux exemples de Rosacées à acide cyanhydrique* (Comptes Rendus de l'Académie des Sciences, 1er octobre 1906).

grandes, car chaque fois que, dans la colonie, d'après M. Michalet, cette culture a été tentée, elle a donné des pailles très belles, peut-être supérieures à celles de Vaucluse. La production, par hectare, est de 1.500 kilos environ de ces pailles ; mais à cette récolte il faut ajouter encore celle de 30 hectolitres de grains, recherchés pour l'alimentation des volailles. La maturité a lieu en juillet et août. Les tiges, qui doivent être coupées avant la pleine maturité, sont réunies en bottes et séchées ; les panaches sont ensuite égrenés et mis en paquets de 25 à 30 kilos (1).

Pour en revenir aux plantes fourragères, citons, après les sorghos, la betterave, qui toutefois en Algérie ne se plaît pas partout. Elle a été abandonnée en terres sèches, dans le département de Constantine ; elle ne réussit que dans les plaines basses, à terres relativement fraîches.

Parmi les choux fourragers, certaines variétés sont conseillées par MM. Rivière et Lecq, qui, par contre, ne recommandent pas la consoude (*Symphytum asperrimum* Donn.), ni le *fenugrec* (*Trigonella Fenum-græcum* L.) (2), ni les gesses, ni le *sulla* (*Hedysarum coronarium* Linn.), ni le tagasaste (*Cytisus proliferus* Linn.), non plus que le *teosinte* (*Euchlæna mexicana* Schrad.).

Cette dernière plante doit cependant fournir en Algérie un fourrage abondant, si nous en jugeons par les énormes touffes que nous avons obtenues (3), il y a quelques années, dans les environs de Marseille, et qui avaient jusqu'à 3 mètres de circonférence et pesaient, au moment de la coupe, jusqu'à 38 kilos.

D'après M. Trabut, une Légumineuse très utilisable comme fourrage serait le *soja*. M. Trabut affirme, à la suite de ses essais, que tiges et feuilles, qui favorisent la sécrétion lactée, peuvent fournir un gros rendement.

De même pourrait-on fonder, peut-être, quelque espoir sur le *bersim* (*Trifolium alexandrinum* L.), qui remplacerait .avantageusement la luzerne lorsqu'on ne veut pas cultiver une plante vivace. A

(1) MICHALET, *Culture du sorgho à balais* (Bulletin de l'Algérie, 1905).

(2) La culture de ce fenugrec serait peut-être toutefois à recommander comme engrais vert. Certains viticulteurs algériens la pratiqueraient dans ce but et obtiendraient ainsi sans grands frais, dans leurs vignes, 30.000 à 40.000 kilos, par hectare, d'une excellente fumure.

(3) H. JUMELLE, *Les cultures du Champ d'expériences de La Rose* (Annales de la Faculté des Sciences de Marseille, 1904).

la Station d'Essais du service botanique (1), le trèfle d'Alexandrie a donné quatre coupes en une année. Semé à la fin de juillet, il a donné, pour un hectare : au milieu de septembre 28.000 kilos, au milieu de novembre 20.000, un peu après le milieu de février 30.000, et à la fin de mai 25.000. La plante végète pendant toute l'année, ne réclamant des irrigations que si l'on veut obtenir des coupes en plein été. En hiver, sur le littoral et dans le sud, la végétation en est très vigoureuse. Il n'en est pas moins vrai que, malgré ces essais encourageants, et qui datent de 1899, le trèfle d'Alexandrie n'est encore guère cultivé en Algérie. Les cultivateurs se contentent sans doute des résultats qu'ils obtiennent avec la luzerne, qui est, de toutes les plantes fourragères cultivées actuellement dans la colonie, celle qui donne les plus hauts rendements.

Si, en été, ce fourrage manque, ou encore dans les années où les fourrages ne réussissent pas, l'éleveur trouve une ressource, qu'il ne dédaigne pas, dans la variété inerme du figuier de Barbarie (*Opuntia Ficus-indica* Mill.). Les raquettes, débitées en petits fragments à la machine, sont additionnées de son, ou mieux de caroubes légèrement fermentées.

Précieuses, en effet, sont ces *caroubes*, en raison de leur richesse en sucre, pour l'alimentation et l'engraissement du bétail ; et c'est un fourrage qui ne doit pas être oublié.

En Algérie, le caroubier ne remonte pas jusqu'aux Hauts-Plateaux, mais il s'étend assez loin du littoral en s'élevant dans la partie montagneuse.

Tous les agronomes, croyons-nous, s'accordent pour reconnaître la valeur de la caroube, qui est « un élément de digestibilité, facilitant l'assimilation des fourrages médiocres, des albuminoïdes, et modérant le travail de la désassimilation ». Et c'est un aliment que mangent volontiers les animaux.

L'arbre, qui est dioïque et d'une très grande longévité, fleurit en hiver ; les fruits sont récoltés à la fin de l'été.

On les étend à l'ombre ou à la mi-ombre, et on les retourne de temps en temps, pour ne les mettre en tas que lorsqu'ils sont bien secs.

La récolte, en Algérie, n'est pas, du reste, faite seulement pour la

---

(1) Trabut, *Rapport sur les études de botanique agricole entreprises en 1898 par le Directeur du Service de Botanique* ; Alger, 1899.

consommation sur place ; une partie est exportée. Les expéditions augmentent même actuellement. En 1904, elles étaient de 4.905.200 kilos (393.000 francs), dont 4.198.300 pour la France, et le reste pour l'Angleterre ; en 1905, elles ont été de 10.453.900 kilos.

Les cultures maraîchères. — Les légumes cultivés en Algérie sont nos légumes de France ; et la colonie ne peut regretter que ce soient ces cultures qui réussissent sur son littoral, car ses primeurs trouvent en France un débouché peut-être plus sûr que ne le serait celui des légumes exotiques.

Tous les jardins maraîchers sont groupés au voisinage des ports d'embarquement. Dans le département d'Alger, ils se trouvent dans la région littorale comprise entre Aïn-Tayà et Cherchell. Les principaux centres de production sont Aïn-Taya, Birkadem, Castiglione, Cheragas, Cherchell, Colea, Fort-de-l'Eau, Fouka, Guyotville, Heussein-Dey, Kouba, Mahelma, Maison-Blanche, Maison-Carrée, Mustapha, Ouled-Fayet, Rivet, Saint-Eugène et Staoueli.

Dans le département de Constantine, les jardins sont surtout localisés près de Philippeville et de Bône, dont la moyenne thermique toutefois, moins élevée que celle d'Alger et d'Oran, retarde de quinze jours environ la production des primeurs, comparativement à celle des deux autres départements.

Dans le département d'Oran, les principaux centres sont Saint-André de Mers-el-Kébir, Aïn-el-Turck, Bou-Sfer, El-Ançon, les Andalouses, la Sénia, Misserghin, Valmy, Saint-Denis du Sig, Perrégaux, Dublineau. Toute la côte d'Oran à Nemours est bien connue comme particulièrement favorable.

Les exportations, qui ont été de 6.978.100 kilos, d'une valeur de 1.465.000 francs, en 1904 (10.480.900 kilos en 1905), consistent principalement en artichauts (3.631.200 kilos en 1904), petits pois (786.000 kilos), haricots verts (669.900 kilos) et tomates (522.300 kilos).

Les principaux artichauts cultivés sont le *Violet hâtif* et le *Quarantain vert*, celui-ci encore plus précoce que le premier. Les envois sont faits surtout d'octobre à avril.

Le petit pois le plus répandu est une variété à rames, le *Prince Albert*, après laquelle viennent la *Merveille d'Amérique* et la *Merveille d'Angleterre*. Il y a pour ces pois deux saisons d'expédition : l'une de mi-décembre à mars pour les cultures faites en août et septembre dans les terrains bien arrosés, et l'autre d'avril à mai pour les semis de décembre.

Les haricots verts sont, le plus ordinairement, le *haricot noir de Belgique* et la *Mouche à l'œil*, cette dernière variété étant plus hâtive, mais moins productive, que la première. Une variété plus tardive est le *flageolet noir à longues cosses*. Ces haricots sont semés pendant la première quinzaine de janvier et expédiés à la fin de mars. La culture d'automne, toujours un peu aléatoire, fournit des récoltes de novembre à janvier. Dans le département d'Alger, la zone culturale des haricots a pour grand centre Alger et s'étend du Fort de l'Eau à Cherchell et au Sahel.

Les tomates, dont les deux variétés les plus cultivées sont la *tomate rouge hâtive* et la *tomate petite en grappes*, sont semées sur couche en novembre, et repiquées à la fin de décembre et en janvier ; et la récolte a lieu de la fin de mars à mai. Dans les terres irrigables, on peut faire une seconde culture automnale. Les plants sont mis en place en août, et on récolte en novembre et décembre.

Cette culture de la tomate est surtout bien faite dans le département d'Oran. Les jardins sont protégés du vent par des abris faits avec les cannes de Provence (*Arundo Donax* L.) ou avec les cannes de Mauritanie (*Arundo Pliniana* Turra). Ces abris, complétés par des sorghos, du maïs ou du seigle (1), forment de petites cases où se concentre la chaleur.

Et une pareille disposition favorise énormément la culture de toutes les primeurs algériennes.

Parmi tous ces légumes dont nous nous sommes occupés jusqu'alors, nous avons laissé de côté la pomme de terre. Nous l'avons fait à dessein, le tubercule méritant, par l'importance qu'il prend dans le commerce extérieur de la colonie, une mention à part.

En 1904, il a été exporté 14.824.600 kilos de ces pommes de terre, représentant une valeur de 2.075.000 francs. 11.315.300 kilos ont été envoyés en France, et le reste à l'étranger (Angleterre, Allemagne, Belgique et Autriche).

Cette culture, qui était inconnue des indigènes avant l'occupation française, est surtout faite par les Mahonnais.

La principale variété de primeur — qui ne réussit que dans les

---

(1) TRABUT, *État de l'horticulture de l'Algérie en 1900;* Alger, 1900.

terres légères, chaudes et bien fumées — est la *Royale* (*Royal Kidney*), plantée en automne et récoltée au printemps. Les expéditions, en barils de 100 à 150 kilos, ont lieu de février à mai.

Après les précédents, les légumes encore plus ou moins exportés d'Algérie, mais à l'état sec, sont les fèves (en 1904, 4.136.300 kilos, au prix de 827.000 francs) et les pois pointus, ou pois chiches (654.900 kilos, au prix de 177.000 francs). Ces pois chiches sont presque entièrement destinés au marché de Marseille.

Les cultures fruitières. — En outre des figues et des dattes, dont nous parlerons plus loin, les fruits algériens exportés sont les oranges, les mandarines, les citrons et les raisins de table.

La colonie livre aussi au commerce quelques régimes de bananes et des amandes fraîches et sèches.

En 1905, les exportations ont été :

Oranges et citrons........	3.903.000 kilos
Mandarines..................	2.993.800 »
Raisins de table...	6.104.600 »

En 1904, elles avaient été :

Oranges et citrons............	2.758.000 kilos	au prix de	552.000	francs
Mandarines et chinois.........	2.493.800 »	»	399.000	»
Raisins de table..............	4.443.200 »	»	889.000	»
Bananes et amandes fraîches..	624.200 »	»	130.000	»
Amandes sèches en coques....	19.100 »	»	14.000	»
» sans coques..	20.100 »	»	37.000	»

Quoique la culture de l'*oranger* soit ancienne en Algérie, les grandes orangeries ne datent que de l'occupation française. Les plus prospères sont celles qui, dans la région marine, sont rapprochées des massifs montagneux, sans toutefois dépasser 500 mètres. Telles sont les orangeries de Blidah et de Boufarik, au pied du Petit Atlas, celles des Babors, de l'Oued-Agrioum et de Toudja dans l'arrondissement de Bougie, où il y avait, en 1900, 80.000 pieds, rapportant plus de 150.000 kilos de fruits.

Il y a aussi des plantations dans les plaines d'Oran.

Les variétés qu'on trouve dans toutes ces orangeries sont nombreuses, les unes créées par les indigènes, les autres, telles que le *Portugal*, la *Sanguine de Malte*, introduites par les horticulteurs.

Les *mandariniers* sont de culture plus récente, en Algérie, que les orangers, mais l'écoulement facile de leurs fruits a amené un rapide développement de leurs plantations.

« La mandarine, dit M. Trabut (*loc. cit.*), varie beaucoup suivant le mode de culture. Les mandarines venues sans trop d'irrigation et d'une taille médiocre sont généralement très supérieures à de gros fruits boursouflés et sans saveur, venus avec un excès d'eau. Le mandarinier se reproduisant bien de semis, quelques races ont pu se produire dans les orangeries, mais il nous manque de nombreuses variétés très estimées en Chine et au Japon, comme la *mandarine sans pépin.* »

Une mandarinerie rapporterait plus, par hectare, qu'une orangerie. Malheureusement la mandarine se conserve moins longtemps que l'orange.

Les *citronniers* sont, en Algérie, très rustiques, et produisent abondamment de très beaux fruits. D'après M. Trabut, on devrait vulgariser une petite variété connue sous le nom de *citron galet*, qui conviendrait mieux pour l'exportation que le gros citron à peau épaisse.

Depuis quelques années, l'Algérie exporte aussi de petites quantités de *chinois*, provenant d'une petite variété de Chine du *Citrus Bigaradia* Loisel. Ce serait Philippeville qui, pour le moment, ferait surtout ces envois.

A côté de tous les fruits précédents d'Aurantiacées, nous avons cité plus haut, dans les statistiques d'exportation, les *raisins de table.*

Certains de ces raisins consommés en Algérie proviennent de cépages arabes ; mais les grappes expédiées au dehors appartiennent plutôt aux cépages français, et principalement au *Chasselas de Fontainebleau.*

On cultive cependant aussi la *Madeleine*, le *Muscat d'Alexandrie* et l'*Œillade.*

Le *Chasselas* et la *Madeleine* sont les cépages les plus précoces.

Les expéditions, par colis postaux, sont faites en juillet et au commencement d'août.

La superficie que couvrent les vignes pour primeurs dans le département d'Alger est évaluée à environ 900 hectares, dont les deux tiers sur les communes de Guyotville et de Staoueli. La production atteint 5.500.000 kilos.

Toutes ces vignes sont établies dans les terrains sableux, chauds, bien exposés, et abrités contre le vent par des roseaux. Le rendement moyen est de 50 quintaux par hectare.

Ajoutons que, en ces derniers temps, M. Michalet a recommandé en Algérie la culture des raisins tardifs, comme ceux qui sont expédiés, chaque année, d'Espagne, du mois d'octobre au mois de mars, emballés avec de la poudre de liège, en barils de 20 à 25 kilos.

Ces raisins sont connus sous le nom de *Valinsy*. Marseille en reçoit tous les ans 300.000 kilos environ, d'octobre à janvier.

Au dire de M. Michalet, le *Valinsy* existe déjà en Algérie, où il donne de bons résultats au point de vue de la conservation des grappes et de leur résistance pendant le transport. Dans ces conditions, les raisins précoces du littoral algérien étant déjà acceptés favorablement par la métropole, un avenir également prospère serait possible pour les raisins tardifs, si les viticulteurs d'Algérie voulaient greffer sur des vignes à vin ces variétés tardives. Miliana et Margueritte seraient par exemple, très propices à cette culture.

M. Michalet recommande toutefois de ne pas oublier que le *Valinsy* ne réussit qu'à une altitude de 400 à 500 mètres ; et il recommande, dans les régions à plus basses altitudes, le greffage des vignes kabyles. On peut penser au *Grillah* et au *Cherchali*, comme raisins noirs ; comme cépages blancs autres que le *Valinsy*, on peut avoir recours à l'*El-Rerbi*, originaire du Maroc, et qui prospère dans les environs de Sétif à 1.000 mètres d'altitude.

Parmi les autres végétaux plus ou moins cultivés pour leurs fruits en Algérie, quelques-uns méritent encore d'être mentionnés.

Le *bananier* (*Musa sapientum* Lin.) réussit parfaitement dans les endroits chauds et abrités, où le sol est riche et humide ; et c'est pourquoi quelques expéditions de bananes sont possibles. Il est bon néanmoins que la maturité des régimes s'achève dans une chambre obscure, chaude et sèche.

La colonie avait fondé un certain espoir, il y a quelques années, sur une variété brésilienne qui s'était bien acclimatée au Jardin du Hamma ; nous ignorons ce qu'il en est advenu.

L'*amandier*, dont la variété amère est sauvage, d'après M. Trabut, dans beaucoup de massifs montagneux de l'Algérie, depuis le Maroc jusqu'à la Tunisie, est très rustique et donne sur le littoral une bonne fructification, même dans les sols non arrosés. Les meilleures variétés à cultiver sont la *Princesse*, à gros fruit avec coque tendre, et la *Matheronne*, à coque demi-dure.

L'abricotier est assez répandu en Algérie. Il se plaît en Kabylie et dans les vallées de l'Aurès, et il remplace le dattier dans les oasis élevées. Malheureusement les variétés indigènes sont à fruits très petits ; on a maintes fois inutilement conseillé d'introduire des variétés à plus gros fruits.

Ces abricots, fumigés à l'acide sulfureux et desséchés au soleil, seraient peut-être un bon produit d'exportation.

Au point de vue seulement de la consommation locale, citons le *figuier de Barbarie* (*Opuntia Ficus-indica*), qui, d'origine américaine, a été introduit par les Espagnols et est devenu subspontané jusque vers les parties froides des Hauts-Plateaux.

Ses fruits sont recherchés par les Arabes, qui les appellent, dit-on, « les figues des chrétiens ». Les uns sont jaunes et les autres rouges ; et M. Trabut signale même, dans la région de Bône, une race à fruits blancs, dits « figues-muscades ». Ils mûrissent de juillet à septembre.

On dit quelquefois que, mieux soignés, ils pourraient être améliorés et plus appréciés des Européens. Nous en doutons, ne fût-ce qu'à cause du désagrément qu'on éprouve pour les ouvrir.

Le figuier. — En 1905, l'Algérie a exporté 10.983.000 kilos de figues. En 1904, l'exportation avait été de 8.006.200 kilos, représentant une valeur de 2.322.000 francs.

De tous les arbres fruitiers algériens, le figuier (*Ficus Carica L.*) est le plus résistant, et celui qui est le plus commun sur les terrains les plus divers. S'il fructifie mieux et plus vite dans les bonnes terres fraîches, il s'accommode pourtant aussi des sols arides et pierreux.

Son aire de végétation la plus favorable est la Kabylie, jusqu'à l'extrême limite du climat marin. Dans les oasis, remarquent MM. Rivière et Lecq, il est peu productif.

D'après M. Trabut, la figue la plus estimée est celle de Bougie, dite *Tharanimth*. Une autre variété qui en diffère peu est la *Thamriouth*. Il faut encore signaler la *Thabouïaboulth*. Toutes sont blanches.

La *Tharanimth* est bifère ; elle donne des figues d'été (juin et juillet), ou figues-fleurs (*bakour*), et des figues d'automne, ces deux sortes de figues naissant, on le sait, sur des bois différents, l'un de deux ans et l'autre de l'année.

Beaucoup de figuiers kabyles sont ainsi bifères ; tels, par exemple, encore les *Abakour*.

Les Kabyles multiplent les figuiers par des rejetons séparés du pied, qu'ils mettent d'abord en pépinières, et transplantent ensuite dans des terres soigneusement labourées. Quelques figues apparaissent déjà vers la seconde année ; cependant le rapport ne commence vraiment qu'à partir de la quatrième, les récoltes, dès lors, étant bisannuelles.

Leur abondance dépend, du reste, généralement, en Algérie comme en Tunisie, de la *caprification*.

On sait qu'on entend par là une opération dont la nécessité, pour certaines variétés, a été reconnue de toute antiquité, puisque Aristote et Théophraste la décrivent, mais dont l'explication scientifique n'a été fournie qu'à une date récente, après les observations de MM. Mayer, de Solms-Laubach et Trabut.

L'utilité de la caprification est due à ce que, par la culture, la plupart des variétés de figuiers ont cessé de former des fleurs mâles, alors que, normalement, ce réceptacle à paroi charnue qui constitue la figue doit renfermer, dans le *Ficus Carica*, des fleurs mâles et des fleurs femelles, les premières avoisinant la petite ouverture de la coupe, et les secondes, plus nombreuses, garnissant le fond.

Malgré cette disparition plus ou moins complète des fleurs mâles, beaucoup de variétés, d'ailleurs, donnent des figues comestibles, quoique les ovules n'aient pas été fécondés; c'est le cas ordinaire pour les figuiers de France.

Mais il serait d'autres variétés, telles précisément que les variétés d'Algérie et de Tunisie, chez lesquelles la fécondation serait indispensable pour que les figues se développent et deviennent charnues. Sans cette fécondation, ces figues se dessèchent et tombent.

Le pollen peut heureusement être fourni alors par le figuier sauvage, ou *caprifiguier*, ou « figuier mâle », le *dokkar* des Arabes.

Dans ce caprifiguier, les figues contiennent des fleurs mâles et des fleurs-galles ; et les *fleurs-galles* sont des fleurs femelles stériles, qui diffèrent des fleurs femelles fertiles par la brièveté du style et par l'absence de papilles stigmatiques. Ces fleurs sont des galles, car dans leur ovaire vit normalement un insecte hyménoptère du genre *Blastophaga*, qui va être l'agent de pollinisation.

Voici, en effet, ce qui se passe lorsque, au voisinage des variétés chez lesquelles la fécondation est nécessaire, se trouvent des caprifiguiers.

Ces figuiers-mâles, qui, pendant le cours de l'année, portent trois générations de figues, ont en été des figues assez grosses, qui contiennent les fleurs mâles et les fleurs-galles ; et dans ces fleurs-galles sont les larves, puis les mouches, provenant des œufs qui y ont été déposés au printemps par les insectes sortis des figues d'hiver.

Lorsque, après l'évolution des larves, les mouches, sortant de ces fleurs, cherchent à quitter la figue, elles rencontrent, près de l'ouverture, les fleurs mâles,qui les saupoudrent de leur pollen.

Chargées de la poussière fécondante, elles vont maintenant à la recherche d'autres figues, qui peuvent être des figues de variétés cultivées. En pénétrant dans ces réceptacles, les *Blastophaga* commettent une erreur, car ils n'y trouvent pas les fleurs femelles spéciales du caprifiguier qui leur conviennent ; mais ils n'en fécondent pas moins, par le pollen qui les recouvre, les fleurs femelles qu'ils rencontrent. Et la maturation de la figue, qui, sans cette erreur, n'aurait pas eu lieu, s'accomplit.

Tel est le rôle que jouent les caprifiguiers dans les plantations de figuiers ; et c'est parce que sans le comprendre, on s'est forcément aperçu, de tout temps, par empirisme, qu'il était indispensable, que la caprification remonte à une date aussi ancienne.

Cette caprification — qui consiste donc à rapprocher, par un moyen quelconque, des variétés cultivées les figues des figuiers sauvages — peut être réalisée de diverses manières.

En Algérie, les Kabyles vont cueillir sur les caprifiguiers les figues non comestibles, et ils en font des chapelets qu'ils suspendent aux arbres. Ils apportent ainsi, on le voit, près des variétes cultivées, mais exclusivement femelles, le pollen fécondant, en même temps que l'insecte chargé d'assurer la fécondation.

On sait qu'un autre procédé plus scientifique consiste à greffer une branche de caprifiguier sur le figuier cultivé (1).

Aussitôt après la récolte, la dessiccation des figues doit être faite avec grand soin. En Kabylie, cette préparation des figues sèches est la

(1) La nécessité de cette caprification pour certaines variétés a été parfois contestée. En tout cas, des observations récentes de M. Leclerc du Sablon (Comptes-Rendus de l'Académie des Sciences, 18 mars 1907) établissent que, en France, les figues qui, par hasard, sont fécondées sont moins sucrées, mais plus grosses et de saveur mieux caractérisée que les figues dans lesquelles les ovules n'ont pas subi la fécondation. On admet, d'autre part, que, dans les figues de Smyrne, pour lesquelles la caprification est ordinairement jugée indispensable, les réserves oléagineuses que

principale occupation de l'été. Les variétés choisies pour l'exportation sont toujours à fruits blancs, les figues noires entrant exclusivement dans la consommation locale.

Les figues dont la préparation est la plus difficile, d'après M. Trabut, sont celles qui sont charnues à peau fine.

Toutes les figues, récoltées avec soin et à parfaite maturité, sont triées, puis placées sur des claies qui sont exposées au soleil le matin et rentrées le soir. Les figues sont fréquemment retournées.

Peut-être pourrait-on prendre, en outre, la précaution qui, paraît-il, est assez courante en Floride, où les figues seraient, au préalable, passées aux vapeurs d'acide sulfureux, qui les blanchissent.

Quoi qu'il en soit, lorsqu'elles sont suffisamment sèches, on les entasse dans un gourbi spécial, qui devient le magasin.

Malheureusement, il est toujours à craindre que les larves d'une teigne qui pond ses œufs dans ces figues n'endommagent dans la suite cette récolte accumulée ; et c'est ce qu'on constate trop souvent. Aussi quelques maisons, par exemple à Bougie, commencent-elles à employer, dans leurs magasins, des méthodes de stérilisation. Les figues sont immergées pendant trois ou quatre secondes dans l'eau de mer bouillante ; et cette précaution, en même temps qu'elle tue les œufs de la teigne, enlève toutes les autres impuretés et donne au fruit un meilleur aspect.

En 1904, sur les 8.006.200 kilos de figues exportés, 6.531.200 kilos ont été importés en France, 918.400 kilos en Autriche, 313.100 kilos en Tunisie. Pendant les années précédentes, les exportations avaient été de 5.924.000 kilos en 1901, et 9.089.000 kilos en 1902.

Il y a donc progression dans ce commerce des figues algériennes, et cela pour plusieurs causes. Depuis quelques années, les Kabyles, encouragés par les prix élevés (20 à 22 francs le quintal) de ces figues, abandonnent de plus en plus la culture des céréales, qui est peu rémunératrice, en beaucoup de points, sur les pentes de leurs monta-

---

contiennent les graines — et qui font défaut dans les figues des variétés non fécondées, puisque, chez celles-ci, les graines ne se forment pas — communiquent au fruit desséché un parfum spécial.

Il y a, dès lors, toujours intérêt, surtout pour le commerce des figues sèches, à conserver la pratique de la caprification, puisque, même si elle n'est pas nécessaire, elle offre tout au moins l'avantage d'améliorer la production en quantité et en qualité.

gnes, où la terre végétale est peu profonde, et ils la remplacent par des plantations d'arbres fruitiers, et notamment de ces figuiers. D'autre part, les progrès réalisés dans l'emballage et la stérilisation permettent d'obtenir un meilleur produit, plus recherché sur les marchés métropolitains.

Ne négligeons pas enfin de rappeler qu'un autre débouché pourrait amener encore l'extension des plantations de figuiers ; nous faisons allusion à l'industrie qui a pris naissance, il y a quelques années, en Autriche, du *feigenkaffee*, ou « café de figues ». Les figues de seconde qualité sont torréfiées, puis réduites en une poudre analogue à la chicorée, et qui s'emploie, comme cette chicorée, en mélange avec le café, à raison de deux parties de café pour une partie de poudre de figue. Cette poudre aurait sur la chicorée l'avantage d'être plus nutritive, plus sucrée, et de goût plus agréable ; dans la préparation du café au lait, elle communiquerait au breuvage une saveur d'amandes grillées.

Le dattier. — Le dattier (*Phœnix daclylifera* L.), qu'on croit originaire des Canaries, est l'arbre des oasis du sud, où on ne connaît pas moins de 150 variétés (ou races), d'après M. Trabut. Il appartient donc exclusivement à l'agriculture saharienne, qui a livré à l'exportation, en 1904, 3.154.800 kilos (1.893.000 francs) de dattes, dont 3.074.100 kilos pour la France, 60.000 kilos pour l'Espagne, et 10.200 kilos pour la Tunisie.

Presque toutes ces dattes sont des *degla-en-nour*, ou *deglas transparentes*.

Si, en effet, les variétés de dattiers sont nombreuses, elles ne sont pas toutes également communes, et les fruits n'ont pas tous même valeur.

D'après M. Dybowski, qui a publié à ce sujet, en 1889, une étude très documentée, dans les *Annales agronomiques*, une dizaine de variétés seulement sont de culture courante dans les oasis du sud du département de Constantine ; et les principales sont les suivantes.

La première à citer est le *degla-en-nour* (*deglet-nour*, d'après M. Dybowski), qui est la plus connue de toutes, car ses dattes, dites *transparentes*, sont à peu près, comme nous venons de le faire remarquer, les seules exportées d'Algérie.

L'arbre est relativement délicat, et ses fruits ne mûrissent bien que dans l'extrême-sud, à partir du chott Melrirh ; et encore les plus beaux fruits viennent-ils de Touggourt et de Souf. A Biskra, ces dattes sont de qualité inférieure.

La croissance du tronc est plus lente que celle des autres variétés, et la fructification plus tardive. On ne peut guère espérer obtenir de beaux fruits avant huit ou dix ans de plantation.

La variété est reconnaissable à son feuillage dressé et au faible rachis de ses feuilles, dont les segments, utilisés pour tresser divers objets, sont très fins, longs, d'un vert glauque. Les fruits sont régulièrement allongés, de 4 à 5 centimètres de longueur ; la pulpe est très sucrée, et complètement translucide à pleine maturité. La graine est longue, peu épaisse, ordinairement lisse dans les beaux fruits, marquée au contraire de sillons transversaux dans ceux mal formés. La cupule calicinale est arrondie, et le fruit est légèrement rétréci vers cette extrémité.

La conservation des dattes transparentes est malheureusement difficile.

Une seconde variété, qui fournit une datte molle, recherchée pour la consommation ordinaire, est le *rhars*.

L'arbre est plus vigoureux que le précédent. La fructification est hâtive et commence trois au quatre ans après la plantation.

L'aspect robuste est dû aux nombreux et larges segments des feuilles, qui sont abondantes. Chacune de ces feuilles s'infléchit tout entière en une courbe gracieuse vers le sol, en même temps que le rachis se tord légèrement sur lui-même, ce qui place le limbe dans un plan vertical passant par le tronc.

Les fruits, plus petits que ceux du *degla-en-nour*, sont brun rougeâtre. La graine est raccourcie aux deux extrémités, qui sont atténuées.

La datte est molle, et les Arabes placent les claies sur lesquelles s'opère la dessication au-dessus d'un trou, dans lequel s'écoule une certaine quantité de jus sucré, qu'ils consomment ensuite.

« Mais il n'y a pas grand intérêt, dit M. Dybowski, à séparer ainsi l'excès de matières sucrées, et l'on peut simplement presser ces dattes pour en faire des pains, qui ne fermentent pas quand ils sont bien comprimés... Cette préparation était d'ailleurs, autrefois, appliquée aussi aux *deglet-nour*, et ce n'est que depuis que celles-ci sont demandées par le commerce d'exportation qu'on ne les comprime plus dans des peaux de bouc, ainsi qu'on le fait souvent pour les rhars. »

Le dattier *haïmra* est une troisième variété, reconnaissable à son fruit demi sec, rouge foncé, finement ridé lors de la complète maturité, semi-translucide ,à pulpe sucrée peu épaisse.

La *degla-beïda* est à fruit complètement sec, généralement symétrique à la base, jaune brunâtre, avec une graine volumineuse, à sillon profond marqué de fronces sur les bords, comme un pain fendu.

Les fruits de l'*haloua* sont semi-transparents, sucrés, avec une cupule calicinale adhérente.

Enfin la datte *mettentichi-degla*, qui est de conservation indéfinie, et que consomment les caravanes des nomades, est la plus sèche de toutes les variétés cultivées ; elle est peu sucrée, dure, non translucide, ridée, de moyenne grosseur. La graine est ridée et chagrinée à sa partie basilaire. La cupule n'est pas adhérente.

Telles seraient donc les principales variétés du sud de l'Algérie ; mais répétons que celle qui nous intéresse presque exclusivement, au point de vue de l'exportation des fruits, est la première, la *degla-en-nour*.

Quelle que soit, d'ailleurs, la variété, le dattier est de faible exigence sur la nature et la qualité des sols ; ce qu'il lui faut seulement, mais nécessairement, c'est l'humidité de ce sol. Un proverbe arabe dit qu'il doit avoir les pieds dans l'eau et la tête au soleil.

La multiplication peut être effectuée par graines, qui donnent les *deguel* des Arabes, ne fleurissant, pour la première fois, que vers 10 ans ; mais c'est un procédé peu employé, non pas seulement parce que la première fructification est tardive, mais aussi en raison de l'incertitude où l'on est de la qualité de l'individu qu'on obtiendra.

La méthode ordinaire est le repiquage des drageons (*djebar* des Arabes) que les dattiers émettent en abondance à la base du tronc, quand ils sont jeunes. Les gros drageons sont préférés aux petits et offrent de plus grandes chances de reprise ; on ne détache donc guère que ceux qui ont au moins 3 ou 4 ans, et qui sont pris naturellement sur les pieds femelles.

Dès qu'ils sont détachés, on les débarrasse de leurs feuilles inférieures, et on les plante directement en place, en quinconce, suivant des lignes régulièrement espacées. Ces lignes peuvent être distantes de 7 à 8 mètres, et les intervalles entre les pieds de chaque ligne sont alors de même longueur. Dans le Souf cependant, d'après M. Dybowski, les plants sont seulement distants de 5 à 6 mètres, et c'est de cette région que proviennent les dattes les plus estimées.

La plantation doit être faite au printemps, de mars à juin, et, dès qu'elle est établie, on irrigue au moyen de canaux.

La floraison commence à des âges qui diffèrent suivant les variétés. Les *rhars* fleurissent dès 3 ou 4 ans, les *degla-en-nour* vers 6 ou 7 ans seulement. Les régimes des premières floraisons sont, d'ailleurs, petits, et les fruits très médiocres.

La fructification, qui a lieu en automne, ne s'établit donc vraiment que vers 8 ou 10 ans pour les variétés à fructification hâtive, comme les *rhars*, et vers 10 à 12 ans pour les *degla-en-nour*.

Pour être abondante, cette fructification doit, comme on sait, être précédée, dans les plantations, d'une fécondation artificielle.

Le dattier est, en effet, dioïque ; il faut, par conséquent, que le pollen des fleurs des pieds mâles se répande sur les grappes de fleurs des pieds femelles.

Dans ces conditions, et quoique la fécondation puisse, le vent aidant, s'effectuer à de grandes distances, le planteur qui compte sur sa récolte doit éviter de courir les risques de fécondations insuffisantes, et il juge, avec raison, prudent d'intervenir.

C'est ce qu'il fait lorsque, au printemps, les inflorescences femelles commencent à se dégager des spathes.

Les inflorescences des pieds mâles (ou *dokkar*) sont cueillies un peu avant leur complet épanouissement, et elles sont mises dans un endroit sec, où elles peuvent être conservées pendant toute la période de floraison.

Tous les Arabes n'ayant pas, dans leurs plantations, des pieds mâles, ces inflorescences sont vendues sur les marchés.

La fécondation est pratiquée avec quelques précautions.

Des fragments de l'inflorescence mâle sont détachés, et placés au milieu de la jeune inflorescence femelle, dont l'extrémité est ensuite attachée avec un segment de feuille. On ne la délie que beaucoup plus tard, quand les fruits commencent à se former.

La valeur du pollen est reconnue à sa couleur et à l'odeur de miel qu'il dégage.

La fructification d'un dattier n'est généralement abondante que tous les trois ans.

Pendant les années de bonne récolte, la variété *degla-en-nour* donne, par pied, cinq ou six régimes qui pèsent chacun 4 kilos ; soit, au total, 20 kilos. L'année suivante, le rendement n'est que de 10 kilos ; il est nul la troisième année.

A la maturité des dattes, les régimes sont récoltés. Dans les magasins où on les rentre, ils sont suspendus à des chevilles de bois fixées aux murs, ou déposés sur des claies faites avec les grosses nervures du dattier.

On procède ensuite au triage ; et les bonnes dattes sont mises en caisses, ou dans des peaux de bouc, ou en couffins, suivant la variété. Elles sont expédiées par caravanes, à dos de chameau, vers les centres de vente, tels que Biskra.

Intéressant ainsi, par ses fruits, au point de vue de l'exportation, le dattier, il ne faut pas l'oublier, offre en même temps, sur place, d'autres ressources aux Arabes.

Son tronc est, dans les oasis, le seul bois de construction connu. Les segments de ses toutes jeunes feuilles fournissent, après qu'on les a desséchées à l'ombre, les lanières avec lesquelles on tresse les objets les plus divers. Les filaments (ou *lifa*) des bases des pétioles servent pour faire des cordages. Avec les grosses nervures des feuilles on confectionne des palissades et les clayonnages des pêcheries.

Le bourgeon terminal est, d'autre part, consommé comme chou-palmiste ; et enfin, après l'ablation de ce même bourgeon, on recueille une sève sucrée, qui, fraîche ou légèrement fermentée, est un vin de palme, le *lagmi*.

Pour préparer ce lagmi, les Arabes coupent donc le bourgeon terminal, mais tout en respectant le sommet végétatif, qui permettra un accroissement ultérieur.

Par la section des jeunes feuilles sort la sève, qui est amenée, par une gouttière quelconque, dans un récipient en terre.

Un tronc peut donner quatre litres de lagmi par jour, pendant un mois ; soit, au total, 120 litres.

Après fermentation suffisante, le lagmi, par distillation, donne de l'alcool, qu'il ne faut pas, du reste, confondre avec celui qu'on obtient encore quelquefois en distillant, de même le jus sucré et fermenté qui s'écoule des dattes *rhars*. Il s'agit, en ce dernier cas, du liquide qui suinte de ces fruits lorsque, comme nous l'avons expliqué plus haut, on les a étalés sur des claies, au-dessus d'une fosse creusée dans le sol.

Cet alcool de *rhars* passe pour être de bonne qualité.

La vigne. — Les vignobles couvraient en 1905, en Algérie, une surface de 170.029 hectares, dont :

      87.330 dans le département d'Oran
      67.293   »   »   d'Alger
      15.406   »   »   de Constantine.

Ces vignes (1) sont localisées sur le littoral, autour des grands ports. Quelques-unes seulement sont disséminées à l'intérieur, par de petits groupes espacés, relativement éloignés de la côte.

Sur les 87.830 hectares du département d'Oran, 60.700 sont autour d'Oran et de Mostaganem.

Sur les 67.293 hectares du département d'Alger, 57.225 appartiennent à l'arrondissement d'Alger, et sont situés dans le Sahel et la plaine de la Mitidja

Dans le département de Constantine, les arrondissements de Bougie, Philippeville et de Bône possèdent 11.565 hectares.

On ne sait que trop que malheureusement une grande partie de ces vignobles algériens est ravagée par le phylloxéra, qui apparut à Tlemcen et à Sidi-Bel-Abbès en 1885.

Actuellement, 145.444 hectares sont encore soumis au régime institué par la loi du 21 mars 1883, qui interdit l'introduction et la circulation en Algérie des matières susceptibles de véhiculer le mal, et qui imposa le système extinctif. Ce système consiste dans l'incinération, sur place, des ceps contaminés, qu'on coupe au ras du sol, et dans l'application du sulfure de carbone, qui tue dans le sol les phylloxéras établis sur les racines.

En 1905, les surfaces indemnes étaient seulement :

      30.683 hectares dans le département d'Oran
       6.518   —   —   de Constantine
et les 67.293   —   du département d'Alger.

Les départements d'Oran et de Constantine sont donc profondément atteints, et surtout depuis 1903. Dans le département d'Oran, notamment, la situation empire continuellement.

Dans le département d'Alger et dans l'arrondissement limitrophe de Bougie, les plants sont encore intacts, mais l'envahissement se

---

(1) JONNART, *Exposé de la situation générale de l'Algérie en 1906.*

produira fatalement si l'on ne réussit pas à maintenir le mal dans le Darha, à l'Ouest, et dans la Petite Kabylie et la Medjana, à l'Est.

Dans les arrondissements de l'intérieur, l'état est stationnaire, et la lutte par le système extinctif se poursuit avec succès, sauf à Guelma et à Souk-Ahras.

On n'ignore pas que les porte-greffes doivent varier suivant la composition du terrain, puisque les cépages américains résistent inégalement à la chlorose calcaire. Dans le département de Constantine, ces vignes américaines réussissent mieux, en général, que dans le département d'Oran, en raison, non-seulement du sol, mais, en même temps, du climat plus humide.

Dans les terres qui contiennent moins de 25 p. 100 de calcaire, le porte-greffes le plus en usage est le *Riparia* $\times$ *Rupestris* (3.309 de M. Couderc et 101¹⁴ de M. Millardet).

Dans les terrains argileux, plus ou moins dépourvus de chaux, le *Riparia* $\times$ *Cordifolia-Rupestris*, qui est le 106⁸ de M. Millardet, donne les meilleurs résultats.

Au-dessus de 25 p. 100 de calcaire, il faut recourir à des hybrides plus résistants, tels que les *Riparia* $\times$ *Berlandieri* (420ᴬ et 34ᴱ), ou encore, parmi les franco-américains, le *41*ᴮ *Chasselas* $\times$ *Berlandieri* de M. Millardet, ou le *Mourvèdre* $\times$ *Rupestris*, qui est le 1202 de M. Couderc, ou le *Aramon* $\times$ *Rupestris* Ganzin, n° 2.

Le dernier de ces hybrides affectionne les terres argilo-calcaires compactes, à sous-sol marneux ou imperméable.

Les principales variétés de vignes pour vins rouges qu'on cultive en Algérie sont, d'après M. Rivière, le *Carignan*, puis le *Mourvèdre*, le *Morastel*, voisin du *Mourvèdre*, le *Cinsault*, l'*Œillade*, très voisine du précédent, les *hybrides Bouschet*, l'*Alicante* et l'*Aramon*.

M. Trabut, dans ses *Études de Botanique agricole* (1899), cite un cépage indigène qui mériterait d'être cultivé pour la production du vin rouge : c'est l'*Aïn-Beugra*. Le vin n'est pas fin, mais riche en couleur et en extrait, et très convenable pour le coupage. « En taille Quarante sur fil de fer, il est fertile ; sa maturité est assez tardive, il conserve très tard ses feuilles vertes et intactes, et ne paraît pas craindre le siroco. »

Pour les vins blancs, les meilleures variétés sont la *Clairette*, l'*Ugni blanc* et le *Feranah*. M. Dugast signale, en outre, un cépage kabyle, le *Lhyada*, qui, mélangé avec le *Franoh*, donne un très bon vin blanc, qui, à la dégustation, rappelle le «Sauterne». Le *Lhyada* est très productif, surtout cultivé en cordon sur fil de fer; et non seulement son vin blanc serait supérieur à celui de *Clairette*, et comparable à celui de *Sémillon*, mais ses raisins très sucrés sont excellents pour la table.

En 1904, l'Algérie a exporté 5.434.869 hectolitres de vin en futailles, dont 5.403.038 pour la France. La valeur totale a représenté 95.110.000 francs.

Il a été exporté, la même année, 229 hectolitres de vin en bouteilles et 1805 hectolitres de vins de liqueurs en futailles.

Les expéditions de mistelles, c'est-à-dire de moûts dont la fermentation a été empêchée par addition d'alcool, ont été de 112.273 hectolitres (3.259.000 francs), dont 109.766 pour la France.

Nos principaux ports français d'importation de ces vins algériens sont les suivants, qui ont reçu en 1904 :

Rouen	2.565.854	hectolitres
Cette	806.742	»
Marseille	789.533	»
Bordeaux	440.554	»
Nice	129.956	»
Nantes	112.062	»
Le Havre	110.626	»

En 1905, la production, assez faible, de la colonie a été de 7.135.000 hectolitres.

L'olivier. — Si l'olivier (*Olea europæa* Linn.) n'est pas indigène en Algérie, il y est, tout au moins, acclimaté de toute antiquité, puisque Diodore de Sicile le signale déjà dans cette partie du bassin méditerranéen, lors de l'expédition d'Agathocle, 300 ans avant l'ère chrétienne.

Aujourd'hui l'arbre pousse à l'état spontané dans toutes les forêts de la zone où il peut vivre. On estime que, dans l'ensemble du territoire de la colonie soumis au régime forestier, il y a près d'un demi-million de ces pieds sauvages, que les Arabes nomment *zeboudj*, et qui sont, soit des oléastres à petits fruits et à petites feuilles — c'est-à-dire le type véritable de l'olivier qui n'a jamais été cultivé — soit des formes cultivées revenues à l'état sauvage, par suite de semis accidentels, dus, par exemple, aux oiseaux.

Ainsi que nous le redirons pour la Tunisie, l'olivier a dû jouer en Algérie, pendant la domination romaine, un rôle plus important que de nos jours.

Dans le massif du Chenoua (1), entre ces deux anciennes villes dont la population devait être d'au moins 60.000 habitants, Cherchell et Tipaza, on trouve encore de nombreuses ruines d'huileries romaines. On en connaît aussi, dans l'est, dans la région de Tébessa.

La zone algérienne de l'olivier est assez étendue, car elle ne comprend pas seulement toute la partie littorale, mais s'étend, vers l'intérieur, jusqu'aux régions où l'altitude est inférieure à 700 ou 800 mètres. Vers le sud, MM. Rivière et Lecq tracent la limite de l'habitat de l'arbre par une ligne qui passe à une distance du littoral variant entre 80 et 100 kilomètres.

Les rendements en huile, d'après M. Trabut, sont, d'ailleurs, bien différents d'une contrée à l'autre, et souvent entre régions voisines. Ils sont plus élevés, par exemple, à Saint-Denis-du-Sig qu'au pied de l'Atlas. Quand 100 kilos d'olives donnent 18 litres d'huile à Saint-Denis, on n'en obtient que 14 dans le Sahel et dans la Mitidja.

Dans le département d'Oran, l'olivier réussit dans toutes les plaines et les vallées depuis la mer jusqu'à la limite des steppes. Tlemcen, Saint-Denis-du-Sig, Mostaganem possèdent de nombreuses olivettes.

Dans le département de Constantine, ce sont les alluvions des vallées qui sont occupées surtout par les oliviers, principalement, par exemple, dans l'arrondissement de Bougie (où il y avait en 1905 1.910.394 oliviers greffés et 516.602 oliviers non greffés), puis de Philippeville à El-Kantour, à Jemmapes, à Guelma, dans la vallée de la Seibouse, etc.

Dans le département d'Alger, le grand centre bien connu de culture est la Kabylie. Sur cette vaste étendue — sur laquelle on estimait, en 1902, qu'il y avait plus de cinq millions d'oliviers cultivés — il est naturellement beaucoup de variétés exploitées, et qui, trop souvent, sont difficilement déterminables et mal déterminées. En Kabylie, les principales pour l'huile seraient les suivantes (2).

(1) TRABUT, l'olivier en Algérie, 1900.
(2) L'olivier en Kabylie (Bulletin du Syndicat des colons d'Akbou et des oléiculteurs de Kabylie, décembre 1905).

Ce serait tout d'abord, parmi les meilleures, le *Chemlal*, qui ressemble beaucoup au *Chemlali de Sfax*, et serait, par conséquent, d'après les identifications que nous donnerons plus loin, à propos de la Tunisie, le *Blanquetier* de France, quoique les oléiculteurs de Kabylie l'assimilent plutôt, par son feuillage et par les changements de couleur de ses fruits (qui sont blancs, puis rouges et finalement noir violet), au *Caillet blanc*, qui serait le *Semni* de Sousse et le *Chemlali* de Tebourba.

L'huile du *Chemlal de Kabylie* est, en tout cas, très fine, pâle, et contient peu de corps gras concrets.

L'*Azeradj* est une variété beaucoup plus petite que la précédente, à fruit très noir lorsqu'il est mûr. Elle comprend de nombreuses formes dont l'huile est bonne, quoique grasse en raison de sa teneur en corps concrets.

Le *Limli* (ou *Limi*) *de Seddouk*, à fruits pruinés de bleu, peut être confondu avec le *Bouteillan* de l'Hérault. Son huile est également grasse.

Plus fines seraient les huiles de la *Petite Aberkan de Seddouk* et d'une variété de l'Oued-Amizour.

La *Petite Aberkan de Seddouk* se rapprocherait du *Meski* de Tunisie et serait alors l'*Amellaou rose* de France.

L'olivier de l'Oued-Amizour serait voisin du *Cayon* (ou *Caïanne*, ou *olivier d'Entrecasteaux*) de Marseille et du *Regragki*, ou *Djerbouaï*, de Tunisie.

Dans le département d'Oran, un olivier très commun est l'olivier de Saint-Denis-du-Sig, qui donne en abondance une huile estimée.

Citons encore dans la région de Tlemcen les olives de Saf-Saf et celles de Bria.

La culture de l'olivier n'est pas faite partout, en Algérie, avec tout le soin désirable.

La taille est pratiquée par les colons, mais l'est peu par les indigènes, qui détiennent cependant la plus grande partie des olivettes. Les Kabyles, avec leurs hachettes, rabattent seulement leurs arbres tous les six ans, pour faciliter la cueillette.

Les plantations sont le plus souvent étendues par le greffage des oliviers sauvages, qu'on coupe au ras de terre, pour greffer ensuite en couronne sur le tronc restant.

On n'a presque jamais recours à la multiplication par éclats, qui au contraire, nous le verrons, est la méthode la plus employée en Tunisie. Après le greffage des vieux arbres, les deux procédés les plus ordinaires en Algérie sont le bouturage des branches vigoureuses et la plantation des drageons.

Les principaux perfectionnements qu'il y aurait lieu d'apporter seraient une taille mieux pratiquée, et faite par des spécialistes, puis des labours plus fréquents, des irrigations régulières et suffisamment répétées, et enfin une fumure appropriée, telle que fumier ou engrais verts, avec addition de sels potassiques.

La récolte commence en octobre, pour les olives de table vendues sur les marchés; elle a lieu un peu plus tard, pour les olives à huile. Celles-ci sont gaulées ou cueillies par le procédé kabyle, qui consiste à les « traire », c'est-à-dire à tenir la branche dans la main gauche pendant que la droite glisse autour de cette branche, de haut en bas.

Cette dernière méthode est évidemment la meilleure, le gaulage offrant les inconvénients connus de meurtrir les olives et de retarder l'époque de la cueillette.

Nous avons déjà dit que le rendement dépend du climat et du terrain; il dépend aussi de la variété. Il n'est donc pas possible de donner des chiffres rigoureux. Indiquons seulement que, dans la région très favorable de Bougie, on estime que, dans une plantation de 100 arbres à l'hectare, chaque arbre donne environ 30 litres d'huile.

Chez les Kabyles, les olives sont souvent conservées pendant plusieurs mois avant d'être pressées. L'huile rance ainsi préparée peut être appréciée de ceux qui la fabriquent, et qui sont convaincus, en outre, qu'ils obtiennent, après cette fermentation, un plus fort rendement en substance grasse; elle ne conviendrait nullement pour l'exportation, en admettant même qu'elle fût ensuite convenablement pressée, ce qui n'a pas lieu.

Ce ne sont que les moulins modernes, avec leur outillage perfectionné, qui préparent les huiles d'exportation, avec les olives achetées aux indigènes et traitées fraîches.

Les Kabyles, d'ailleurs, se sont bien rendu compte que ces huiles obtenues sont supérieures aux leurs et sont les seules qui soient livrables au commerce. Aussi prennent-ils de plus en plus l'habitude de ne fabriquer que les huiles nécessaires à leur consommation; et ils s'empressent d'apporter le surplus de leur récolte à ces moulins européens qui deviennent, chaque jour, plus nombreux.

Depuis 1881, les exportations des huiles algériennes ont été les suivantes, en valeur:

1881..	F.	765.159
1883..............		3.446.172
1885..............		2.117.587
1887...............		5.530.587
1889...............		609.118
1891...............		2.090.913
1904.......		4.086.000

Les 4.036.000 francs de 1904 correspondent à 4.301.700 kilos, dont 4.206.600 ont été importés en France (1).

En 1905, les exportations ont été de 6.281.200 kilos, soit, très approximativement, 68.500 hectolitres, sur une production locale qui est au moins de 500.000 hectolitres.

A ce commerce des huiles l'Algérie pourrait ajouter celui des conserves, qui, pour le moment, est aussi négligé qu'en Tunisie. Notre colonie possède cependant des variétés d'oliviers qui donnent de bons fruits de table. Telles sont :

L'*Azeradj*, qui convient aussi bien pour les conserves que pour l'huile ;

La *Grosse Aberkan de Beni-Aïdel*, qui se rapproche de la *Verdale* de Provence, et dont le gros fruit est si peu amer que les Kabyles le mangent parfois sans préparation ;

La *Tefah*, qui, si elle est la même que la *Tefahi* de Sousse, serait l'*Amellaou rose* ;

Les *olives du Hamma de Constantine*, dont l'une rappellerait la *Berbassi de Tunis*, qui serait la *Grosse Espagne* de Naples.

Enfin on trouve dans quelques plantations la *Picholine*.

Les plantes à essences. — Pour diverses raisons, parmi lesquelles la cherté de la main-d'œuvre et la concurrence étrangère, la culture des plantes à parfum n'a pas pris en Algérie le développement que permettrait son climat.

La seule espèce exploitée sur une assez grande échelle, relativement, est le *géranium rosat* (*Pelargonium capitatum* Ait), qui est cultivé surtout dans le Sahel, depuis Matifou jusqu'à Cherchell, et dans les plaines basses du littoral. Boufarik est un des grand centres

---

(1) L'Italie et l'Espagne sont, avec l'Algérie et la Tunisie, les pays exportateurs d'huiles d'olives en France. Le total de ces importations est annuellement de 20 millions de kilos environ.

de distillation ; les autres sont Cheragas, Rovigo, qui doit sa prospérité à cette culture, et Philippeville.

L'essence de géranium d'Algérie vient s'ajouter en France aux essences de Grasse, d'Espagne, de la Réunion et de l'Inde.

Ce serait de Grasse que seraient parties, vers le milieu du dernier siècle, les premières boutures de géranium destinées à l'Algérie ; et les plantations furent entreprises par M. Mercurin, d'abord, puis par d'autres colons originaires de Grasse.

A l'Exposition de 1849, de l'essence était déjà présentée par MM. Simonnet et Mercurin, de Chéragas.

Puis ,en 1847, M. Chiris vint fonder son établissement de Boufarik. En 1904, les exportation de la colonie en essence de géranium ont été de 63.600 kilos, représentant une valeur de 2.161.000 francs.

Il est bien connu que les conditions de culture du géranium sont tout autres en Algérie qu'à Grasse.

Dans les Alpes-Maritimes, les froids de l'hiver ne permettent pas de conserver une plantation plus d'une saison ; et une seule coupe, qui a lieu en octobre, est possible. Le prix moyen des plantes étant de 65 francs la tonne, et 1.000 kilos de ces plantes étant nécessaires pour fournir 1 kilo d'essence, cette essence de géranium de Grasse doit être vendue très cher ; et il est heureux que, par compensation, sa qualité exceptionnelle, qui a pour cause précisément un climat plus froid, permette de trouver acheteur à ces prix plus élevés.

L'essence de géranium d'Algérie, tout en étant supérieure à celle de la Réunion, ne vaut pas celle de Grasse et ne pourrait être cotée aussi haut ; mais il est possible de la vendre moins cher parce que les frais de sa production sont moindres.

Et ces frais diminuent pour deux causes :

1º Une plantation de géraniums, sur la côte africaine, n'est pas annuelle ; elle peut être conservée pendant 4 ou 5 ans dans les sables, et 7 ou 8 ans dans les terres fortes ;

2º On peut faire deux coupes annuelles en terre sèche, et trois en terre arrosée. La première de ces coupes est faite en avril, la seconde en juillet, et la troisième en octobre et novembre.

Le géranium est ordinairement multiplié en hiver, par boutures de branches d'un an.

On peut pratiquer une première coupe 3 ou 4 mois plus tard.

En moyenne, d'après MM. Rivière et Lecq, chaque coupe donne, par hectare, 100 quintaux de feuilles.

Dans les terres sablonneuses, il faut, pour donner un litre d'essence : en avril, 10 à 12 quintaux de ces feuilles ; en juillet, 8 à 10 ; en octobre, 12 à 16.

D'autre part, M. Gros (1) dit que le rendement en essence varie de 800 grammes à 1 k. 200, pour 1.000 kilos de feuilles, et ne dépasse pas, en moyenne, 20 kilos à l'hectare, par an.

Un des plus gros avantages, peut-être, de la culture du géranium, est la rapide productivité de la plante, puisqu'un champ rapporte déjà après 4 mois de plantation.

Par contre, l'aléa réside dans les grandes oscillations de prix du produit, qui dépendent de facteurs multiples. Elevés, par exemple, quand une cause quelconque compromet la récolte de la Réunion, ces prix s'abaissent quand surviennent de forts arrivages de l'Inde, composés de véritable essence de géranium et d'essence de *palmarosa*, cette dernière fournie par le *Cymbopogon Martini* Stapf.

Il faut compter aussi avec les froids intempestifs, qui nuisent à la dernière coupe, ou avec les pluies printanières exceptionnelles, qui, comme en 1904, retardent la première, et abaissent dès lors à deux le nombre des récoltes de l'année.

En tout cas, le danger à éviter est une élévation de la production qui, à l'heure actuelle, est suffisante, d'autant plus que la colonie n'est pas suffisamment protégée contre la concurrence étrangère. Une production plus forte amènerait un nouvel abaissement des prix, qui ont déjà fléchi en ces dernières années.

En 1904, les exportations ont été faites à destination de la France (58.200 kilos), de l'Allemagne (4.400), de la Belgique (900) et de l'Italie (100).

En dehors du géranium, les quelques autres végétaux à parfums qu'on cultive en Algérie ne sont guère, croyons-nous, que ceux des plantations de la maison Chiris, à Boufarik ; et ce sont le *bigaradier* (*Citrus Bigaradia* Lois.) et le *cassier* (*Acacia Farnesiana* Willd.).

En distillant les fleurs du bigaradier, la maison Chiris prépare l'*essence de néroli* ; la distillation des feuilles donne l'*essence de petit grain*.

(1) Gros, *Plantes à parfums* ; Alger, 1900.

Le rendement des fleurs est d'environ 1 pour mille ; celui des feuilles de 2 à 3 pour mille.

Le cassier nécessite une très grande main-d'œuvre, surtout pour la cueillette, qui doit être faite avec soin.

Un hectare de cassiers produit annuellement de 500 à 1.000 kilos de fleurs. A Grasse (1) l'arbre est obtenu de semis. Au bout de trois ans, il commence à fleurir ; et chaque pied en pleine production donne 500 grammes de fleurs. Tous les ans, on le taille à un mètre de hauteur, et on le butte, pendant l'hiver, à 30 et 35 centimètres. La récolte commence dans les derniers jours de septembre et dure généralement jusqu'à la fin de novembre. La cueillette a lieu deux fois par semaine, avec des échelles doubles.

En Algérie, un arbre à essence un peu exploité est l'*Eucalyptus globulus* Labill., qui est très commun dans les terrains humides. On prépare annuellement 6.000 à 7.000 kilos d'essence, qui vaut de 4 à 6 francs le kilo. Le rendement est d'environ 5 à 6 kilos d'essence par 1.000 kilos de feuilles.

Le tabac. — La culture et la fabrication du tabac sont libres en Algérie.

Avant l'occupation française, la fabrication était limitée aux besoins locaux, et les indigènes récoltaient à peine les feuilles nécessaires pour leur consommation.

L'Administration française, en achetant une partie des récoltes, provoqua le développement de cette culture.

En 1904, les exportations ont été de :

3.209.400 kilos de feuilles à destination de France ;
203.600 kilos à destination des autres pays ;
36.123 centaines de cigares, dont 5.525 pour la France ;
317.700 kilos de cigarettes, dont 104.600 pour la France ;
60.100 kilos de tabac à fumer, mâcher ou priser, dont 55.500 pour la France.

Les variétés de tabac les plus cultivées sont des hybrides de tabacs à feuilles larges et de tabacs à feuilles étroites ; et ce sont les variétés à feuilles étroites qui, d'après M. Rivière, tendent le plus à prédominer.

(1) Bulletin scientifique de la maison Roure-Bertrand fils de Grasse, 1901.

Les tabacs jadis cultivés étaient originaires du Levant ; aujourd'hui, ce seraient surtout des descendants transformés des types du Paraguay et du Palatinat.

Ces tabacs (1) ne peuvent entrer dans la composition des cigares qu'en bien faible quantité ; leur goût ne convient pas. On emploie donc en Algérie des tabacs importés, aussi bien pour l'intérieur que pour la cape et la sous-cape.

Pour la fabrication des cigarettes et des tabacs, les tabacs indigènes sont mélangés avec les tabacs étrangers ; et le produit devient ainsi plus fin et plus moelleux. Les tabacs algériens coupés seuls ont cependant, dit M. Dachot, « une qualité répondant au goût de nombreux fumeurs ; beaucoup d'Européens et presque tous les Arabes apprécient énormément le tabac dit *Chébli*, qui serait fait exclusivement avec les feuilles de cette variété, cultivée depuis longtemps en Algérie. Toutefois, cette qualité ne répond qu'aux besoins de la consommation locale, et n'est pas encore fort prisée pour l'exportation. »

Pour l'année 1905, l'Administration des Manufactures de l'État était autorisée à faire acheter, sur la récolte, par ses agents, 3.200.000 kilos de feuilles. Les prix fixés étaient, par 100 kilos : 150 francs pour les tabacs marchands de première qualité, 120 francs pour les tabacs de seconde, et 90 francs pour les tabacs de troisième.

Le savonnier. — Nous ne voulons pas passer sous silence cette Sapindacée (2), qui est un arbre intéressant par la pulpe de ses fruits, très riche en saponine.

Cette pulpe de diverses espèces de *Sapindus* est utilisée, comme succédané du savon, en Chine, au Japon, dans l'Inde et aux Antilles ; et, depuis quelques années, le produit a été introduit sur les marchés européens, où il est présenté pour concurrencer le « bois de Panama ».

Mais, alors que le « bois de Panama » ne renferme que 8 à 9 p. 100 de saponine, les fruits de certains *Sapindus* peuvent en contenir 38 p. 100.

Le produit offre donc un intérêt qui devrait encourager l'Algérie à développer la culture de l'arbre, puisqu'il est reconnu qu'il réussit dans les terres fraîches et profondes du littoral.

(1) Léon DACHOT, *La fabrication du tabac en Algérie* ; Alger-Mustapha, 1900.
(2 TRABUT, *Le Sapindus* ; Alger, 1898.

L'espèce introduite en 1865 par M. Hardy au Jardin d'Essais d'Alger est le *Sapindus Mukorossi* Gaertner var. *carinatus* Radlk.

C'est un grand arbre à cime dense, qui, lorsqu'il est adulte, donne de 25 à 100 kilos de fruits, qu'on cueille vers la fin de l'automne et dans le courant de l'hiver.

Un des avantages de la pulpe, outre sa richesse en saponine, est la présence d'une matière gommeuse, qui donne une sorte d'apprêt aux tissus lavés dans une décoction du fruit.

L'arbre peut être multiplié par graines, ou, mieux, par boutures de deux ans, faites en février et mars. Le rapport commence, dans ce dernier cas, au bout de six ans.

« Aucun arbre, dit M. Trabut, ne mérite plus d'attirer l'attention des colons algériens détenteurs de bonnes terres, et qui ne craignent pas d'attendre pendant quelques années un produit rémunérateur. »

D'après M. Livache (1), les coques du *Sapindus* peuvent, d'ailleurs, être transformées, après torréfaction à 130° ou 140° pendant trois à quatre heures, en une poudre qu'on conserve telle qu'elle, ou qu'on met sous forme de pain.

La torréfaction, qui est nécessaire pour que la pulvérisation soit opérée facilement, ne diminue que très peu la teneur en saponine.

Les plantes textiles. — Si l'Algérie fournit à la matelasserie, à la vannerie et à la papeterie le crin végétal et l'alfa dont nous parlerons plus loin, elle ne semble guère, jusqu'alors, le pays des véritables textiles.

Ceux auxquels on a pensé sont les *Agave* et les *Fourcroya*, mais le succès de leur culture est incertain, et même peu probable.

Le *Fourcroya gigantea* Vent., qui est l'*aloès vert* de Maurice, s'est, paraît-il, très mal acclimaté, car il est très sensible au froid.

L'*Agave rigida* Mill. var. *sisalana* Perrine ne paraît pas plus rustique; et il est, en outre, très difficile de se procurer des plants, qui sont vendus à des prix excessivement élevés.

Quant à l'*Agave americana* Linn. (*aloès bleu* de Maurice), qui est naturalisé dans tout le bassin méditerranéen, il ne présente pas les inconvénients précédents, mais il a un autre défaut, qui est son faible rendement. On ne retire pas, en fibres sèches, plus de 1 o/o du poids

(1) *Bulletin de l'Algérie*, 1903.

des feuilles vertes, alors qu'on en retire 2,65 de l'aloès vert, et au moins autant, sinon plus (3 o/o), du sisal (pour lequel, toutefois, les chiffres donnés sont assez variables suivant les expérimentateurs).

Avec toutes ces espèces, des résultats favorables sont si peu probables que M. Fasio, d'Alger, qui s'occupe tout spécialement de ces filasses dites *d'aloès*, et qui a construit, pour les préparer, une défibreuse spéciale, dite *mono-défibreuse*, ne recommande, en définitive, en Algérie, qu'un *Agave* spécial, qui serait spontané, et qu'il dit avoir découvert par hasard. « Comme l'*Agave americana*, écrit M. Fasio (1), cet autre *Agave* se trouve sur le bord de quelques routes, quoique en moins grande abondance que le premier.

« Son aspect physique est sensiblement le même que celui de l'espèce *americana*, avec laquelle il est généralement confondu. Mais ses épines latérales sont plus rapprochées les unes des autres, et plus régulièrement disposées ; la feuille est plus nerveuse et plus droite que celle de l'*A. americana*, et d'un bleu plus pâle.

« Si une section est opérée dans la feuille de l'agave en question, l'odeur qui se dégage de la pulpe est tout à fait caractéristique, et plutôt désagréable. Elle se rapproche en cela de celle de l'intérieur des feuilles du sisal. Cette particularité permettra donc de différencier les deux plantes en cas d'hésitation, car l'*Agave americana* n'offre pas la même odeur des tissus mis à nu.

« Mais ce qui différencie ces deux agaves encore plus radicalement, et qui fait de l'agave nouveau une précieuse acquisition, c'est son rendement beaucoup plus considérable en fibres, et la qualité supérieure de celles-ci.

« Tandis que l'*A. americana* ne donne guère plus de 1 o/o, en fibres sèches, du poids des feuilles vertes traitées, la forme qui nous intéresse atteint l'énorme rendement de 3,5 o/o.

« La fibre de l'*A. americana* est légère, floche et mate : celle de l'autre *Agave* est rigide et brillante, se rapprochant, par conséquent, de celle du sisal, et, plus encore, de la fibre dénommée dans le commerce, *pite de Haïti*.

« A la défibration mécanique, les fibres de l'agave que je préconise sortent plus nettes que celles de l'*A. americana*, car la masse de tissu qui les emprisonne dans la feuille est moins épaisse. On peut

---

(1) *La culture du sisal dans les « Tea Districts » de l'Inde;* traduction, faite par M. Fasio, d'un mémoire de MM. Mann et Sunter.

en conclure que la défibration est plus facile, chose confirmée par la pratique. Il en résulte encore une légère augmentation de rendement. »

La machine construite par M. Fasio pour la défibration des filasses d'aloès, et que son constructeur a nommée la *mono-défibreuse*, tout en étant construite sur le type ordinaire des raspadors et des décortiqueuses plus perfectionnées, s'en distingue par quelques particularités. Les feuilles, dont l'épaisseur a été égalisée par un broyeur-aplatisseur, ne sont pas grattées sur la longueur d'un quart de la circonférence du tambour, mais seulement sur une petite surface de trois centimètres, par un tambour gratteur faisant 500 tours. Comme toutes les machines semi-automatiques, elle laisse un talon, lorsque les feuilles sont introduites par la pointe ; mais on peut remédier à cet inconvénient en présentant les limbes, comme dans les machines automatiques, par le talon, et en les laissant pénétrer jusqu'à un peu plus de la moitié. On les retourne ensuite, pour les présenter par la pointe et achever la défibration. La première opération nécessite deux secondes environ, par feuille moyenne d'*Agave americana ;* la deuxième en nécessite trois ou quatre.

Les feuilles sont présentées à la main, et, dit M. Fasio, « se trouvent défibrées avant même que l'opérateur, dans les machines semi-automatiques, ait achevé d'introduire ou de serrer le talon de la feuille dans l'organe de grippage, chariot ou boucle. » Un homme suffit pour une machine.

Comme son nom l'indique, la « mono-défibreuse » peut fonctionner sans le secours d'une machine à vapeur ou de moteurs quelconques, et simplement à bras, au moyen de manivelles.

La défibration est suivie d'un lavage et d'un séchage.

Nous n'avons aucune raison pour dissimuler que nous avons entendu formuler quelques critiques sur l'appareil de M. Fasio, mais nous avons aussi entendu des critiques analogues, et même souvent plus vives, à propos des autres défibreuses connues, dont aucune, il faut l'avouer, n'est parfaite actuellement. Ce qui nous a engagé à insister sur la machine du constructeur d'Alger, c'est que tous les échantillons de filasses que nous avons vus, provenant de cette maison, sont très beaux, propres et résistants. Nous l'avions déjà constaté lorsque, il y a environ deux ans, M. Fasio nous avait envoyé des spécimens, et nous avons pu faire de nouveau la même constatation, plus récemment, à l'Exposition de Marseille.

Le crin végétal. — Le *crin végétal d'Algérie* est constitué par les filaments fibreux du limbe du *Chamærops humilis* Linn., c'est-à-dire de ce *palmier-nain* qui, au point de vue de la température, est le moins exigeant de tous les palmiers, puisqu'on admet qu'il fut jadis indigène en France, sur le littoral méditerranéen.

L'industrie du crin végétal est due à un ancien tapissier de Toulouse, Pierre Averseng, qui, en 1846, était venu en Algérie.

Se promenant un jour dans la campagne, aux environs d'Alger, Pierre Averseng déchiquetait machinalement, entre ses doigts, une feuille de palmier-nain, lorsqu'il remarqua qu'il détachait ainsi de nombreux fils qui avaient une certaine résistance et rappelaient le crin animal.

« Et il observa également, dit un administrateur algérien, M. Martin Dupont, à qui nous empruntons ces renseignements, que ces filaments, s'ils n'avaient point l'élasticité du crin animal, étaient doués d'une grande solidité, et que donc, peigné, cardé et teint, le textile pourrait peut-être remplacer avantageusement le crin animal, dont le prix élevé rendait très difficile la profession de tapissier. »

Pierre Averseng s'associa alors avec un bailleur de fonds nommé Delorme, et établit tout d'abord son industrie à Toulouse, en 1847. En 1849, la production était de 25.000 kilos.

Mais, un peu plus tard, la fabrique était transportée à Cheragas, puis, en 1867, à El Affroun. C'est à l'Exposition de 1855 qu'était vraiment, pour la première fois, apparu dans le commerce ce crin végétal, auquel on reconnut tout de suite un autre avantage, qui venait s'ajouter à ceux que nous avons déjà mentionnés : il était moins facilement attaqué par les insectes que le crin animal.

Aujourd'hui l'établissement d'El-Affroun créé par Pierre Averseng est encore — sous la direction de Mme G. Averseng, sa belle-fille — une des principales fabriques de crin végétal, occupant environ 200 ouvriers. Il y est préparé annuellement 2.500.000 kilos de crin.

Au total, il est exporté annuellement d'Algérie 30 millions de kilos de ce crin.

La récolte des feuilles du palmier-nain est faite par les indigènes, et surtout les femmes et les jeunes gens de 15 à 20 ans.

Il n'y serait pas tout à fait procédé de la même manière dans les départements d'Oran et d'Alger.

Dans le département d'Alger, lorsque les feuilles ont été coupées à la base, les récolteurs en séparent immédiatement les pétioles, et ils ne gardent que les limbes, qu'ils mettent en bottes.

Ces bottes sont ensuite réunies par deux, bout à bout, les extrémités qu'on engrène l'une dans l'autre étant celles qui correspondent aux pointes des feuilles. L'ensemble est la *manoque*, qu'on apporte à l'usine.

Dans le département d'Oran, le récolteur simplifie le travail, car il ne détache pas les pétioles. Ce sont les feuilles tout entières qui sont entassées dans des filets ; et ces paquets sont transportés sur des bêtes de somme. Il est alors nécessaire, à l'usine, de détacher les pétioles

Cette récolte des limbes de palmier-nain est, au reste, dit-on, un travail assez pénible, auquel les indigènes ne se livrent que lorsqu'ils n'ont pas d'autre ressource ; et c'est pourquoi la production du crin végétal est d'autant plus abondante que l'année a été plus mauvaise pour la culture arabe.

Les limbes récoltés sont rarement aujourd'hui traités par les peigneuses à main d'autrefois, qu'on ne voit plus guère que chez les indigènes, ou dans quelques petites installations européennes. Le travail est plus souvent effectué, soit avec des tambours plus ou moins analogues, en somme, à ceux qui servent pour le défibrage du coir (et que nous décrirons dans le chapitre de l'Indo-Chine) soit avec des peigneuses mécaniques à chaînes, très perfectionnées, et qui ont sur les tambours le double avantage de fournir un travail plus rapide et d'être d'un fonctionnement moins dangereux pour les ouvriers.

Avec tous ces appareils, 100 kilos de feuilles vertes donneraient 40 kilos de filasse, qu'il reste ensuite à friser.

Le frisage a pour but d'empêcher les filaments fibreux de se tasser, en leur donnant une certaine élasticité ; il est obtenu par cordelage.

L'ouvrier, en effet, suivant le procédé qu'emploient les cordiers pour préparer à la main le fil de caret, fabrique une corde grossière. Quand cette corde a atteint une certaine longueur et a été très fortement tordue, elle est détachée ; et ses deux extrémités sont liées ensemble, les deux moitiés s'entortillant l'une autour de l'autre. Après plusieurs semaines, on détache et on détord, et tous les brins sont séparés les uns des autres. On leur laisse leur couleur ou on les teint en noir.

En 1900, l'Algérie exportait déjà 32.472.000 kilos de ce crin, contre 21.147.700 kilos en 1898 et 27.969.200 kilos en 1899.

Les exportations de 1900 — que nous citons parce que la statistique que nous en avons trouvée indique les importances respectives des trois ports d'embarquement — se répartissaient ainsi, en kilos :

	Alger	Oran	Bône
France	4.322.147	4.356.282	1.670
Allemagne	1.864.744	3.890.738	»
Belgique	1.880.751	3.022.541	40.481
Autriche	1.502.226	2.041.104	137.400
États-Unis	»	3.175.880	»
Italie	435.287	2.861.079	»
Angleterre	326.554	33.200	29.917
Totaux	10.331.709	19.380.224	209.467

Toutes ces exportations ne représentent que 30 millions de kilos ; les 2 millions qui manquent ont été reçus par d'autres pays d'Europe, de moindre importance.

Mais on voit que c'est la France qui, plus que toutes les autres contrées, importe le crin végétal.

En 1904, les exportations générales ont été :

France	7.003.200 kilos		Pays-Bays	597.900 kilos
Autriche-Hongrie	4.978.900 »		Angleterre (1)	541.500 »
Allemagne	4.810.800 »		Espagne	190.500 «
Belgique	3.721.200 »		Danemark	136.900 »
Italie	3.478.200 »		Tunisie	117.400 »
Russie	2.088.100 »		Grèce	96.000 »
États-Unis	1.478.600 »		Turquie	69.800 »
Possessions anglaises de la Méditerranée	665.500 »		Autres pays	25.400 »

Le total de 30.143.600 kilos représente une valeur de 2.948.000 fr. Sur cette somme, on fait souvent remarquer que près d'un million de francs revient aux indigènes.

En effet, les feuilles sont payées aux récolteurs 1 fr. 50 les 100 kilos. Or, puisque 100 kilos de feuilles fournissent, nous l'avons vu, en chiffres ronds, 50 kilos de crin, il faut admettre que c'est 60 millions de kilos de feuilles qui sont achetés aux indigènes. Et 600.000 quintaux à 1 fr. 50 font bien un total de 900.000 francs.

---

(1) On remarquera combien sont faibles les importations de crin végétal en Angleterre. Les filaments de *Chamærops* sont, en effet, peu recherchés en Grande-Bretagne, où on leur préfère le coir, qui vient de l'Inde anglaise, de Ceylan et de la Trinidad.

Pour le fabricant, d'autre part, puisque 100 kilos de crin sont fournis par 200 kilos de feuilles, c'est à 3 francs le quintal que revient la matière première du produit.

L'alfa.—L'alfa (ou halfa) est une Graminée rhizomateuse, formant des touffes qui atteignent de 60 centimètres à 1 mètre de hauteur.

Les feuilles ont de 50 à 80 centimètres de longueur. Lorsqu'elles sont très jeunes, elles sont plan-convexes, la face inférieure étant courbe ; la face plane, qui est la face supérieure, présente huit forts sillons longitudinaux, déterminés par la saillie de sept nervures.

Avec l'âge, et sous l'influence d'un commencement de dessiccation, cette face supérieure, déjà normalement plissée, se contracte plus que la face opposée ; et il en résulte un enroulement des bords vers le centre, ce qui rend la feuille cylindrique.

Cette forme est, avec la longueur, la première cause qui permet l'emploi des feuilles d'alfa en vannerie. Le second fait qui favorise encore cet usage est l'abondance des tissus fibreux intérieurs. La feuille d'alfa est ainsi facilement travaillable et résistante.

La plante (*Stipa tenacissima* Lin.) pousse exclusivement dans cette région très limitée qui est la partie du bassin méditerranéen comprise, à l'ouest du 10e degré de longitude Est, entre le 32° degré et le 41e de latitude Nord.

Les seuls pays producteurs sont ainsi : les Baléares, les provinces espagnoles de Valence et de Murcie, le Maroc, l'Algérie, la Tunisie et la Tripolitaine.

En 1901, les exportations de ces pays étaient les suivantes :

Espagne	7.500.000	kilos
Maroc	2.500.000	»
Algérie	90.000.000	»
Tunisie	30.000.000	»
Tripolitaine	40.000.000	»

L'Algérie est donc la contrée alfatière la plus importante.

On évalue à 5 millions d'hectares la surface qui, dans notre colonie, est couverte par l'alfa, alors qu'il n'y en aurait que 3 millions en Tunisie.

Dans le département d'Oran, où est le peuplement le plus important, on trouve la Graminée depuis le littoral jusqu'au Sahara, la plante débordant donc de part et d'autre des Hauts-Plateaux, au Nord et au Sud.

Dans le département d'Alger et de Constantine, l'alfa s'éloigne, au contraire, du littoral et se confine davantage sur ces Hauts-Plateaux. Il abonde (1) au sud d'une ligne passant par Tiaret, Teniet-el-Haâd, Aumale, les Bibans, le Boutaleb, les Madida et les contreforts septentrionaux de l'Aurès.

Les peuplements des montagnes du sud de la province de Constantine se continuent, par Tebessa, en Tunisie, où nous les retrouverons plus loin, lors de notre étude sur les produits de la Régence.

Deux causes principales règlent cette répartition de l'alfa dans sa zone de dispersion : la première est la pluviosité, qui ne doit pas dépasser 60 centimètres d'eau par an ; la seconde est la nature du terrain, qui doit être ou calcaire ou silico-calcaire.

Lorsque dans les « mers d'alfa » se trouvent des dépressions plus humides, à fond argileux, l'alfa est remplacé par le *faux-alfa*, ou *albardine* (*Lygeum Spartum* Loefl.), dont les feuilles, tout en étant moins résistantes que celles de l'alfa, sont néanmoins employées aussi en sparterie, ainsi que celles du *diss* (*Ampelodesma tenax* Link).

Mais l'alfa reste toujours, en définitive, la plante la plus importante et la plus commune.

Pour comprendre son mode d'exploitation, il est nécessaire de bien connaître la marche de sa végétation.

Du rhizome, c'est-à-dire de la tige souterraine qui rend la plante vivace par sa partie enfouie dans le sol, partent chaque année les pousses qui constitueront la touffe de cette année. Ces pousses apparaissent au printemps, vers le milieu de mars, et elles fleurissent et fructifient en mai et en juin.

Ce n'est toutefois pas immédiatement après la fructification que la touffe aérienne disparaît. Au contraire, la décomposition en est si lente que, au printemps suivant, ces tiges de l'année précédente se dressent encore sur le sol avec leurs feuilles, alors que les nouvelles pousses apparaissent ; elles se conservent même jusqu'à la fin de cette seconde année.

Une touffe d'alfa, au mois d'août, porte ainsi deux sortes de tiges aériennes.

____

(1) BATTANDIER et TRABUT, *Flore de l'Algérie.*

1° Des tiges de l'année précédente, en voie de décomposition ;
2° Des tiges de l'année, en pleine végétation.

Dans ces conditions, on conçoit qu'il soit possible pour le récolteur de travailler pendant toute l'année, s'il le veut, puisque ce qu'il arrache, ce sont les feuilles bien développés, c'est-à-dire les feuilles des tiges qui ont fructifié. La fructification étant terminée dès le mois de juin, et les feuilles mûres persistant sur la plante au moins jusqu'au mois de juin de l'année suivante, l'alfatier dispose théoriquement de tout ce laps de temps pour pratiquer l'arrachage.

Mais deux raisons s'opposent, en fait, à cette façon de procéder, si l'on désire se livrer à une exploitation méthodique, qui fournisse des feuilles de bonne qualité et qui, en même temps, n'amène pas la disparition de la plante entière.

On devine aisément la première de ces raisons, qui se rapporte à la qualité du produit. Les feuilles, après la maturité, ne disparaissent pas, c'est vrai, mais elles s'altèrent peu à peu de la pointe vers la base. Il y aura, dès lors, avantage à les récolter le plus tôt possible, quand la pointe est encore verte. Et l'expérience démontre que la cueillette, commencée en juin, ne doit pas, pour ce premier motif, se prolonger au delà de décembre.

La seconde raison, qui est une raison de prévoyance, est due au mode de cueillette de l'alfa, dont les feuilles ne sont pas coupées, mais arrachées, ainsi que le permet leur structure.

Comme chez la plupart des Graminées, ces feuilles d'alfa se composent, en effet, du limbe, qui est la partie libre que nous avons décrite plus haut, et de la gaine, qui forme fourreau autour de la tige.

Or le limbe seul est très fibreux et utilisé ; la gaine, plus molle, est sans emploi.

Il ne s'agit donc pas d'arracher toute la feuille, mais uniquement le limbe. Et il se trouve que, en raison des différences de structure et de résistance, ce limbe, si on le tire, se sépare facilement de la gaine. C'est cette désarticulation qu'opère l'alfatier.

La cueillette de l'alfa est ainsi un arrachage des limbes, qui peut être fait, soit directement à la main, soit avec un bâtonnet.

Avec la main, qu'il gante au besoin, l'alfatier prend plusieurs limbes à la fois et les détache en tirant à lui.

Avec le bâtonnet, il enroule les extrémités des limbes autour de ce bâton, et tire encore.

Il n'est certainement pas de méthode plus simple. C'est celle que décrivaient, au début de l'ère chrétienne, Pline et Dioscoride ; et c'est encore aujourd'hui la seule employée et à conseiller.

Elle pourrait cependant présenter un inconvénient, qui est cette seconde raison à laquelle nous faisions allusion tout à l'heure, comme réglant l'époque de la cueillette.

Cette traction opérée sur les limbes foliaires retentit nécessairement sur toute la plante et risque toujours de déplacer quelque peu dans le sol les rhizomes.

Aussi est-il déjà recommandé aux alfatiers de ne jamais arracher plus de huit ou dix feuilles à la fois, puis de n'exploiter que des pieds bien enracinés, âgés d'au moins 10 à 12 ans.

Mais, en outre — et c'est surtout la raison annoncée — il est interdit, en Algérie, de procéder à ce travail à la fin de l'hiver et au commencement du printemps, parce que c'est l'époque où de la partie souterraine partent les jeunes bourgeons qui donneront la touffe de cette année. Et tout ébranlement de la souche, à ce moment, endommagerait ces bourgeons, et compromettrait, par là même, la vie d'une plante qui ne semble pas facilement cultivable.

Pour ce second motif comme pour le premier, la cueillette de l'alfa — qui pourrait, en principe, durer jusqu'en juin de l'année suivante — ne doit pas se prolonger au delà de décembre.

Et c'est le 14 décembre 1888 que le Gouverneur général de l'Algérie, qui était alors M. Tirman, édictait un arrêté de réglementation de cette cueillette, dont les deux premiers articles étaient les suivants :

« Article Premier. — La cueillette de l'alfa et toutes les opérations relatives à l'achat de ce textile aux ouvriers alfatiers sont soumises, en Algérie, à une période annuelle d'interdiction dont la durée est fixée à quatre mois.

« Pour le Tell, la période d'interdiction dure du 15 janvier au 15 mai. Pour les Hauts-Plateaux, elle commence le 1er mars et prend fin le 1er juillet. Un arrêté du service préfectoral ou du général, rendu sur l'avis du service forestier, pourra, si la maturité de la plante le permet sur un point donné, devancer l'époque fixée de quinze jours au plus. Quant aux alfas des versants sahariens et des versants Sud des Chotts, qui avoisinent les dunes, ils devront être respectés, c'est-à-dire exploités seulement par les indigènes, et pour leurs usages. »

« Article Second. — La récolte d'alfa se fera par voie d'arrachis, à la main et au bâtonnet, à l'exclusion de tout instrument tranchant,

« L'arrachis de souches d'alfa, pour le chauffage et autres emplois industriels, est prohibé. »

Ce sont donc les feuilles seules d'alfa qu'il est permis d'arracher. On sait quel est l'emploi· de ces feuilles en vannerie, pour la fabrication, par exemple, de couffins et de scourtins. Les limbes, en ce cas, sont laissés entiers. Après les avoir laissés se dessécher, on les trempe pendant quelque temps dans l'eau de mer pour les assouplir, puis on les dessèche de nouveau au soleil, et on les travaille comme le jonc (1). Pour la confection de certains objets, on leur fait toutefois subir, en outre, un blanchiment, par le procédé ordinaire des expositions successives à la rosée et au soleil.

Mais les feuilles d'alfa ne sont pas seulement utilisées entières. Transformées en filasse par un rouissage dans l'eau douce, qui est suivi d'un battage au maillet, ou « piquage », elles constituent l'*alfa piqué*, qui est plus ou moins finement préparé, et avec lequel on fait des cordes, des paillassons, ou même, lorsqu'il a été bien nettoyé et peigné, des toiles, des tapis, etc.

Enfin un usage qui ne doit pas être oublié, car c'est ce qui détermine, depuis 1862, de considérables exportations d'alfa en Angleterre (80 millions de kilos environ par an), c'est la fabrication du papier, pour laquelle on emploie les feuilles les plus courtes. Les fibres sont traitées seules, ou, plus souvent, en mélange avec de la cellulose et de la paille.

Dans tous les cas, on obtient un papier dont on a ainsi énuméré les avantages. « Il est souple, soyeux, résistant, transparent, d'une grande pureté. Il a beaucoup plus d'épaisseur, pour le même poids, que tout autre papier. Il prend très bien l'impression, fait matelas sous les caractères d'imprimerie, et il convient parfaitement pour les éditions de luxe et les belles gravures. La paille pure donne un papier sonnant, mais peu solide, qui est beaucoup amélioré par une addition

---

(1) C'est là, du moins, le procédé ordinairement indiqué. D'après M. Marius Vachon (*Industrie algérienne*; Bulletin de l'Algérie, 1902), l'alfa coupé vert est seulement exposé à la chaleur d'un feu doux, où il se dessèche lentement. Il est ensuite teint en noir ou en brun, ou employé sans coloration. Ce serait la feuille du palmier-nain qui, détachée verte, serait desséchée au soleil, puis baignée dans de l'eau fraîche et de nouveau desséchée; après quoi, elle serait roulée vigoureusement, pour être assouplie et débarrassée de toutes ses impuretés.

de pâte d'alfa. Les beaux journaux illustrés anglais sont imprimés sur papier d'alfa. On en fait aussi, dans le même pays, un très bon papier à lettres ».

Pourquoi toutes ces qualités de l'alfa pour la pâte à papier sont-elles entièrement ignorées en France ?

En 1904, les exportations d'alfa d'Algérie, en paquets ou en balles pressées, ont été de 80.313.300 kilos (6.145.000 francs), dont 71.899.900 kilos pour l'Angleterre, 4.489.400 kilos pour la France, 2.499.800 kilos pour l'Espagne, 524.300 kilos pour le Portugal, 487.400 kilos pour la Belgique.

Les forêts. — En France, dont l'étendue territoriale est d'environ 53 millions d'hectares, la superficie des forêts est de 9.400.000 ; d'où un degré de boisement de 17,8 o/o, la moyenne générale en Europe, étant de 29 o/o, et la France occupant le huitième rang.

En Algérie, où l'étendue territoriale est de 30 millions d'hectares, à peu près, la superficie forestière était, en 1903, de 2.816.694 ; d'où un degré approximatif de boisement de 10,6 o/o.

La région méditerranéenne est environ trois fois et demie plus boisée que la partie correspondant aux Hauts-Plateaux et aux versants sahariens.

Dans toutes ces forêts, la répartition des principales essences a été indiquée avec précision par M. Combe (1) en 1889.

Le chêne-liège, très exclusif sur le choix du terrain, et essentiellement calcifuge, pousse depuis le niveau de la mer jusqu'à 1.300 mètres, sa zone principale étant toutefois comprise entre 200 et 800 mètres.

Les autres essences, indifférentes sur la nature du terrain, ou n'ayant que des préférences, peuvent être classées suivant leur degré d'altitude.

Dans la première zone, comprise entre 0 et 600 mètres, poussent le caroubier, le micocoulier, le lentisque, le pin maritime, le pin pignon, le pin d'Alep, le chêne kermès et le thuya.

Dans la seconde zone, entre 600 et 1.200 mètres, on retrouve le micocoulier, le thuya et le pin d'Alep, mais apparaissent le chêne vert, le chêne zeen, et, à la limite supérieure, le chêne afarès.

(1) Ad. COMBE, *Les forêts de l'Algérie* ; Alger, 1889.

Au-dessus de 1.200 mètres, la troisième zone est habitée, en bas, surtout par le chêne zeen, et, en haut, par le chêne afarès, qui le remplace complètement. Le chêne vert dépasse rarement 1.600 mètres, quoique, dit M. Trabut, on le trouve à 2.700 mètres au Maroc, dans le grand Atlas. Le pin d'Alep monte jusqu'à 1.700 mètres. Le cèdre apparait généralement au-dessus de 1.500 mètres.

De toutes ces essences, ce serait le pin d'Alep qui aurait la répartition la plus étendue. « On le trouve depuis le littoral jusqu'au Sahara ; et il forme, avec le chêne vert, à une distance variant de 60 à 120 kilomètres du littoral, des forêts presque continues, qui recouvrent les sommets et les versants septentrionaux des montagnes où les rivières du Tell prennent leur source. Associé également avec le chêne vert et le genévrier de Phénicie sur les lisières, il constitue les boisements de la chaîne saharienne ».

En 1904, les étendues couvertes par les principales des essences précédentes étaient les suivantes :

Pin d'Alep	811.055 hectares
Chêne vert	738.076 »
Chêne-liège	453.800 »
Chêne zeen	58.826 »
Cèdre	37.910 »

D'autre part, la répartition forestière par départements était :

Alger	795.678 hectares
Oran	1.243.503 »
Constantine	1.208.511 »

Toutes ces forêts, qui sont ou domaniales (1.734.988 hectares en 1905), ou communales, ou particulières, fournissent à l'exportation des bois, du liège et des écorces à tan.

Au point de vue de l'exploitation, les forêts peuvent être divisées en deux catégories : celles qui sont peuplées d'essences autres que le chêne-liège, et celles qui, au contraire, sont peuplées de ce chêne.

La seconde division est la plus importante, car c'est celle-là qui fait la richesse forestière de l'Algérie, qui est le pays le plus riche en chênes-lièges

D'après des estimations, en effet, établies en 1887, la surface totale couverte par les chênes-lièges, dans les pays où poussent ces arbres, était, à cette époque, de 1.264.192 hectares, ainsi distribués :

    453.820 hectares en Algérie
    300.000   »   en Portugal
    255.000   »   en Espagne
    175 372   »   en France
     80.000   »   en Tunisie.

Le chêne-liège, en Algérie, forme surtout de grandes forêts dans le nord des départements d'Alger et de Constantine. Il couvre environ :

    42.000 hectares dans le département d'Alger
    403.000   »   »   de Constantine
     8.000   »   »   d'Oran.

Nous avons déjà rappelé qu'il est calcifuge. Il caractérise la zone des schistes cristallins et des grès nummulitiques, dans la limite des altitudes précédemment indiquées. C'est dans la région de Teniet-El-Haad qu'il atteint 1.300 mètres. Dans le département d'Alger, les cantonnements les plus importants sont ceux de Tizi-Ouzou, d'Azazga, de Cherchell, de Teniet-El-Haad, de Miliana, d'Alger et de Bouïra. Dans le département de Constantine, ce sont, par ordre d'étendue, ceux de Bône, de Collo, de La Calle, de Philippeville, d'El-Milia, de Djidjelly, de Taher, de Souk-Ahras et de Constantine.

Il est regrettable que la production algérienne du liège ne soit pas encore en rapport avec la place — la première — qu'occupe la colonie dans la statistique des superficies que nous avons donnée tout à l'heure. Mais ce n'est qu'à une époque toute récente que l'Algérie a commencé à récolter méthodiquement le liège.

Faut-il rappeler quel doit être le mode d'exploitation des chênes, sur lesquels la principale opération à pratiquer est le *démasclage?*

Le chêne-liège (*Quercus Suber* L.) est un arbre trapu et de moyenne grandeur, qui n'atteint qu'exceptionnellement 20 à 22 mètres de hauteur et ne dépasse pas, le plus souvent, 10 à 12 mètres.

La couche de liège (ou couche subéreuse) qui recouvre son tronc, et qui lui donne sa valeur, provient d'une assise cellulaire (ou *phellogène*) de l'écorce primaire qui, à partir d'un certain âge (vers deux ou trois ans), devient génératrice de nouveaux tissus, en se cloisonnant vers l'intérieur et vers l'extérieur.

Les nouveaux tissus ainsi formés extérieurement sont du liège; ceux formés intérieurement sont de l'écorce secondaire.

Cette production de tissus secondaires est loin, d'ailleurs, comme on sait, d'être spéciale au chêne-liège et est, au contraire, un phénomène commun à un très grand nombre de plantes ; mais la particularité du *Quercus Suber* est — en même temps que la très grande minceur de l'écorce secondaire — la grande épaisseur, par contre, de sa couche subéreuse, ainsi que la facilité du renouvellement de cette couche, au fur et à mesure qu'elle est enlevée artificiellement.

Sur un tronc qui a 35 à 40 centimètres de circonférence, à 1 mètre au-dessus du sol, le liège a déjà environ de 14 à 17 millimètres d'épaisseur. Toutefois, ce premier liège, dit *liège mâle,* qui est celui que l'arbre a produit naturellement, a peu de valeur (1).

Le seul liège coté dans le commerce est le *liège femelle,* ou *liège artificiel,* ou *liège de reproduction*, qui sera obtenu à la suite du démasclage.

Le « démasclage » est basé sur ce fait que, si le liège mâle est enlevé avec précaution, sans que soient endommagés les tissus mous plus profonds, il réapparaît dans ces tissus une nouvelle assise génératrice qui va reformer extérieurement du liège. C'est pourquoi ces tissus mous compris entre le bois et le liège sont ce que les liégeurs appellent *la mère,* qui se compose donc, de dehors en dedans, de la mince écorce secondaire, puis de la partie d'écorce primaire qui était au-dessous du premier phellogène, et enfin du liber.

Après l'enlèvement du liège mâle, les assises les plus externes de la « mère », mises à nu, meurent, en formant une croûte, mais c'est sous cette croûte que l'assise génératrice donnera le *liège femelle.*

Après dix à quatorze ans — temps pouvant être, d'ailleurs, très variable suivant l'accroissement plus ou moins rapide de la couche subéreuse — le liège femelle a ordinairement l'épaisseur voulue (23 à 31 millimètres) pour être récolté.

On procède donc à un second démasclage, qui est opéré comme

---

(1) Il est cependant utilisé, car il sert, ainsi que toutes les rognures provenant des manipulations que subissent les planches préparées, pour la fabrication du « liège râpé », dont les applications industrielles sont aujourd'hui très nombreuses. On fait, par exemple, avec ce liège râpé, des agglomérés pour le revêtement des tuyaux à vapeur, des briques légères pour le revêtement des combles, des glacières, des chambres de conserve, des salles de bain, etc. La poudre de liège est employée également en mélange avec le caoutchouc, pour la fabrication des tapis de linoléum. Elle convient encore pour la conservation des œufs et de tous les fruits frais. Enfin on appelle « lièges artificiels » les produits obtenus en agglomérant la poudre avec diverses matières et en soumettant le mélange à une forte pression.

Non râpé, le liège mâle est employé pour les décorations rustiques, telles que kiosques, bancs de jardin, etc. Calciné, il donne le « noir de liège », ou « noir d'Espagne ».

le précédent, mais qui fournit, cette fois, un liège qui, sans valoir encore, à cause de l'épaisse croûte crevassée qui le recouvre, ceux des récoltes suivantes est bien supérieur au *liège mâle*, et est utilisable.

A la surface du tronc dénudé, une nouvelle croûte se forme encore ; puis une troisième assise génératrice plus profonde redonne naissance à du liège, qu'on enlèvera au bout de dix à quatorze ans. Et ainsi de suite, tant que l'arbre n'est pas trop vieux.

Un chêne de 100 ans, exploité à partir de la vingtième année à peu près, a pu fournir, à cet âge, six à sept récoltes ; et on évalue généralement à dix ou quinze le nombre des démasclages successifs qui peuvent être opérés sur un chêne-liège.

Quant à l'opération même du démasclage, elle est décrite ainsi par M. A. Lamey (1) :

« On commence par faire sur le tronc, à la hauteur voulue, une entaille circulaire dans l'écorce, en prenant soin de ne pas pénétrer au delà de la couche subéreuse. Une entaille circulaire semblable doit être faite également au pied de l'arbre. On fend ensuite, avec la même précaution, l'écorce de haut en bas, dans le sens de la longueur ; puis, commençant par la partie supérieure, on fait bâiller la fente avec le tranchant de la hache, et l'on détache de la « mère » le liège que l'on continue de soulever, en s'aidant du manche de l'outil, dont l'extrémité est taillée en biseau pour cet usage. Au pied de l'arbre, on détache le liège à l'aide de quelques coups de hache, et d'une cassure faite au niveau du sol. Lorsque les arbres n'ont pas plus de 5 à 6 décimètres de tour, l'écorce s'enlève d'une seule pièce, sous forme de *canon* ; mais lorsqu'ils sont plus gros, au lieu d'une seule fente longitudinale, on en pratique deux ou trois, et, dans ce cas, le liège s'enlève par planches. La partie d'écorce qui reste adhérente au pied de l'arbre s'appelle *semelle* ou *talon*. La présence, sur la souche, d'un certain nombre de ces semelles superposées peut servir quelques fois à compter le nombre de récoltes de liège effectuées sur l'arbre.

« Pour récolter le liège de reproduction, on procède absolument de la même manière que pour le démasclage. Aussi, cette dernière expression est-elle souvent employée, dans la pratique, pour désigner indistinctement soit l'opération de la mise en valeur, soit celle de la récolte. »

(1) Lamey, *Le chêne-liège* ; Berger-Levrault, 1893.

La hauteur du démasclage sur le tronc dépend de l'âge et de la vigueur du sujet, et aucune règle fixe ne peut être indiquée. M. Lamey dit seulement que, en général, sur des arbres en bonne croissance, le démasclage peut être poussé sans inconvénient à une hauteur égalant le triple de la longueur de la circonférence du tronc, mesuré à un mètre au-dessus du sol.

Les lièges détachés sont vendus : ou *bruts*, tels qu'ils sont récoltés ; ou *démérés*, s'ils ont été raclés ; ou *préparés*, c'est-à-dire bouillis et grattés.

Le « bouillage », qui a pour but de gonfler le liège et de le rendre élastique, consiste à le plonger, pendant une demi-heure à trois quarts d'heure, dans l'eau bouillante.

Le « raclage », ou grattage, débarrasse le liège de sa croûte externe, et est opéré à la main ou à la machine.

Les planches passent ensuite entre les mains du « retailleur », qui coupe les bords, puis du « viseur », qui les classe d'après leur qualité.

Mises en balles, c'est le liège du commerce.

Toutes ces opérations, en Algérie, sont faites vers mai.

En 1904, les exportations de lièges, bruts, râpés ou en planches, ont été de 25.521.700 kilos, dont 9 millions environ provenant des forêts de l'État (1), et principalement du département de Constantine (7.519.800 kilos).

Les exportations totales se répartissent en :

> 10.523.000 kilos de lièges bruts.
> 14.998.000   »   de planches préparées.

La France a reçu :

> 2.232.300 kilos de lièges bruts.
> 4.619.300   »   »   préparés.

Les 18.870.100 kilos vendus à l'étranger ont été exportés dans divers pays d'Europe et aux États-Unis :

> Russie (mer Baltique) .... 2.547.700 kilos.
> Russie (mer Noire)............ .. 2.709.400   »
> Allemagne..................... 3.986.300   »

---

(1) Dans ces forêts domaniales, la mise en valeur des chênes-lièges n'a commencé qu'en 1884, et la première récolte sérieuse ne date que de 1890.

Belgique..................... 2.767.800 kilos.
Pays-Bas..................... 1.199.600 »
Autriche-Hongrie............. 2.421.200 »
Etats-Unis................... 623.700 »

Après le liège, les deux autres produits forestiers exportés par l'Algérie sont les écorces à tan et les bois.

En 1904, les exportations d'*écorces à tan*, moulues ou non, ont été de 8.199.400 kilos (1.361.000 francs), dont

3.216.500 kilos pour la France.
2.935.900 » l'Italie.
1.665.400 » la Belgique.
201.100 » l'Angleterre.

Ces écorces sont des écorces prises sur les chênes-lièges impropres à la production du liège, ou des écorces de chêne zeen, ou encore des écorces de chêne vert (*Quercus Ilex* L.) et des écorces de racines (garouille) de chêne kermès (*Quercus coccifera* Lin.).

Les *bois* sont principalement des bois de chêne zeen et de cèdre, fournis presque en totalité par le département de Constantine.

Le chêne zeen est le *Quercus Mirbeckii* Dur., ou *Quercus lusitanica* Lamk. sous-espèce *bœtica* DC.

C'est un arbre qui peut atteindre (1) 25 à 30 mètres de hauteur, sur 3 mètres de circonférence. Ses branches sont étalées. Ses feuilles sont marcescentes, comme celles de notre chêne rouvre, dont le zeen est, du reste, assez voisin : elles se dessèchent sur l'arbre sans tomber immédiatement. Elles sont vert foncé en dessus, glauques sur la face inférieure, largement oblongues, lancéolées, émarginées ou cordées à la base, crénelées-lobées sur les bords.

Le bois du zeen est jaunâtre et nerveux ; il se dessèche difficilement, résiste bien à la pourriture, et se conserve longtemps, malgré les alternatives de sécheresse et d'humidité.

Par contre, il a des tendances à se déjeter et à se fendre ; et c'est ce défaut qui, joint à sa trop grande dureté, le rend impropre à beaucoup d'emplois.

Il paraîtrait cependant, d'après M. Combe, qu'on a trouvé le moyen d'empêcher le fendillement, en laissant les pièces de bois se dessécher à l'ombre pendant plus d'un an, après les avoir immergées

____

(1) BATTANDIER et TRABUT, *Flore de l'Algérie*.

dans l'eau pendant plusieurs mois. Et on pouvait voir à l'Exposition de Marseille, dans la Section algérienne, des tonneaux en zeen de très belle apparence. Leur poids est bien un défaut, mais qui serait largement compensé par des qualités exceptionnelles de durée et de résistance aux chocs, avantages appréciables pour les transports à longue distance, par voie de terre ou de mer.

Quoi qu'il en soit, le bois de zeen n'a guère reçu, jusqu'alors, en fait, qu'un seul emploi, pour lequel alors il est supérieur, au point de vue de la durée, à toutes les autres essences : on en fait des traverses de chemins de fer. On peut dire que, actuellement, presque tout le bois de zeen exporté — et qui l'est presque entièrement en Tunisie — l'est dans ce but.

C'est là également, au surplus, une des grandes utilisations du cèdre du Liban (*Cedrus Libani* Barr.). En 1904, dans les forêts domaniales, 25.000 traverses de chemins de fer ont été faites avec ce bois, provenant principalement de la région de Batna (Aurès et Belezma). Une égale quantité de traverses en chêne zeen a été préparée dans l'Akfadou, en Kabylie.

Les poteaux télégraphiques sont faits avec le chêne zeen ou avec le pin d'Alep.

TUNISIE

Le commerce de la Tunisie a suivi, en ces dernières années, une progression continue. Les exportations de 1901 représentaient une valeur de 39.127.547 francs ; celles de 1902 se sont élevées à 44.928.928 francs ; et nous relevons pour les années suivantes :

en 1903......... F. 71.398.643

en 1904......... 76.831.787 (1)

Dans ces dernières statistiques de 1904, la part qui revient aux divers produits végétaux est de :

Céréales..	F. 23.666.993	Huiles de grignon....	F.	717.249
Huiles d'olive.......	8.111.648	Savons..............		309.421
Vins	1.929.257	Alfa.................		2 701.590
Légumes secs.... ..	748.620	Sparterie.......		491.957
Dattes	1.422.517	Liège.		839.999
Fruits frais..........	94.040	Ecorces à tan..		1.075.298
Amandes.....	29.081	Feuilles de lentisque.		401.684
Piments.......... .	75.118	Bois.		143.676

L'orographie de la Tunisie, qui va régler encore la répartition d'origine de ces produits, offre, comme celle de l'Algérie, pour caractère saillant le parallélisme de deux chaînes montagneuses ; et ces chaînes sont la continuation des deux systèmes de massifs que, en Algérie, nous avons vus se rapprocher, à la frontière.

La *chaîne septentrionale* tunisienne comprend les montagnes de Khroumirie, des Nefzas et des Mogods ; elle avoisine le littoral, comme la chaîne tellienne en Algérie.

La *chaîne centrale* s'étend sur toute la partie moyenne de la

(1) Ces chiffres ont fléchi, il est vrai, en 1905, où les valeurs des exportations n'ont été que de 58.276.577 francs ; mais il ne faut considérer cette diminution que comme une exception, due aux mauvaises conditions climatiques de cette année 1905, qui ont retenti, en particulier, sur la récolte des céréales (6.382.209 francs, aux exportations, au lieu de 23.666.993 francs en 1904).

Régence, de Tébessa au cap Bon, en émettant deux rameaux secondaires, l'un vers le Kef, l'autre vers El-Djem.

Néanmoins (1) « les régions du Tell, des Hauts-Plateaux et du Sahara sont loin d'être aussi nettement tranchées en Tunisie qu'en Algérie : si la région tellienne, qui comprend la Khroumirie et le pays des Mogods, ressemble assez à la Kabylie, les sommets y sont moins élevés, et les hivers moins rigoureux.

« Les Hauts-Plateaux présentent une surface bien moindre qu'en Algérie, et on ne les rencontre guère qu'entre Souk-El-Djemaa et la Kessera, où le climat est relativement froid en hiver, très chaud en été.

« Les montagnes qui constituent les derniers prolongements de l'Atlas algérien viennent mourir, loin de la mer, dans les grandes plaines basses du Sahel tunisien, qui participent à la fois du Tell, par suite du voisinage du golfe de Gabès, et du Sahara, auquel elles confinent ».

La grande région agricole est, en Tunisie, le littoral oriental, au moins jusqu'au sud de Sfax. Vers l'intérieur, les cultures les plus importantes — et qui ont surtout des vignobles — sont celles de la vallée de la Medjerda.

Les trois grandes branches de cette agriculture tunisienne, au point de vue du commerce extérieur, sont : les céréales et les fourrages, les oliviers, la vigne.

Les céréales. — En Tunisie comme en Algérie, les trois principales céréales d'exportation sont le blé, l'orge et l'avoine.

En 1904, les 23.666.993 francs de grains exportés se répartissent, en effet, ainsi :

Blé...	F. 8.802.799	Maïs	157.935
Orge	10.326.947	Autres grains	20
Avoine	4.379.382		

En cette même année, la production tunisienne a été, approximativement, de :

3.000.000	hectolitres de blé,	dont	1.000.000	exportés
4.000.000	»	d'orge,	»	1.500.000 »
800.000	»	d'avoine,	»	600.000 »
180.000	»	de maïs,	»	135 »

(1) *Notice sur la Tunisie* (Direction de l'Agriculture et du Commerce ; Tunis, 1903).

En 1905, la surface cultivée en *blé* était de 485.103 hectares, qui ont donné une récolte de 2.018.750 hectolitres, alors que, en 1904, 493.615 hectares avaient fourni exactement 2.965.482 hectolitres.

Ces blés sont des blés durs ; et une grande partie de l'exportation, à l'arrivée en France, reste actuellement à Marseille, où elle trouve son emploi dans la fabrication des pâtes alimentaires.

Mais la Tunisie cherche, avec raison, à étendre son commerce, et s'est efforcée, par exemple, à l'occasion de l'Exposition de Liège, de faire connaître ses grains à la Belgique.

Si les expéditions augmentaient, il deviendrait alors, plus que jamais, urgent pour la Régence de restituer à ses terres, par des engrais convenables, tous les principes de fertilisation que, depuis l'occupation française, une culture intense et sans fumure leur a fait perdre.

Nous croyons savoir que la question préoccupe la Direction de l'Agriculture, qui a déjà donné quelques conseils.

Les deux principaux remèdes, pour le moment, seraient d'introduire des variétés hâtives et de répandre des superphosphates, qu'il est tout particulièrement facile aux cultivateurs tunisiens de se procurer. En avançant, par ces deux précautions, l'époque de la récolte, on éviterait la dessiccation, qui risque de nuire à la floraison et à la maturation, lorsque ces deux périodes de végétation s'accomplissent à une époque trop avancée de l'été.

La moyenne de rendement, qui est de 10 quintaux par hectare, pourrait peut-être s'élever à 15 à 18 quintaux.

Cette remarque s'applique, d'ailleurs, essentiellement au blé, l'*avoine* étant de culture moins exigeante et trouvant dans l'Afrique du Nord un climat très propice. Sa récolte est faite ordinairement dans d'excellentes conditions. La superficie couverte par cette céréale était, en 1905, de 58.830 hectares (contre 28.735 en 1903), qui ont donné 716.000 hectolitres (contre 574.700 en 1903).

L'*orge* est plus largement cultivée. Elle couvrait, en 1905, 487.857 hectares, dont la récolte a été évaluée à 2.508.570 hectolitres (au lieu de 3.654.452 hectolitres en 1904, pour une surface de 482.658 hectares).

L'orge tunisienne possède, paraît-il, comme l'orge algérienne, des qualités qui la font rechercher des brasseurs. L'orge du sud, très blanche, est très demandée en Angleterre, qui en a importé, en 1905, pour 109.305 francs, pendant que la France en recevait pour 1.750.975 francs, et l'Algérie 1.207.175 francs.

Le maïs, le sorgho et le millet sont, avons-nous dit, d'importance très secondaire. Le sorgho et le millet ne sortent guère de la Régence, et les indigènes seuls les cultivent pour leurs grains. Les colons ne les considèrent, ainsi que le maïs, que comme de bons fourrages verts pour le bétail; et, comme tels, le sorgho sucré et le millet (*Pennisetum typhoideum* Rich.) donnent des rendements de 80.000 à 100.000 kilos.

Les cultures fourragères. — Concurremment avec le maïs, le sorgho et le millet, il est quelques autres plantes qui peuvent, pour le fourrage qu'elles fournissent, intéresser le colon tunisien.

Celles qui sont toujours citées sont le *sulla*, ou *sainfoin d'Espagne*, (*Hedysarum coronarium* Lin.), qui se plaît dans les terrains argilo-calcaires, le *fenugrec*, ou *holba* (*Trigonella Fœnum-græcum* Lin.) et le *bersim* (*Trifolium alexandrinum* Lin.), trois Légumineuses que nous avons déjà mentionnées à propos de l'Algérie, tout en ajoutant que, de l'avis de MM. Rivière et Lecq, les deux premières ne sont pas à recommander dans cette colonie. Les mêmes réserves doivent être valables pour la Tunisie, car le défaut du fenugrec serait d'être un aliment excitant, en même temps que d'un arôme qui ne plaît pas toujours aux animaux; et les inconvénients du *sulla* seraient la cherté des graines, la difficulté et l'irrégularité de leur germination (qui forcent à les ébouillanter, comme celles de *Cytisus proliferus* Lin.), et enfin le rendement très faible, si l'hiver est trop sec.

Meilleur, ici encore, serait le *trèfle d'Alexandrie*, au sujet duquel l'Ecole d'Agriculture de Tunis a donné, à l'Exposition de Marseille, quelques renseignements, relatifs à sa culture dans la Régence.

Les meilleurs sols sont les sols argilo-calcaires. On sème en novembre. Une première récolte, qui est surtout une récolte de fourrage, a lieu en avril, et donne 9000 kilos de foin sec et 300 kilos de graines par hectare; la seconde récolte, faite en mars pour les graines, en fournit 100 kilos.

A l'arrière-saison, lorsque les herbes sèches font défaut, une précieuse ressource, en Tunisie comme en Algérie, est la variété inerme de l'*Opuntia Ficus-indica* Mill., qui ne paraît pas encore aussi appréciée des agriculteurs tunisiens qu'elle devrait l'être, en raison de sa résistance à la sécheresse et de ses faibles exigences à l'égard du terrain.

Quelques plantations de ces *Opuntia*, faites depuis longtemps aux environs de Kairouan, sont, chaque année, livrées au pâturage; et, pendant les sécheresses de certaines années, les indigènes des Ouled-Sendassen ont eu, dit-on, l'occasion d'en constater les avantages.

On sait que, la récolte des raquettes devant être bisannuelle, les plantations doivent être divisées en deux parties, qui sont alternativement exploitées.

Une plante, enfin, qui peut être de grande utilité pour l'élevage dans la Régence, comme nous avons fait remarquer qu'elle l'est en Algérie, c'est le caroubier, qui n'est pas assez répandu en Tunisie.

Les cultures maraîchères. — La Tunisie se préoccupe beaucoup, aujourd'hui, de l'obtention des primeurs, qui sont les mêmes qu'en Algérie. La presqu'île du cap Bon est une des régions les plus propices.

La variété de pomme de terre très cultivée est la *Royal Kidney*, qui est exportée dès le début du printemps.

En quelques points, il y a quelques petites cultures de patates, qui fourniraient 15.C00 kilos par hectare.

Comme légumes secs, les plus couramment obtenus sont les fèves et les pois chiches. En 1904, sur le total de 748.620 francs de légumes secs exportés, la France a reçu 648.618 francs de fèves.

En 1005, les exportations de légumes secs n'ont été que de 473.627 francs, dont 287 494 francs pour la France, 125.724 francs pour l'Algérie.

Les cultures fruitières. — Les fruits frais de table ne donnent encore lieu, en Tunisie, qu'à un commerce assez restreint, puisque, en 1904, ce commerce d'exportation n'a guère été que de 45.000 francs.

Nous avons bien, en effet, précédemment, dans les statistiques générales, indiqué 94.040 francs ; mais il paraît que la moitié de cette valeur est à attribuer aux caroubes, très demandées aujourd'hui en Angleterre pour la distillerie.

L'*oranger* (1) n'est cultivé en grand que çà et là, près de Tunis, au cap Bon, dans le Sahel et dans l'oasis d'El Oudiane.

(1) *La Tunisie; Agriculture, industrie, commerce.* Berger-Levrault; Paris-Nancy,1900.

Le *citronnier* n'a guère pour centre de culture qu'Hammamet, et le *cédratier* Nabeul.

Les *amandes*, dont il était exporté pour 99.000 francs en 1902, et pour 29.000 francs seulement en 1904, ont relativement une plus grande importance. La principale région de culture est Sfax, où les amandiers appartiennent à deux variétés, l'une à amande dure et l'autre à amande demi-tendre. Les amandes demi-tendres sont consommées sur place; ce sont les premières que recherche la confiserie, et qui donnent lieu au commerce avec le dehors.

Les semis de l'amandier (1) sont faits sur place, en novembre; on greffe entre deux et trois ans. Les intervalles entre les pieds sont de 12 mètres; soit 69 plants par hectare (2). La production commence vers la cinquième année, atteint le maximum à quinze ans, et dure cinquante, sans que l'arbre soit jamais taillé. On évalue, à Sfax, qu'une bonne récolte, qui est bisannuelle, représente un rapport de 5 francs par pied.

Une culture en décroissance est celle du *pistachier*. Le temps n'est plus où les pistachiers du centre de la Tunisie étaient célèbres dans tout le monde musulman, et où leurs graines étaient expédiées en Égypte, en Syrie, à Constantinople. La baisse des prix, qui sont tombés, depuis vingt-cinq ans, de 6 francs à 3 francs, et quelquefois 2 francs, a découragé les planteurs. Alors que, autrefois, on comptait 10.000 pistachiers dans les jardins de Sfax, il n'en restait plus, en 1905, que 2500, dont 500 mâles.

Le pistachier est greffé sur un sauvageon de 8 à 9 ans, ou sur lentisque. Le sauvageon greffé commence à produire six à sept ans après la greffe. La fécondation est pratiquée artificiellement. A l'âge du plein rapport, le rendement moyen annuel est de 10 à 12 kilos.

Quant aux *arbres fruitiers de France*, ils appartiennent généralement, en Tunisie, à de médiocres variétés. Et les modifier n'est peut-être pas, au surplus, de première nécessité, au point de vue de l'exportation; les colons devraient plutôt employer tous leurs soins à développer la culture des orangers et des citronniers.

« On se rendra mieux compte de l'importance que peut prendre

(1) Nous empruntons ces renseignements sur le mode de culture des arbres fruitiers en Tunisie à un rapport de M. Boude : *Sur les cultures fruitières et, en particulier, la culture de l'olivier dans le centre de la Tunisie*; Tunis, 1899.
(2) En France, les intervalles ne sont guère ordinairement que de 6 mètres.

ce commerce, écrit M. Aug. Chevalier (1), si l'on réfléchit que la France importe, chaque année, plus de 20 millions de kilos de citrons et d'oranges venant surtout d'Espagne, et que l'Algérie n'en fournit guère que 4 millions.

Pour conquérir les marchés d'Europe, il y aura des efforts sérieux à faire, car l'Espagne, l'Italie et la Syrie nous feront une concurrence errible. Déjà, d'ailleurs, l'Angleterre, qui consomme 200 millions d'oranges par an (6 par habitant), ne se fournit pas seulement dans ces pays ; voilà qu'elle importe des fruits des Canaries, des Açores, de la Jamaïque, et même, paraît-il, du Cap.

Il faudrait que les cultivateurs tunisiens comprennent que, s'ils veulent exporter leurs oranges, ils doivent faire autre chose que se contenter des variétés cultivées par les indigènes, variétés venues le plus souvent par graines, non greffées, et donnant des fruits plus ou moins acides, et de taille médiocre. »

Le citron pourrait, tout comme l'orange, être un de ces fruits d'avenir de la Régence. Le citronnier est un arbre à croissance rapide et de grand rendement. Cinq ans après l'écussonnage, un pied peut rapporter 100 ou 150 fruits ; et, quand il est adulte, il peut fournir jusqu'à 3.000 fruits par an.

Le figuier. — Un commerce beaucoup trop négligé également par la Tunisie est celui des figues sèches, dont les exportations sont actuellement de 50.000 à 70.000 kilos, alors qu'elles ont été en Algérie, nous l'avons vu, de 10 millions de kilos en 1905.

L'Italie, l'Espagne et le Portugal sont les pays qui, avec l'Algérie, nous approvisionnent ; nous serions tout aussi volontiers les clients de la Tunisie.

Et ce serait d'autant plus facile pour la Régence que le figuier y est très commun partout.

Sa grande résistance à la sécheresse lui permet de croître sans arrosage dans des contrées où, comme dans le sud, il ne tombe que 20 centimètres d'eau par an.

En 1900 (2), on comptait 36.000 figuiers à Gafsa, 14.000 dans le caïdat de Djebel, une centaine de mille dans l'Aad et les montagnes

---

(1) *Productions agricoles et forestières de la Tunisie* ; (La Tunisie au début du XXᵉ siècle, 1904).

(2) *La Tunisie.* Berger-Levrault ; Paris-Nancy, 1900.

qui le bordent. A Sfax, à la même époque, on évaluait à 600.000 kilos la récolte annuelle des figues.

En Tunisie comme en Algérie, la caprification, que nous avons décrite dans le chapitre précédent, est indispensable. Les indigènes vont donc cueillir sur les caprifiguiers les figues non comestibles, qu'ils suspendent en chapelets aux branches des figuiers cultivés.

Pour la préparation des figues en vue du commerce extérieur, nous renvoyons aux renseignements détaillés que nous avons donnés à propos de l'Algérie.

Le dattier. — Si le commerce des figues, en Tunisie, est bien inférieur à celui de l'Algérie, le commerce des dattes est sensiblement le même dans les deux pays.

En 1904, l'exportation des dattes tunisiennes a été, nous l'avons vu, de 1.422.517 francs. Sur ce total, la France et l'Italie, puis, au second rang, l'Algérie, Malte et l'Egypte ont reçu ensemble pour une valeur de 926.272 francs, correspondant à 4.210.000 kilos, de dattes *degla transparentes*, que nous savons être les meilleures.

Le reste des expéditions, composé de dattes de seconde qualité, a été à destination exclusive de l'Algérie.

Ces 4 millions de kilos livrés à l'exportation représentent environ le sixième de la récolte de la Régence, où on estimait, en 1900, qu'il y avait environ 1.350.000 dattiers.

Comme en Algérie, le dattier habite en Tunisie les oasis du sud. Ses deux grandes régions sont le Djerid, où il y avait, en 1900, 600.000 pieds, répartis dans les quatre grandes oasis de Nefta, Tozeur, El Oudiane et El Hamma, et le Nefzaoua, où il y en avait 41.000, disséminés dans les nombreuses petites oasis.

Toutes les dattes exportées proviennent de ces pays, qui sont les seuls où le climat permette la maturation vraiment parfaite des fruits.

A Gafsa, dans l'Arad, à Djerba, aux Kerkennah, le palmier réussit moins bien ; les pluies sont trop abondantes et la température à peine suffisante.

Les variétés de dattes connues dans le sud sont au nombre d'une centaine (1), que les indigènes groupent en trois catégories : 1° celles

(1) *La Tunisie*. Berger-Levrault ; Paris-Nancy, 1900.

qui se conservent; 2° celles, dites *bacer*, qui sont mangées fraîches avant maturité complète ; 3° celles, dites *r'tob*, qui sont mangées fraîches après maturité.

La meilleure de la première catégorie, la *degla-en-nour*, dont nous avons parlé à propos de l'Algérie, n'était récoltée, en 1900, qu'au Djerid, où la variété n'avait d'ailleurs été apportée que depuis une époque assez récente de l'Oued Rhir. En cette année 1900, il y en avait 50.000 pieds dans les oasis. Il n'y en avait pas encore dans ceux du Nefzaoua, où le Gouvernement s'occupait toutefois d'en introduire, et où il y en a donc sans doute aujourd'hui.

Sur les lieux de production, cette *degla-en-nour* vaut, en moyenne, 70 francs le quintal.

Comme produits accessoires du dattier, nous avons signalé, en Algérie, l'eau-de-vie de dattes et le lagmi. Dans le Djerid, certaines familles israélites (1) distillent les dattes et obtiennent des eaux-de-vie dont les qualités varient suivant les sortes employées. L'eau-de-vie supérieure est obtenue avec un mélange, à poids égaux, de *degla* et de dattes inférieures, dites *ftimi*. On recouvre d'eau, dans une jarre, 100 kilos de dattes et 3 kilos de fenouil. Après quinze jours de fermentation, on distille, et on obtient 50 litres d'alcool à 50°, ou 45 litres d'alcool à 48°, suivant qu'on a employé le mélange de *degla* et de *ftimi* ou des dattes inférieures, appelées *khralt*.

Cette eau-de-vie est fabriquée concurremment avec la *boukha*, ou *araki*, qui est une sorte d'eau-de-vie de figues anisée, obtenue en faisant fermenter des figues et des raisins secs, après addition de fenouil, de cumin, d'anis, etc.

Le *lagmi* est aussi très préparé au Djerid. En 1900, 600 arbres étaient incisés à Tozeur, 400 à Nefta, 500 à El-Oudiane, 500 à El-Hama ; et ces 2.000 palmiers donnaient 240.000 litres, vendus 20 centimes le litre.

Le lagmi est l'objet d'un commerce important à Sfax, à Djerba et dans le Nefzaoua. La meilleure qualité est fournie par la variété *besser-el-halou*.

La vigne. — Le vignoble tunisien, composé des cépages du pays, est d'origine très ancienne, mais ce n'est qu'en 1881 qu'ont été plantés

______

(1) *La Tunisie.*

les deux premiers vignobles français : l'un, par le cardinal Lavigerie, à la Marsa ; l'autre, par M. Géry, à l'Oued-Larga (1).

Avant cette époque, les vignes, dans la Régence, occupaient une superficie d'environ 1.700 hectares, disséminés dans les environs de Tunis, au cap Bon, à Bizerte et à Sfax. Ces vignes étaient surtout constituées par des cépages blancs ou faiblement colorés. Les principales variétés étaient le *Meski*, ou *Muscat de Palestine*, surtout cultivé à Raf-Raf ; le *Beldi*, de Bizerte à Hammamet ; l'*Assli*, de Sousse vers le sud, et à Djerba.

En 1905, la superficie des vignobles représentait 16.201 hectares, qui ont produit 300.000 hectolitres de vin.

Les vignes européennes, dont l'introduction a provoqué cette énorme et rapide augmentation, ont été principalement (2) fournies par l'Algérie (*Mourvèdre, Carignan, Alicante, Clairette, Aramon, Terret, Chasselas,* etc.) et un peu par la Sicile (*Zebibo, Navé, Checaleo, Cataretto, Zolia,* etc.).

Toutes ces vignes, grâce aux précautions prises, étaient restées, jusqu'en ces derniers temps, indemnes du phylloxéra et du black-rot. C'est en 1906 que la première tache de phylloxéra est apparue ; il est à souhaiter qu'on réussisse à la localiser et à la faire disparaître.

Les seules maladies répandues sont l'oïdium, le mildiou et l'anthracnose, que combattent énergiquement les viticulteurs par l'application des traitements courants.

La fumure, pratiquée tous les trois ans avec du fumier de ferme, est recommandée; et il semble aussi résulter des expériences faites par MM. Gagey et Pressat, professeurs à l'École coloniale d'Agriculture de Tunis, que, conformément aux idées nouvelles, le labourage doive être évité.

Dans deux parcelles, plantées de *Piquepoul* et de *Carignan*, MM. Gagey et Pressat ont laissé une bande sans labour, les herbes étant seulement coupées avec la houe à main ; une autre bande a reçu les trois labours ordinaires. Et il a été constaté que :

1° Il n'y a pas de différence notable, au point de vue de l'humidité, entre les parcelles labourées et celles qui ne l'ont pas été ;

2° Il en a été de même au point de vue de la richesse en nitrates ;

(1) En 1882, il y avait 100 hectares de ces vignobles européens ; il y en avait 1.528 en 1886, 4.500 en 1890, 10.341 en 1901.

(2) *Rapport de l'Exposition internationale de Chicago en* 1893.

3° Le rendement, en raisins, de la parcelle non labourée a été plus grand (545 kilos, au lieu de 425, pour le *Piquepoul* ; 872 kilos au lieu de 531 kilos, pour le *Carignan*) que celui de la parcelle labourée ;

4° Le développement en bois, qui n'est pas désirable, car il a lieu au détriment de la fructification, n'est guère plus considérable quand on ne laboure pas.

Les vins qu'on obtient en Tunisie sont de trois sortes :

Les vins rouges, caractérisés par leur richesse extractive et alcoolique ;

Les vins blancs, souvent supérieurs à ces vins rouges ;

Les vins de liqueurs, généralement bons.

Rappelons que, bien que la vigne réussisse en beaucoup de points de la Régence, c'est surtout dans le nord que, lorsqu'elle est bien soignée, on obtient les récoltes les plus régulières et les rendements les plus forts.

En fait, c'est dans toute cette région septentrionale, littoral et vallée de la Medjerda, que sont les plus grandes surfaces de vignobles.

Ainsi, en 1905, il y avait 2.342 hectares dans la circonscription de Tunis, 2.225 dans celle de Grombalia, 646 dans celle de Bizerte, 516 à Béjà, 398 à Souk-El-Arba, 61 au Kef.

Plus au sud, il y en avait bien encore 1.074 à Sousse, mais il n'y en avait que 229 à Sfax, 22 à Gabès, et, dans l'intérieur, 2 à Gafsa et 2 à Thala.

L'olivier. — Il a été dit et redit que la Tunisie est le pays oléicole par excellence ; et les Romains avaient su le reconnaître, comme en témoignent les vestiges d'antiques huileries que, comme en Algérie, on retrouve dans la Régence.

Sur le parcours des 34 kilomètres qui séparent Kasserine de Sbeitla, il n'y a pas moins de trente-deux ruines d'anciens moulins à huile.

L'invasion des Arabes, au xi⁰ siècle, anéantit malheureusement une culture qui, pour les Romains, devait être la principale de la Tunisie ; et il a fallu l'occupation française pour remettre l'olivier en honneur.

Ce résultat est dù, certainement, par-dessus toute autre cause, aux travaux d'irrigation entrepris par les ingénieurs français, conformément à ce principe que, en Tunisie, la principale politique doit être une « politique hydraulique » (1).

En même temps, les anciennes cultures ont été rajeunies par la taille, dont les Arabes n'avaient aucune idée ; et aujourd'hui les indigènes reconnaissent si bien l'utilité et les avantages de cette opération que M. Violard raconte que, lors de son passage à Djarzid, dans l'extrême-sud tunisien, les notables Accara le prièrent d'obtenir de la Direction de l'Agriculture qu'on leur envoyât chaque année, pendant quinze à vingt jours, deux ou trois habiles tailleurs d'oliviers, qui seraient payés par la tribu.

En 1903, la superficie couverte d'oliviers était, au moins, de 1.500.000 hectares, d'après M. Minangoin (2); le nombre des pieds était de 12 millions environ, et la production en huile de 400.000 hectolitres à peu près.

Ces chiffres sont peu réduits par les statistiques de 1905, d'après lesquelles il y aurait 10.510.791 oliviers (qui n'ont donné, en 1905, que 244.800 hectolitres d'huiles, et, en 1904, que 255.650, mais qui en avaient bien donné, en 1903, 392.500).

Sur ces 10.510.791 pieds, 823.229 sont sauvages, 2.306.061 sont jeunes, 7.381.501 sont imposés.

Les caïdats où les olivettes sont les plus étendues sont ceux de :

Sfax	2.053.029	pieds	Banlieue	652.127	pieds
Cap Bon	1 854.235	»	Bizerte	461.143	»
Sousse	1.447.313	»	Tebourba	300.978	»
Mahdia	919.353	»	Ouerghemma	179.712	»
Monastir	898.?91	»	Kairouan	171.175	»
Djemmal	810.367	»	Gafsa	133 758	»

C'est principalement dans la région de Sfax, où, dès 1901, il y avait plus de 200.000 hectares complantés, que la culture de l'olivier a pris, depuis 1881, une extension considérable ; et c'est là aussi, plus que partout ailleurs, que, aujourd'hui, cette culture est soignée.

Les plantations les mieux entretenues sont ensuite celles du Sahel, puis celles du nord, où les cultures augmentent surtout depuis que, dans la région de Sfax, les terres incultes sont devenues rares (72.000 hectares ayant été vendus en cinq ans).

Les plantations, en Tunisie, sont ordinairement établies par

(1) Emile VIOLARD, L'extrême-sud tunisien ; Tunis, 1905.
(2) MINANGOIN, L'olivier en Tunisie ; Tunis, 1901.

éclats détachés de vieux arbres, et d'où partent plus tard des rejets. On évite ainsi le greffage, qui est plutôt employé pour la transformation des oléastres ou pour les sauvageons.

Jusque vers la sixième année, on fait, entre les lignes d'oliviers, des cultures intercalaires (1), qu'on cesse ensuite.

Les arbres commencent à rapporter plus tôt qu'en France, vers la dixième année. Vers 20 ans, ils sont en pleine vigueur. S'ils donnaient 20 litres d'olives à 8 ans, 40 à 10 ans, 60 à 15 ans, ils en donnent 80 à 20 ans, soit 20 litres d'huile.

Il y a, d'ordinaire, une très bonne récolte sur trois. Cette bonne récolte est suivie d'une médiocre, puis d'une mauvaise.

La floraison a lieu en avril et mai, et la maturation commence en octobre.

La cueillette dure jusqu'en janvier.

Dans le nord et dans le Sahel, elle est faite avec la gaule, comme dans les Alpes-Maritimes.

A Sfax, elle est faite à la main, les doigts étant gantés de cornes de moutons.

Les récolteurs, pour « peigner » ainsi les olives, montent sur des échelles doubles.

On taille tous les deux ans.

A Sfax, les labours sont répétés cinq fois par an ; la taille est effectuée à la scie par d'habiles spécialistes. Les plantations nouvelles sont bien alignées, avec un espacement de 24 mètres, qui ne permet de placer que 17 arbres par hectare, mais qui, au dire des Sfaxiens, est la distance qui assure les plus forts rendements.

Dans le Sahel, ces écartements ne sont plus que de 15 mètres.

Dans le nord, à Tunis, à Bizerte, à Teboursouk, où les pluies sont plus abondantes, ils ne sont que de 10 à 12.

Lorsque les Arabes greffent des oliviers sauvages ou dégénérés, ils ont recours à la greffe en écusson.

Les rendements sont, comme toujours, très variables suivant l'âge de l'arbre et les soins culturaux, et suivant que la saison a été plus ou moins propice.

Dans les environs de Tunis, d'après M. Minangoin, on n'obtient guère plus de 0 fr. 50 à 1 franc par arbre, en moyenne ; dans le Sahel,

____

(1) *Rapport sur la culture de l'olivier dans le centre de la Tunisie*; Tunis, 1899.

on peut compter sur 4 à 6 francs ; dans la région de Sfax, on atteint, en raison des soins, un rendement de 15 à 16 francs, à 25 ans.

Les principaux oliviers à huile sont :

Le *Chetoui* dans le nord (Tunis, Soliman, Tebourba, Bizerte, Grombalia), où il entre pour les deux tiers, au moins, dans la composition des olivettes ;

Le *Chemlali de Sfax*, qui n'a aucune ressemblance avec le *Chemlali de Tunis*, ni avec le *Chemlali de Gafsa*, et qui est très commun dans tout le Sahel et la région de Sfax, où il occupe les quatre cinquièmes des olivettes ;

Le *Chaïbi*, très fréquent à Soliman et à Bizerte, où il remplace souvent le *Chetoui* ;

Le *Chemlali de Tunis*, assez abondant dans les forêts de Tunis.

Toutes ces variétés sont à noyaux lisses, ce qui, de l'avis de certains spécialistes, indiquerait l'excellence de leurs fruits, les variétés à gros noyaux rugueux, avec des sillons profonds, en même temps qu'à peau épaisse et à chair coriace, passant pour moins bonnes.

D'après les analyses de M. Bertainchand (1), voici les analyses de quelques unes de ces olives à huile tunisiennes, bien connues par leur teneur exceptionnelle en substances grasses :

	Matières grasses de la pulpe	Acides gras fluides	Acides gras concrets	État à 5°
Chetoui.............	39	90,7	9,3	Huile limpide
Chemlali de Sfax..	32,6	85,8	14,2	Solide
Chaïbi.............				
Chemlali du Sahel.	30	90,5	9,5	Limpide
Chemlali de Gafsa.	25,5	86,9	13,1	Légère solidification

Le *Chetoui de Tunis* serait peut-être, d'après M. Degrully, le *Roumi de Teboursouk* et le *Saillern* de France.

Le *Chemlali de Sfax* et le *Chemlali du Sahel* seraient le *Zelmati de Djerba* et le *Blanquetier* de Provence.

L'installation des usines européennes a donné aux huiles de toutes ces olives une valeur qu'elles ne pouvaient avoir lorsque la fabrication était entre les mains des indigènes, qui procédaient à la cueillette trop tôt ou trop tard, puis qui, sans faire aucun choix,

---

(1) Nous avons relevé ces analyses sur les tableaux mis sous les yeux des visiteurs, à l'Exposition de Marseille.

mettaient la récolte en tas, où elle fermentait, et enfin broyaient les fruits avec des meules grossières, mal agencées et malpropres.

Aujourd'hui, les huiles tunisiennes semblent pouvoir, de mieux en mieux, lutter, par leur qualité, avec les bonnes huiles de France et d'Italie; et une preuve en est fournie par les exportations, qui étaient de 3 millions de kilos en 1881 et qui sont en moyenne, aujourd'hui, de 10 millions, sur une production de 27 à 35 millions (456.000 hecto-litres en 1898, 392.500 en 1903, 255.650 en 1904, 244.800 en 1905).

Il n'est que juste d'ajouter qu'il faut tenir compte quelque peu aussi, pour expliquer cette faveur croissante, de la connaissance plus exacte que nous avons aujourd'hui des vrais caractères de cette huile tunisienne, jadis refusée parce qu'elle présentait à l'analyse les carac-tères d'une huile d'olive qui aurait été additionnée d'huile de sésame ou de coton.

M. Milliau a heureusement établi que cette suspicion n'était nullement justifiée, car elle reposait uniquement sur l'emploi d'an-ciennes méthodes d'analyse, qui étaient peut-être applicables aux huiles d'olive de Provence, mais ne l'étaient pas aux huiles d'olive d'autres provenances, et, par exemple, déjà à certaines huiles d'olive d'Italie. Il ne faut pas oublier que la composition chimique des sols dans lesquels ont poussé les végétaux producteurs peut influer sur les teintes des réactions colorées offertes par les huiles; et c'est le cas pour l'huile d'olives.

En 1905, le cours des huiles alimentaires variait, à Tunis, de 85 à 95 francs les 100 kilos, et atteignait même parfois 110 francs.

Pour l'exportation, il faut ajouter à ces prix un droit de sortie de 6 francs par quintal.

Un autre revenu que ne fournit pas à la Tunisie — pas plus qu'à l'Algérie — la culture de l'olivier, mais dont il importerait cependant de se préoccuper, ainsi que commencent à le faire quelques industriels tunisiens, c'est la fabrications des *conserves d'olives*.

La Tunisie possède déjà, en assez grand nombre, les variétés qui conviennent, et dont les meilleures, d'après M. Ferdinand Marzac — l'un des premiers industriels qui précisément ont entrepris la prépa-ration des olives vertes à Tunis — sont les quatre suivantes :

1° Le *Bidh-El-Hamam* (*œuf de pigeon*), à gros fruits ovoïdes, qu'on récolte vers le 15 septembre, et qui sont abondants dans le Mornag et l'Ariana;

2° Le *Barouni de Sousse*, qu'on trouve presque exclusivement dans les olivettes du Sahel, et, en particulier, à Kalaa-Srira, et dont les fruits, récoltables à la fin de septembre, sont encore ovoïdes, mais plus gros que les précédents ;

3° Le *Yacouti*, assez abondant dans les environs de Tunis, à fruits ovoïdes, avec une très légère pointe un peu recourbée ;

4° Enfin les diverses formes de *Meski* qu'on trouve à Tunis, Zagouan, Soliman, à gros fruits presque globuleux, souvent géminés.

D'après M. Marzac, l'olive *Bidh-El-Hamam* serait la *Gordale de Séville*, et elle serait donc très bonne pour la table, puisque c'est cette *Gordale* qui, avec la *Manzanilla*, est employée pour les conserves que l'Espagne fournit à l'Amérique.

La *Manzanilla* serait la *Marsaline* de Tunis, quoique la variété de la Régence soit moins bonne que la variété espagnole, qui, elle même, du reste, ne vaut pas la *Gordale*.

Mais, toujours d'après M. Marzac, une variété tunisienne qui remplace très avantageusement cette *Manzanilla*, c'est la *Meski*, sous ses diverses formes. M. Marzac, qui exporte une grande quantité de ses produits en Amérique, dit que les *Meski* y sont très appréciées. On recherche aussi la *Barouni de Sousse* à cause de sa grosseur ; sa valeur est cependant peut-être moindre que celle des précédentes.

En tout cas, ce qui importe essentiellement pour la préparation de très bonnes olives, et surtout d'olives qui se conservent très longtemps, c'est que ces olives traitées soient entièrement intactes, sans piqûre, ni écorchure, ni mâchure ; et malheureusement les fruits achetés sur les marchés ne réalisent guère ces conditions. Cueillis sans soin, ils sont abîmés par les coups d'ongles des cueilleurs, et meurtris en cours de route. Le fabricant doit donc, autant que possible, surveiller la récolte et indiquer les précautions qui doivent être prises. M. Ferdinand Marzac a donné, à ce sujet, en janvier 1905, dans la *Feuille de Renseignements* publiée par la Direction de l'Agriculture et du Commerce de Tunisie, des renseignements très détaillés que les personnes intéressées consulteront utilement.

L'alfa. — L'alfa, dont nous avons suivi l'aire de dispersion, en Algérie, sur les Hauts-Plateaux, depuis le département d'Oran jusqu'à la limite orientale de celui de Constantine, au niveau de Tébessa, passe de là en Tunisie, où il s'étend vers Kairouan et vers Gafsa ; puis il réapparaît encore plus au sud, sur les plateaux des Matmata et des Haouïa, d'où il se dirige vers la Tripolitaine.

Tous les renseignements que nous avons donnés, à propos de l'Algérie, sur l'alfa et sa récolte nous dispensent de refaire ici cette étude. Il faut surtout remarquer que l'exploitation de la Graminée n'est pas réglementée dans la Régence comme elle l'est dans la colonie voisine.

En 1905, les exportations d'alfa brut de Tunisie ont été de 3.239.060 francs, dont 3.020.700 francs pour l'Angleterre, qui, pour la raison que nous savons, est le principal client pour ce produit, 180.330 francs pour la France, 24.210 francs pour l'Italie, 13.290 francs pour l'Algérie, 530 francs pour Malte.

L'alfa brut de Tunisie, tout comme celui de l'Algérie est donc surtout vendu en vue de la fabrication du papier. Indiquons à ce sujet qu'un industriel, M. H. de Montessus, propose d'obtenir la cellulose de l'alfa par fermentation, et prétend arriver ainsi à un aussi bon résultat que par le procédé anglais, qui consiste à traiter les feuilles, sous pression de vapeur, par la soude caustique. D'après M. de Montessus, la fermentation doit durer seize jours, après lesquels il suffit de soumettre la matière à une lessive de carbonate de soude, puis de la laver à grande eau. Cette méthode, si elle est bonne, offrirait l'avantage de supprimer l'autoclave et le chauffage; et les frais seraient, en conséquence, fortement réduits.

En plus des exportations d'alfa brut, il y a quelques expéditions d'alfa ouvré, qui atteignent environ une valeur de 200.000 francs. En 1903, la France a reçu 1.081.400 kilos de nattes et de tresses de sparte, correspondant à 204.000 francs.

Les objets en alfa sont fabriqués un peu partout dans la Régence, quoique naturellement l'industrie alfatière acquière son maximum d'importance sur les lieux de production. A Kairouan, par exemple, le travail de l'alfa représente 70.000 francs.

Aux Kerkennah, tous les habitants s'adonnent à la confection des tapis et des cordes; et le Kerkennien vient souvent lui-même chercher sur la côte du continent la matière première.

L'alfa vert « est séché au soleil pendant vingt-cinq jours, trempé dans l'eau de mer pendant vingt jours pour être assoupli, puis séché deux jours au soleil. » (1).

<hr>

(1) *La Tunisie ; les industries indigènes*. Berger-Levrault ; Paris-Nancy, 1900.

Un peu partout, on utilise, en même temps que l'alfa, le *diss*, ou *halfa mahboula*, qui est, nous le savons, l'*Ampelodesma tenax* Link.

Les forêts. — Les forêts de la Tunisie, dont l'ensemble couvre une superficie d'environ 500.000 hectares, peuvent être divisées en deux groupes, qui correspondent aux deux chaînes montagneuses, septentrionale et centrale, que sépare la Medjerda.

Dans le massif central, les peuplements sont surtout constitués par des pins d'Alep, des chênes-verts, des genévriers de Phénicie (1), des oxycèdres et des thuyas. C'est le groupe forestier qui est dans le plus mauvais état, par suite des exploitations désordonnées faites par les indigènes et de l'abus du pâturage.

Plus important, au point de vue du commerce d'exportation, est le massif septentrional, dont les deux principales essences sont le chêne-liège et le chêne zeen.

Les *chênes-lièges* occupent une surface qu'on évalue à 90.000 hectares environ (89.047 hectares en 1905), le nombre des arbres exploitables étant de 7 millions à peu près.

Les travaux de mise en valeur de ces arbres par le Gouvernement ont commencé en 1884, c'est-à-dire aussitôt après la création du Service forestier en Tunisie.

Les recettes, qui, en 1901, étaient de 397.440 francs, étaient de 657.793 francs en 1903, et de 839.997 francs en 1904. Les quantités de lièges vendues en ces dernières années ont été de 3.359.989 kilos.

Les adjudications des lièges de reproduction ont lieu à la fin d'août, à Aïr-Draham, Babouch, Tabarka et Ghardimaou.

Presque tous ces lièges sont exportés, l'industrie locale ne comprenant actuellement que deux ou trois établissements où ils soient travaillés sur place.

Les expéditions de 1904 ont été faites en Algérie (553.600 francs), en France (86.635 francs), en Portugal (86.521 francs), et un peu en Autriche, en Belgique et en Hollande.

Nous avons décrit l'exploitation des chênes-lièges à propos de

---

(1) Le pin d'Alep et le genévrier de Phénicie (le premier couvrant 180.000 hectares de terrains calcaires) fournissent une poix que les indigènes récoltent sur le bois mort, mais qui n'est guère exploitée. Elle est vendue dans le pays ; on en enduit les chameaux comme préservatif de la gale au printemps, on en recouvre l'intérieur des outres en peaux de chèvre, et elle sert aussi pour goudronner les bateaux.

l'Algérie. Ajoutons seulement que, dans les forêts tunisiennes, les arbres qu'on démascle pour la première fois sont des pieds d'âges divers, qui présentent, après l'ablation du liège mâle, une circonférence de 60 centimètres.

Les opérations du démasclage et de la préparation des lièges commencent en Tunisie vers la fin de mai, c'est-à-dire trois semaines plus tôt environ qu'en France.

L'exploitation méthodique ne datant que de 1884, ce n'est qu'en 1894 que les premiers démasclages sérieux ont été effectués. La récolte fut alors de 7523 quintaux, provenant des forêts du Feidja, d'Aïn-Draham et de Tabarka.

La Tunisie, comme l'Algérie, exporte aussi des *écorces à tan* (1.075.298 francs en 1904 ; 933.376 francs, dont 716.140 francs pour l'Italie et 54.093 francs pour l'Algérie, en 1905).

Ces écorces à tan sont surtout (1) des écorces de chênes-lièges, prises sur ceux de ces chênes qui sont impropres à la récolte du liège. Et ces pieds sont, en effet, les seuls qu'on puisse décortiquer, puisque l'écorce à tan de chêne-liège est la « mère », débarrassée du liège qui la recouvre, et dans laquelle la partie la plus riche est la partie externe. Dès l'instant que la couche qu'on détache est celle qui donne naissance au liège, la récolte du tan ne peut pas être faite sur les chênes qu'on démascle ; elle ne peut avoir lieu que sur les vieux sujets.

Ces arbres, dans la Régence, sont marqués et vendus chaque année, en adjudication publique, au mois d'avril.

La récolte est effectuée du 1er juin au 15 août.

Elle consiste à détacher de l'arbre des morceaux, qui sont découpés aussi régulièrement que possible. Ces morceaux sont ensuite étendus au soleil, où ils se dessèchent en trois à cinq jours.

Toutes les écorces sont embarquées à Tabarka ou envoyées à Bône. La plus grande quantité est achetée par l'Italie, où elles sont tout spécialement appréciées, car on les considère comme fournissant des cuirs à pores très serrés et très fermes. « En Italie, lisons-nous dans *La Tunisie*, on admet que le tannage à l'écorce du chêne vert ou des chênes à feuilles caduques exige une durée de douze à quinze mois, lorsque dix suffisent pour le chêne-liège. »

---

(1) Nous ne savons pas dans quelle mesure on récolte en même temps — si on les récolte — les écorces de chêne zeen et de chêne vert.

Comme *bois d'exportation* de la Régence, le principal est le zeen. Les massifs de ce chêne — pour l'histoire duquel nous renvoyons encore au chapitre sur l'Algérie — sont déjà disséminés au milieu des chênes-lièges, à partir d'une certaine altitude, sur les versants aux expositions fraîches et au fond des ravins (1), mais, comme en Algérie, ils s'élèvent, en outre, à des altitudes de 1300 à 1800 mètres, où le chêne-liège disparaît.

Avec le bois de zeen on fait presque uniquement, à l'heure actuelle, nous le savons, des traverses de chemin de fer.

Sur 143.676 francs de bois exportés par la Régence, en 1904, la part du zeen a été de 118.260 francs.

Les adjudications pour les coupes ont lieu en octobre et novembre.

Enfin un dernier produit que fournit, et de nouveau pour la tannerie, la végétation spontanée de notre protectorat, c'est la *feuille de lentisque.*

En 1904, les exportations de ces feuilles ont été de 401.684 francs, à destination principalement de l'Italie, et un peu de l'Angleterre.

Plusieurs broyeurs ont été installés dans le nord de la Régence par des industriels français ; et les deux tiers des expéditions sont des feuilles moulues. Un tiers seulement est composé de feuilles entières.

Il paraît malheureusement que, récemment, l'emploi de cette matière tannante, dans ses mélanges avec le sumac, a été réglementé en Italie ; et cette réglementation a restreint les demandes du marché italien, dans la proportion de 75.900 quintaux, en 1904, à 9.200 quintaux en 1905. La Tunisie perd ainsi, pour cet article, son principal client.

(1) *La Section tunisienne à l'Exposition de* 1900.

AFRIQUE OCCIDENTALE

FRANÇAISE

———

Le Gouvernement de l'Afrique occidentale française, tel qu'il a été réorganisé par décret du 18 octobre 1904, comprend :

1° Le territoire civil de la Mauritanie ;

2° Le Sénégal, constitué, d'une part, par les anciens territoires d'administration directe qui formaient la circonscription du Sénégal, et, d'autre part, par les pays de protection de la rive gauche du Sénégal qui faisaient partie de la Sénégambie-Niger ;

3° Le Haut-Sénégal et Niger, correspondant aux anciens territoires du Haut-Sénégal et du Niger, auxquels a été ajouté le territoire militaire du Niger (Niamey, Tombouctou et Zinder) ;

4° La Guinée française ;

5° La Côte d'Ivoire ;

6° Le Dahomey.

En 1904, les exportations du cru de ces colonies se sont élevées aux valeurs suivantes :

Sénégal	F. 27.758.158
Guinée	13.132.796
Côte d'Ivoire	10.286.743
Dahomey	10.898.088

Sur la vaste surface d'environ 230 millions d'hectares (à peu près cinq fois la superficie de la France) que couvrent toutes ces possessions, les sols et les climats sont naturellement très divers ; et cette diversité a, ici encore, pour conséquence une répartition géographique assez nette des plantes spontanées et des cultures.

Dans l'ensemble, et en ne retenant que les caractères extrêmes — qui évidemment peuvent se trouver souvent atténués par des types intermédiaires revêtant des aspects multiples — on peut distinguer quatre grandes zones de végétation : la *zone sahélienne,* la *zone soudanienne,* la *zone guinéenne* et la *zone forestière.*

La *zone sahélienne,* qui est la zone septentrionale, succède à la *zone saharienne* que nous avons vue commencer, avec le dattier, dans le sud de l'Algérie. Elle est caractérisée par ses végétaux épineux et rabougris, plus ou moins clairsemés.

Le sol est nu sur de grands espaces, ou se couvre seulement, pendant l'hivernage, qui est court, de Graminées et de Légumineuses herbacées. C'est le pays des Acacias à gommes. A cette zone appartiennent la Mauritanie, la région de Tombouctou, puis, en revenant de là vers le sud-ouest, le Macina (Bandiagara), le Kaarta (Nioro) et le Fouta sénégalais.

La *zone soudanienne* est la zone qui correspond aux cercles de Ségou, de Bammako, de Kita, à une partie de la Haute-Guinée, jusque vers le Tinkisso, à la Haute et Moyenne Gambie, au sud du Cayor et du Baol, et à toute la partie littorale comprise entre l'embouchure du Sénégal et celle de la Gambie.

A l'intérieur, le *Butyrospermum Parkii* Kotschy et le *Parkia africana* R. Br. sont les essences dominantes. L'hivernage étant plus long que dans la zone sahélienne, les arbres, en général, sont plus beaux et plus nombreux que dans cette zone précédente ; ils sont souvent par touffes, et la brousse est plus épaisse et plus haute. Il y a de belles cultures indigènes de plantes annuelles, surtout près des cours d'eau. Nous y verrons plus loin tenter aujourd'hui la culture du cotonnier.

La *zone guinéenne* est encore plus boisée dans les vallées, plus riche que la zone soudanienne. Les lianes à caoutchouc y sont communes. C'est déjà la région des palmiers à huile, des *Eriodendron,* des *Raphia,* des bambous. En certains points, on peut entreprendre les grandes cultures tropicales. A ce régime appartiennent la Casamance, la partie centrale de la Guinée française (1), le Ouassoulou, le Sindou, le territoire de la Volta.

(1) Exactement, M. Pobeguin (*Essai sur la flore de la Guinée française* ; Paris, 1906), divise la Guinée française en cinq zones de végétation : 1° les terrains alluvionnaires profonds de la côte, région chaude et très humide, à végétation luxuriante ; 2° les premières assises du plateau central, formées de montagnes gréseuses, ravagées par les érosions, et où la terre est rare ; 3° la région centrale, qui comprend, en plus des vallées profondes et des montagnes élevées, les plateaux du Fouta et du Labé, tantôt fertiles et tantôt rocheux, pays d'élevage, en raison des Graminées qui couvrent son sol ; 4° la Haute-Guinée, qui, par sa flore, participe à la fois de la région précédente

AFRIQUE OCCIDENTALE FRANÇAISE

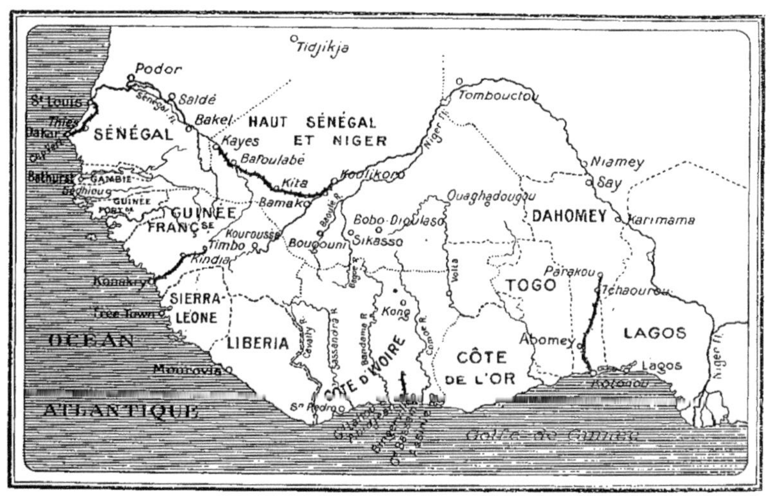

Limites de nos diverses colonies

A plus basse latitude, enfin, les forêts de la Côte d'Ivoire, la végétation du Bas-Dahomey, avec ses innombrables palmiers à huile, se rattachent à la *zone forestière*, qui était, du reste, déjà ébauchée, plus haut, par les forêts de la Casamance, ainsi que par celles de la région côtière de Guinée, de la région du Sankaran et du Kouranko, puis par celles encore de la Volta. C'est la zone que nous verrons atteindre son plein épanouissement dans la région équatoriale du Congo.

Comme conséquence de cette répartition en plusieurs types de végétation, chaque contrée a ses ressources prédominantes, qui lui sont propres.

La Mauritanie récolte la gomme arabique. Le Sénégal est notre grande colonie à arachides. Le Haut-Sénégal et Niger livre au commerce le caoutchouc et la gomme, en attendant le jour où ce sera peut-être, en même temps, une de nos colonies cotonnières. La Guinée, qui n'est plus guère notre colonie à sésames, a aussi pour grand produit d'exportation le caoutchouc. La Côte d'Ivoire exploite ce caoutchouc et l'acajou. Le Dahomey est essentiellement notre colonie à palmistes.

En fait, les principales exportations de 1904 ont été les suivantes :

1° Du Sénégal, y compris la Mauritanie et le Haut-Sénégal et Niger :

Arachides en coques .	137.783.509	kilos, ayant pour valeur F.	21.320.189
Gommes arabiques...	2.370.031	» »	1.120.881
Caoutchouc..........	1.001.815	» »	4.002.265
Amandes de palme...	902.651	» »	144.424
Petit mil............	52.375	» »	6.285
Huile de palme......	5.330	» »	3.997
Coton non égrené....	5.017	» »	1.003

2° De la Guinée française :

Amandes de palme...	2.855.600	kilos, ayant pour valeur F.	571.121
Caoutchouc..........	1.339.116	» »	10.860.736
Sésames	374.971	» »	74.934
Arachides	344.722	» »	42.965
Copal..........	125.838	» »	188.757

et de la zone soudanienne ; 5° la région du Sankaran et du Kouranko, boisée par parties, et dont la flore, par suite du régime des pluies, se rattache à celle de Libéria et de la Côte d'Ivoire.

Dans la Haute-Guinée, la zone soudanienne commence au Tinkisso, à la limite du Fouta. C'est là que, en venant de la côte, on voit disparaître le *méné* (*Lophira alata*) et apparaître le *karité*.

Bananes...............	84.000	kilos, ayant pour valeur F.		8 400
Huile de palme... ...	68.406	»	»	27.363
Kolas.................	24.719	»	»	49.518
Riz..................	21.166	»	»	5.134
Écorces de palétuvier.	4.175	»	»	2.088
Café indigène........	1.850	»	»	3.700

3º De la Côte-d'Ivoire :

Acajou...............	11.770.694	kilos, ayant pour valeur F.		588.535
Huile de palme......	5.839.370	»	»	2.452.787
Amandes de palme..	3.365.000	»	»	572.202
Caoutchouc.........	1.536.045	»	»	6.535.008
Café en fèves........	71.278	»	»	71.278
Piassava...........	35.176	»	»	10.552
Bois rouge...	6.441	»	»	1.236
Ignames.............	1.442	»	»	289
Copal	1.319	»	»	2.039
Cacao en fèves......	980	»	»	980
Piments et poivre de Guinée....	495	»	»	495
Kolas	30	»	»	720

4º Du Dahomey :

Amandes de palme..	25.957.006	kilos, ayant une valeur de F.		5.459.370
Huile de palme......	8.368.467	»	»	3.765.808
Coprah.............	226.815	»	»	56.705
Kolas	23.282	»	»	116.410
Arachides..........	34.822	»	»	8.707
Cocos......	15.660	»	»	1.096
Caoutchouc	4.190	»	»	18.584

Tels sont les divers produits sur lesquels nous allons donner maintenant quelques renseignements culturaux et commerciaux.

L'arachide. — Les statistiques précédentes établissent bien jusqu'à quel point l'arachide constitue la culture la plus importante pour notre colonie du Sénégal, dont le sol, souvent sablonneux et léger, convient tout particulièrement aux diverses exigences de végétation de la Légumineuse.

On a rappelé maintes fois que cette culture n'a cependant commencé vraiment à se développer, sur la côte occidentale africaine, qu'en 1840. C'est, en tout cas, de cette année-là que date le premier arrivage des gousses du Sénégal dans le port de Marseille ; et les quantités débarquées furent de 1.210 kilos.

Les années suivantes, les exportations de même provenance s'accrurent rapidement. De 1867 à 1876, elles atteignaient une moyenne annuelle de 16 millions de kilos, et, de 1877 à 1886, 39 millions. Puis, avec des oscillations, elles se sont élevées progressivement à :

46.790.373 kilos en 1892	85.543.611 kilos en 1899
63.555 600 » » 1896	148.842.536 » » 1903
95.955.098 » » 1898	137.783.509 » » 1904

En 1904, les pays d'importation étaient :

France	90.337 126 kilos
Hollande	24.337.526 »
Allemagne	8.161.143 »
Belgique	4.516.620 »
Danemark	3.495.146 »
Angleterre	1.522.284 »
Autres pays	2.893.543 »

L'arachide est une petite Papilionacée herbacée et annuelle, avec des feuilles à quatre folioles, des fleurs jaunes striées de rouge, et des gousses ligneuses et jaunâtres, qui contiennent chacune deux graines ovoïdes ou rondes, quelquefois une seule.

La hauteur de la plante ne dépasse pas 30 à 40 centimètres, même dans les variétés qui, comme celle du Brésil, sont à tiges dressées ; elle est beaucoup plus faible dans les variétés qui, comme celle du Mozambique (dite encore « de Maurice »), sont à longues tiges rampantes, qni s'étendent quelquefois jusqu'à 60 centimètres (1).

Dans le premier de ces deux cas extrêmes — entre lesquels se placent de nombreux intermédiaires, correspondant aux variétés de Java, de l'Inde, de la Barbade, de la côte occidentale d'Afrique, etc. — les fruits sont donc tous groupés à la base de la plante ; dans le second, ils se trouvent plus épars dans le sol, le long de ces tiges.

L'arrachage est, par conséquent, plus difficile, et un plus grand nombre de gousses sont perdues, lorsqu'on cultive les variétés traînantes. Et la récolte est ainsi diminuée, puisque les graines que contiennent ces gousses souterraines sont la partie utilisée de l'arachide.

Les fleurs jaunes et bien visibles que nous avons signalées tout à l'heure sont ordinairement stériles ; mais, plus bas, aux aisselles

---

(1) Cette variété du Mozambique est, en même temps, à feuilles plus petites et d'un vert plus foncé que la variété brésilienne.

des feuilles inférieures, sout d'autres fleurs plus petites et moins apparentes, isolées ou par petits bouquets, chez lesquelles la fécondation a lieu sans qu'elles s'ouvrent. Celles-ci sont fertiles, et, dès que l'ovaire commence, dans chacune, à se développer en fruit, sa base s'allonge rapidement en un pédoncule, ou gynophore, qui peut avoir 5 à 15 centimètres, et qui se recourbe pour enfoncer dans le sol la jeune gousse qui le surmonte.

Le fruit mûrira ainsi en terre, sa maturité ayant lieu environ six mois après le semis.

La plante serait originaire du Nouveau-Monde, car il ne semble pas qu'elle fût connue dans l'Ancien, avant la découverte de l'Amérique. Sa patrie exacte serait probablement le Brésil, où poussent, à l'état sauvage, d'autres espèces d'*Arachis*.

Une fois commencée, la propagation au dehors du continent américain s'est faite avec une facilité d'autant plus grande que l'espèce s'adapte à des climats très divers et réussit encore dans les parties chaudes de la zone tempérée.

Nous l'avons — après beaucoup d'autres expérimentateurs — cultivée avec succès, depuis plusieurs années, à Marseille (1). Les graines ont germé par une température moyenne de 16° 5, qui semble, toutefois, la température minima nécessaire. La floraison a commencé au bout de quarante-cinq jours, pendant lesquels la moyenne thermique a été de 20° 2. La récolte a eu lieu cinq mois après les semis, la température moyenne, pendant toute la durée de la végétation, ayant été de 18° 6.

Mais il faut bien ajouter que le petit nombre de gousses que portait chaque pied prouve, une fois de plus, que l'arachide se trouve chez nous à son extrême limite de culture; et, en fait, cette culture ne paraît plus rémunératrice au-delà de 40 degrés, au plus, de latitude.

En vue de l'exportation, l'arachide est, à l'heure actuelle, surtout cultivée: sur la côte occidentale d'Afrique, du Sénégal à Sierra-Leone; sur la côte orientale, au Mozambique; en Asie, dans l'Inde (2).

En 1903, par exemple, en même temps que nous recevions en

(1) H. JUMELLE, *L'arachide* ; Annales coloniales, mai 1905.
(2) Marseille reçoit encore, soit pour l'huilerie, soit surtout pour être consommées comme « fruits secs », des arachides dites « d'Espagne », qui sont plutôt, en réalité, des arachides de La Plata.

France 101.896.257 kilos d'arachides en coques du Sénégal, il nous était expédié : 34.548.174 kilos d'arachides en coques des possessions anglaises de l'Afrique occidentale, 97.875.841 kilos d'arachides décortiquées de l'Inde, et un peu plus d'un million de kilos d'arachides, également décortiquées, du Mozambique.

En 1905, sur 359.966.000 kilos de graines oléagineuses importées à Marseille, les arrivages d'arachides — relativement faibles, d'ailleurs, et en diminution de 25 millions de kilos sur les statistiques de 1904 (1), par suite d'une mauvaise récolte sur la côte occidentale d'Afrique — ont été de 155.680.000 kilos, dont 99.393.000 kilos d'arachides décortiquées de l'Inde, 3.256.000 kilos d'arachides du Mozambique, 52.954.000 kilos de gousses de l'Afrique occidentale.

L'arachide se plaît essentiellement dans les sols silico-calcaires, qui, n'étant pas compacts, n'empêchent pas la pénétration des gousses en terre au moment de la maturation, et, étant peu humides, ne provoquent pas la pourriture de ces gousses pendant qu'elles mûrissent, ou pendant la période qui peut séparer la maturité complète de la récolte.

Un élément important, dans la composition du terrain, est la potasse. Nous nous en sommes bien rendu compte dans les essais d'engrais que nous avons faits à Marseille en 1905.

Nous avons cultivé nos arachides sur six parcelles qui ont reçu les engrais suivants, à des doses qui auraient correspondu, pour un hectare, aux quantités ci-dessous :

Parcelle   I : 250 kilos de nitrate de soude ;
    »   II : 250 kilos de nitrate et 800 kilos de phosphate basique ;
    »   III : 250 kilos de nitrate, 800 kilos de phosphate et 200 kilos de sulfate de potasse ;
    »   IV : 600 kilos de superphosphate de cendres d'os ;
    »   V : 800 kilos de phosphate basique ;

La parcelle VI, qui est la parcelle témoin, n'a reçu aucun engrais.

Les semis ayant été faits le 20 mai, la floraison a commencé le 24 juin, alors que la température était de 22°3. Nous avons arraché en octobre.

---

(1) Par contre, en cette même année, les importations d'huile de coton à Marseille se sont élevées de 20 millions de kilos (en 1904) à 39 millions de kilos, les Etats-Unis ayant eu un fort excédent à écouler. Et l'huile de coton peut toujours trouver à Marseille un facile débouché, qui peut même nuire au commerce des graines fournissant des huiles plus ou moins analogues.

C'est la parcelle III, avec engrais complet, qui a donné la plus forte récolte en gousses et en graines ; et cette récolte a été bien plus faible dans la parcelle II, où manquait le sulfate de potasse. Nous avons remarqué même que l'affaiblissement du rendement était encore plus grand que ne l'indiquaient, à première vue, les poids comparés des gousses, dans les parcelles II et III, car, pour ces gousses, le rapport du poids des graines au poids des coques n'a pas été le même dans les deux parcelles, et il a été plus élevé dans la parcelle III (où il était de 3) que dans la parcelle II (où il n'était que de 2,57).

La potasse favorise donc en particulier le développement des graines, dont le poids s'élève par rapport au poids total des gousses.

Quant au phosphate basique et au nitrate de soude, ces sels ont eu également une action sur le rendement en graines de l'arachide, mais l'action du phosphate a été plus grande que celle du nitrate.

En conséquence, nous croyons pouvoir recommander, dans des sols très calcaires comme celui de notre champ — qui contient, pour 1 kilo de terre desséchée, 356 grammes de sable, 492 grammes de calcaire et 65 grammes de sable fin et argile — l'engrais complet indiqué plus haut pour la parcelle III.

Après que la terre a été ainsi bien fumée et ameublie, on sème soit les graines, soit les gousses entières. Nous avons toujours mieux réussi, à Marseille, en mettant en terre les gousses elles-mêmes.

Gousses ou graines sont jetées, par deux ou trois, dans des poquets, qui sont disposés en lignes, à des intervalles qui sont plus ou moins larges suivant la variété.

Trente centimètres peuvent suffire pour les variétés dressées ; 60 centimètres à 1 mètre peuvent être, au contraire, nécessaires pour les variétés traînantes, comme celle du Mozambique.

Les semis ont, jusqu'alors, presque toujours été faits à la main. Peut-être y aurait-il cependant avantage à employer des semoirs, à main ou attelés, comme en construit la maison Pilter-Planet, et avec lesquels on peut répandre les graines, à volonté, en lignes ou en poquets.

Pour les semis en poquets — ce qui est le cas pour l'arachide — une came est fixée à l'extrémité de l'arbre de distribution ; et au moment voulu, cette came soulève une petite vanne, qu'un ressort ramène à sa position primitive.

Les espacements des trous, sur chaque ligne, dépendent de la came employée.

Après l'ensemencement, les soins d'entretien, jusqu'à la maturité, sont le buttage, le sarclage et le binage.

Sarclage et binage sont encore opérés rapidement avec des houes à main.

Et l'on ne saurait trop souhaiter que l'utilisation d'un outillage agricole perfectionné, qui est de plus en plus courante dans la culture européenne, se généralise aussi peu à peu dans nos colonies. Les Allemands font aujourd'hui tous leurs efforts en ce sens au Cameroun.

Peut-être pourra-t-on, par exemple, détacher de même, prochainement, à la machine les gousses d'arachides, qui jusqu'alors sont cueillies à la main, après que les touffes ont été déracinées et séchées au soleil.

Quelques batteuses ont, en effet, déjà été proposées ; et si elles n'ont pas donné, croyons-nous, tous les résultats désirés, ce n'est plus, du moins, qu'une question de perfectionnements, qui sera évidemment bientôt résolue.

Au Sénégal, les arachides sont semées décortiquées (1) en juin et juillet, lorsque la terre est déjà détrempée par les premières pluies. Le champ est, dans la suite, sarclé plusieurs fois, et la récolte a lieu en octobre et novembre.

Les pieds arrachés avec l'hilaire sont mis en tas. Lorsqu'ils sont suffisamment secs, les gousses en sont détachées à la main ou par battage. Les indigènes, avec leurs procédés primitifs, obtiennent, par hectare, dans les bonnes terres, de 1500 à 2000 kilos.

Nous avons vu, par les statistiques indiquées plus haut, que ce sont ces gousses qui sont exportées de la côte occidentale d'Afrique. La décortication n'a donc lieu qu'en Europe ; et c'est là un des avantages des arachides du Sénégal, qui le doivent à la faible distance qui sépare la colonie de la métropole.

Provenant de pays plus éloignés, les arachides du Mozambique et de l'Inde doivent être, au contraire, décortiquées sur place parce que les frais d'envoi seraient sérieusement élevés par le transport des coques, qui représentent un déchet ; mais ces graines sorties des gousses sont ainsi évidemment très facilement altérées. Et si, en effet,

---

(1) *Le Sénégal-Soudan à l'Exposition de 1900 ;* Challamel, 1900.

le mode d'expédition n'est pas la seule cause de la supériorité des arachides du Sénégal sur celles du Mozambique et de l'Inde — et il ne l'est pas, puisque les arachides de Guinée, livrées dans les mêmes conditions, sont inférieures — il contribue néanmoins, sans aucun doute, pour une grande part, à assurer aux bonnes arachides de notre colonie la conservation de leur valeur propre.

Au Sénégal, la culture de l'arachide en vue de l'exportation — qui s'étendra peut-être vers l'intérieur, quand sera construite la voie ferrée reliant Dakar au Haut-Sénégal — est principalement faite actuellement à proximité de la côte, dans le Cayor, le Baol, le Sine, le Saloum et la Casamance.

La meilleure sorte commerciale, qui est celle de Rufisque, à coque mince, est surtout récoltée dans le Cayor et le Baol.

Lorsque les gousses proviennent du Haut-Fleuve, ce sont les arachides dites « de Galam », à coque épaisse, qui sont peu cotées. Il semble, d'ailleurs, que nous en recevions de moins en moins.

Il n'en serait pas, en tout cas, arrivé en Europe en 1904, car les statistiques n'indiquent, pour cette année, que les régions d'exportations suivantes :

Rufisque et Cayor.	75.027.958 kilos au prix de	F.	12 004.473
Petite Côte........	59.501.672 » »		8.925.251
Casamance	3 236.996 » »		388.439

Les arachides du Sine et du Saloum sont presque aussi estimées que les « Rufisque », ainsi que les arachides de Gambie.

La valeur s'affaiblit, par contre, dès qu'on passe en Casamance, qui, du reste, on le voit, exporte aussi relativement peu.

Enfin de quatité très moyenne également sont les arachides de la Guinée Française — où, comme en Guinée Portugaise, il y a encore quelques cultures, qui sont localisées dans le Rio Nunez — ainsi que les arachides du Dahomey.

En 1904, il était exporté :

De Guinée Française.	344.722 kilos, au prix de	F.	42.965
Du Dahomey	18.012 » »		4.504

Sur le marché de Marseille, les prix des principales sortes de la côte occidentale ont été ceux-ci (prix les plus élevés) en 1906 :

Arachides de Rufisque et du Sine.......... F. 31 »
—   de Saloum et de Gambie........ 30 »
—   de Casamance (Bas de côte) ..... 27 .50
—   du Rio-Nunez................. 28 »

Soit dit en passant, il peut-être bon de savoir — sans y attacher trop d'importance et croire que ce sont des nombres constants — que le poids de ces arachides de diverses provenances varie énormément (1), car, en moyenne, un mètre cube de gousses pèserait :

Galam.... .... 333 kilos
Cayor................ 363 »
Baol................. 338 »
Sine................. 332 »
Saloum.. .... 325 »
Gambie............. .. 303 »
Casamance............. 274 »
Guinée Française........ 294 »

Toutes ces graines de l'Afrique occidentale présenteraient, d'autre part, généralement la composition suivante, pour 100 :

Eau...................... 7.5
Matières grasses............ 50
Albuminoïdes.............. 24.5
Amadou, sucre, etc 11.7
Cellulose................. 4.5
Cendres.. .... 1.8

Les graines de l'Afrique centrale seraient moins riches en huile.

On sait que, dans les usines, en Europe, le nombre de pressions successives auxquelles les graines sont soumises dépend de la provenance.

Les sortes de Rufisque, du Sine, du Saloum et de Gambie subissent toujours trois pressions et donnent, pour 100 kilos :

A première pression, à froid, 20 kilos d'huile surfine, comestible ;

A seconde pression, à froid, 10 kilos d'huile fine, encore comestible ;

A troisième pression, à chaud, 7 à 8 kilos d'huile de rebat, qui n'est plus qu'une huile lampante ou à fabrique.

Les graines de Casamance et de Guinée ne subissent, au contraire,

____

(1) DE WILDEMAN, *Les plantes utiles ou intéressantes du Congo* ; Bruxelles, 1903.

ordinairement, que deux pressions, dont la première, à froid, donne une huile lampante, et la seconde, à chaud, une huile à fabrique.

Les prix de ces huiles, à Marseille, étaient, le 30 mars 1907 :

Huile surfine de Rufisque................ . F. 92
   »   »   de Gambie................... 85
   »   »   du Sine................. 84
   » fine   »   79
   » lampante........................ 76
   » à fabrique (à chaud)............... 64

La bonne huile d'arachides, qui est surtout composée d'oléine, avec de petites quantités de palmitine, d'arachidine et d'hypogéine, est presque incolore et inodore, à légère saveur rappelant un peu celle des haricots verts. Elle commence à se figer à — 1°, rancit lentement et n'est pas siccative.

Il est bien connu qu'elle entre dans la fabrication des fromages de Hollande, et c'est ce qui explique la forte exportation des arachides de Rufisque vers les Pays-Bas.

La bonne huile d'arachides est aussi parfois employée pour la préparation des conserves de sardines, quoiqu'elle rancisse un peu plus rapidement que l'huile d'olives, qui, avec l'huile de coton — et celle-ci surtout aux États-Unis — est l'huile ordinaire de ces conserves.

L'huile à fabrique, qui, obtenue à chaud, est jaune et d'odeur désagréable, sert pour la fabrication des savons blancs et durs.

Le palmiste. — Après l'arachide, dont la culture donne sur certains points de la côte occidentale d'Afrique les résultats que nous venons de voir, la plante oléagineuse la plus importante de la même région n'est plus une espèce introduite, mais un palmier indigène, et exploité à l'état sauvage, l'*Elaeïs guineensis* Jacq.

Le *palmiste* n'a pas une aire de distribution aussi étroitement limitée que le laisserait penser son nom spécifique, car il est signalé par Kirk (1) jusque dans l'Est africain, sur la rive occidentale du Nyassa, et il a été vu également par Stuhlmann dans la région du lac Albert-Nyanza, et par Schweinfurth dans le Niam-Niam.

(1) J. KIRK. *On the palms of East tropical Afrika* ; Journal of the Linnean Society, 1867.

Cependant il est bien vrai que c'est la côte occidentale qui est son véritable et grand habitat ; c'est là seulement qu'il est commun et joue un rôle important dans l'alimentation indigène et le commerce d'exportation.

Sur cette côte occidentale, le palmier à huile s'étend du cap Vert à l'Angola. Il pousse donc dans toutes nos colonies de l'Ouest africain ; et, en effet, nous avons déjà vu que, en 1904, il a été exporté en amandes de palme :

Du Sénégal.........	902.651 kilos
De la Guinée Française	2.855.609 »
De la Côte d'Ivoire	3.365.000 »
Du Dahomey	25.957.006 »

Et en huile de palme :

Du Sénégal	5.330 kilos
De la Guinée Française...........	68.406 »
De la Côte d'Ivoire	5.839.370 »
Du Dahomey,..	8.368.467 »

Et nous verrons plus loin que le Congo est encore un pays exportateur de ces amandes et de ces huiles.

Mais, nous en tenant pour l'instant à l'Afrique occidentale française, nous pouvons constater, par ces statistiques, que :

En premier lieu, le Sénégal même possède des palmistes, qui, en effet, apparaissent au sud du Cayor et sont exploités en Casamance, surtout quand la mauvaise récolte du riz force les indigènes au travail ;

En second lieu, la Côte d'Ivoire et, bien plus encore, le Dahomey sont toutefois nos principales colonies de production.

Les mêmes statistiques nous rappellent, en outre, que les deux articles que le palmiste fournit à l'exportation sont l'huile de palme et les amandes.

L'huile de palme est la substance grasse extraite, sur place, de la pulpe des fruits.

Les amandes, expédiées en Europe, y sont broyées et pressées, et donnent l'huile de palmiste.

L'huile de palme fond entre 33° et 39° et se solidifie entre 35° et 25°. Elle est jaune orange, à odeur de violette, à saveur douce, et n'est soluble dans l'alcool absolu que dans la proportion de 40 o/o. Elle entre, en mélange avec d'autres substances grasses, dans la fabrication des savons, qu'elle rend très mousseux. Sa richesse en acides concrets et le point assez haut de fusion de ces acides (46° à 47°) la font, en même temps, utiliser en stéarinerie.

L'huile de palmiste fond à 26°5 et se solidifie à 23°5. Elle est blanc verdâtre, inodore, de saveur amère, et est entièrement soluble dans l'alcool absolu. Elle serait, dit-on (1), exclusivement employée pour la préparation des savons durs, tandis que l'huile de palme conviendrait aussi bien pour la fabrication des savons mous que de ces savons durs.

Le palmiste est de taille très variable (2) ; il n'a parfois que quelques mètres de hauteur et, par contre, en certaines régions, d'après M. le Dr Preuss, peut atteindre 30 mètres. Ordinairement, il a 10 à 15 mètres.

Vers l'âge de 4 à 5 ans, il commence à donner des régimes mâles ; puis, un peu plus tard, sur le même pied, apparaissent des régimes femelles.

L'espèce ne se plaît ni dans les sols qui sont trop secs, où les pieds restent bas et peu productifs, ni dans les terres trop marécageuses. Les meilleurs terrains seraient les sols alluvionnaires riches qui ne sont humides que périodiquement.

En Afrique occidentale, la zone principale de l'*Elaeïs*, surtout au point de vue du commerce actuel d'exportation (3), correspond donc au littoral. Au Sénégal, nous savons déjà que le palmier habite la Casamance ; en Guinée française, il continue à longer la côte ; à la Côte d'Ivoire, il s'étend entre les lagunes et environ le 8me degré de latitude ; au Dahomey, on a pu dire (4) du bas-pays, qui a environ 120 kilomètres de largeur et 100 kilomètres de profondeur, que c'est, à partir du bord intérieur des lagunes « un immense bois de palmiers à huile, parsemé seulement d'autres essences, et entrecoupé de clairières plus ou moins grandes », le palmier disparaissant au-dessus d'Abomey.

---

(1) J. Lefèvre, *Savons et bougies* ; Baillière, 1894.

(2) J. et Eug. Poisson, *Le palmier à huile de la côte occidentale d'Afrique* ; Bulletin du Muséum d'Histoire naturelle, 1903.

(3) Cette réserve est nécessaire, car, à l'intérieur, on retrouve encore le palmiste en Haute-Guinée, jusqu'aux environs de Siguiri ; M. Chevalier le signale également dans le Ouassoulou, le Sindou et le territoire de la Volta, c'est-à-dire dans des régions qui appartiennent administrativement au Haut-Sénégal et Niger.

(4) G. Borelli, *Le Dahomé* ; Congrès national des Sociétés de Géographie, Marseille, 1899.

On a, du reste, remarqué, surtout en ces dernières années (1), que, si le palmiste de l'Afrique occidentale constitue bien une espèce unique, ses divers caractères secondaires, tels que la préférence de certains terrains, la composition et la grosseur des fruits, ne sont pas absolument immuables ; et il en résulte que ce sont diverses variétés qu'on peut rencontrer du cap Vert à l'Angola.

Le Dr Preuss, par exemple, l'a nettement remarqué au Cameroun, où il a découvert une variété que les indigènes appellent *li sombé* (2).

La production de cette variété ne serait peut-être pas très supérieure à celle de la variété ordinaire, au point de vue du nombre des fruits, mais ces fruits seraient plus riches en huile. Dans le type ordinaire, 100 grammes de fruits se composent de 37 grammes de pulpe, 48 grammes de noyau et 15 grammes d'amande. Dans la variété *li sombé*, la même quantité de fruits équivaut à 69 grammes de pulpe, 18 grammes de noyau et 12 grammes d'amande.

La pulpe étant plus épaisse et le noyau plus mince, cette variété aurait donc un rendement exceptionnellement élevé.

De cette observation du Dr Preuss il faut rapprocher celle de M. J. Daniel, qui, au Dahomey, a vu des palmistes dont les feuilles différaient quelque peu de celles du type, et qui avaient, en même temps, des régimes plus forts et des fruits plus gros.

Ce sont ces faits qui peuvent permettre de dire qu'une de nos préoccupations, dans nos colonies à palmistes comme le Dahomey et la Côte d'Ivoire, devrait être actuellement de rechercher les variétés d'*Elaeïs guineensis* les plus productives, et de tenter de les améliorer encore, s'il est possible, par une culture sélectionnée.

Actuellement, tous les palmistes sauvages sont exploités indistinctement. C'est, avons-nous dit, vers l'âge de 7 à 8 ans qu'il semble qu'ils puissent fournir une première récolte ; mais cette récolte est faible, car les régimes sont peu nombreux et les fruits petits ; et ce n'est guère qu'à partir de 15 ans que la pleine productivité est atteinte, pour ensuite durer assez longtemps, puisqu'un palmiste peut rapporter à 80 ans.

Quant à préciser ce que représente cette pleine production, c'est

(1) Voir à ce sujet divers articles du *Journal d'agriculture tropicale*.

(2) Welwitsch avait déjà distingué autrefois au Congo la variété *macrosperma* et la variété *microsperma*, cette dernière étant le *di sombo*, ou le *sombe*, des indigènes.

quelque peu difficile, car les estimations sont très variables, probablement parce qu'elles se rapportent à des variétés différentes.

Selon les uns, un palmiste donne annuellement 15 à 18 régimes, en moyenne; pour d'autres, il n'en porte que 10 à 14; pour d'autres encore, il en produit 7 ou 8, au plus (1).

En tout cas, ce qui semble toujours vrai, c'est que ces nombres de régimes que nous indiquons correspondent à deux récoltes.

Au Dahomey, par exemple, il y a une saison de grandes pluies, d'avril à juin, et une saison de petites pluies, en septembre et octobre. Le palmiste fleurissant surtout pendant ces pluies, il y a donc deux principales floraisons annuelles, et, par suite, deux fructifications, qui surviennent chacune huit ou dix mois après la floraison. Il y a, dès lors, une grande récolte en février, mars et avril, et une petite récolte vers le mois d'août.

En Guinée, où les saisons pluvieuses ne coïncident pas exactement avec celles du Dahomey, la première récolte a lieu encore de février à avril ou mai, mais la seconde en octobre et novembre.

Ces saisons de récolte arrivées, les indigènes vont cueillir les régimes en grimpant sur les arbres, au moyen d'une corde ou d'une tige de rotin qui entoure à la fois leur corps et le tronc de l'arbre, et qu'ils remontent peu à peu, par secousses successives, pendant qu'ils s'arcboutent avec les pieds. Parvenus au sommet, ils abattent, avec une hache ou un sabre, les feuilles qui les gênent, puis les régimes, qui tombent à terre.

Ces mêmes indigènes procèdent ensuite à la préparation de l'huile de palme, puisque cette huile, retirée de la pulpe des fruits (qui sont des fruits à noyau), est extraite sur place.

Cette extraction est opérée au moyen de l'eau chaude, c'est-à-dire par le procédé rudimentaire qu'on retrouve dans les pays les plus divers pour la préparation des huiles d'autres fruits ou de graines. Le beurre de coprah, par exemple, est ainsi isolé parfois, dans l'Inde et à la Trinidad.

Les fruits de palmiste, qu'on a laissés bien mûrir — et même souvent quelque peu fermenter — sur le sol, sont jetés dans l'eau bouil-

______

(1) Il faut tenir compte encore de la plus ou moins grande abondance des pluies, dans l'année où les observations ont été faites. Lorsque les pluies sont rares, les floraisons sont plus espacées, et il y a, au total, peu de régimes. A Lagos, par exemple, la récolte annuelle est forte quand il est tombé plus de 2 m. 50 d'eau, et elle faible quand la pluviosité a été deux fois moindre.

lante, pendant une heure et demie ou deux heures. La pulpe s'amollit et est ensuite facilement détachée du noyau. Lorsque le noir l'a ainsi séparée, il la remet dans l'eau chaude; puis, dès que cette eau, en se refroidissant, est à une température que le corps peut supporter, il la pétrit avec la main ou la piétine. La substance grasse, restée liquide à la température où l'on opère, se dégage et vient surnager.

L'écume recueillie est bouillie, et cette ébullition sépare de l'huile l'eau qui y est encore mélangée. Après refroidissement et décantation, la substance grasse qui reste est l'huile de palme du commerce, qu'on expédie en ponchons.

La pulpe, qui, après un premier traitement, n'est qu'à demi-épuisée, est, d'ailleurs, reprise une seconde fois par l'eau chaude, et de nouveau pressée.

Quant aux noyaux séparés dès le début du travail, les noirs jadis les jetaient; mais, depuis que les graines qui y sont contenues sont devenues un article d'exportation, pour l'extraction en Europe du beurre de palmiste, ces noyaux sont séchés au soleil et cassés entre deux pierres; et les amandes sont vendues.

Toutes les opérations que nous venons de décrire sont celles qui correspondent aux procédés actuels; mais il est possible que, en certaines régions, elles se perfectionnent rapidement dans l'avenir, par l'emploi des machines récemment imaginées en Europe.

En 1903, le Comité d'Economie coloniale de Berlin instituait un concours pour la construction d'une machine destinée à cette préparation de l'huile de palme dans les colonies. La maison Haake présenta à cette occasion un dépulpeur qui serait, dit-on, en usage au Cameroun.

L'appareil se compose essentiellement de deux cylindres emboités, qui sont, l'un et l'autre, à barreaux triangulaires et tournent dans le même sens avec des vitesses différentes. Les fruits sont engagés dans l'intervalle de ces deux cylindres, et le dépulpage s'opère, en présence de l'eau, entre les arêtes des barreaux.

Cinq minutes suffiraient pour dépulper les 5 kilos de fruits qui remplissent l'appareil.

La pulpe dégagée est portée dans des vases chauffés, et soumise, encore chaude, à une presse hydraulique, qui provoque la sortie de l'huile.

Cet outillage donne-t-il vraiment les résultats indiqués? Nous l'ignorons. Ce que nous pouvons ajouter, en tout cas, c'est qu'il est inutilement compliqué, car un ingénieur de la maison Fournier, de Marseille, M. Paulmyer, est l'inventeur d'un autre procédé qui ne nécessite pas l'emploi d'un dépulpeur.

La grande et heureuse originalité de la méthode Paulmyer, c'est qu'il n'est nullement nécessaire, pour extraire l'huile de la pulpe, de séparer au préalable cette pulpe du noyau; les fruits peuvent être pressés entiers.

Ces fruits sont entassés dans un cylindre vertical en acier coulé, percé de trous, et ils sont immédiatement, dans ce cylindre, soumis à l'action de la presse hydraulique. Pendant que le plateau s'élève, la substance grasse sort de la pulpe. Or l'expérience établit que les filaments fibreux de cette pulpe viennent, par leur ensemble, former, à l'intérieur de la masse, un véritable tamis, qui ne laisse passer que l'huile et retient tous les corps solides.

La substance grasse — liquide à la température de la salle où l'on opère — est recueillie dans la gouttière annulaire qui entoure extérieurement la base du cylindre, et coule de là dans un récipient placé au-dessous. L'expérience démontre encore que les noyaux, au cours de cette opération, et malgré la pression subie par la masse pâteuse, ne sont pas brisés. Au sortir du cylindre, le tourteau est surtout composé de ces noyaux, entourés chacun par la bourre que forment les filaments fibreux de la pulpe.

Tout cet ensemble est jeté dans une *débourreuse,* qui est un tambour tournant autour d'un axe horizontal, et dont la paroi est faite de pans en bois plein alternant avec des pans en toile métallique.

Pendant la rotation, les filaments fibreux se séparent, par simple frottement, des noyaux et traversent les mailles des tamis. Toute cette bourre, remise à la presse, abandonne une nouvelle quantité d'huile.

Le travail est évidemment ainsi plus vite effectué que par le procédé Haake, puisqu'il n'y a pas de dépulpage préalable. Et il est très probablement aussi beaucoup plus parfait, car il n'est pas sûr que, dans l'appareil allemand, le dépulpage se fasse sans difficulté, par suite de l'encrassage rapide des cylindres.

Peut-être donc la partie la plus intéressante de l'outillage de la maison de Berlin est-elle plutôt la « concasseuse » que construit cette maison, pour l'extraction des amandes contenues dans les noyaux. Nous avons dit plus haut que ces amandes sont exportées pour la préparation, en Europe, de l'huile de palme.

Pour remplacer avantageusement le concassage à la main, tel que l'effectuent entre deux pierres les indigènes, la maison Haake construit un appareil dans lequel le bris des noyaux est obtenu par un disque à palettes, qui projette violemment ces noyaux contre les parois ondulées de la caisse dans laquelle il tourne. Amandes et coques tombent ensuite sur un ruban de transport qui est disposé obliquement, de telle sorte que les amandes, qui sont plus ou moins rondes, roulent vers le rebord inférieur, tandis que les fragments de noyaux, qui sont plus ou moins plats, sont remontés vers l'extrémité supérieure.

Le principe de la séparation des débris de noyaux et des amandes, dans cette concasseuse, serait ainsi celui des *trieurs de caracolli* employés pour le classage des cafés ronds.

Dans l'appareil Haake, les amandes tombent du bord inférieur de la courroie dans une solution saline, qui achève de les séparer des fragments de noyaux qu'elles ont pu entraîner. En raison, en effet, des différences de densité, les amandes oléagineuses surnagent, alors que les coques tombent au fond.

Nous avons indiqué plus haut quelles sont les exportations actuelles, par provenances, de l'huile de palme. En décembre 1906, à Marseille, on cotait les huiles de palme du Dahomey 76 francs. Les « palmistes », c'est-à-dire les amandes de palme, valaient 43 francs, quand les coprahs étaient cotés de 57 à 61 francs. Les huiles de palmiste étaient au même prix de 81 francs que les beurres de coprah courants.

Le cocotier. — Le cocotier n'a pas, pour l'Afrique occidentale française, un intérêt tel qu'une histoire complète de ce palmier trouve ici sa place ; nous reportons cette étude au chapitre de l'Indo-Chine.

Rappelons seulement que, sur la côte du Dahomey, le *Cocos nucifera* Lin. est assez commun pour que le commerce du coprah y soit devenu régulier, depuis que les indigènes se sont décidés à récolter les fruits et à casser les noyaux.

Il est sorti, en 1904, de la colonie :

Par Cotonou	220.528 kilos	
» Ouidah	5.070	»
» Grand Popo	1.217	»

Ces 226.815 kilos de coprah ont représenté une valeur de 56.705 francs.

En même temps, il était importé à Lagos 15.660 kilos de noix de coco, vendues 1.096 francs.

Le sésame. — Il fut un temps où le sésame était un des principaux articles de commerce de la Guinée française, qui en expédiait, il y a trente ans, vers l'Europe, des chargements entiers de voiliers, provenant particulièrement du Rio Pongo et de Mellacorée.

La récolte du caoutchouc a fait abandonner cette culture, pourtant facile, et qui, en outre, doit être forcément rémunératrice, car l'écoulement des graines, qui a toujours été assuré à Marseille, le sera peut-être plus encore dans l'avenir, si les pays qui avoisinent l'Inde continuent à employer de plus en plus les sésames et à détourner ainsi à leur profit, comme on l'a remarqué depuis quelques années, les exportations de cette provenance.

On pourrait suivre en Guinée l'exemple de la Chine, qui accroît rapidement son commerce de sésames.

En 1904, les exportations de la colonie ont été de 374.971 kilos, d'une valeur de 74.934 francs. Ce sont des variétés blanches et jaunes.

251.000 kilos ont été importés en France, 121.000 kilos en Angleterre.

Actuellement, les noirs ne font même pas de champs de sésames ; ils mélangent les graines aux riz rouges qu'ils sèment en terrains secs.

Il serait à souhaiter que, maintenant que le chemin de fer facilite la pénétration dans des provinces jusqu'alors inaccessibles, on pût obtenir des Noirs (1) « qu'ils étendent et perfectionnent ces cultures de sésames, qui sont de nature à assurer une certaine aisance à des provinces pauvres et à assurer un fret de descente au chemin de fer. »

Le karité, le lamy et le méné. — Il est, dans la flore naturelle de l'Afrique occidentale, de nombreux arbres à graines grasses qui, aussi bien que le palmiste, pourraient être exploités sans culture et ne le sont pas, tout au moins pour l'exportation. Telles sont notamment ces trois espèces.

(1) *La situation économique des colonies françaises en 1904* ; Ministère des Colonies, 1906.

Le *karité* (1), ou *cé*, ou *shea* (*Butyrospermum Parkii* Kotschy, ou *Vitellaria paradoxa* Gaertn.), est un grand et bel arbre depuis long-temps connu de tous les explorateurs du Soudan, car la substance grasse de ses graines a toujours fait partie de l'alimentation des peuplades soudanaises. Avec le nété (*Parkia africana*), il est un des arbres les plus caractéristiques et les plus communs de la *zone soudanienne*. Il descend, vers le sud, jusqu'au 7ᵉ degré de latitude, Fort-Crampel étant, au Congo, sa limite méridionale. Les cercles où il abonde le plus, en Haut-Sénégal et Niger, sont ceux de Bammako, Segou, Bougouni, Sikasso, Koutiala et Bobo-Dioulasso. Il s'avance plus ou moins dans les colonies voisines, mais en restant toujours partout très éloigné de la côte, car il disparaît rapidement lorsqu'on passe dans la *zone guinéenne*.

En Guinée française, il s'arrête vers le Tinkisso, en arrière du Fouta ; à la Côte d'Ivoire, il disparait vers Bondoukou ; au Dahomey, il atteint à peu près le niveau d'Abomey.

Dans cette dernière colonie, l'espèce serait surtout représentée par la variété *Poissoni* Chev.

Dans les autres régions, c'est le *Butyrospermum Parkii* var. *mangifolium* Chev. (2).

Les fruits, qui sont des baies à une graine, mûrissent de juin à août ; dès qu'ils tombent, ils sont ramassés par les femmes et les enfants.

Ils sont entassés, pendant environ un mois, dans des fosses creusées en terre ; et la fermentation qui se produit facilite l'enlèvement de la pulpe qui recouvre chaque graine (3).

Toutes ces graines ainsi dégagées — et qui, par la forme, la grosseur, et même la forme du hile, ressemblent beaucoup à des marrons d'Inde — sont maintenant décortiquées. Dans ce but, elles sont séchées au four ou au soleil ; et leur épais tégument ligneux, devenu plus cassant par cette dessiccation, est aisément brisé par pilonnage

(1) E. HECKEL, *Graines grasses nouvelles ou peu connues des colonies françaises,* Annales de l'Institut colonial de Marseille, 1898. Antérieurement à cette étude des graines, M. Heckel avait déjà signalé la substance guttoïde que fournit le latex du tronc.

(2) On trouvera l'histoire complète du karité dans le second fascicule des « Végétaux utiles de l'Afrique tropicale française » : E. Perrot, *Le karité, l'argan, et quelques autres Sapotacées à graines grasses de l'Afrique.*

Au Bahr-el-Gazal, le karité est le *Butyrospermum Parkii* var. *niloticum* Chev.

(3) VUILLET, *Le karité, exportation des amandes sèches* ; Première réunion internationale d'agronomie coloniale, 1906.

dans un mortier à riz. Un vannage effectue la séparation des débris d'enveloppes et des amandes.

Les amandes sont grillées dans un vase à fond percé de trous ; après quoi, elles sont pilées, et transformées, par pétrissage, en une pâte qui est jetée dans l'eau bouillante.

La substance grasse qui vient surnager est recueillie, et pétrie dans l'eau froide. Pendant ce pétrissage, on lui donne la forme d'un pain, qui est finalement enveloppé dans des feuilles sèches, ficelé, et ainsi conservé jusqu'au moment de l'emploi.

Il ne sert pas seulement pour la consommation ; les Noirs l'emploient encore pour l'éclairage, ou comme pommade pour les cheveux, ou comme onguent.

Lorsque le beurre de karité arrive, par hasard, dans le commerce européen, il est encore appelé « beurre de Galam », ou « beurre de Bambouk », ou « beurre de cé ».

Il se solidifie à 23°, fond à 25°5, le point de fusion de ses acides gras étant de 56°5, et le point de solidification 52°5. C'est sa richesse en stéarine qui en fait l'intérêt pour la fabrication des bougies ; et ous les essais qui ont été faits à Marseille, à plusieurs reprises, ont été, croyons-nous, satisfaisants.

Il est regrettable que l'éloignement des karités de la côte entraîne des difficultés et des frais de transport qui resteront un grand obstacle pour l'arrivée du produit en Europe, tant que les voies ferrées n'auront pas pénétré suffisamment à l'intérieur du continent africain.

A ce sujet, toutefois, M. Vuillet (*loc. cit.*) écrit : « La situation économique de l'Afrique occidentale française change rapidement : le railway de Kayes au Niger vient d'arriver à Koulikoro, son terminus dans le bief moyen du grand fleuve africain, sur lequel des vapeurs circulent depuis quelques mois ; une mission hydrographique poursuit les travaux d'amélioration d'une autre artère commerciale, le fleuve Sénégal ; enfin, partout, de la côte en Guinée, dans la Côte d'Ivoire, au Dahomey, des chemins de fer s'enfoncent dans l'intérieur. On peut donc prévoir que, dans un avenir très proche, le karité prendra sur le marché mondial la place qui lui revient. »

Dans le même article, M. Vuillet soulève la question du transport des amandes sèches, que les industriels européens préféreraient évidemment à la substance grasse préparée sur place par les indigènes, si les prix étaient acceptables ; et il pense que « l'exportation de l'amande sèche deviendra avantageuse dès que les nouveaux tarifs du chemin de fer du Sénégal au Niger entreront en vigueur. Les amandes de karité paieront alors 0 fr. 048 par tonne et par kilomètre » (1).

Les difficultés qui résultent de l'éloignement de la région à karités des ports d'embarquement ne se présentent pas pour les graines du *lamy* (*Pentadesma butyracea* Sab.), qui ne sont délaissées que par suite de la paresse des indigènes.

Cette Guttifère (2) est un arbre de 10 à 25 mètres de hauteur, à tronc droit, qu'on trouve, d'après M. Lecomte, jusque dans la région du Kouilou, dans le sud du Congo français, mais qui a pour principal habitat la Basse-Guinée, où il abonde près de tous les cours d'eau.

Il fleurit là au milieu de la saison sèche; et ses fruits sont mûrs en mai.

Or ses graines contiennent 47 o/o environ d'un beurre qu'emploient les indigènes, et qui est une oléostéarine que les fabricants de bougies, d'après leurs essais, utiliseraient volontiers.

Et des expéditions régulières seraient, cette fois, possibles, puisque l'arbre pousse à proximité de la côte.

Ces envois ont bien commencé. En 1901, 35.000 kilos de graines ont été livrés à l'exportation, et il paraît que les maisons qui, à Conakry, avaient payé les graines de lamy au prix des arachides ont réalisé des bénéfices de 60 o/o. Mais ce résultat était dû à l'intervention de l'Administration, qui avait servi d'intermédiaire entre les Noirs et les acheteurs. Dès que cette intervention a cessé, les indigènes ont renoncé à recueillir des graines qu'il suffisait de ramasser, mais qui n'étaient payées que 0 fr. 15 le kilo.

Il n'y a donc plus déjà d'exportation de ces graines, qui n'en restent pas moins une ressource précieuse que retrouvera la colonie, le jour où les Noirs, pressés par le besoin d'argent, ou pour toute autre cause, voudront bien en reprendre le commerce. On estime à 2 ou 3 millions de kilos la production annuelle possible.

Nous avons encore mentionné plus haut le *méné*, ou *mana*, qui est

---

(1) Nominalement, les graines de karité sont cotées actuellement, à Liverpool, de 20 à 23 francs les 100 kilos.

(2) E. HECKEL, *Graines grasses nouvelles ou peu connues des colonies françaises* ; Annales de l'Institut colonial de Marseille, 1903. — LECOMTE, *Quelques bois du Congo* Bulletin du Muséum d'Histoire naturelle, 1903.

le *Lophira alata* Banks. Cet autre arbre, d'une dizaine de mètres de hauteur, est assez commun sur la côte occidentale africaine, du Sénégal au Congo.

Dans la zone guinéenne du Sénégal (1), dans la province du pays bobo, du nord du Kénédougou et du nord du Ouassoulou, où le karité tend à disparaître, il est remplacé par ce mana, qui a, au surplus, été confondu autrefois avec lui (2).

Le mana s'avance de là vers la côte, d'une part en Casamance et jusque dans le Cayor, et, d'autre part, en Basse-Guinée, où il abonde dans toutes les vallées des pays soussous.

D'après M. Famechon (cité par M. Heckel), l'arbre ne pousse presque jamais isolé, mais toujours par bosquets, ou même par forêts, dans les terrains sablonneux. Il ne se mélangerait jamais avec le palmiste.

Les fruits mûrissent en mai, comme ceux du lamy.

Les graines pourraient, par suite, être exportées en même temps que les précédentes, si les motifs que nous venons d'exposer pour expliquer que le lamy est délaissé, au point de vue commercial, par les indigènes n'étaient naturellement valables aussi pour le méné.

Il semble donc que l'industrie européenne doive encore attendre quelque temps avant d'être à même d'utiliser ces graines grasses des arbres africains. Quant à la culture, quelquefois proposée, de ces arbres dans d'autres pays, elle est, en principe, très aléatoire, car, en admettant même que l'acclimatation réussisse, les prix auxquels les graines seraient achetées ne seraient peut-être pas suffisamment rémunérateurs. Il y aurait lieu de faire, en tout cas, pour chaque arbre, une étude préalable sérieuse ; et on ne saurait trop, croyons-nous, conseiller aux particuliers de ne pas se livrer à la légère à de telles entreprises

Les plantes à caoutchouc. — Dans l'état actuel de nos connaissances, deux plantes surtout nous apparaissent comme fournissant la plus grande partie du caoutchouc de l'Afrique occidentale française. Ce sont les deux lianes *Landolphia Heudelotii* DC. et *Landolphia owariensis* Pal. Beauv.

(1) CHEVALIER, *Une mission au Sénégal* ; Paris, 1900.
(2) Nous avons dit, au commencement de ce chapitre, que, en Haute-Guinée, le Tinkisso est à peu près la ligne de démarcation entre la zone du karité et celle du mana.

De très médiocre intérêt est le *Ficus Vogelii* Miq. qui donne le caoutchouc *dop* (ou *dob*) en Casamance. Plus intéressant serait le *Funtumia elastica* Stapf, s'il n'était localisé, en Afrique occidentale française, dans quelques régions de la Côte d'Ivoire.

Le *Landophia Heudelotii*, ou *toll*, ou *gohine*, est la liane du Sénégal, du Haut-Niger et de la Guinée française (1).

L'espèce pousse bien encore à Accra, à Togo, au Cameroun, et même jusque dans l'Etat indépendant du Congo — de même que nous la trouverons, au Congo français, dans les Etats de Snoussi — mais elle n'a plus dans toutes ces contrées qu'une importance très secondaire ; et, au-dessous du 10e degré de latitude Nord — par conséquent à la côte d'Ivoire et au Dahomey — la principale liane devient le *Landolphia owariensis*.

Le Dahomey a, du reste, dans le commerce du caoutchouc de la côte occidentale africaine, une bien faible part, si on établit la comparaison avec les autres colonies.

Nous avons déjà vu que, en 1904, il a été exporté en caoutchoucs:

Du Sénégal............	1.001.815	kilos au prix de	F.	4.002.265
De Guinée française.	1.339.116	»	»	10.860.736
De la Côte d'Ivoire....	1.536.045	»	»	6.535.008
Du Dahomey..........	4.130	»	»	18.584

Le caoutchouc du Sénégal, avons-nous dit, n'est pas seulement du caoutchouc de *toll* ou *gohine;* c'est aussi du caoutchouc de *dop*. Mais les statistiques démontrent bien que ce caoutchouc de *dop* est quelque peu négligeable, car sur les 1.001.815 kilos expédiés de la colonie, 1.665 kilos seulement sont à attribuer à cette sorte, qui n'est pas cotée sur place plus de 1 franc le kilo, quand le caoutchouc de *toll* vaut 4 francs.

Nous avons donné de nombreux renseignements sur le *dop mâle* dans notre volume sur *Les Plantes à caoutchouc et à gutta* (2) ; nous avons dit que, quoique son principal centre d'exploitation soit la zone côtière du Sénégal, et notamment la Casamance, il descend cependant, au moins, jusqu'au nord du Congo.

Le caoutchouc de *toll* indiqué par les statistiques comme prove-

---

(1) Pour la répartition plus détaillée de cette plante, nous renvoyons aux divers mémoires de M. Chevalier, et notamment *Les Landolphiées du Sénégal, du Soudan et de la Guinée française* (Journal de Botanique, 1901).

(2) Challamel, éditeur ; Paris, 1903.

nant du Sénégal est récolté aussi en Casamance, mais surtout en Haute-Guinée, dans le Haut-Niger et le Niger, et il est apporté par le fleuve à Saint-Louis.

En 1904, il a été exporté de la colonie :

881.972 kilos en France,
72.431 » en Angleterre,
35.628 » en Allemagne,
11.784 » dans les autres pays.

Le Haut-Sénégal et Niger a produit, en cette même année, 736.000 kilos, contre 470.000 kilos en 1903 et 250.000 en 1902.

Malheureusement cette augmentation ne serait évidemment que momentanée si une exploitation irrationnelle et barbare, comme celle dont les Noirs sont coutumiers, se prolongeait ; ce serait, à plus ou moins brève échéance la destruction des peuplements.

Il faut dire, pour le plus grand éloge de l'Administration, que nos agents s'efforcent de parer à cette éventualité, en incitant les indigènes à planter des lianes, et en vulgarisant les meilleurs procédés de récolte du caoutchouc.

Dès 1902, une École pratique de caoutchouc était créée à Bobo-Dioulasso ; et, en 1904, une école analogue a été installée à Banfora.

A Bobo-Dioulasso (1), « 150 élèves en 1902, 214 en 1903, 140 en 1904 ont pu suivre les exercices, groupés par séries qui ont passé chacune une quinzaine de jours dans la brousse, pour apprendre, sous la direction d'un moniteur, à extraire et coaguler le latex convenablement. Les indigènes qui ont profité directement de cet enseignement ont pu ensuite faire connaître, à leur tour, aux gens de leurs villages comment on doit exploiter la liane, pour en obtenir un produit abondant et de première qualité, sans néanmoins la détruire ».

A Banfora, l'agent de culture aurait déjà obtenu, en 1906, par le semis, soit en place définitive, soit en pépinière, 150.000 *gohine* environ, réparties entre les villages de Banfora, de Sindou et de Tagalédougo u (Haute-Volta noire). C'est à côté de cette station agronomique de Banfora qu'est une École où vont se perfectionner les moniteurs des Écoles pratiques du caoutchouc des cercles, dont les centres d'action

(1) Jean VUILLET, *Le caoutchouc du Haut-Sénégal et Niger* ; Première réunion internationale d'agronomie coloniale, 1906.

respectifs sont maintenant Bobo-Dioulasso, Sikasso, Bougouni et Koutiala.

Enfin M. Vuillet nous apprend que l'étude de la liane gohine, de sa culture et de son exploitation, occupe une place importante dans le programme suivi par les élèves de la Ferme-École de Koulikoro (Moyen-Niger).

Les Écoles pratiques fonctionnent du 1er juin au 31 décembre. En juin et juillet, les élèves multiplient les lianes ; en octobre, novembre et décembre, ils apprennent à récolter le latex et à préparer le caoutchouc ; en tout temps, ils donnent les soins nécessaires pour assurer la conservation des plants.

Comme complément à ces mesures, et pour prévenir les fraudes auxquelles les Noirs sont trop enclins, le Gouvernement général, par un arrêté du 1er février 1905, a établi une réglementation que les Administrateurs sont chargés de faire connaître aux récolteurs.

L'article premier stipule que la circulation du caoutchouc adultéré par l'introduction de matières étrangères est interdite dans toute l'étendue de l'Afrique occidentale française; et la circulation des caoutchoucs préparés avec des liquides fermentescibles d'origine animale sera interdite à partir du 1er janvier 1907.

Les autres articles de l'arrêté sont relatifs au mode d'exploitation, aux repeuplements, à la création d'Écoles pratiques, et aux peines encourues en cas de contravention.

Grâce à toutes ces précautions, non-seulement l'avenir de l'exportation de nos caoutchoucs africains peut être assuré, mais encore il est à espérer que les hauts prix des bonnes sortes se maintiendront.

En septembre 1906, alors que le « Para fin » valait 14 fr. 50 environ le kilo, on cotait à Bordeaux :

Soudan niggers................	9 fr. 50 à 11 fr. 20
— twists.. ....'....	10 fr. » à 10 fr. 30
Casamance....................	6 fr. 50 à 8 fr. 50

On sait que les « niggers » sont ordinairement des agglomérations de petites boules, retenues et enveloppées par de fins filaments; les « twists » sont des boules formées par l'enroulement de lanières plus grosses.

La récolte consiste à pratiquer des incisions sur les lianes, et à coaguler le lait, soit directement sur la plaie, par aspersion avec du sel ou du jus de citron, soit en ajoutant, dans les calebasses où on l'a recucilli, une décoction de plantes à sucs très acides, ou le jus de certains fruits.

En Guinée française, où l'exploitation du caoutchouc a pris une extension qui nuit, sur le littoral, à tous les travaux agricoles, les lianes croissent dans les pays soussous (Nunez et Konkouré), dans tout le massif du Fouta-Djallon, et dans la région nigérienne, en pays malinké. Pour ces peuples de l'intérieur, le caoutchouc est, d'ailleurs, la seule ressource.

Les indigènes des provinces soussoues pourraient, au contraire, se livrer à quelques cultures, mais (1) « un homme peut, sans la moindre fatigue, extraire en une journée un demi-kilo de caoutchouc, ce qui, au cours actuel du produit, représente un salaire journalier de 5 francs; et, pour gagner la même somme, l'agriculteur qui plante des arachides devra apporter dans les factoreries 50 kilos de gousses. Il aura travaillé pendant huit mois de l'année pour défricher son champ et le tenir en bon état; et, lorsque le moment de la récolte sera venu, il faudra le porter péniblement à dos d'homme jusque chez le commerçant le plus voisin. Il est naturel que les efforts des indigènes se portent vers le caoutchouc, qui est d'une extraction si facile et un produit si rémunérateur. »

Il y a quelques années, la rémunération était même d'autant plus grande que les Noirs commençaient à introduire des pierres, et autres corps étrangers, dans leurs boules, ou y laissaient à dessein des poches à eau; et il en résulta une forte dépréciation du caoutchouc de Guinéo.

Aujourd'hui une surveillance plus étroite est exercée, et le produit reprend sur les marchés la faveur qu'il perdait.

En 1904, les exportations de caoutchoucs de Guinée ont été de :

> 291.527 kilos en France.
> 669.216   —   en Angleterre.
> 329.831   —   en Allemagne.
>   6.631   —   à Sierra-Leone.
> 41.901   —   dans les autres pays.

En septembre 1906, les prix étaient :

> Conakry niggers rouges........ F. 11.35 à F. 11.55
> Massaï niggers ....   10.25 à   11 —

---

(1) *La situation économique des colonies françaises en 1904* ; Ministère des Colonies, 1906.

Ces bons caoutchoucs de Guinée sont généralement obtenus par coagulation directe du lait sur la plante, au niveau de l'incision. Les caoutchoucs préparés par ébullition en présence du sel sont les *flakes*, bien inférieurs.

A la Côte d'Ivoire, — où apparaît à côté des *Landolphia*, mais exclusivement en forêt, l'arbre à caoutchouc que nous retrouverons au Congo, le *Funtumia elastica* Stapf — les lianes abondent dans la grande forêt intérieure, au-delà de la zone côtière du palmiste. Ce sont des *Landolphia*, parmi lesquels, au premier rang, le *Landolphia owariensis*, et peut-être aussi des *Carpodinus*, dont M. Chevalier a signalé près de Dabou une espèce à caoutchouc.

Le caoutchouc apporté à la côte est exporté par Assinie (722.000 kilos en 1904), Grand-Lahou (586.538 kilos), Grand-Bassam (112.826 kilos) et Sassandra (96.030 kilos).

Les exportations de Sassandra sont, en particulier, à relever, car elles témoignent d'une exploitation croissante dans le Haut-Sassandra. La production du cercle en 1903 n'avait été que de 50.727 kilos.

C'est pour la Haute-Côte d'Ivoire surtout, — où les lianes, si les récolteurs continuaient à les saigner inconsidérément, disparaîtraient bientôt — que l'Administration s'efforce d'appliquer autant que possible les règlements que nous avons mentionnés plus haut à propos du Sénégal, et qui ont été édictés par l'arrêté du Gouverneur généräl, en date du 1er février 1905.

Nous croyons savoir, en outre, qu'on se préoccupe, à la Côte d'Ivoire comme en Guinée française, d'organiser des Écoles pratiques de caoutchouc, analogues à celles du Haut-Sénégal et Niger.

Au point de vue de l'importation, le total de 1.536.045 kilos de caoutchouc embarqués dans les ports cités précédemment se répartit ainsi :

> 232.387 kilos en France,
> 1.220.706   »   en Angleterre,
> 82.952   »   en Allemagne.

Assinie est, nous venons de le voir, le principal centre d'apport des caoutchoucs de la Côte d'Ivoire. C'est là, en effet, que sont centralisées, principalement en saison sèche, de décembre à avril, les récoltes de l'Indénié, de Kong, d'une partie du Baoulé, et aussi de la Gold Coast.

Les principales sortes de la colonie sont les « twists », les « red-niggers », les « white niggers », à intérieur blanc, un peu moins cotés, et ces qualités très médiocres qui sont les « lumps » (« hard lumps ») et les « soft » (ou « hard cakes », ou « caoutchoucs morts »), très mous.

Les « lumps », qui sont fournis par le *Funtumia elastica*, sont livrés à Assinie en plaques rectangulaires de 30 à 40 kilos, représentant chacune la charge d'un porteur. Les Noirs les obtiennent souvent en laissant le latex se coaguler à l'air ; d'autres fois, ils font bouillir ce latex. D'autres fois encore, comme dans le cercle de l'Indénié, ils se contentent d'uriner sur le lait, qu'ils ont versé dans des trous creusés en terre.

En septembre 1906, les prix étaient :

Lahou twists................	F. 9.70	à F.	10.10
Lahou niggers	8 —	à	10 —
Lahou cakes (Baoulé).......	8 —	à	8.20
Bassam niggers.............	7.50	à	9 —
Bassam lumps	6 —	à	6.20

Dans l'ensemble, les caoutchoucs de la Côte d'Ivoire sont moins bien préparés et de moindre qualité que les sortes de Guinée française.

Au Dahomey, c'est presque uniquement de Porto-Novo qu'est exporté le caoutchouc (3.671 kilos en 1904), et très peu de Cotonou (459 kilos).

Les exportations de Porto-Novo sont toutes à destination de Lagos ; la France ne reçoit que les petites quantités embarquées dans le second port.

Entre Ouéré et Lagos, d'après M. Le Testu, la récolte est faite par les Nagots anglais, qui vendent leurs produits à Porto-Novo ou à Lagos.

En terminant cette histoire rapide des plantes à caoutchouc de l'Afrique occidentale française, indiquons que, de l'avis de M. Chevalier (1), si l'on veut entreprendre dans notre colonie des plantations de lianes — et nous avons vu que, dans le Haut-Niger et Sénégal, les Écoles encouragent ces plantations — l'une des espèces à préférer, chaque fois qu'il est possible, n'est ni le *Landolphia Heudelotii*, ni le

---

(1) A. CHEVALIER, *Histoire d'une liane à caoutchouc de l'Afrique tropicale* ; Bulletin de la Société botanique de France, 1906.

Landolphia owariensis, mais peut-être plutôt le *Landolphia Dawei* Stapf, de l'Ouganda et du Cameroun.

Cette liane se ferait remarquer, à la fois, par son fort rendement en très bon caoutchouc et par son extraordinaire rapidité de croissance; et il est bien établi, en outre, que sa culture est possible, puisqu'elle est déjà faite avec succès par les Portugais dans l'île de San-Thomé, à Monte-Café et à Porto-Alègre.

A l'état sauvage, le *Landolphia Dawei* est une liane des assez hautes altitudes, car on la trouve, dans les forêts humides de l'Ouganda, à 1.330 mètres, et à Buea, sur les flancs du mont Cameroun, à 1.000 mètres.

M. Chevalier fait cependant observer que l'altitude peut ne pas être une condition nécessaire, puisque à San-Thomé les plantations réussissent, à Porto-Alègre, au niveau de la mer. L'essentiel serait plutôt que, pendant une grande partie de l'année, règnent des pluies et des brouillards.

A Monte-Café, la température moyenne vacille entre 18° et 22° C., il tombe environ 1ᵐ 50 d'eau par an, les pluies sont réparties sur neuf mois de l'année, l'atmosphère est souvent humide, même en saison sèche, les brouillards sont fréquents matin et soir.

Peut-être donc la liane pourrait-elle être cultivée à de faibles hauteurs, pourvu que toutes ces autres conditions soient réalisées.

En tout cas, sa culture pourrait être à tenter dans les vallons frais et boisés dont l'altitude est comprise entre 500 et 1.500 mètres.

Et, dit M. Chevalier, « il est bon d'indiquer que nous avons dans nos colonies de l'Ouest africain, particulièrement au Fouta-Djallon, en Guinée française, et aux monts de Crystal, au Congo français, de vastes territoires remplissant ces conditions.

« Le *Landolphia Dawei* peut aussi être cultivé dans les cacaoyères du Congo et de San-Thomé; une liane mise au pied de chaque arbre porte ombrage ne gênera en rien la plantation. Si l'on admet qu'il existe 50 arbres-abris à l'hectare et qu'une liane puisse rapporter un demi-kilo de caoutchouc, au cours actuel du caoutchouc (12 fr. le kilo), on aura donné à la plantation une plus-value annuelle brute de 300 francs par hectare.

« On aura en outre atténué dans de grandes proportions les risques (pouvant entraîner de vrais désastres économiques) auxquels sont exposés les pays tropicaux à monoculture. »

D'après M. Chevalier encore, une espèce qui peut être avantageusement plantée est le *Funtumia elastica*.

Le rendement de l'arbre est très élevé. Un pied adulte, abattu par le Dr Schlechter au Cameroun, lui a donné plusieurs kilos de caoutchouc ; et M. Chevalier a vu, au Jardin botanique de Old Calabar, des *Funtumia* très vigoureux, plantés depuis une dizaine d'années, et qui auraient pu donner. facilement, en une seule opération, 200 grammes de caoutchouc sec.

Du reste (1) la Compagnie des Plantations de l'Ouest africain allemand, dans ses cacaoyères de Victoria, qui occupent 3.500 indigènes, a consacré au *Funtumia* une place importante ; et une plantation de sept ans donnerait déjà un revenu de 10 o/o sur le capital engagé.

En colonies anglaises, la culture de ces plantes à caoutchouc est franchement sortie de la période des tâtonnements. « Beaucoup de Noirs de la Gold Coast, dit M. Chevalier, ainsi que de Lagos et du Bénin, en reconnaissent l'utilité, et nous n'avons pas été peu surpris d'apercevoir, çà et là, le long du chemin de fer de Lagos à Ibadan, de petites plantations de *Funtumia* ou d'*Hevea* qui avaient été faites par les indigènes. »

C'est là l'exemple à suivre pour les colonies françaises.

Les plantes à gomme arabique. — Parmi les divers gommiers africains aujourd'hui connus, trois espèces surtout sont intéressantes : l'*Acacia Senegal* Willd., ou *Acacia Verek* Guil. et Perr. ; l'*Acacia Kirkii* Oliv. ; et l'*Acacia horrida* Willd.

L'*Acacia Senegal* est le principal producteur de bonne gomme en Mauritanie, au Sénégal, au Soudan et au Somaliland, c'est-à-dire dans tout le nord de l'Afrique tropicale.

Plus bas, sur la côte orientale, dans l'Est africain allemand, on retrouve la même espèce, mais si rare qu'elle n'a plus grande importance. Heureusement, elle est remplacée par l'*Acacia Kirkii*.

Dans le sud-ouest, l'espèce équivalente serait l'*Acacia horrida*.

Cette répartition n'a, au surplus, pour le moment, qu'un intérêt théorique, car les gommes d'*Acacia Kirkii* et d'*Acacia horrida* — en admettant qu'elles vaillent plus ou moins celles de l'*Acacia Senegal* — sont très peu exportées, et encore mal connues industriellement.

---

(1) A. CHEVALIER, *La situation agricole de l'Ouest africain ;* Domfront, 1906.

La principale gomme arabique du commerce reste donc celle de l'*Acacia Senegal*, c'est-à-dire celle précisément qui est récoltée dans la *zone sahélienne* de notre Afrique occidentale française. Et son abondance dans le nord de notre colonie peut faire regretter que l'extension de la même exploitation au Kordofan, puis l'utilisation de plus en plus courante, en beaucoup de cas, de gommes inférieures rendues solubles par des procédés appropriés, et enfin le grand emploi de la dextrine dans les apprêts, soient autant de causes qui rendent de moins en moins important et rémunérateur le trafic du produit.

L'*Acacia Senegal* pousse, à l'état sauvage, dans toutes les régions sablonneuses et arides du nord de l'Afrique tropicale, depuis la Mauritanie et le Sénégal jusqu'au Somaliland. C'est de la côte orientale africaine qu'il passe en Asie, où sa limite, vers l'Est, est la contrée du Sindh, dans l'Inde occidentale.

Un peu partout, d'ailleurs, on retrouve dans les mêmes régions un autre gommier bien connu, l'*Acacia arabica*, dont l'aire de distribution est même beaucoup plus large que celle de l'*Acacia Senegal*.

Cet *Acacia arabica*, en effet, s'étend à travers toute l'Inde, où, en outre, on le cultive. Puis, en Afrique, il ne se limite pas à la Mauritanie, au Soudan et au Somaliland, mais il redescend, sur la côte orientale, jusque dans l'Est africain allemand, pendant que, sur la côte occidentale, on le retrouve dans l'Angola.

Mais il est bien établi que l'*Acacia arabica* offre un intérêt commercial beaucoup moindre que l'*Acacia Senegal*.

Les deux gommes sont nettement distinctes : celle de l'*Acacia Senegal* est lévogyre, et précipitée de ses solutions aqueuses par l'acétate basique de plomb ; celle de l'*Acacia arabica* est dextrogyre et n'est pas précipitée.

Or la seconde est toujours inférieure à la première, non seulement en Afrique, où, pour des raisons encore mal déterminées, elle est tout à fait médiocre, mais même en Asie, dans l'Inde, où, tout en acquérant — au moins sur les arbres qui ne sont pas trop âgés — des qualités qu'elle n'a pas en Afrique, elle n'atteint jamais réellement la valeur de la gomme d'*Acacia Senegal*.

En fait, en Afrique occidentale, concurremment avec l'*Acacia Senegal* (*vereck* en ouoloff, *aouarouar* en maure), on n'exploite que pour faire des mélanges cet *Acacia arabica* (*neb-neb* des Ouoloffs), ainsi que l'*Acacia Adansonii* (*goniake*), l'*Acacia Seyal* Del. et l'*Acacia albida* Del.

Un bon produit cependant, et qui vaudrait peut-être celui de l'*Acacia Senegal*, serait la gomme de l'*Acacia Trentiniani* Chev., mais l'espèce, qui est voisine de l'*Acacia Senegal*, serait rare et ne pourrait, dès lors, jouer qu'un rôle très secondaire dans la production.

Tout en croissant encore au sud de la rive gauche du fleuve Sénégal — ce qui ne doit pas surprendre, puisque certaines de ces régions, comme le Fouta, appartiennent à la zone sahélienne — l'*Acacia Senegal* se trouve surtout en abondance dans la région située au nord de la rive droite.

Les pays de récolte sont bien ainsi la Mauritanie et la partie sahélienne du Haut-Sénégal et Niger.

Les principaux points où les gommes sont apportées et vendues sont : au Sénégal, Dagana, Podor, Saldé, Matam et Bakel ; dans le Haut-Sénégal et Niger, Médine.

Sur le Niger, Tombouctou, si les communications avec les centres précédents étaient plus faciles, pourrait devenir un autre marché important pour la gomme ; il ne l'est pas actuellement.

L'*Acacia Senegal* est un arbre de 5 ou 6 mètres de hauteur, à tronc grisâtre, à feuilles deux fois composées, et dont les fleurs blanchâtres sont disposées en épis.

Sur les causes de son exsudation gommeuse les avis sont divers. D'après les uns, le phénomène serait normal ; les autres le considèrent comme pathologique. Il est très probable que c'est la seconde opinion qui correspond à la réalité. Sans être due nécessairement à l'intervention d'une Cryptogame ou d'une Loranthacée, l'altération peut être bien souvent, très simplement, la conséquence des crevassements de l'écorce. Les tissus internes mis à nu subiraient, en ce cas, en vue de la cicatrisation, certaines modifications chimiques, telles que la transformation de l'acide pectique des membranes cellulaires en acide métapectique ou gummique. Et l'on sait que l'arabine, qui est le principal composant des gommes arabiques, est un métapectate (ou gummate) de chaux. La production de la gomme serait donc un phénomène de cicatrisation, tout comme on admet aujourd'hui que l'est assez souvent la production de certaines résines.

Quant au crevassement des écorces d'*Acacia*, il serait provoqué, à la fin de la saison des pluies, par le vent sec et chaud qui souffle à ce moment.

Les Maures semblent, du reste, se contenter de ces crevassements naturels et n'incisent pas ordinairement les gommiers, comme on le fait au Kordofan.

Vers novembre — les pluies durant de juin à octobre — ils procèdent, avec leurs captifs, à une première récolte, qu'ils vendent en novembre et décembre. C'est la « petite traite ».

Mais une seconde récolte, plus importante, est effectuée en mars et vendue en avril et mai. C'est la « grande traite ».

Ces récoltes consistent à détacher la gomme avec la main, ou à l'aide de crochets.

Les morceaux sont ensuite entassés sur des nattes, puis mis dans des sacs en peau de chèvre, qui sont apportés aux points que nous avons indiqués.

Les réexpéditions vers la côte, en sacs de 70 à 120 kilos, ont principalement lieu d'avril à juin.

En 1904, le Sénégal a exporté :

Gommes dures du Bas-Fleuve.	1 842.610 kilos, représentant	F.	921.305
» » de Galam......	484.095 »	»	193.638
Gommes friables...	37.396 »	»	5.609

Presque toutes ces gommes ont été expédiées en France ; une très petite quantité seulement (65.000 kilos) a été dirigée sur l'Angleterre.

Par les prix indiqués, on remarque que les gommes les plus cotées sont celles dites « du Bas-Fleuve ». Ce sont des gommes de Mauritanie, provenant de Dagana, de Podor et de Saldé.

Les gommes dures de Galam proviennent de Bakel et de Médine. Leur valeur est moindre parce que la fréquence plus grande, dans les régions où on les récolte, des Acacias autres que l'*Acacia Senegal* favorise les mélanges.

La gomme de Tombouctou, par contre, serait au moins égale (1) à la gomme du Bas-Fleuve et pourrait concurrencer la gomme du Kordofan ; mais nous avons déjà dit qu'on ne la reçoit pas régulièrement sur les marchés européens.

Quant aux gommes friables, dont le commerce en Afrique est surtout localisé à Bakel et à Médine, elles auraient pour origine l'*Acacia albida*, pourvu de deux aiguillons blanchâtres à la base de chaque feuille, et aussi peut-être, plus ou moins, l'*Acacia tomentosa* Willd.

---

(1) H. Jacob de CORDEMOY, *Gommes et résines d'origine exotique, et végétaux qui les produisent*; Challamel, Paris, 1900.

Le copalier. — Le copal de l'Afrique occidentale est un copal demi-dur ; et l'arbre producteur serait le *Copaifera Guibourtiana* Benth., qui paraît être le principal copalier dans tout l'hémisphère Nord de la côte (1).

Ce serait donc la même Légumineuse qui sécréterait les copals de Guinée, le copal de Sierra-Leone, le copal d'Accra et le copal du Cameroun.

Il est néanmoins à observer que toutes ces sortes, dans le commerce, ne sont pas également appréciées. Le copal du Cameroun (2) donne un vernis assez bon ; le copal d'Accra donne des vernis plus médiocres.

Le copal du Cameroun est, en général, assez difficilement soluble.

Toutes ces différences peuvent être dues aux conditions de récolte. Il est, par exemple, un copal de Sierra-Leone qui, croyons-nous, est fossile, pendant que, dans la même région, on récolte cependant aussi du copal vert.

Le plus souvent, le copal de la côte occidentale d'Afrique est récent ; il est obtenu sur les arbres mêmes, ou si près de la surface du sol qu'il est évidemment enfoui depuis peu de temps. Tel est le cas des copals de nos deux colonies exportatrices, la Guinée française et la Côte d'Ivoire.

En 1904, il a été expédié :

125.838 kilos de la Guinée française, au prix de. . F. 188.757
  1.319   »   Côte d'Ivoire   »   de...   2.039

La Guinée française, plus encore que la Côte d'Ivoire, est donc notre colonie à copal, quoiqu'elle le soit de moins en moins. Les exportations, qui étaient de 200.000 kilos il y a dix ans, diminuent continuellement.

La grande cause est la disparition progressive des *Copaifera*, qui, en beaucoup d'endroits où ils abondaient jadis, ont été détruits par le feu, ou abattus par les indigènes pour l'installation des rizières.

Actuellement, c'est surtout dans les parties encore boisées de la région côtière, à l'est du Konkouré, que l'exploitation a lieu.

L'arbre pousse là sur les flancs abrupts des montagnes ; et la

(1) J. DE CORDEMOY, *Gommes et résines d'origine exotique* ; Challamel, 1900.
(2) COFFIGNIER, *Les résines coloniales* ; Première réunion internationale d'agronomie coloniale, 1906.

récolte de la résine est, dans ces conditions, assez pénible, d'autant plus que les branches sont très cassantes.

Pendant la saison sèche, les noirs incisent les troncs avec des hachettes. Deux mois plus tard, avant que survienne la saison des pluies, ils reviennent récolter l'exsudat, jaune-clair ou rouge, qui s'est desséché sur l'arbre, et ils mettent tous les fragments recueillis dans des sacs qu'ils portent à la côte.

En bonne année, le copal, à Conakry, est payé à des prix supérieurs à ceux indiqués plus haut, qui sont basés sur une mercuriale de 150 francs les 100 kilos ; il peut être vendu de 2 fr. 75 à 3 fr. 50 le kilo. Malheureusement, le produit subit brusquement, à tout instant, d'énormes variations de cours, provoquées par des spéculateurs anglais qui ont monopolisé ce commerce et font, à leur gré, la hausse ou la baisse ; et les négociants ordinaires hésitent, dans ces conditions, à faire de gros achats.

Le conseil à donner (1) aux industriels français qui emploient le copal de Guinée est de s'adresser directement aux maisons de notre colonie. Ils rendront ainsi service à la Guinée en assurant au copal un débouché régulier, et ils auront eux-mêmes la certitude d'avoir un produit de première qualité, ni impur, ni frelaté.

L'acajou. — Notre colonie forestière de l'Afrique occidentale est essentiellement la Côte d'Ivoire, que M. Pierre Mille a définie, sous une forme concise, « une forêt bordée par des lagunes ».

Cette forêt, dit M. Pierre Mille, « couvre les deux tiers de la superficie totale de la colonie, qui n'est pas moins de 250.000 kilomètres carrés. On ne rencontre que trois clairières importantes : 10.000 hectares de savanes au nord de la lagune de Grand-Bassam ; autant au nord de la lagune de Grand-Lahou ; puis, au cœur de la colonie, le vaste triangle du Baoulé, entre le Bandama rouge à l'Ouest, le Ndzi à l'Est et le Soudan au Nord. »

Les acajous ne constituent jamais, dans ces forêts, des peuplements, mais sont dispersés au milieu des autres essences.

M. Daudy prétend que la qualité des bois s'améliore à mesure qu'on s'avance vers l'Ouest. En réalité, ces acajous de la Côte d'Ivoire appartiennent à plusieurs espèces du genre *Khaya*, ou même à d'autres

(1) *La situation générale de la Guinée française en* 1902 ; Paris, 1903.

genres, et c'est cette diversité d'espèces qui peut expliquer que tous les bois exportés par la colonie sous le nom général d' « acajous » soient loin d'avoir la même valeur.

Les plus belles sortes du commerce sont le « sand-lop » et la « bille figurée », pendant qu'il est d'autres qualités (qui sont, du reste, les plus courantes) qui sont plutôt comparées, sur les marchés, à l'*aucoumé* du Gabon.

D'après M. Chevalier, qui, dans une lettre, nous communique ce renseignement inédit, ce serait une espèce non encore décrite, le *Khaya ivorensis* Chev., qui fournirait les premières sortes (1).

Les provenances botaniques des autres sortes sont encore inconnues.

Ce sont les prix atteints par les billes de premier choix qui, il y a quelques années, ont stimulé l'exploitation de l'acajou à la Côte d'Ivoire ; malheureusement aussi la rareté de ces qualités supérieures a diminué ensuite l'engouement.

Actuellement les meilleures sortes proviendraient de la région de la lagune Ely et des bords de la rivière Janoë, vers la limite orientale de la colonie, où les acajous sont abondants.

Ce commerce de l'acajou à la Côte d'Ivoire est relativement récent. Pendant longtemps, les indigènes ont ignoré la valeur de ces bois, qu'ils n'employaient que pour la construction des ponts. En 1890, il n'était exporté que 1.988.250 kilos ; puis les exportations se sont élevées à :

3.221.250 kilos en 1891
5.426.678　　» 　　en 1894
8.096.307　　» 　　en 1896
12.698.324　　» 　　en 1898
13.534.270　　» 　　en 1903
11.770.694　　» 　　en 1904

(1) Le *Khaya senegalensis* Juss., qui est l' « acajou du Sénégal », ne semble pas descendre jusqu'à la Côte d'Ivoire. M. Chevalier nous dit que, du reste, au Sénégal, où il n'est utilisé que par les indigènes, il ne dépasse pas la zone des savanes ; et il est déjà très rare en Guinée française. Nous verrons plus loin quels sont les *Khaya* du Congo et de Madagascar. L' « acajou du Cameroun » serait le *Khaya euryphylla* Horms, et aussi certaines espèces d'*Entandrophragma*. A la Gold Coast, d'après M. Chevalier, on exploiterait sous le nom d'acajou l'*Afzelia africana* Sm.; et ce serait la teinte claire de cette essence qui aurait fait déprécier les acajous ordinaires sur le marché de Liverpool.

On peut dire qu'il y a eu, depuis quinze ans, augmentation continuelle, car il ne faut pas tenir compte de la baisse de 1904, due seulement à ce que l'année fut très sèche et que, par suite, la trop faible
crue des rivières ne permit pas de descendre à la côte un grand
nombre de billes qui avaient été coupées.

Les trois principaux ports d'embarquement sont Grand-Bassam
(7.128.738 kilos en 1904), Assinie (2.642.526 kilos) et Grand-Lahou
(1.726 233 kilos).

L'exploitation n'a lieu que dans les endroits avoisinant un cours
d'eau. Pour la recherche des arbres en forêt, les Noirs, dit M. Daudy,
ne sont souvent guidés que par l'odeur particulière des morceaux
d'écorce qu'ils détachent du tronc.

L'abatage est fait avec la hache, en saison sèche ; puis les billes
sont apportées à la côte, par flottage ou en radeaux, pendant les crues
de mai à août.

Ces billes ont, le plus souvent, quatre mètres de longueur ; la
plupart ne sont équarries que par les soins des maisons de commerce
qui les achètent, dans les ports d'embarquement.

En 1904, ces bois ont été envoyés en :

>Angleterre........ 9.765.162 kilos.
>France.......... 1.134.713 »
>Allemagne........ 870 815 »

Ils sont débarqués à Liverpool, à Hambourg, à Bordeaux et au
Havre.

Mais on voit que ce sont les cargo-boats anglais qui transportent
les plus forts chargements.

Les kolatiers. — Dès 1804, Palisot de Beauvois indiquait vaguement, dans sa *Flore d'Oware et de Bénin*, les propriétés des graines de
kola et le parti qu'en ont toujours su tirer les Noirs de l'Afrique
occidentale.

C'est cependant surtout depuis 1883 que, par les travaux de
M. Heckel (1), les « noix de kola » ont été bien connues en Europe, et
sont devenues d'une utilisation aujourd'hui courante pour diverses
préparations pharmaceutiques.

(1) E. HECKEL, *Les Kolas africains* ; Annales de l'Institut colonial de Marseille,
1893.

Rappelons que leurs qualités sont dues à la caféine (2,34 o/o) et, surtout, à la kolanine (1,29 o/o) qu'elles contiennent.

Cette kolanine — au sens où nous l'entendons ici, et qui nous la fait comparer à la cacaonine, qui, dans la graine de cacao, donne du glucose, de la théobromine et le rouge de cacao — est un glucoside qui, en se dédoublant, donne du glucose, de la caféine et le rouge de kola.

L'agent principal est donc bien, dans tous les cas, la caféine, mais une caféine qui, lorsqu'elle provient du dédoublement de la kolanine, est à l'état naissant, et, comme telle, beaucoup plus active que celle qui est anciennement formée.

C'est là un premier avantage de la kolanine ; le second réside dans le fait que le dédoublement du glucoside, en étant graduel, ne fait apparaître que peu à peu dans l'organisme humain la caféine ; et l'action se trouve ainsi prolongée. Au lieu d'un effet purement momentané sur le pouvoir excito-moteur de la moelle épinière — excitation qui provoque la régularisation des fonctions respiratoire et circulatoire, en même temps qu'elle augmente la puissance musculaire et ralentit les phénomènes de désassimilation — on obtient un effet plus durable, puisqu'il se renouvelle continuellement, à mesure que la décomposition de la kolanine met en liberté de nouvelles quantités de caféine.

Les kolatiers croissent, à l'état sauvage, depuis la Guinée française jusqu'à l'Angola.

Vers l'intérieur, ils pénètreraient très loin, si les pieds vus par Stanley près du Nyanza étaient spontanés ; en tout cas, ils s'avancent certainement jusque dans le Haut-Oubangui.

Ils sont cependant surtout communs dans la région côtière, où ils se plaisent en terres fraîches, dans les endroits ombragés situés aux basses altitudes.

En Guinée française, ils s'arrêtent en deça du Fouta-Djallon. A Sierra-Leone, on en trouve encore à l'altitude de 300 mètres, mais il n'y en a plus à 400. A la Côte d'Ivoire on les rencontre dans l'hinterland ; Bondoukou et Kong doivent une bonne part de leur importance commerciale à ce qu'ils sont des centres de transactions pour les kolas, qui sont récoltés à quelques jours de marche.

Dans toute leur zone de distribution, les kolatiers sont représentés par des espèces diverses, encore imparfaitement connues au point de vue botanique. Des déterminations exactes sont cependant désirables, car les graines de tous ces kolatiers ne sont pas de même valeur.

Il fut admis un moment, après les recherches de K. Schumann (1), que le *Cola vera* K. Sch. (dont les graines ont deux cotylédons) était la seule espèce qui, sauvage ou cultivée, fournissait tous les kolas de qualité supérieure, récoltés, sur la côte, depuis la Guinée française jusqu'à la Nigérie anglaise. Plus bas seulement ce *Cola vera* eût été remplacé par diverses variétés du *Cola acuminata* R. Br., toutes à graines composées de plus de deux cotylédons, et relativement inférieures.

Aujourd'hui, à la suite des nouvelles observations de M. Warburg (2) et de M. Busse (3), le *Cola vera* devient plus exclusivement l'espèce de Sierra-Leone.

Le « kolatier des Achantis » serait le *Cola vera* var. *sublobata* Warb., à graines également pourvues de deux cotylédons seulement, mais à androcée sublobé.

Ce serait ce kolatier qui serait cultivé au Togo, où il donnerait les « kolas de Tapa ».

Dans la même colonie allemande se trouverait toutefois le *Cola astrophora* Warb., ou « kolatier de Kpandu » à graines toujours dicotylédones, mais à androcée profondément échancré en étoile.

Cette seconde espèce, qui fournit encore un bon produit, serait plutôt l'arbre du climat très humide de la côte, tandis que le *Cola vera* var. *sublobata* s'adapterait mieux au climat plus sec de l'intérieur (4).

Malheureusement tous ces renseignements concernent les possessions allemandes ; et il serait bon que nous sachions, au juste, de même, quels sont les kolatiers de nos colonies voisines.

Au-delà de la Nigérie, nous avons dit que l'espèce qui apparaît est le *Cola acuminata*.

Ce *Cola*, dont les graines ont de quatre à six cotylédons, comprendrait cinq variétés, dont la meilleure — quoique un peu inférieure aux

(1) K. Schumann, *Ueber die Stammpflanzen der Kolanuss ;* Tropenpflanzer, 1900.

(2) Warburg, *Die Togo-Kolanüsse ;* Tropenpflanzer, 1902.

(3) Busse, *Expedition nach Kamerun und Togo ;* Tropenpflanzer, 1906.

(4) Dans la même région on trouve encore le *Cola Supfiana* Busse, ou « kolatier d'Avatime », reconnaissable à son port d'arbre pleureur, mais dont les graines, dites « kolas d'eau », sont dépourvues d'alcaloïde, et par conséquent, sans valeur.

espèces précédentes — serait le *Cola acuminata* var. *typica* de la Nigérie et du Cameroun.

Plus médiocre serait la variété *Ballayi* du Gabon et du Bas-Congo.

Au Cameroun, on trouve encore — en même temps que d'autres espèces, telles que le *Cola Preussii* Busse — la variété *camerunensis*, la variété *grandiflora* et la variété *trichandra*, celle-ci descendant vers le Congo et l'Angola.

Il résulte de cette répartition géographique, et des valeurs respectives que nous venons d'attribuer à ces espèces ou variétés, que les meilleures graines de kolatier sont celles de la Guinée française, de la Guinée portugaise, de Sierra-Leone, de la Côte d'Ivoire, de la Gold Coast, du Togo et du Dahomey.

Moins bonnes sont les graines du Cameroun, et plus inférieures encore — comme c'est, en effet, connu — celles du Congo.

Il ne faut pas, d'autre part, oublier qu'un fruit — ou follicule — de kolatier peut contenir à la fois des graines rouges et des graines blanches, et que les graines blanches, plus riches en caféine et en kolanine, sont supérieures. Malheureusement les indigènes livrent plus volontiers au commerce les kolas rouges que les kolas blancs, qu'ils conservent pour eux-mêmes.

Les exportations de kolas sur la Côte occidentale d'Afrique n'ont guère commencé qu'en 1890; en 1904, elles étaient de :

24.719 kilos de la Guinée française.
   30   »   de la Côte d'Ivoire.
23.322 »   du Dahomey.

La Guinée française a exporté :

En France..............	561 kilos.
En colonies françaises.....	7.327 »
En Guinée portugaise.....	15.706 »
A Sierra-Leone...........	127 »
En divers pays...........	1.031 »

Le Dahomey a livré :

En France..............	40 kilos.
A Lagos.....	23.282 »

Grâce aux soins pris pour l'emballage, toutes ces « noix » nous parviennent de plus en plus, en Europe, à l'état frais ; et c'est là un point important, puisque, pendant la dessiccation, la kolanine se dédouble dans les graines de kola, comme la cacaonine dans les graines de cacao. Et, en conséquence, la quantité de caféine libre augmente, pendant que, au contraire, disparaît la caféine combinée, qui était justement la plus active.

Pour conserver cette fraîcheur nécessaire, on enveloppe les graines dans des feuilles ; ou, mieux encore, on les dispose, dans des tonneaux, en couches qui alternent avec des lits de sable. On peut ainsi réussir à retarder la dessiccation pendant plus d'un mois.

Le piassava. — Plusieurs palmiers contribuent peut-être, sur la côte occidentale d'Afrique, à donner le piassava, qui est surtout récolté à Libéria, à la Côte d'Ivoire et au Congo. Le *Raphia Gaertneri* Mann et Wendl., par exemple, pourrait être une de ces espèces.

Cependant, d'après M. Chevalier, le grand producteur, à Libéria et à la Côte d'Ivoire, est certainement, avant tous les autres, le *Raphia Hookeri* Mann et Wendl. (1).

Ce palmier, qui habite les terres humides de la région côtière, vivant même tout à fait sur le bord des lagunes, parmi les palétuviers, a un tronc d'une dizaine de mètres de hauteur, couronné par des feuilles immenses, qui atteignent douze mètres de longueur. Le pétiole a de trois à quatre mètres, et le rachis qui le continue porte environ deux cents paires de segments. Le fruit est ovoïde, moins cylindrique que celui du *Raphia vinifera* P. de Beauv., avec des rangs plus nombreux d'écailles (douze à quinze, au lieu de huit à neuf) ; il a de neuf à dix centimètres de longueur, sur quatre centimètres et demi à cinq centimètres de largeur (le fruit du *Raphia vinifera* ayant sept centimètres cinq de longueur, sur trois centimètres et demi à quatre centimètres et demi d'épaisseur). Enfin les fleurs mâles, qui ont dix étamines dans le *Raphia vinifera*, en ont seize dans le *Raphia Hookeri*.

Le *Raphia Hookeri*, nous écrit M. Chevalier, est encore reconnaissable à ses beaux régimes, et, plus encore, à tous les filaments fibreux qui enveloppent le tronc,

---

(1) Mann and Wendland, *Palms of western tropical Africa* ; Transactions of the Linnean Society, 1864.

Ce ne sont pas toutefois ces filaments qu'on recueille, mais ceux qui se trouvent à l'intérieur des pétioles des feuilles desséchées et à demi décomposées, ces feuilles, bien souvent, ayant déjà trempé dans l'eau saumâtre de la lagune.

Quant au *Raphia vinifera*, ses filaments fibreux, beaucoup plus faibles, sont absolument inutilisables (1).

D'après Sadebeck (2), chaque filament de piassava africain (*African bass* des Anglais) est constitué par un seul faisceau libéroligneux, comme le piassava de Bahia, fourni par l'*Attalea funifera* Mart., tandis qu'un filament de piassava de Madagascar (que nous dirons plus loin provenir du *Dictyosperma fibrosum* Wright) correspond à plusieurs faisceaux, comme le piassava de Para, qui a pour origine botanique le *Leopoldinia Piassaba* Wall.

En 1904, la Côte d'Ivoire a exporté 35.176 kilos de piassava de *Raphia*, représentant une valeur de 10.552 francs. Les pays de destination ont été l'Angleterre (17.558 kilos), la France (13.198) et l'Allemagne (4.420).

A Hambourg, lorsque le piassava de Para vaut 200 francs les 100 kilos, et le piassava de Bahia 100 à 130 francs, les piassavas de Libéria, de Cap Palmas et de Grand-Bassam valent de 55 à 65 francs.

L'alimentation indigène. — Les produits que nous mentionnons dans cette étude sont presque exclusivement les produits d'exportation ; il serait donc hors de notre sujet d'insister sur les cultures que les Noirs font uniquement pour leurs propres besoins, et

(1) On remarquera que tous ces renseignements ne concordent pas avec ce qui est admis d'ordinaire ; car c'est le *Raphia vinifera* qui est considéré par Mann et Wendland, et, à leur suite, par tous les autres auteurs, comme palmier à piassava, et le *Raphia Hookeri* comme palmier à vin. Mais M. Chevalier, dans une lettre où il veut bien nous communiquer ses observations personnelles encore inédites, nous prévient que ces données sont erronées : « Il y a lieu de croire que Mann et Wendland, et, après eux, Wright, dans le *Flora of tropical Africa*, ont commis une confusion, et ont attribué au *Raphia vinifera* un usage qui est celui de leur *Raphia Hookeri*, et inversement. Les mêmes auteurs disent, en effet, que le *Raphia Hookeri* est le palmier à vin de l'Afrique occidentale ; ils confondent certainement encore. C'est le *Raphia vinifera* que j'ai vu exploiter pour cet usage, et non le *Raphia Hookeri*.

Quant au palmier à vin du Soudan occidental, le *ban* des voyageurs, c'est une espèce nouvelle, que j'appelle *Raphia sudanica*, et qui est bien distincte du *Raphia vinifera*. »

(2) SADEBECK, *Ueber die sudamerikanischen Piassavearten* ; Berichte der deutschen Botanischen Gesellschaft, 1902.

c'est très rapidement que nous disons quelques mots sur les céréales et les légumes de l'Afrique occidentale.

Les principales céréales cultivées sont le gros mil, les petits mils, le riz, puis, à un degré moindre, et en certaines régions seulement, le maïs et le blé.

Le *gros mil*, ou *sorgho*, est l'objet d'une grande culture au Sénégal, ainsi qu'au Haut-Sénégal et Niger.

Dans le Moyen-Niger, dit M. Dumas (1), cette culture a l'importance du blé sous les climats tempérés.

Exactement, les principales régions où le sorgho prédomine sont le Sénégal, puis la partie du Soudan située au nord du 12ᵉ degré de latitude, et qui correspond aux cercles de Kayes, Bafoulabé, Kita, Nioro, Bammako, Goumbou, Sokolo, Segou, Bougouni, San et Sikasso.

Au sud du 12ᵉ parallèle, l'abondance des pluies, en permettant la culture du riz de montagne, place souvent celle du sorgho en seconde ligne. Il en est ainsi dans les cercles de Kouroussa, Kankan, Dinguiray, Kissidougou, Beyla, etc.

Dans le nord de la Côte d'Ivoire, cependant, la culture du mil de nouveau prédominerait.

D'ailleurs, d'autre part, au-dessus même du douzième degré, le sorgho cède la place au *riz* sur les points où les inondations du Niger le permettent. Il y a d'assez nombreuses rizières, par exemple, dans les cercles de Djenné et de Bandiagara, ainsi que, plus au nord encore, dans la région de Gao.

Les rizières sont là (1) sur les rives basses du Niger, dans les terrains silico-argileux périodiquement recouverts par le débordement du fleuve. Elles sont surtout nombreuses au coude de Bourem, dans les îles du delta de l'Ijaouag et du Telemsi, à Gao, Magandoué, Seina, Batal, Berra, dans les villages de Badi, dans l'île d'Ansongo.

Lorsqu'on revient vers la côte, le riz, rouge ou blanc, se retrouve en Casamance, puis, plus bas, dans les pays soussous, en Guinée française ; et il est cultivé également dans la région littorale de la Côte d'Ivoire et sur les bords des cours d'eau du Dahomey.

De Guinée Française une certaine quantité de riz du pays est

---

(1) Dumas, *Culture du sorgho dans les vallées du Niger et du Haut-Sénégal* ; Journal d'agriculture pratique des pays chauds, 1905.

expédiée à Sierra-Leone ; une autre partie est emportée par les caravanes vers l'intérieur.

Le *maïs* est cultivé au voisinage des habitations. En Guinée, il l'est surtout dans le Fouta ; à la Côte d'Ivoire, il l'est, non seulement dans la zone côtière, en même temps que le riz, mais aussi à l'intérieur, notamment dans le Baoulé, en même temps que le sorgho. Au Dahomey, le sorgho entre également, pour une grande part, dans l'alimentation.

Dans le voisinage du Niger, quand la récolte du riz est mauvaise, les indigènes utilisent les graines du *bourgou* (*Panicum stagninum* Rtz.; *Panicum Burgu* Chev.), qui, pendant l'hivernage, pousse en abondance dans les terrains inondés par le fleuve (1). Cette utilisation de la Graminée vient ainsi s'ajouter à toutes les autres qu'elle reçoit déjà, et parmi lesquelles la plus intéressante est la préparation d'une boisson, le *koundou-hari*, obtenue par fermentation de la moelle sucrée de la partie submergée des tiges.

Une céréale dont il faut signaler la culture le long du Haut-Niger est le *blé*, dont les champs sont communs depuis Eguederche jusqu'au delà de Bamba. Les principaux villages producteurs, d'après MM. Renoux et Dumas, sont In-Zamen, Garbonne et Teriafoso. Les semis sont faits à la fin de novembre, et la récolte a lieu en février et mars.

Au sud du douzième degré, c'est-à-dire à partir du moment où le sorgho diminue d'importance et où nous l'avons déjà vu remplacé par le riz, la Graminée qui, avec ce riz, contribue à former le fond de la nourriture est le *fonio*, qui est le *Paspalum distichum* Lin., à grain très petit, mais très alimentaire, et de décortication facile. Spontané dans la boucle du Niger, d'après M. Chevalier, le *fonio* est très cultivé surtout dans la Haute Gambie, la Haute-Casamance et le Fouta-Djallon. Entre le Fouta et le douzième degré, d'après MM. Renoux et Dumas, on peut estimer l'étendue des champs de fonio au tiers des surfaces cultivées. Tout en s'accommodant de tous les terrains, la plante préfère les terres légères.

Quant au *petit mil* proprement dit (*Pennisetum typhoïdeum* Rich.), sa culture, sur la côte du Sénégal, alterne, dans les champs, avec celle de l'arachide. Dans l'intérieur, on le cultive principalement dans

---

(1) CHEVALIER, *Une mission au Sénégal* ; Challamel, 1900.

la zone supérieure et la zone moyenne de la vallée du Niger. M. Dumas dit que le petit mil, très recherché des Noirs, atteint, sur les marchés, des prix supérieurs à ceux du sorgho.

Comme *légumes,* les principaux, en Afrique occidentale française, sont le *manioc doux* (*Manihot palmata* Muell.), les *ignames* (diverses espèces de *Dioscorea*), la *patate* (*Ipomœa Batatas* Poir.), le *niébé* (*Vigna Catjang* Walp.), le *haricot du Kissi* (*Phaseolus lunatus* Lin.). Les Diolas, les Sarrakolès et les Bambaras consomment les tubercules de *Colocasia antiquorum* Schott. Dans toute la boucle du Niger, on trouve des cultures en grand du *voandzou* (*Voandzeia subterranea* Lin.), dont les fruits, comme ceux de l'arachide, mûrissent en terre. Enfin, en Haute-Casamance et dans tout le sud du Soudan jusqu'au Minianka, les *oussou-ni-fing* (*Coleus rotundifolius* var. *nigra* Chev.), dont nous reparlerons plus longuement à propos du Congo, sont pour les indigènes un aliment de haute valeur.

Parmi les condiments, les plus courants sont les *piments rouges* (*Capsicum frutescens* Lin. et *Capsicum annuum* Lin.), cultivés dans tous les villages. Le *piment noir,* ou *poivre de Guinée* (fruits en bouquets du *Xylopia ethiopica* Rich.), est commun en Casamance, en Guinée et à la Côte d'Ivoire. La Guinée française n'en a cependant exporté en 1904 que pour 125 francs, dont 105 francs (représentant 210 kilos) à destination de Sierra-Leone, pendant qu'elle en recevait de Sierra-Leone pour 553 francs. La Côte d'Ivoire a exporté, la même année, pour 495 francs du même produit, dont 445 francs (représentant 440 kilos) pour l'Angleterre. Le *gingembre* (*Zingiber officinale* Rosc.) et le *meleguette* (*Amomum Melegueta* Rosc.) sont peu cultivés ; la Guinée française a cependant exporté pour 307 francs de gingembre en 1904. Une autre épice sur laquelle on a voulu attirer l'attention en ces dernières années, pour l'exportation, est le *poivre du pays,* donné par le *Piper guineense* DC. Ce poivre, qui est un véritable poivre noir, fut, du reste, jadis importé en Europe. Mais les récoltes du poivre du *Piper nigrum* Linn. dans l'Inde, en Indo-Chine et en Malaisie sont aujourd'hui suffisantes pour que la côte africaine n'ait aucune ressource sérieuse à espérer, croyons-nous, de la reprise de ce commerce. Et cette reprise pourrait au contraire, avoir pour conséquence fâcheuse une surproduction qui entraînerait un abaissement général des prix de la denrée.

Les bananes et les ananas. — Le commerce de la banane (1) a pris en France, depuis quelques années, un extraordinaire développement. En 1897, l'importation était de 5.000 régimes environ ; elle s'est élevée à 250.000 en 1904.

Ce dernier chiffre est, d'ailleurs, encore bien faible, comparé à ceux qui représentent la consommation de l'Angleterre (2 millions de régimes par an, environ) ou des États-Unis (2), et il est même inférieur à celui de la consommation allemande (500.000 à 700.000 régimes); il indique cependant une progression très rapide, qui prouve notre goût de plus en plus prononcé pour ces fruits tropicaux.

La culture du bananier (*Musa sapientum* L.) peut, dès lors, pour certaines colonies, devenir très rémunératrice, puisque, actuellement, les bananes que nous recevons sont rarement d'importation directe et proviennent plutôt de l'Angleterre, qui réexporte une partie de ses arrivages des Canaries et de la Jamaïque.

Mais on conçoit que les régimes qui nous parviennent ainsi sont grevés de frais énormes. D'après M. de Saumery, ces frais atteignent facilement 6 francs pour chaque régime rendu à Paris, le coût du régime revenant ainsi à 15 francs 50 au minimum.

Nos colonies pourraient, dans ces conditions, concurrencer facilement, semble-t-il, par des expéditions directes, les arrivages anglais.

C'est ce qui a été compris en Guinée française, où, sous l'impulsion de M. le gouverneur Cousturier, les Européens, dans la banlieue de Conakry, se sont mis, depuis quelques années, à étendre activement leurs plantations de bananiers et d'ananas, mais surtout de bananiers.

---

(1) Hollier, *Le commerce des bananes*, Première réunion internationale d'agronomie coloniale, 1906. — De Saumery. *Conservation et commerce des bananes en France* ; id.

(2) Ce sont les États-Unis, dit M. Cazard (Agriculture pratique des pays chauds, 1903), qui ont, les premiers, fait une grande consommation de bananes. Un capitaine marchand introduisit, à titre d'essai, quelques régimes du Centre-Amérique ; puis il se forma une compagnie qui disposait, en 1903, de cent millions de francs de capital et importait, par an, 20 millions de régimes. D'autre part, c'est à M. H. Johnes, surnommé *le roi des bananes*, que l'Angleterre est redevable de l'importation de ce fruit ; et les Canaries lui doivent leur grande prospérité actuelle. Au moment où ce pays était entièrement ruiné par la non-valeur subite de la cochenille, M. Johnes sut attirer l'attention des indigènes sur les divers modes de culture du bananier. Mais la production du petit archipel ne pouvait suffire à la consommation toujours croissante des Iles Britanniques. C'est alors que le même industriel pensa à la Jamaïque ; et des vapeurs aujourd'hui transportent, tous les mois, les bananes de la Jamaïque à Bristol.

En 1904, il est sorti de la colonie 4202 régimes, soit, à 20 kilos par régime, 84.000 kilos, au prix de 8400 francs.

Pour l'exportation de ces bananes, la grande précaution à prendre est un emballage soigné.

M. Hollier, qui, un des premiers, s'est préoccupé de l'importation directe des bananes et des ananas en France, donne à ce sujet les renseignements suivants.

Les régimes doivent être cueillis environ trois semaines avant leur maturité normale, pour que les fruits, qui de Conakry à Marseille auront à supporter douze jours de traversée, commencent seulement à jaunir, au moment où ils pourront être vendus en Europe.

Chaque régime, détaché avec soin, est enveloppé, pour être garanti contre les heurts du voyage, dans une légère feuille de coton, recouverte par deux ou trois épaisseurs de journaux. Il est ensuite placé dans une caisse à claire-voie, garnie de paille sur toutes les faces. Avant de clouer, l'emballeur doit s'assurer que le tout est bien tassé, car les bananes qui seraient secouées pendant la traversée arriveraient abîmées.

Aux Canaries, d'après M. Cazard, ces caisses sont faites sur place, avec des planches reçues d'Angleterre, des États-Unis ou de Norvège; elles ont ordinairement de 70 à 90 centimètres de longueur.

Nous devons ajouter que ce mode d'emballage à claire-voie n'est pas unanimement considéré comme le meilleur. En dépit de toutes les précautions, les fruits arriveraient souvent à destination meurtris et endommagés. Et c'est pour remédier à cet inconvénient qu'on a proposé l'emballage dans des barils en carton-pierre, qui seraient plus résistants que les caisses en bois et pourraient être utilisés plusieurs fois. Nous ignorons si ces nouveaux barils ont été déjà employés.

En tout cas, quel que soit l'emballage, il importerait, comme le fait remarquer M. Hollier, qne les Compagnies françaises de navigation aménagent leurs navires en conséquence et abaissent leurs tarifs de transport.

Et, les bananes étant parvenues, en bon état, à Bordeaux ou à Marseille, il y aurait lieu aussi d'avoir dans ces ports, dit M. Monof (1) « des transitaires concessionnaires qui assurent l'enlèvement immé-

(1) Monof, *La culture des bananes en Guinée française*; Annales coloniales, 1er septembre 1904.

diat des quais de débarquement, après expertise de la marchandise, qu'il y aura toujours lieu de scinder en marchandise à faire suivre sur l'intérieur et marchandise à vendre pour la consommation sur place. Outre la vente à Paris et dans les autres grands centres, il faut donc s'assurer l'écoulement, au port même de débarquement, des fruits plus avancés.

En ayant soin de répartir les fruits sur les différents marchés, pour qu'il n'y ait pas baisse des cours, par suite de surabondance en un point donné, on maintiendra la vente à un prix rémunérateur.

D'après les plus récents calculs, la banane de Guinée reviendrait à 7 francs le régime rendu à Paris, alors que celle de Canaries reviendrait à 11 francs, les produits originaires des colonies françaises étant exempts de droits de douane.

La production peut être continue, mais l'écoulement, par contre, subira un arrêt pendant l'été, puisque la banane n'est surtout appréciée qu'en l'absence de fruits européens. Néanmoins la Suisse sera un pays de consommation important, pendant cette saison d'été. Les grands hôtels des stations estivales seront satisfaits de pouvoir mettre des bananes sur leur table. »

Et, c'est ainsi que la banane peut, dans un avenir très prochain, devenir un produit très rémunérateur pour la Guinée française, qui pourrait, en outre, ajouter à ce commerce celui des ananas.

En 1904, il n'a été expédié de la colonie que pour 211 francs de de ces ananas. Ces envois pourraient devenir beaucoup plus importants et la culture de la plante serait facile et avantageuse dans un pays où, comme en Guinée, l'espèce se rencontre à l'état sauvage.

Il y aurait lieu d'examiner quelles sont, parmi les bonnes variétés connues — telles que celle de Cayenne, à feuilles inermes, et dont le fruit est un des plus appréciés sur tous les marchés — celles qui donneraient les meilleurs résultats.

Méthodiquement cultivés en Guinée française, pourquoi ces ananas de notre colonie ne seraient-ils pas accueillis chez nous comme le sont en Angleterre les ananas des Açores, des Canaries et de Madère.

Les expéditions pourraient être effectuées dans les mêmes conditions.

C'est encore à M. Hollier que nous devons des renseignements précis sur le mode d'emballage des ananas, tel qu'il se pratique aux

Açores. Nous reproduisons textuellement (1) les indications de cet importateur.

La tige est coupée à environ dix centimètres au-dessous du fruit, au moment où la base seule de l'ananas commence à jaunir et où le haut est encore vert.

Chaque fruit est enveloppé dans une feuille de papier très souple, et placé ensuite dans une caisse dont les dimensions varient un peu, suivant que les ananas sont gros, moyens ou petits. Ces ananas sont, du reste, selon leur grosseur, par douze, dix, huit ou six dans chacune de ces caisses ; ceux qui sont exceptionnellement gros, pesant de trois à quatre kilos, ne sont mis que par trois, dans des caisses spéciales.

On étend d'abord au fond de la caisse une bonne couche de paille de maïs, obtenue en déchirant sur des lames bien tranchantes des feuilles desséchées.

Dans une caisse qui peut contenir huit ananas, on en met quatre de chaque côté, en ayant soin de les croiser sur chaque rang, c'est-à-dire de placer le sommet d'un fruit à côté de la base de l'autre. Les tiges qui, de deux en deux, touchent ainsi à la cloison de séparation des deux compartiments sont engagées dans la fente des deux planchettes qui forment cette cloison ; ce qui empêche le ballottement.

Une caisse pour huit ananas a 1^m 20 de longueur, 55 centimètres de largeur, et 20 centimètres de hauteur.

A l'intérieur, des intervalles de 1 à 2 centimètres sont laissés entre les fruits ; et ces intervalles sont remplis avec de la paille de maïs, le tout étant enfin recouvert d'une couche de la même paille.

Il faut avoir soin de fortement tasser, pour que les fruits restent bien séparés et ne soient pas déplacés pendant le voyage.

Au moment où sont clouées les planches qui forment le couvercle, on doit veiller à ce qu'il n'y ait pas d'ananas dépassant la hauteur de la caisse, car il serait, en cas contraire, inévitablement meurtri par la pression du couvercle.

Toutes ces manipulations nécessitent les plus grandes précautions, car les fruits ne doivent jamais recevoir le moindre choc.

L'emballage n'est jamais fait immédiatemont après la cueillette ; les ananas sont laissés au moins pendant une nuit à l'air.

(1) Hollier, *Notes sur l'emballage des ananas* ; Revue des Cultures coloniales, 5 juin 1902.

Pour le marché français, M. Hollier recommande de ne pas envoyer de fruits pesant moins d'un kilo, et de choisir ceux qui sont ovoïdes, de préférence à ceux allongés en pain de sucre.

Les deux grandes variétés cultivées aux Açores seraient la « Cayenne » à feuilles lisses, et la « Baronne de Rotschild ».

Ces variétés, outre leur qualité propre, auraient l'avantage d'être précoces, et permettraient, par conséquent, des expéditions dès la fin de l'hiver, en février et mars, c'est-à-dire à une époque où, en Europe, il n'y a pas de fruits du pays.

Le café et le cacao. — Le café et le cacao n'ont, à l'heure actuelle, qu'une bien minime importance dans nos colonies de l'Afrique occidentale, où l'on ne semble pas vouloir suivre l'exemple, pourtant encourageant, donné par les Portugais à San-Thomé et à Principe, et par les Anglais à la Gold Coast (1).

Le café qu'exporte la Guinée Française est surtout du café indigène, récolté sur le *Coffea stenophylla* Don, ou *caféier du Rio-Nunez*. Quelques plantations, notamment près de la Dubreka, cultivent ce caféier en même temps que le caféier de Libéria.

Le *Coffea stenophylla*, qui atteint ordinairement de 4 à 6 mètres, se rencontre à l'état sauvage (2) dans les galeries forestières qui bordent les rivières torrentielles, et sous les grands bois des lieux humides.

Il est surtout commun entre le 10ᵉ et le 11ᵉ parallèles, et entre le 15ᵉ et le 16ᵉ degrés de longitude Ouest ; on le trouve, là, entre 400 et 700 mètres d'altitude, à 100 et 300 kilomètres de la mer, dans une contrée où il tombe de 1ᵐ 50 à 3 mètres d'eau.

Plus près de la mer, au-dessous de 300 mètres, où les pluies sont plus abondantes, par exemple à Boké, sur le Rio-Nunez, il n'est que cultivé. Ce n'est que dans le Haut-Rio-Nunez qu'il redevient spontané.

Il manque complètement dans le bassin des rivières du Fouta-Djallon qui se rendent aux fleuves Gambie, Sénégal et Niger.

L'arome expuis de ses graines doit, de l'avis de M. Chevalier,

(1) Au sujet de la rapide extension de la culture du cacaoyer à la Gold Coast et dans les autres colonies anglaises de l'Ouest africain, voir l'enquête de M. A. CHEVALIER sur : *La situation agricole de l'Ouest africain.*

(2) A. CHEVALIER, *Les caféiers sauvages de la Guinée française* ; Comptes Rendus de l'Académie des Sciences, 22 mai 1905.

encourager la culture de l'arbre dans les pays montagneux bien irrigués ; mais il faut avoir soin, contrairement à ce qui a lieu d'ordinaire en Guinée, de bien ombrager les plantations.

Dans quelques jardins de Conakry, on cultive une espèce voisine, le *Coffea affinis* de Wild., dont les petits fruits noircissent à maturité, sans passer par la teinte rouge. M. Chevalier n'a jamais vu cette espèce sauvage en Guinée française.

Par contre, dans le Haut-Konkouré, à 250 kilomètres de la côte, et à 700 mètres d'altitude, sur un sol caillouteux, et sous ombrage épais et humide, croît le *Coffea Maclaudi* Chev., de 4 à 5 mètres de hauteur. Le café en est actuellement de saveur amère, comme tous les cafés sauvages, mais néanmoins assez agréable au goût pour qu'on puisse, après amélioration par la culture, espérer un bon produit. Les fruits mûrissent en janvier ; les graines sont ovoïdes, et il en faut 10.600, sèches, pour un kilo. Chaque pied sauvage donne, tous les deux ans, 400 graines de récolte environ.

A la Côte d'Ivoire, les cultures de caféiers sont un peu plus étendues qu'en Guinée. La plantation d'Elima, près de la lagune Aby, dans l'est, et, dans l'ouest, celle de la Maison Woodin, à Rock-Bériby, et celle du Prollo (antérieurement à la Compagnie Fraissinet, et aujourd'hui à M. Bordes), sur le Cavally, possèdent des caféiers de Libéria et des cacaoyers *forasteros*.

D'après les statistiques, les cafés actuellement proviendraient surtout d'Elima, et les cacaos plutôt de la partie occidentale. En 1904, en effet, sur les 71.227 kilos de café sortis, 66,807 kilos sont venus d'Assinie ; et, sur 900 kilos de cacao — quantité bien insignifiante — il a été expédié 160 kilos de Bliéron, 480 de Tabou, et seulement 380 de Grand-Bassam.

Une nouvelle plantation de cacaoyers a, paraît-il, été installée en 1904 par M. E. Schneider dans l'île Leydet, où sont entrepris également quelques essais de culture du cotonnier, avec des graines fournies par le Service de l'Agriculture du Gouvernement général.

Mais que sont ces quelques essais isolés, à côté de l'énorme effort accompli avec succès à San-Thomé et à Principe, et surtout dans les colonies anglaises ! De la Gold Coast, les exportations de cacao ont commencé en 1891 ; en 1901 elles étaient de 2.195.571 livres, et, en 1904, de 11.451.458 livres. En 1904, il est sorti de Lagos 367.000 kilos du même produit, et de la Nigérie du Sud 165.000 kilos, valant 124.225 francs.

Et il n'y a pas dans toute la Gold Coast — à l'inverse de ce qui a lieu à San-Thomé — une seule plantation d'Européens ; tout le cacao exporté est produit par des noirs travaillant librement pour leur propre compte. Le rôle de l'Européen consiste exclusivement à être acheteur.

« L'agriculture de l'Ouest africain, écrit M. Chevalier, subit en ce moment des transformations prodigieuses, que nous ne devons pas méconnaître si nous voulons que notre pays continue à garder, dans ces contrées, le rôle prépondérant qu'il doit y avoir.

Les 35 millions de francs de cacao et de café qui sortent annuellement de San-Thomé et Principe sont le résultat du travail de 20.000 indigènes, en y comprenant les femmes et les enfants. Si chacun des 49 millions de sujets que nous avons en Afrique tropicale livrait au commerce d'exportation seulement la dixième partie de ce que produit un « travailleur » de San-Thomé, le commerce annuel extérieur de nos possessions de l'Ouest africain passerait à 7 milliards, c'est-à-dire qu'il aurait presque centuplé !

Le résultat peut sans doute être atteint lorsque des voies de communication existeront partout. Mais de grands efforts sont nécessaires, et, en tout cas, ce n'est pas par la contrainte et l'obligation au travail qu'on y arrivera, mais par la méthode de l'éducation indigène et de la persuasion, méthode dont les Anglais de la Côte-d'Or ont su tirer un si brillant parti. »

Le coton — On sait les raisons économiques qui, en ces dernières années, nous ont vivement incités à développer la culture des cotonniers dans nos colonies. L'augmentation du nombre des filatures aux États-Unis peut nous faire craindre que, prochainement, nos fabriques françaises ne reçoivent plus du pays qui a, jusqu'alors, été le très grand producteur, la matière première nécessaire. Ce jour-là, 300 usines de filature, 650 usines de tissage devraient fermer leurs portes. La question du coton est devenue ainsi une question primordiale, industrielle et ouvrière à la fois, où certaines de nos possessions pourraient rendre à la métropole un des plus grands services que celle-ci puisse en attendre.

C'est donc le moment de se rappeler ce qu'écrivait jadis M. Cornu, dans le *Bulletin de la Société nationale d'Agriculture* :

« Nous avons dans nos colonies une vaste étendue qui peut

devenir une source immense de production pour le coton, au Sénégal et au Soudan ; c'est principalement la région située entre les parallèles 13°5 et 18°, de Bammako à Tombouctou, et surtout la région de Djenné. Ce vaste pays est arrosé, chaque année, par les inondations considérables et irrégulières du Niger et de ses affluents ; le sol léger est périodiquement fertilisé par le limon emprunté aux territoires, véritablement tropicaux, que draine le cours supérieur des rivières. C'est une région tout à fait comparable à l'Egypte, et qui pourrait devenir notre Egypte à nous, avec des cultures riches et prospères, si on la défendait contre les exactions des pillards du désert. »

Par les soins de l'Association cotonnière coloniale, aidée par l'Administration de l'Afrique occidentale française, le rêve de M. Cornu commence à se réaliser. En ces dernières années, non seulement au Soudan, mais dans toutes nos colonies de la côte d'Afrique, de nombreux essais ont été faits pour remplacer les vieilles cultures indigènes, qui fournissent un coton rarement utilisable dans les manufactures européennes, par des cultures plus méthodiques de variétés étrangères, américaines ou égyptiennes.

Les premiers résultats de cette importante tentative viennent d'être résumés par M. Yves Henry dans une brochure (1) à laquelle nous empruntons une bonne part des renseignements qui vont suivre.

Les cultures ont été entreprises dans la bassin du Sénégal, dans celui du Niger, en Basse-Guinée et au Dahomey.

I. *Bassin du Sénégal.* — Des expériences et observations faites jusqu'à ce jour dans la vallée du Sénégal, il résulte essentiellement qu'il est là trois conditions principales dont la réalisation ne doit jamais être perdue de vue.

En premier lieu, la culture du cotonnier, dans toute cette vallée, ne peut être qu'une culture irriguée, en raison de la longue durée de la saison sèche, qui se prolonge d'octobre au milieu de juillet. Il est impossible, dés lors, de songer à tirer parti d'autres terrains que ceux qui avoisinent le fleuve ; et encore, parmi ceux-ci, faudra-t-il se localiser aux endroits où, soit naturellement, soit par des barrages

---

(1) Yves Henry, *La question cotonnière en Afrique occidentale française en 1905* ; Melun, 1906.

Nous avons puisé des renseignements complémentaires dans les rapports que publie mensuellement le *Bulletin de l'Association cotonnière coloniale.*

peu coûteux, on pourra amener l'eau assez près du sol pour qu'elle soit ensuite élevée et distribuée au moyens d'appareils très simples.

En second lieu, on ne peut évidemment encore choisir que les régions suffisamment peuplées pour fournir la main-d'œuvre nécessaire.

Enfin la troisième considération est relative à la quantité d'eau qui serait disponible pour les irrigations pendant la saison sèche. Il faut penser que le service de la navigation nécessite qu'on maintienne dans le fleuve une certaine profondeur, et que, d'autre part, l'évaporation et l'infiltration dans les canaux d'irrigation absorbent beaucoup d'eau, qui se trouve perdue.

Pour ces divers motifs, M. Yves Henry pense que la partie la plus intéressante du bassin, et celle sur laquelle l'attention doit tout spécialement être portée, est le Bas-Fleuve. Là, les irrigations ne détourneront jamais assez d'eau pour troubler le service de la navigation.

Et, dans cette zone, une région favorable serait notamment les bords du lac de Guiers et de la Taouey.

On sait que la Taouey fait communiquer, au niveau de Richard Toll, le lac de Guiers avec le Sénégal.

Il est bien actuellement un inconvénient : vers la fin de la saison sèche, d'avril à juillet, la marée, que ne refoule plus l'eau basse du fleuve, remonte jusqu'au delà de Richard Toll, et pénètre ainsi, en même temps, dans la Taouey et le lac de Guiers, dont l'eau devient salée. Mais le remède bien simple serait d'établir, près du confluent, un barrage, qui empêcherait cette pénétration de la marée, et maintiendrait douce en toute saison l'eau de la Taouey et du lac.

Ce travail effectué, il y aurait tout lieu d'espérer la réussite des cultures, car les essais déjà poursuivis depuis plusieurs années prouvent que, d'autre part, à Richard Toll, le terrain et le climat sont propices.

Quel que soit l'endroit, la production du coton dans le Bas-Sénégal pourrait être, à la fois, indigène et européenne. L'indigène cultiverait des cotonniers américains rustiques, à moyennes soies, tels que les *Louisiane* et les *Mississipi*. L'Européen s'adonnerait plutôt à l'obtention du coton *Jumel*, qui nécessite des pratiques culturales et des soins spéciaux hors de la portée des Noirs.

D'une façon générale, la culture la plus simple consisterait à faire les semis sur les terrains soumis à l'inondation, après l'hivernage, lorsque les eaux se sont retirées et que la terre est encore fortement humide.

La première période de végétation serait assurée par cette humidité du sol et du sous-sol ; la seconde période le serait par les eaux d'irrigation.

II. *Vallée du Niger*. — Il y a longtemps que les indigènes cultivent le cotonnier dans la vallée du Niger, profitant de la saison des pluies pour établir leurs champs sur les terrains alluvionnaires. Et ce coton n'est pas sans valeur, car il est, paraît-il, couramment coté sur la place du Havre entre le type indien et le type américain ; il peut donc alimenter les filatures qui utilisent les cotons indiens.

Mais la production exclusive d'une sorte commune de coton ne suffit pas pour constituer un grand centre cotonnier, car elle ne donne pas satisfaction à la plupart des filatures françaises. Il importe donc d'éliminer, dans les régions les plus favorables de culture, le type indigène, pour le remplacer par des sortes supérieures, telles que les sortes américaines.

Le problème qui ainsi se pose dans la vallée du Niger est celui de la possibilité d'acclimatation des variétés de cotonniers des États-Unis.

Les stations d'essais ont été établies dans cinq régions :

La première correspond à la partie de la zone d'inondation du Niger et de son affluent, le Bani, située au-dessous du 15ᵉ degré de latitude, et aux cantons des cercles de Koutiala et de Bandiagara qui bordent cette zone.

La seconde comprend les territoires de Sansanding, le cercle de Ségou jusqu'à la route de Nyamina à Baroueli, le canton de Nyamina.

La troisième région est le cercle de Bammako, moins le canton de Nyamina, et la partie du cercle de Ségou située au nord de la route de Nyamina à Baroueli.

La quatrième région appartient à la Haute-Guinée, et est principalement formée par les cercles de Kankan, Siguiri et Kouroussa.

Enfin la cinquième région, particulièrement intéressante par sa situation, est la partie du bassin du Haut-Sénégal située le long de la voie ferrée de Kayes à Koulikoro.

Malheureusement, la sécheresse exceptionnelle de 1904 n'a pas permis d'être très nettement fixé, dès cette année, sur les résultats qu'on peut obtenir en ces divers points. Les pluies de la fin de saison furent rares, et, pendant le mois de novembre qui suivit, la sécheresse fut persistante. Dans ces conditions, le nombre et la grosseur des capsules furent faibles; le rendement obtenu ne peut donc pas être considéré comme normal.

Toutefois, toutes les variétés essayées s'étant trouvées soumises aux mêmes conditions défavorables, il est permis, dans une certaine limite, d'établir des comparaisons entre les récoltes respectives qu'elles ont fournies.

Et une fort intéressante remarque a pu être faite, d'une manière générale, dans le bassin du Niger, et notamment dans les trois premières régions. Les cotonniers indigènes ont eu un développement plus lent que les cotonniers américains; et ce retard dans la végétation les a donc fait plus encore souffrir de la sécheresse que les variétés introduites. Leur résistance a été si faible que les rendements ont été insignifiants ou nuls, sur toute l'étendue de la région cotonnière.

Les Noirs n'auraient pu, dans ces conditions, fabriquer leurs tissus sans l'appoint de la récolte du coton américain; et ce fait les ayant frappés tout autant que la qualité du produit, « il se pourrait fort bien, dit M. Henry, que ce soit cette circonstance malheureuse qui ait influé d'une façon décisive sur leur esprit, les amenant à demander d'une façon pressante des graines de cotonniers américains qu'ils désirent cultiver à la place des leurs ».

En tout cas, pour l'Européen, il apparaît comme très vraisemblable que l'acclimatation de certains cotons américains sera facile dans le Haut-Sénégal et Niger. Les variétés végétant le plus normalement semblent être celles à moyennes soies, des types *Upland* et *Louisiane* ; et l'*Excelsior* (pour les terres légères) et le *Mississipi* (dans les terres plus fortes) se placeraient surtout au premier rang par la végétation, le rendement et la qualité.

Le *King* serait aussi rustique, et très intéressant par sa précocité.

M. Yves Henry ajoute que l'accident météorologique de l'année 1904 a démontré la nécessité de parer, dans l'avenir, au retour de sécheresses semblables, ou même partielles. Dans ce but, il faudrait avoir recours à trois procédés culturaux nettement distincts : 1° faire des semis très hâtifs, dès le mois de juin, afin d'avancer le plus possible la végétation et de profiter des premières pluies, qui se terminent vers octobre ; 2° sélectionner, sur place, les variétés adoptées *Excelsior* et *Mississipi*, afin de réduire encore leur période de végétation, tout en conservant aux poils leurs qualités commerciales ; 3° répudier toute pratique culturale qui aurait pour conséquence de diminuer la précocité des variétés.

Les semis doivent toujours être faits en cuvette ou à plat, et jamais en buttes. Il faut éviter de laisser deux plants par poquet. Enfin une légère fumure, composée par les éléments trouvés sur place, est à recommander aux Noirs.

Tels sont, du moins, les résultats qui paraissent à peu près acquis jusqu'alors. On voit cependant qu'ils doivent être contrôlés par les essais qui se continuent activement, et qui, s'ils les confirment, comme il est probable, les compléteront et les préciseront en même temps.

Constatons, comme encouragement pour les agents zélés qui s'occupent sur place de cette importante question, qu'ils ont très rapidement réussi, en beaucoup de régions, à faire admettre par les Noirs la supériorité des cotons étrangers sur les cotons indigènes. Le fama Mademba, de Sansanding, est le plus connu parmi les chefs qui — on le dit, du moins — ont été immédiatement convaincus. Dès 1904, Mademba, sous la direction de l'agent de culture de Ségou, M. Vitalis, établissait 67 hectares de culture de la variété *Mississipi River Benders* et installait par ses propres moyens à Sansanding un atelier d'égrenage et de pressage, qui a été visité depuis lors par le Gouverneur général. Mais ce fama n'est pas le seul ; le fils aîné du fama Aguibou, de Bandiagara, les chefs des cantons du Femay et du Sébéra (cercle de Djenné), de Diélé, de Kimparana et de Moribilla (cercle de Koutiala), celui de Nyamina, et bien d'autres, ont manifesté l'intention d'entrer dans la même voie. M. Yves Henry rapporte que les indigènes des cercles de Djenné et de San, auxquels on n'avait pas distribué, en 1904, de semences des variétés américaines, allèrent jusqu'à Ségou pour supplier qu'on leur donnât des graines du « cotonnier des Blancs ».

III. — *Basse-Guinée*. — Nous avons déjà cité les essais de culture faits, en Haute-Guinée, à Kouroussa, qui appartient au bassin nigérien. Nous n'avons qu'à ajouter que c'est cette région qui est la vraie région cotonnière de la Guinée française, aussi bien par son terrain que par la densité de sa population. D'après M. Yves Henry, les tentatives faites à Tabouna, avec l'*Excelsior*, le *King*, l'*Abassi* et la variété indigène, ne laissent pas espérer que la Basse-Guinée se prête aussi bien à la culture du cotonnier. Et M. Yves Henry énumère les raisons suivantes :

« 1° Les terrains formant la Basse-Guinée et une partie de la Moyenne-Guinée, jusqu'au delà de Timbo, sont de formation gréseuse ou latéritique.

Ils sont tous très pauvres en acide phosphorique et en chaux ; ce n'est que sur les versants et dans le fond de certaines vallées que l'on rencontre des terrains normaux, propres à la culture.

Le fait qu'une humidité excessive n'y permet pas la culture normale du cotonnier, est, à notre avis, suffisant pour ne pas persévérer dans cette voie.

2° La pauvreté des sols des plateaux ou des pentes à l'abri des brouillards d'octobre oblige à une culture labourée et fumée, qu'il ne faut pas songer, à l'heure actuelle obtenir des indigènes.

3° La chute annuelle d'eau, dans la Basse-Guinée, y compris les régions de Kindia (soit environ deux mètres), nous paraît trop élevée pour permettre, même sur des terrains bien ressuyés, une culture normale.

4° La population des régions énumérées ci-dessus n'est pas, à notre avis, d'une densité suffisante pour faire espérer une production qui permette la création d'un centre d'achat et de commerce d'une réelle importance ».

IV. — *Dahomey.* — Dans le Haut-Dahomey, à partir de la latitude d'Abomey, jusqu'à laquelle nous avons vu s'étendre la forêt des palmiers à huile, le cotonnier a toujours été cultivé par les indigènes ; et le coton obtenu, sans être comparable avec les belles sortes américaines, est volontiers utilisé dans certaines filatures françaises. Des essais de MM. A. et M. Seitz ont, d'ailleurs, établi que, légèrement amélioré, il convient parfaitement, sinon pour les filés de numéros élevés, du moins pour la fabrication des filés moyens et gros.

En présence de conditions naturelles aussi favorables, il y a évidemment un double but à poursuivre : tenter, par la sélection, l'amélioration des variétés locales, dont quelques-unes peuvent mériter d'être conservées ; et se préoccuper, en même temps, de rechercher les variétés étrangères susceptibles d'acclimatation.

Ces essais ont déjà été commencés, principalement dans le cercle de Savalou (à 200 kilomètres de la côte, et en arrière d'Abomey, vers le 8e degré de latitude), et on entrevoit que des résultats satisfaisants seront obtenus avec les sortes américaines à moyennes soies. Des échantillons ont été envoyés, à la fin de 1905, au Havre ; et les experts ont classé : le *Mississipi*, le *Tensas parish Benders*, la *Louisiane* et le *Black Rattlers* comme *good midling*; la *Pointe coupée River* comme *middling fair ;* et le *Yasoo River Benders* comme *fully good middling*. Une station d'égrenage a été montée à Abomey, par les soins de M. Poisson ; et les Dahoméens semblent montrer autant d'empressement que les indigènes du Haut-Sénégal et Niger pour semer les graines américaines. L'introduction de ces graines est également faite, aujourd'hui, dans la région des Hollis et dans celle de Djougou.

En définitive, de ce rapide résumé, dans lequel nous venons de chercher à donner une idée des efforts accomplis en ces dernières années, dans nos colonies africaines, pour le développement de la culture du cotonnier, il se dégage bien l'impression que, comme l'a dit M. Chevalier — après une enquête faite, celle-là, dans les colonies étrangères voisines — « cette culture du cotonnier est possible dans une zone extrêmement vaste de l'Afrique occidentale ». Et cette constatation est rassurante pour l'avenir d'une industrie qui pourrait ainsi cesser d'être à la merci des exportations américaines. Il ne faut pas, au reste, oublier que la possibilité de ce commerce, comme de tous les autres, dans notre Afrique occidentale française, est subordonnée à la construction rapide des voies ferrées.

Le kapok. — L'*Eriodendron anfractuosum* DC. (*Bombax pentandrum* Lin., *Ceiba pentandra* Gaertn.), assez commun en diverses régions de l'Afrique occidentale française, par exemple en Casamance, n'est plus seulement, aujourd'hui, à citer comme un des plus beaux arbres des pays tropicaux ; il a acquis une importance économique depuis qu'on a reconnu en Europe la valeur des poils qui garnissent les parois internes de ses capsules.

Ces poils, blancs ou blanc-roussâtre, n'ont pas la ténacité nécessaire pour le filage, mais ils constituent une ouate qui est excellente comme matériel de rembourrage, et qui, en outre, et surtout, a la double propriété d'être très légère et de s'imbiber très difficilement lorsqu'elle est plongée dans l'eau. La grande flottabilité qui en résulte la rend précieuse pour la confection d'appareils de sauvetage, ceintures ou bouées, et la désigne, en même temps, comme une bourre qui convient, mieux que la laine ou le crin, pour la matelasserie à bord des navires, puisque matelas, traversins et oreillers pourraient ainsi devenir, à l'occasion, autant d'engins utilisables en cas de naufrage.

D'après les divers essais qui ont été faits, 300 grammes de kapok suffiraient pour soutenir à la surface de l'eau un homme de corpulence moyenne, alors qu'il faudrait, pour obtenir le même résultat, 3 kilos de liège.

On dit encore qu'un oreiller en kapok peut maintenir sur l'eau deux hommes, un traversin trois hommes, un matelas (de 1^{m}60 de longueur sur 80 centimètres de largeur) dix hommes.

Autres estimations comparatives : après trente jours d'immersion, un paquet de kapok soutient vingt-six fois son poids, tandis que le liège ordinaire ne le supporte que cinq fois, et le liège calciné ou le poil de renne deux fois.

On a calculé également que des vestes garnies de kapok (et d'un poids total de 750 grammes), d'autres garnies de liège (d'un poids total de 800 grammes) et d'autres garnies de poils de renne (1 kilo) ont porté respectivement, après huit jours d'immersion dans l'eau de mer, 7 kil. 500, 6 kilos et 4 kilos.

C'est à la suite de toutes ces constatations que la bourre de kapok est devenue un article que reçoit aujourd'hui régulièrement le commerce européen, et qui a atteint, au commencement de 1907, jusqu'à 180 francs les 100 kilos.

Jusqu'alors, le kapok est provenu principalement de Java (4.600.000 kilos environ en 1901).

Nous parlons bien, en effet, de l'*Eriodendron anfractuosum* à propos de l'Afrique occidentale française, mais on n'ignore pas que l'espèce est loin d'être spéciale à cette région. Nous pourrions, tout aussi bien, la signaler ultérieurement au Congo français, à Madagascar, à la Réunion, en Indo-Chine (surtout au Cambodge), aux Antilles, en Guyane, car l'arbre — peut-être originaire, comme la plupart des espèces du genre, de l'Amérique tropicale — est répandu actuellement à peu près partout dans la zone chaude des deux mondes.

Et, si le produit est surtout exporté de Java, ce n'est que parce que, depuis un certain nombre d'années, l'*Eriodendron*, déjà très commun à l'état spontané dans les Indes néerlandaises, est cultivé accessoirement — soit comme abri pour les caféiers, soit comme tuteur pour les poivriers — dans beaucoup d'exploitations européennes.

Ainsi s'explique, d'autre part, que le nom commercialement adopté pour la désignation de la bourre soit le terme malais de « kapok », l'espèce étant, dans nos colonies françaises, appelée « fromager ».

Il n'en est pas moins certain qu'il pourrait y avoir avantage, pour nos possessions, à suivre l'exemple donné en Malaisie, et à généraliser les quelques efforts déjà faits en ce sens à Madagascar.

La multiplication de l'arbre est, paraît-il, facile dans tous les terrains, par graines ou par boutures.

La fructification commencerait dès la seconde année; et, vers 4 ou 5 ans, elle serait suffisante pour permettre une première récolte (1).

On prétend qu'un arbre adulte peut donner 5000 fruits, fournissant, chacun, quatre à cinq grammes de bourre.

Dans les plantations, en tout cas, on a remarqué que des arbres de 5 ans donnent environ 300 capsules, d'où l'on peut extraire 1 kil. 500 de kapok égrené (2).

Les graines, du reste, après l'égrenage — pour lequel on commence à construire des machines spéciales — ne sont pas encore un réel déchet, car elles contiennent 18 à 20 pour 100 d'huile. Cette huile, de couleur jaune clair, et assez siccative, est très voisine de l'huile de coton; il est possible qu'elle devienne, pour certains usages, un sous-produit intéressant.

Un point qu'il importe de ne pas perdre de vue, dans les tentatives de culture des arbres à kapok, c'est que, sous le nom de « ouatiers », on désigne plusieurs Bombacées — *Eriodendron*, *Bombax*, *Ochroma* — qui, par la plupart de leurs caractères, tels que leurs

---

(1) Sur le kapok, voir : de Wildeman, *Notice sur des plantes utiles ou intéressantes de la flore du Congo*, Bruxelles, 1903 ; — Perrot, *Des produits utiles des Bombax, et, en particulier, du kapok*, Agriculture des pays chauds, 1905 ; — et divers articles du « Journal d'Agriculture tropicale ».

(2) D'après M. Boname, des capsules de ouatier récoltées à Maurice ont donné, pour 100 : enveloppes et débris, 40 ; graines, 35 ; poils, 25. Les graines contenaient 21,9 p. 100 d'huile.

dimensions, la légèreté du bois, la constitution des fruits, la présence de poils dans ces capsules, ont de grandes ressemblances et, cependant, ne paraissent pas donner des bourres d'égale valeur.

Le kapok de l'Inde anglaise et de Ceylan, à poils roux foncé, serait, par exemple, inférieur au kapok de Java parce qu'il serait ordinairement récolté dans les capsules du *Bombax Ceiba* Lin. (*Bombax malabaricum* DC.); certains kapoks américains seraient aussi de qualité médiocre parce qu'ils auraient même origine botanique.

Enfin, dans l'espèce *Eriodendron anfractuosum* même, il y aurait lieu de distinguer plusieurs variétés, dont les poils différeraient par leur couleur plus ou moins foncée, ainsi que par leur degré d'imperméabilité et de flottabilité.

Si peu sûres que soient, pour le moment, ces indications, elles doivent néanmoins engager à s'assurer, avant tout, dans chaque région, de la valeur exacte de la bourre fournie par l'espèce ou la variété locale.

Le kapok que demande le commerce est « une bonne soie brillante, assez longue, bien blanche, et surtout légère et bien propre ».

CONGO FRANÇAIS

De même que pour l'Afrique occidentale française, on ne comprendra bien la distribution des cultures et des plantes utiles spontanées, au Congo français, que si l'on a présente à l'esprit la division de la colonie en ses grandes régions naturelles, auxquelles, au reste, correspondent sensiblement les subdivisions administratives.

Depuis le 1ᵉʳ juin 1904, et d'après le décret du 29 décembre 1903 (modifié, en ce qui concerne la région Loango-Mayombé, par le décret du 11 février 1906), nos possessions du Congo français comprennent :

1° La *colonie du Gabon*, c'est-à-dire toute la région maritime comprise entre la Guinée espagnole, le Cameroun, les limites du bassin conventionnel du Congo jusqu'au méridien de Makabana, ce méridien (10° 22 environ) jusqu'à la frontière de Cabinda, et enfin cette frontière ;

2° La *colonie du Moyen-Congo*, comprenant tous les territoires situés à l'est du Gabon, et limités par la frontière du Cameroun jusqu'au sixième degré de latitude Nord, puis par ce parallèle jusqu'à la ligne de partage des eaux entre les bassins du Chari et du Congo, et par cette ligne de partage jusques et non compris le bassin de l'Ombella et l'enclave de Bangui, et enfin par la frontière du Congo belge et celle de Cabinda ;

3° Le *territoire de l'Oubangui-Chari*, comprenant toute la région située à l'est et au nord du Moyen-Congo, et limitée, au Nord, par le septième degré de latitude jusqu'au point où ce parallèle coupe, à l'Est, la ligne du bassin conventionnel, puis par cette ligne elle-même jusqu'à la frontière de l'État Indépendant ;

4° Le *territoire du Tchad*, comprenant toute la région qui, au nord de l'Oubangui-Chari, est placée sous l'influence de la France et ne dépend pas de l'Afrique occidentale française.

Les six subdivisions politiques du *Gabon* sont : la région de Libreville, ou Gabon proprement dit, la région des Oroungous, la région de l'Ogooué, la région de Fernan-Vaz, la région de Mayombé et le Loango.

Les cinq régions du *Moyen-Congo* sont : le Bas-Congo, le Bas-Oubangui, le Moyen-Oubangui, la Moyenne-Sangha et la Haute-Sangha.

Dans l'*Oubangui-Chari*, les trois divisions administratives sont : la région de Bangui, la région de Mobaye (cercles de Mobaye, de Bangassou, de Rafaï et de Semio, dans le Haut-Oubangui) et la région du Haut-Chari (cercles de Krebedje, ou Fort-Sibut, et de Gribingui, ou Fort-Crampel).

Enfin le *territoire du Tchad* est formé de deux grandes régions : la *région fétichiste* (cercles du Moyen-Chari et du Moyen-Logone, et Sultanat de Snoussi) et la *région musulmane* (cercles du Bas-Chari, du Kanem, du Dékakiré, de Débaba, et royaume du Baguirmi)

Au point de vue orographique, tout cet ensemble, qui couvre une surface de 180 millions d'hectares, se divise en quatre grandes zones :

La zone montagneuse des bassins côtiers, précédée d'une bande littorale ;

Les grandes dépressions équatoriales du plateau africain ;

Le Congo transéquatorial, ou Haut-Pays ;

Le bassin du Tchad.

La zone côtière et la région des vastes cuvettes équatoriales, dont le système hydrographique est formé par les trois grandes artères du Congo, de l'Oubangui et de la Sangha, correspondent, au point de vue de la flore, à cette *zone des forêts équatoriales* vers laquelle nous acheminait la zone forestière de l'Afrique occidentale française.

La *zone forestière* du Congo français s'arrête à peu près vers Bania et le quatrième degré de latitude Nord. Là commence, avec le Congo transéquatorial, ou Haut-Pays, la *zone guinéenne*, comprise entre le quatrième et le septième parallèles. La forêt fait place à la savane ; la végétation arborescente est plus clairsemée sur les pentes des collines et des plateaux. Ce n'est que dans les vallées, au bord des rivières — même de celles, du reste, qui, en saison sèche, ne laissent couler qu'un mince filet d'eau — qu'on retrouve, comme dernières traces de la grande forêt, les « galeries forestières », sortes de rubans boisés, larges de 20 à 500 mètres, constitués par des arbres gigantesques, dans

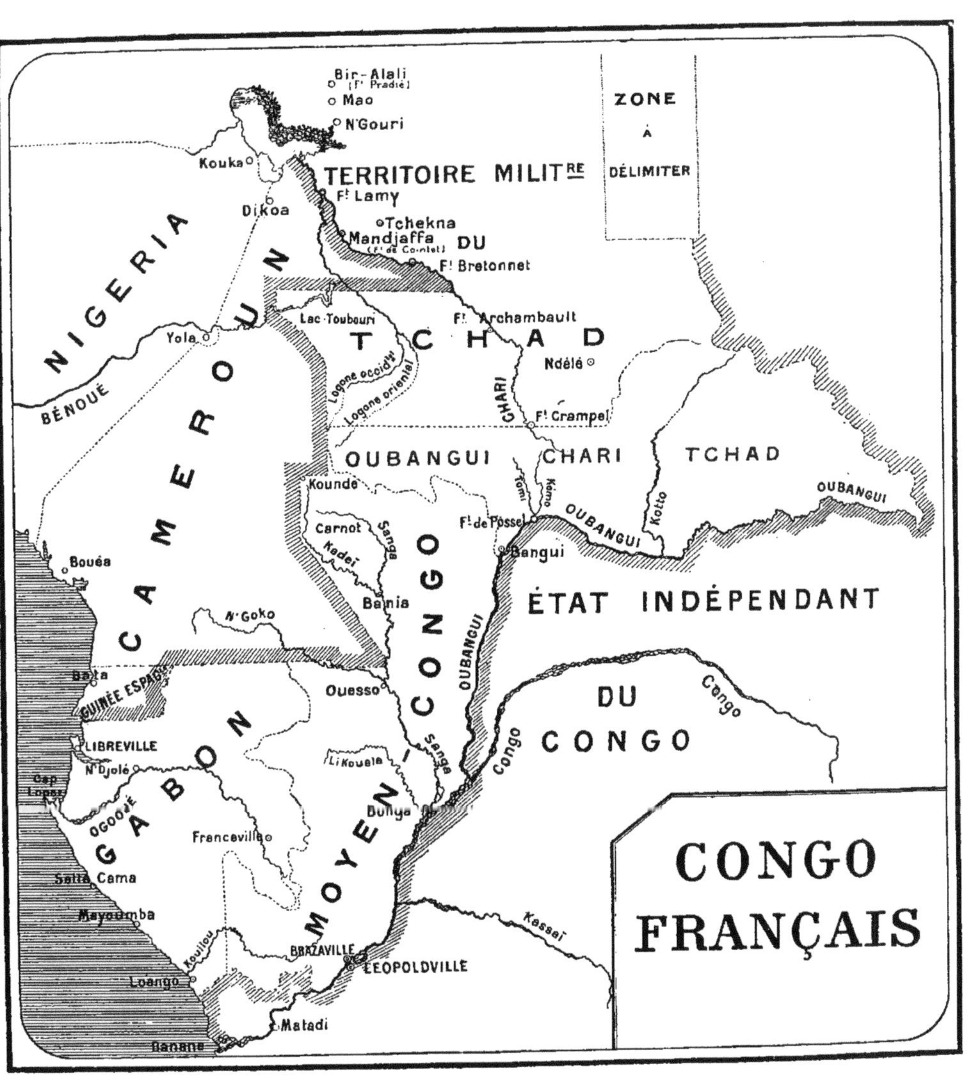

DIVISIONS ADMINISTRATIVES DU CONGO FRANÇAIS

lesquels s'enchevêtrent les lianes, et sous le couvert desquels vivent des Palmiers, des Aroïdées, des Scitaminées, etc. (1). « Au-delà de ces galeries — écrit M. Chevalier (2) à propos du sud des États de Snoussi, où la flore se présente encore avec ce caractère — s'étend une végétation assez dense, quoique subissant annuellement l'action des incendies de brousse. Les touffes du bambou d'Abyssinie y forment de grandes taches, et leurs chaumes, la plupart desséchés, couvrent des centaines d'hectares, à l'exclusion de toute autre végétation ; le *vouapa*, les *Afzelia*, les *Daniella*, et autres Légumineuses arborescentes, forment parfois des futaies assez étendues. La brousse claire (le *bush* de Schweinfurth), avec des arbres au tronc tordu, y est l'exception. »

Cette zone guinéenne correspond sensiblement, au point de vue géographique, à la Haute-Sangha (du Moyen-Congo), à l'Oubangui-Chari, et au sud des États de Snoussi (du territoire du Tchad).

La zone des forêts équatoriales comprenait précédemment : 1° le Gabon ; 2°, dans le Moyen-Congo (puisqu'il faut en séparer, au Sud, les plateaux Batékès de la région de Brazzaville, qui revêtent plutôt le facies guinéen, et, au Nord, la Haute-Sangha), une partie du Bas-Congo, le Bas-Oubangui, le Moyen-Oubangui et la Moyenne-Sangha.

A partir du septième parallèle, la végétation perd de sa vigueur, prenant peu à peu, dans le Moyen-Chari, l'aspect de la *zone soudanienne*, qui devient très net au delà du huitième degré de latitude (le sud des États de Snoussi appartenant plutôt, avons-nous dit, à la zone guinéenne). Le karité est apparu au niveau de Fort-Crampel. Le pays est parsemé de grands plateaux ferrugineux. Les galeries forestières sont très rares ; et c'est maintenant, jusqu'au dixième parallèle, la brousse défrichée, où poussent, à des espacements de dix à quinze mètres, en plus des karités, les fromagers, les *Borassus*, les nétés, les *Khaya*, les *Lophira*, séparés, pendant la saison des pluies, par de hautes herbes. Les indigènes sont ordinairement installés dans les vallées, près des rivières, ou sur des coteaux sablonneux fertiles.

Cette zone est, en somme, toute la région qu'on nomme administrativement la *première région*, ou *région fétichiste*, du territoire du Tchad (moins le sud du Sultanat de Snoussi).

(1) A. Chevalier, *Les végétaux utiles de l'Afrique tropicale française* ; Paris, 1905.

(2) A. Chevalier, *Rapport sur une mission scientifique et économique au Chari — lac Tchad* ; Nouvelles Archives des missions scientifiques et littéraires, 1905.

La *seconde région*, ou *région musulmane*, s'en distingue par une aridité qui, cette fois, est telle que toute culture, sur un sol tantôt sablonneux et tantôt argileux, mais sec pendant huit mois de l'année (d'octobre ou novembre à juin), est difficile. Pour la même raison, la flore spontanée n'est plus composée que d'arbustes rabougris et épineux, très disséminés, et d'herbes annuelles ne vivant que quelques semaines. Entre le dixième et le onzième degrés le karité a disparu. Tous ces caractères sont ceux de la zone que, en Afrique occidentale française, pour la Mauritanie et la région de Tombouctou, nous avons dénommée la *zone sahélienne*.

Et cette zone sahélienne était l'intermédiaire entre la zone saharienne et la zone soudanienne. De même ici, vers le quatorzième degré, les dunes sablonneuses du Kanem (Mao, N'Gouri, Bol, Kouloua) marquent l'entrée de la *zone saharienne*, que vient, au surplus, bien caractériser la présence du dattier dans les oasis de Mao et de Bir-Alali. La végétation arborescente est localisée dans ces oasis, qui occupent les fonds de replis de terrain (*ouadi*) dominés par les dunes. En dehors de ces ouadi, la seule partie fertile est, sur le Tchad, les iles du lac, où sont quelques champs de sorgho, et où les indigènes trouvent à alimenter leur bétail pendant la longue saison sèche.

Partant du littoral équatorial du Congo, nous sommes ainsi remontés peu à peu jusqu'à ce Sahara que nous avions quitté en passant de l'Algérie à l'Afrique occidentale française.

C'est laisser pressentir que nous allons pouvoir retrouver au Congo la plupart des diverses productions, spontanées ou culturales, déjà signalées dans le précédent chapitre.

Et, en réalité, les grandes différences dans les exportations des deux colonies de l'Afrique occidentale française et du Congo français proviennent surtout de ce que les difficultés de communication — dans un pays neuf, qui s'étend aussi loin vers l'intérieur, et qui ne possède, par rapport à sa superficie, qu'une bien étroite bande littorale — sont, plus encore au Congo qu'en Afrique occidentale française, un obstacle au développement de l'exploitation des produits de cueillette.

En 1904, la colonie a exporté :

Caoutchouc	1.249.000 kilos au prix de F.	5.373.763
Bois	14.572.000 —	—	1.676.209
Amandes de palme	690.000 —	—	172.710

Huile de palme	152.000 kilos au prix de F.		75.796
Copal......	36.000 —	—	43.594
Graines oléagineuses.	21 000 —	—	5.309
Piassava.......... .	81.000 —	—	35.586
Cacao en fèves.......	91.000 —	—	116.933
Café en fèves...	17.000 --	—	12.363

Les plantes à caoutchouc. — Les plantes à caoutchouc du Congo français sont des lianes, des herbes rhizomateuses ou des arbres.

Les lianes et les herbes rhizomateuses appartiennent principalement au genre *Landolphia*. Mais tantôt, chez ces *Landolphia*, la partie très développée, et d'où le latex est extrait, est la tige aérienne, qui, ainsi que toutes ses branches, s'enroule en serpentant sur tous les arbres qu'elle rencontre ; tantôt, au contraire, cette partie aérienne est réduite à de petites tiges qui restent courtes et ne s'enroulent pas, et la partie principale de la plante, qui fournit le caoutchouc, est la tige souterraine, ou rhizome. Dans le premier cas, ce sont des lianes ; dans le second cas, ce sont les herbes rhizomateuses.

Par de nombreuses observations, faites au cours de ses explorations, M. Chevalier a pu, d'ailleurs, remarquer ce fait, aussi intéressant au point de vue biologique qu'au point de vue pratique, que ce seraient les incendies annuels des savanes qui auraient fini par créer artificiellement le second de ces deux types et toutes les formes intermédiaires.

Déjà il était bien connu que les espèces grimpantes de *Landolphia* n'ont pas toujours nécessairement le port de lianes ; elles peuvent se présenter sous l'aspect de petites plantes buissonnantes, si l'absence de tout support dans le voisinage force les branches à retomber à terre, au lieu de s'enrouler (1). Mais bien plus grande est l'autre modification signalée par M. Chevalier.

« En Afrique occidentale et centrale, nous écrivait ce botaniste, il est un grand nombre de petites espèces jordaniennes de *Landolphia* caoutchoutifères, dérivées probablement, par mutation, du *Landolphia owariensis*, sous l'action répétée des incendies d'herbes. Ces espèces

---

(1) Le cas n'est pas spécial aux *Landolphia*, mais peut être présenté par beaucoup d'autres lianes. Nous avons cité, à ce propos, de nombreuses observations de M. Perrier de la Bathie, à Madagascar, dans notre volume sur *Les plantes à caoutchouc et à gutta* (Challamel ; Paris, 1903).

restent ordinairement à l'état nain et n'ont pas de vrilles. Les tiges fleurissent pendant la seconde année qui suit leur sortie de terre, et se dessèchent ensuite. Il faut ajouter que, dans les rochers où les incendies ne se propagent pas, on observe de vieux buissons de 2 à 3 mètres dont les branches sont munies de vrilles, et qui se rapportent plus aux formes naines qu'aux formes des forêts ou des galeries forestières. »

Ces renseignements, qu'a bien voulu nous communiquer, par lettre, M. Chevalier, se trouvent complétés par le passage suivant d'un rapport du même explorateur (1) :

« Brûlée périodiquement, la partie aérienne de la plante s'est atrophiée. Seuls, les rhizomes souterrains et les racines ne sont pas atteints. Ils s'accroissent progressivement en grosseur et en longueur, et forment finalement des câbles souterrains dépassant la grosseur d'un pouce, et atteignant 5 à 10 mètres de longueur, et probablement davantage. Après le passage de l'incendie, les rhizomes émettent de nouvelles pousses aériennes, qui subissent, après la saison des pluies, le sort des premières.

« En certains endroits, cette plante a envahi complètement la brousse, et elle est plus abondante que les herbes au milieu desquelles elle vit. On ne peut, d'ailleurs, songer à exploiter ses tiges, même en les fauchant ; elles ne contiennent pas, ou presque pas, de caoutchouc. Au contraire, les parties souterraines (racines et rhizomes) ont une écorce aussi riche que celle des plus belles lianes. Ces racines, ou plutôt leurs analogues de la région de Brazzaville, analysées au Laboratoire de Chimie du Muséum, ont donné un rendement de 2 à 5 o/o d'excellent caoutchouc, contenu dans les écorces sèches. »

D'après M. Chevalier, le *Landolphia humilis* K. Sch., des environs de Brazzaville — et qu'on retrouve, dans l'État Indépendant, dans les districts de Stanley-Pool, des Cataractes, du lac Léopold II, du Lualaba-Kassaï, et du Kwango oriental (2) — ne serait peut-être qu'une de ces formes naines du *Landolphia owariensis ;* le *Landolphia pulcherrima* signalé par M. Chevalier lui-même (3) à Ndélé, dans le Sultanat de Snoussi, serait une forme de la liane *Landolphia tomentella* Chev. ;

---

(1) A. CHEVALIER, *Rapport du chef de mission* ; Revue coloniale, 1905, n° 26.
(2) DE WILDEMAN ET GENTIL, *Lianes caoutchoutifères de l'État Indépendant du Congo ;* Bruxelles, 1904.
(3) Bulletin de la Société botanique de France, 1906.

L   10 et le *Landolphia Thollonii* Dew., de la région de Brazzaville, se rattacherait au *Landolphia Kirkii* Dyer (1).

On sait que c'est presque exclusivement ce *Landolphia Thollonii* qui, actuellement, au Congo français, est exploité pour l'extraction du « caoutchouc des herbes » ; en tout cas, ses rhizomes sont les seuls que traitent les usines qui se sont montées à Brazzaville pour la préparation mécanique de cette sorte de caoutchouc. Les récolteurs sont, d'ailleurs, forcés aujourd'hui de s'éloigner de plus en plus de Brazzaville et doivent remonter, nous dit M. Baudon, jusqu'à Ngantchou pour trouver des quantités suffisantes de ces rhizomes ; l'arrachage en entraîne rapidement la disparation.

Il est bien établi, d'autre part, maintenant, grâce à M. Chevalier, que le *Landolphia Thollonii* est la plante qui a été longtemps confondue avec le *Carpodinus lanceolatus* K. Sch.; le latex de cette dernière espèce serait absolument sans valeur.

Les principaux *Landolphia* à caoutchouc du Congo français sont donc des espèces-lianes ; et ce seraient essentiellement le *Landolphia owariensis* Pal. de Beauv. et le *Landolphia Klainei* Pierre.

Le *Landolphia owariensis* nous est déjà connu, puisque nous l'avons vu remplacer, en Afrique occidentale française, à partir du dixième degré, le *Landolphia Heudelotii* ; et nous avons annoncé que nous le retrouverions au Congo.

Son aire très large de distribution s'y étend depuis le littoral jusqu'au neuvième parallèle, au-delà duquel, au Congo, toute plante à caoutchouc disparaît. C'est le *ninga* (2), ou *nyinga*, du Loango et du Mayombé. De l'Oubangui au neuvième parallèle, c'est le *banga* des Bandas et le *don* des Mandjas.

Le *Landolphia Klainei*, sur la côte, n'apparaît qu'au Cameroun ; il ne remonte, par suite, pas aussi haut que l'espèce précédente. Au Congo français, c'est un des *n'djembo* du Gabon (le *Landolphia owariensis* portant d'ailleurs quelquefois le même nom) ; c'est aussi, d'après M. Lecomte, le *zaou* du Loango, et ce serait également (comme nous l'avons expliqué dans notre volume déjà cité) le *tchicoussa* de la même

<hr>

(1) A. Chevalier, *Histoire d'une liane à caoutchouc de l'Afrique tropicale* ; Bulletin de la Société botanique de France, 1906.

(2) H. Lecomte, *Coagulation des latex à caoutchouc* ; Bull. du Muséum, 1901. — Voir aussi les notes de M. Piquelin que nous avons publiées dans *Les plantes à caoutchouc et à gutta* (Challamel, 1903).

région. Vers l'intérieur, l'espèce resterait beaucoup en-deça de la limite du *Landolphia owariensis*, car elle ne dépasse guère, croyons-nous, la *zone forestière*.

Le *Landolphia owariensis*, par contre, sort de cette zone pour traverser toute la *zone guinéenne* et pénétrer dans la *zone soudanienne*, où on le rencontre jusqu'à la hauteur, déjà indiquée, du neuvième parallèle (exactement entre le huitième et le neuvième degré, au-dessous de Fort Archambault, dans le Moyen-Chari, et au neuvième dans les Etats de Snoussi). Dans le Haut-Chari (qui appartient à l'Oubangui-Chari) la liane croit « par îlots souvent très dispersés, soit dans la partie la plus aride des coteaux ferrugineux, entre les fentes de la roche, soit parfois le long des petits cours d'eau torrentiels qui naissent sur les flancs des pics ou sur les plateaux élevés, pour se diriger vers le bassin du Tchad ou le bassin du Congo. »

A côté de ces deux *Landolphia* prédominants, il est certain qu'il en est d'autres. Dans les Etats de Snoussi, M. Chevalier a retrouvé notamment le *Landolphia Heudelotii*, qui atteindrait donc là sa limite méridionale.

Dans la même région, M. Chevalier signale encore, près des petits torrents qui alimentent le Haut-Bangoran et le Haut-Bamingui, une espèce nouvelle, le *Landolphia tomentella*.

Au Gabon et dans le Bas-Congo, ce ne seraient pas seulement d'autres représentants du même genre, mais des espèces appartenant à des genres différents d'Apocynées, tels que *Carpodinus* et *Clitandra*, et même des Asclépiadées, comme le *Baissea gracillima* Hua.

Nous croyons que, au Fernan-Vaz, par exemple, on retire du caoutchouc du *Carpodinus maximus* K. Sch., ou *okouende-n'gowa* des N'komis.

Le *Baissea gracillima* serait une liane du Mayombé (1) qui donnerait en assez grande quantité un caoutchouc noircissant rapidement.

Mais trop vagues sont les renseignements que nous possédons aujourd'hui sur la répartition de ces autres plantes, et sur la valeur de leurs caoutchoucs, pour qu'il ne soit pas imprudent d'insister.

---

(1) DE WILDEMAN. *Notices sur des plantes utiles ou intéressantes de la flore du Congo* ; vol. II, 1906.

Pour le moment, nous ne pouvons citer avec certitude, au Congo français, en dehors des *Landolphia*, qu'une autre plante à bon caoutchouc : c'est l'arbre dont nous avons mentionné la présence dans les forêts de la Côte d'Ivoire, le *Funtumia elastica*.

Au Congo, comme plus haut, cette espèce se trouve toujours en forêt. Si elle sort de la zone forestière et franchit le quatrième parallèle, c'est pour se localiser dans les galeries qui bordent les rivières de la zone guinéenne. On la trouve ainsi, dans la Haute-Sangha, jusqu'à la latitude de Bangui, et peut-être la rencontre-t-on encore dans le sud de l'Oubangui-Chari, vers la frontière du Congo belge. Mais c'est en deçà du quatrième degré qu'elle serait surtout abondante, et plus particulièrement (1) dans la contrée qui a pour limites ce quatrième parallèle au Nord, le cours de l'Oubangui, qui forme la frontière de la colonie, à l'Est, le fleuve Congo, également frontière, au Sud, et la Likouala, puis la Shangha, à l'Ouest. C'est la région du Moyen-Oubangui, de la Moyenne-Sangha et du Bas-Oubangui. L'arbre est appelé, là, *ireh* par les indigènes.

Peu exploité il y a quelques années, il l'est beaucoup plus aujourd'hui.

Pour la récolte du caoutchouc, les Noirs, d'après les renseignements que nous a fournis M. Baudon, ont généralement recours aux décoctions végétales, à celles de tiges de *Costus* (*bossanga*) par exemple. Le coagulat est ensuite retiré du récipient, soit en grosses masses, dont le récolteur fait des boules, soit par petites boulettes, qui sont pétries entre les doigts, puis agglomérées. Quelquefois aussi le Noir étale le lait sur une partie de son corps, où la chaleur et la sueur le coagulent ; et les pellicules détachées par grattage sont encore enroulées en boulettes.

Le caoutchouc de *Landolphia* peut être naturellement obtenu par les mêmes procédés, et l'est en effet. D'autres fois, le Noir laisse le latex se dessécher sur les entailles de l'écorce.

D'après M. Chevalier, la méthode à recommander est celle de la coagulation par les décoctions végétales.

(1) Nous ne voulons pas dire que, dans la zone forestière, le *Funtumia elastica* ne se trouve que là. Nous savons, au contraire, qu'on le rencontre également à l'ouest de la région que nous délimitons, et que nous indiquons seulement comme celle où sa fréquence est actuellement bien établie. Il descend aussi, vers le sud du Congo français, jusque dans les parties boisées de la région de Brazzaville.

Tout d'abord, dit M. Chevalier, on devrait, autant que possible, habituer les récolteurs à ne saigner que les troncs de lianes ayant, au moins, 4 centimètres de diamètre ; et ces saignées ne devraient être faites qu'en saison sèche, car la saison pluvieuse est une période de repos, où le lait s'accumule plutôt dans les parties souterraines.

M. Chevalier fait encore d'autres recommandations qu'il est utile de connaître.

Les incisions, pratiquées avec un couteau bien tranchant, doivent être espacées de 20 centimètres au moins, après qu'on a gratté superficiellement l'écorce, aux niveaux où elles sont effectuées. Il faut éviter d'entamer le bois, et faire en sorte que chacune ne dépasse pas, en longueur, le tiers de la circonférence du tronc.

Toutes ces entailles, ne doivent pas être faites sur le même côté du tronc, mais successivement tout autour.

La liane étant oblique, des récipients seront placés sur le sol, pour recueillir le lait qui s'écoule au-dessous de chaque incision.

Les contenus de tous ces vases sont ensuite réunis dans une grande calebasse ou dans un plat à larges bords ; et c'est maintenant qu'on ajoute la décoction végétale.

Les plantes à utiliser sont notamment les jeunes pousses feuillées de *Bauhinia reticulata* DC., la tige et les feuilles d'*Hibiscus Sabdariffa* Lin., les jeunes pousses ou les fruits presque mûrs de tamarinier.

Pour préparer la décoction, on fait cuire un demi-kilo de ces plantes dans un litre et demi d'eau, et on prolonge l'ébullition jusqu'à réduction d'un tiers.

La décoction est versée lentement dans le lait, dès qu'elle est à une température que la main peut supporter.

La meilleure forme du caoutchouc préparé serait celle de galettes, que, après la coagulation, on fait sécher dans les cases, à la fumée.

Pour le moment, dans l'Oubangui, la forme la plus courante est celle de boules d'une quarantaine de grammes.

De l'Oubangui et du Chari les expéditions devraient être faites en saison sèche, dans des caisses en bois non fermées hermétiquement.

Actuellement tout le caoutchouc du Haut-Oubangui est centralisé à Bangui, puis descendu, par le fleuve, jusqu'à Brazzaville, où sont

(1) CHEVALIER, *Les plantes à caoutchouc du Chari-Tchad* ; Agriculture pratique des pays chauds, 1903-1904.

apportées aussi les récoltes du reste de l'Oubangui, de la Sangha, de la Likouala, etc.

Les réexportations de Brazzaville sont faites surtout, on le sait, vers Anvers, par bateaux belges ; une très faible quantité arrive en France, qui reçoit plutôt le caoutchouc des régions avoisinant la côte.

Nous avons vu que, en 1904, toutes ces exportations de caoutchouc du Congo français, d'après les statistiques officielles, ont été de 1.249.000 kilos, au prix de 5.373.763 francs.

Les années précédentes, ces exportations avaient été de :

842.000 kilos...............	en 1903
689.000 »	en 1902
670.000 »	en 1899
546.000 »	en 1896

Le commerce du produit est donc en voie d'accroissement. On a fait remarquer pourtant, à ce sujet, que cette augmentation n'est pas comparable à celle qu'on relève, pour la même période, en Guinée française et à la Côte d'Ivoire. Et, en effet, de 1896 à 1903 (1), la Guinée française a triplé son exportation, la Côte d'Ivoire l'a décuplée ; le Congo français ne l'a pas doublée. Mais il faut observer, tout d'abord, que l'exploitation du caoutchouc à la Côte d'Ivoire était très faible en 1896, alors que celle du Congo était déjà appréciable ; la progression ne peut donc être la même dans les deux cas. D'autre part, s'il est certain que le commerce congolais tendra à augmenter quand les communications avec l'intérieur seront plus faciles, il faut aussi prévoir que les procédés barbares de récolte des Noirs — qu'aucune réglementation n'améliorera aisément — feront, en même temps, de plus en plus disparaître les végétaux producteurs. Et il est à craindre qu'on ne trouve même pas pendant longtemps une compensation dans les récoltes fournies par les contrées que leur éloignement empêche actuellement de se livrer à ce commerce. D'après M. Chevalier, les États de Snoussi, dans le sud desquels cependant les *Landolphia* foisonnent, ne pourraient pas fournir, par l'exploitation de toutes leurs lianes, un rendement annuel supérieur à une vingtaine de tonnes. Les formes naines (qui sont des variétés basses du *Landolphia owariensis*, du *Landolphia tomentella* et du *Landolphia Heudelotii*) donneraient

---

(1) F. Rouget, *L'expansion coloniale au Congo français* ; Paris, 1906.

davantage ; mais, outre que leur récolte n'est pas sans difficultés, la destruction des parties souterraines — destruction qui ici est néces-saire — doit amener encore assez rapidement, comme nous l'avons déjà vu pour la région de Brazzaville, un affaiblissement de la production (1).

Dans ces conditions, il ne faut pas exagérer, et croire que, au seul prix de beaucoup d'efforts, on pourrait provoquer, au Congo, une extension du commerce du caoutchouc beaucoup plus rapide que celle constatée. Cette extension n'est possible que dans certaines limites, et doit aboutir, en quelques années, à un maximum qui ne pourra être dépassé.

C'est ce qui fait penser à beaucoup de personnes compétentes que, au Congo comme en Afrique occidentale française, la grosse étude à entreprendre méthodiquement — par l'État ou par les très grandes compagnies — est celle de la culture de certaines espèces caoutchouti-fères, telles que le *Funtumia elastica*.

Déjà, d'ailleurs, ces plantations de *Funtumia* sont commencées au Congo. M. Baudon nous dit que 30.000 pieds environ ont été plantés au nord de Ngantchou, près du confluent du Congo et de la Lefini. Il y en a, à peu près, 15.000 à Djoundou, à l'embouchure de l'Oubangui. La Compagnie française du Congo a établi des pépinières dans la Likouala-aux-Herbes. La Société des Sultanats a également fait venir des graines pour entreprendre la même culture dans la région de Mobaye.

Toutes ces Sociétés s'efforcent donc de se conformer à la clause de leurs cahiers des charges qui leur prescrit la plantation de 150 pieds de plantes à caoutchouc, par tonne de caoutchouc exportée.

Depuis quelque temps, une surveillance plus rigoureuse qu'au-trefois est exercée pour assurer l'exécution de cet article des règle-ments imposés aux concessionnaires de terrains ; et on ne peut que l'approuver, car il n'est pas impossible qu'un jour vienne où, en raison de la disparition progressive des pieds sauvages, ce ne sera que par ces plantations qu'un commerce important et régulier de caout-chouc sera assuré.

---

(1) Et il s'agit là de régions où les formes naines sont prédominantes. Pour le cas inverse, M. Chevalier nous écrit : « Je suis peu partisan de laisser arracher les rhizomes des espèces naines, dans les régions où les lianes sont communes, car, une fois entraînés dans cette voie, les indigènes arracheront tout aussi bien les racines des grandes lianes qu'on exploite autrement. »

Nous avons dit, dans le chapitre précédent, que, en même temps que le *Funtumia elastica*, certaines espèces de *Landolphia*, telles que le *Landolphia Dawei*, méritent l'attention. Ajoutons que, par contre, une culture à laquelle il serait absurde de penser est celle des formes naines, *Landolphia Thollonii* ou autres.

Les essences forestières. — Nous avons assez souvent, dans les pages précédentes, fait allusion à cette grande forêt équatoriale qui, partant du voisinage de la côte (du bord même de la mer, au nord de Mayombé ; à 40 kilomètres environ vers l'intérieur, au niveau de Loango) s'étend jusque vers le quatrième parallèle, pour que nous nous attendions à voir les bois occuper un des premiers rangs dans les statistiques d'exportation du Congo français.

Ce n'est pas dire cependant que ce commerce de la colonie ait toute l'importance qu'il pourrait prendre; bien loin de là.

En 1904, les expéditions ont été de 14.572.000 kilos, représentant une valeur de 1.676.209 francs, ainsi répartie :

Ébène	949.000 kilos	188.933 francs
Okoumé	5 572.000 »	537.893 »
Bois rouges	2.979.000 »	392.365 »
Autres bois	5.072.000 »	557.018 »

Il est certain que tous ces chiffres sont relativement faibles; et il faut bien remarquer qu'ils n'indiquent pas une progression bien rapide, car, en 1897, les exportations de bois étaient déjà de 1.024.036 francs.

Une des grandes causes de cet état stationnaire est, sans conteste, ici encore, les difficultés des communications. On n'exploite guère actuellement, et on ne peut exploiter, que la région côtière et les bords des cours d'eau, d'où, par le flottage, les billes sont amenées au lieu d'embarquement. Il paraît, en outre (1), que cet embarquement est fait de façon rudimentaire, et, par conséquent, très coûteuse, car, pour charger une trentaine de billes sur le navire qui doit les transporter, toute une journée est nécessaire.

Un autre motif qui retarde le développement du même commerce — au Congo, comme dans toutes les autres colonies — est, il faut bien le dire, le peu de bonne volonté qu'on rencontre trop souvent en

(1) F. ROUGET, *L'expansion coloniale au Congo français* : Paris, 1906.

France pour l'utilisation de bois nouveaux. C'est dans ce sens que, chez nous, un très grand effort devait être fait. Il faudrait, par des essais plus ou moins officiels, déterminer les qualité exactes respectives d'un certain nombre de ces essences congolaises, et les faire largement connaître.

Et malheureusement le travail préalable de l'identification botanique de ces espèces — qui serait nécessaire pour apporter de la précision dans les résultats des recherches techniques — est à peine ébauché. On ne sait même pas toujours quels sont les bois exportés.

Un des mieux connus est l'*okoumé*, qui est une Burséracée, le *Boswellia Klaineana* (ou *Auconmea Klaineana*) Pierre. C'est dans le tronc de ce bel arbre résineux que, au Gabon, les indigènes (1) creusent habituellement des pirogues d'une seule pièce, dont la largeur atteint parfois 1 mètre 60.

Les *bois d'ébène* sont sans doute fournis par certains *Diospyros*, tels que le *Diospyros mespiliformis* Hochst, par des *Maba*, tels que le *Maba buxifolia* Pers., et par des arbres d'autres familles, notamment des Légumineuses, comme le *Dalbergia melanoxylon* Guill. et Perrotet. Vers l'intérieur, dans la région de Brazzaville, sont des *Millettia* ; et il est possible que certaines espèces de ce genre soient utilisables comme ébènes, car, au Congo belge (2), le *Millettia Laurentii* de Wild. et le *Millettia versicolor* Welw. sont à cœur bien noir, très dur et très résistant.

Les *bois rouges* — qui, comme les bois jaunes, servent pour la teinture, en même temps que pour l'ébénisterie — semblent être ordinairement des *Pterocarpus*, parmi lesquels peut-être le *Pterocarpus Dekindtianus* Harms, le *Pterocarpus tinctorius* Welw., le *Pterocarpus Cabræ* de Wild., qui est un des *n'gula* du Mayombé, etc.

Un autre arbre à bois rouge est le *Baphia pubescens* Hook. f., qui est un des « cam-vood » des Anglais.

(1) H. LECOMTE, *Les produits végétaux du Congo français* ; Revue générale des sciences, 1894. L'okoumé dont il s'agit ici est l'*okoumé rouge* des commerçants français, qui est l'*okoumé femelle* des indigènes. Il y a un autre okoumé de moindre valeur, qui est l'*okoumé blanc* ou *okoumé mâle*, dont nous ignorons l'identité botanique. Nous croyons d'ailleurs que, sous le nom d'*okoumé*, on envoie de plus en plus des bois très divers, ne se ressemblant que par la couleur.

(2) De WILDEMAN, *Notes sur les bois congolais* ; Plantes utiles ou intéressantes de la flore du Congo, 1903.

Les *bois jaunes* seraient certains *Sarcocephalus*, tels que le *Sarcocephalus Trillesii* Pierre, qui est un des *n'bilinga* du Gabon (1).

Mais, les espèces précédentes citées, nous éprouvons du scrupule à allonger, pour le moment, cette liste. Tous les noms que nous pourrions y placer encore seraient choisis un peu au hasard; nous risquerions ainsi de mentionner des essences de faible valeur, pendant que d'autres plus intéressantes seraient omises.

Et ces erreurs sont actuellement d'autant plus possibles qu'il ne faut même pas se baser sur le fait qu'une espèce est déjà exportée pour affirmer qu'elle doit continuer à l'être, de préférence à d'autres. Le choix des arbres à abattre n'a pas toujours été fait avec discernement; et certaines sortes inférieures, ainsi apportées sur les marchés, ont contribué quelquefois à déprécier des sortes meilleures, mais voisines. L'*Afzelia africana* Sm., par exemple, qu'on exploite à la Gold Coast, et qu'on rencontre aussi au Congo français, aurait été, par sa teinte claire, la cause d'un abaissement des prix des acajous ordinaires sur la place de Liverpool. Ce serait donc peut-être une espèce à délaisser.

Par contre, dans notre colonie, d'après un renseignement que nous tenons de M. Chevalier, un genre dont la valeur paraît ignorée, et qui pourtant pourrait fournir de très beaux acajous, est le genre *Entandrophragma*, créé par M. Cas. de Candolle pour le *Swietenia angolensis* DC., devenu l'*Entandrophragma angolense*. M. Thompson dit que c'est un *Entandrophragma* qui est exploité comme acajou dans la Nigérie méridionale. Or on trouve au Congo français des représentants du genre, tels que l'*Entandrophragma Candollei* Chev.

Les palétuviers. — En avant de la grande forêt, dans la zone des lagunes, les palétuviers — qu'accompagnent les *Raphia*, les *Pandanus*, et les autres espèces ordinaires de la mangrove — forment un

---

(1) Une espèce voisine — si même elle n'est pas à identifier avec celle-ci — est le *Sarcocephalus Diederichii* de Wild., avec le bois jaune duquel on a fait à Bruxelles (de Wildeman, *La végétation de l'Afrique tropicale centrale* ; 1903) les ornements et la charpente interne du Musée colonial de Tervueren Ce bois, d'après M. de Wildeman, est de forte densité et ne se rompt, à la compression, que sous une charge de 570 kilos par centimètre carré, alors que, pour notre frêne, la charge de rupture est de 525 kilos.

D'autre part, nous disons « un des *n'bilinga* du Gabon », car le *n'bilinga* de l'Ogooué nous est signalé par M. Baudon comme un arbre à bois blanc; c'est, par conséquent, une toute autre espèce.

épais rideau où l'on trouverait à récolter indéfiniment les écorces qui, en ces dernières années, ont intéressé la tannerie.

Nous aurions pu, d'ailleurs, signaler déjà ce produit dans le chapitre consacré à l'Afrique occidentale française, de même que nous pourrions, dans la suite, le mentionner encore à Madagascar, en Indo-Chine, etc., puisque c'est dans les pays tropicaux les plus divers qu'on retrouve sur le littoral ces *Rhizophora*, qui plongent dans l'eau vaseuse leurs longues racines. A presque toutes nos colonies s'appliquent donc, plus ou moins, les renseignements que nous allons donner ici, à propos du Congo. Pour la plupart de nos possessions, il y aurait intérêt à ce que les écorces de palétuviers soient acceptées par l'industrie européenne.

Le seront-elles ?

Ce n'est pas impossible, puisqu'il semble bien qu'il n'y ait qu'un préjugé commercial à surmonter.

Le tanin de palétuvier, en effet, qui est très soluble et se trouve en grande quantité dans les écorces, est fortement coloré en rouge.

Or si, aux États-Unis, les cuirs qui ont cette teinte rouge sont appréciés, il n'en est pas de même, pour l'instant, en Europe ; d'où l'impossibilité actuelle d'écouler chez nous des écorces qui trouvent acheteurs en Amérique.

Mais il suffirait donc d'un petit revirement dans les idées et les habitudes des négociants en cuirs pour que l'exploitation des palétuviers dans nos colonies prît son essor.

C'est cette éventualité possible qui rend intéressantes les données fortement documentées que fournit M. Baillaud dans un article du *Journal d'Agriculture tropicale* (1), où cet explorateur donne la méthode à suivre dans la récolte des écorces.

Cet écorçage — qui est assez pénible, car les ouvriers travaillent dans une vase qui a sur la peau une action irritante — doit être fait sur pied. Tant qu'on ne trouvera pas le moyen d'utiliser le bois (2), il serait trop coûteux d'abattre les arbres pour les décortiquer ensuite.

(1) Baillaud, *La question des palétuviers* ; Journal d'Agriculture tropicale, n° 27, 1904. On trouvera dans le même recueil plusieurs autres articles intéressants sur le même sujet.

(2) Le bois de palétuvier pourrait servir peut-être pour la fabrication de poteaux et de traverses. La ville de Paris l'a acheté pendant quelque temps au Congo pour en faire des pavés ; et ce commerce n'a cessé que parce que les prix offerts étaient trop faibles. M. Baudon nous signale que les indigènes font quelquefois tremper les

Les écorces détachées doivent être débarrassées de leur couche externe, qui est peu tanifère ; et elles sont desséchées en plein air, si la saison le permet.

Le séchage nécessite environ deux jours, pendant lesquels les écorces sont placées, en couche mince, sur une aire en ciment, et remuées très souvent.

Il est très important d'éviter que la pluie ne les lave, car le tanin, très soluble, serait rapidement entraîné par l'eau.

Pour prévenir toute fermentation, on doit dessécher au fur et à mesure de la récolte.

Il semble qu'il y aurait, en outre, avantage, au point de vue de l'exportation, à concasser les écorces pour en diminuer le volume ; on réduirait ainsi les frais de transport, qui pourraient être élevés si les compagnies taxaient à l'encombrement.

Enfin il y aurait lieu d'examiner s'il ne serait pas possible de préparer sur place des extraits.

Mais nous ne saurions trop répéter que toutes ces indications ne sont à retenir que pour le jour où les cuirs rouges trouveront un écoulement sur nos marchés, car les chimistes affirment qu'il n'est pas possible de débarrasser les tanins de palétuviers de leurs matières colorantes, comme on le fait pour les tanins de québracho (*Quebrachia Lorentzii* Gris.).

Pour ces derniers, l'opération est assez facile, car l'extrait ne contient que 5 o/o de substances colorantes, sur un total de 45 o/o. C'est, par contre, la presque totalité des tanins de palétuviers qui est rouge.

Sur la proportion exacte de ces tanins dans les écorces nous sommes encore assez peu fixés, car les analyses sont nombreuses, mais, pour plusieurs raisons, discordantes.

La première cause de ces différences est la grande solubilité du produit. Trop souvent, au cours de la récolte ou du transport, les écorces sont mouillées ; et nous en avons dit tout à l'heure la conséquence, qui est la disparition d'une plus ou moins grande quantité du tanin, entraînée par l'eau.

En second lieu, ce tanin, dans une même espèce, est en proportions variables suivant l'âge, et probablement aussi suivant la saison.

billes pendant un certain temps dans l'eau vaseuse, où elles noircissent ; et ils ont ainsi réussi, à plusieurs reprises, à les vendre ensuite comme ébène à des commerçants peu connaisseurs.

Puis il ne faut pas perdre de vue que, sous le nom de palétuviers, on réunit vulgairement plusieurs espèces de *Rhizophora*, et même diverses espèces de Rhizophoracées ; et il arrive également qu'on exporte comme écorces de palétuviers des écorces appartenant à de tout autres arbres de la mangrove, tels que les *Avicennia*, qui sont des Verbénacées, et les *Sonneratia*, qui sont des Lythrariées.

A tous égards, parmi toutes les analyses que nous pouvons citer, celles qui, croyons-nous, doivent se rapprocher le plus de la réalité, et, en tout cas, ont cet avantage qu'elles se rapportent à des espèces nettement déterminées, sont les analyses faites à Calcutta (1), sous la direction de M. Hooper.

Nous reproduisons celles qui concernent les Rhizophoracées. Les chiffres ci-dessous représentent les moyennes de plusieurs dosages sur des écorces desséchées :

Rhizophora mucronata	26,9 o/o
Ceriops Candolleana	26,2
Rhizophora Mangle	25,1
Ceriops Roxburghiana	19,2
Bruguiera gymnorhiza	15,9
Kandelia Rheedii	12,2

Nous pouvons, après ces chiffres, donner ceux qu'indique M. Ammann (2) pour des palétuviers imparfaitement déterminés :

Palétuvier rouge	de Madagascar	24,40 o/o
»	de la Guinée française	19,50
»	du Sénégal	15
»	du Congo	12,70
» noir	de Guinée	2,60

On remarquera que ces teneurs sont, les unes et les autres, bien inférieures à celles de 40 à 50 o/o qui sont quelquefois annoncées, mais il y a, en ce dernier cas, une confusion entre le tanin pur et l'extrait.

Au Congo, le palétuvier rouge serait le *Rhizophora Mangle* L. var. *racemosa* Engl. (*Rhizophora racemosa* Meyer), qu'avoisine l'*Avicennia africana* Pal. Beauv.

Sur la côte orientale, on trouverait plutôt le *Rhizophora mucronata* Lin., qu'accompagnent le *Ceriops Candolleana* Arn., le *Bruguiera gym-*

(1) Hooper, *Indian tanning matérials*; The Agricultural Ledger, 1902.
(2) P. Ammann, *Matières tannantes de nos colonies* ; Première réunion internationale d'agronomie coloniale, Paris, 1906.

norhiza Lam., en même temps que l'*Avicennia officinalis* Lin., le *Sonneratia acida* Lin., f., et le *Sonneratia caseolaris* Lin.

Les plantes oléagineuses. — De nombreux arbres de la forêt tropicale donnent des graines qui sont riches en substances grasses, et particulièrement en substances grasses solides. Il y a là encore, au Congo, une source de richesse trop peu exploitée à l'heure actuelle.

C'est de longue date cependant qu'on connaît, par exemple, l'*owala* (*panza* du Loango), ou *Pentaclethra macrophylla* Benth., bel arbre de 20 à 25 mètres de hauteur (1), dont les graines brunes et plates, enfermées dans de grandes gousses ligneuses, sont riches en un beurre que le point de fusion relativement élevé de certains de ces acides gras rend précieux pour la stéarinerie.

D'après des essais industriels faits sur la demande de M. Heckel (2), qui, le premier, a fait une étude complète de cette plante, ces acides gras sont fusibles à 58°7, température supérieure à celle qu'exigent, pour fondre, les autres acides gras des beurres généralement employés dans l'industrie.

D'après M. Hébert (3), les corps gras du beurre d'owala seraient l'arachidine, la stéarine et l'oléine. Ce beurre peut donc être utilisé à la fois en stéarinerie et en savonnerie. Les graines se composent de 73 o/o d'amandes ; et ces amandes renferment 48 o/o de substance grasse, rendant 86 o/o d'acides gras.

On voit que la plante est bien connue. Des bougies ont déjà, d'ailleurs, été fabriquées avec le beurre d'owala, à l'usine Fournier de Marseille notamment ; et on reçoit, de temps en temps, en France des quantités assez grandes des graines pour qu'elles soient, en certaines années, indiquées dans les statistiques. Néanmoins ces exportations restent très irrégulières et faibles.

A plus forte raison ignore-t-on trop dans l'industrie européenne les autres graines à matières grasses concrètes que la colonie est à même de fournir, et pour un certain nombre desquelles quelques

---

(1) H. Lecomte, *Les produits végétaux du Congo français* ; Revue générale des Sciences, 1894.

(2) E. Heckel et Schlagdenhauffen, *Graines grasses nouvelles ou peu connues des colonies françaises*; Annales de l'Institut colonial de Marseille, 1898.

(3) A. Hébert, *Sur la composition de quelques graines oléagineuses du Congo français* ; Première réunion internationale d'agronomie coloniale, 1905.

études botaniques et chimiques (1) ont laissé entrevoir une utilisation possible.

De ce nombre sont l'*Irvingia gabonensis* Baill., le *Mimusops Njave* Engl., le *Mimusops Pierreana* Engl., l'*Odyendea gabonensis* Engl., l'*Ochocoa Gaboni* Pierre, l'*Allanblanckia floribunda* Oliv., etc.

L'*Irvingia gabonensis*, encore véritablement étudié pour la première fois par M. Heckel, est l'*oba* du Gabon et le *mvouaba* du Loango. Le bois de cet arbre, grisâtre et à grain fin, ressemble légèrement (2) à celui du teck. Ses graines sont bien connues de certaines tribus pahouines, qui en font usage pour fabriquer leurs « pains de *n'dika* ». Dans ce but, les amandes sont concassées, et mises sur le feu dans un récipient. La substance grasse qui, pendant la fusion, s'en échappe emprisonne ensuite, en se refroidissant, tous ces fragments ; et il en résulte un bloc de beurre auquel la présence de ces débris donne un aspect amygdaloïde. Ces pains, à odeur de cacao, sont employés, au fur et à mesure des besoins, pour la cuisson des aliments, et notamment du poisson.

La substance grasse — dont les amandes contiennent 65 o/o — donne, par saponification, pour 100 grammes, 94,40 d'acides gras et 13,05 de glycérine ; et les acides gras sont l'acide laurique (18,88) l'acide myristique (65,14) et l'acide oléique (16,38). C'est donc la myristine qui domine. La matière ne pourrait, dès lors, guère convenir pour la stéarinerie, mais pourrait être, au contraire, excellente soit pour la fabrication d'un beurre alimentaire, comme le beurre de coprah, soit en savonnerie.

Le *Mimusops (Baillonella) Pierreana* est le *moabi* du Loango (et le *maniki* du Cameroun). Le bois de cette très belle Sapotacée, dont le tronc peut avoir 30 mètres de hauteur et un tronc de 2 mètres 50 de diamètre, est rougeâtre et très dur. D'après M. Hébert, les amandes représentent 64 o/o du poids des graines, et contiennent 50 o/o d'un beurre qui rend 88 o/o d'acides gras fondant entre 45° et 46°. Ces acides sont des acides myristique, palmitique, stéarique et oléique. La graisse conviendrait sans doute mieux en savonnerie qu'en stéarinerie.

(1) E. HECKEL, *loc. cit.*
(2) H. LECOMTE, *Sur quelques bois du Congo* ; Bulletin du Muséum d'histoire naturelle, 1903.

Le *Mimusops (Baillonella) Njave* est le *njave* du Gabon, le *numgu* du Cameron (1).

L'*Odyendea gabonensis (Quassia gabonensis)* Pierre est l'*odyendyé* du Gabon. Ses graines, d'après M. Heckel, donnent un beurre dont les acides gras solides fondent vers 61°

L'*Ochocoa Gaboni* est une Myristicacée ; l'*Allanblackia floribunda* est le *bouandjo* des Pahouins.

A côté de ces substances grasses concrètes, des huiles peuvent être fournies par les graines d'autres arbres. On cite toujours comme type d'huile très fine l'huile des graines de *Coula edulis* Baill. (*coula* du Gabon, *koumounou* du Loango), qui serait exclusivemen composée d'oléine. Malheureusement la faible proportion de cette huile dans les amandes (22 o/o, d'après M. Hébert) est un obstacle à l'emploi industriel. Mais une autre plante plus exploitable est l'*Onguekoa Gore* Engl. (*Ongokea Klaineana* Pierre), qui est l'*onguèko* ou *ongoké*, de Libreville, et d'après M. Lecomte, l'*isano* du Mayombé et du Loango.

La graine, sortie du noyau, contient 78 o/o d'huile, d'après M. Heckel, 60 o/o d'après M. Hébert. Cette huile est très siccative, grâce à un acide particulier très oxydable, l'acide isanique ; elle pourrait donc servir comme l'huile de lin, avec laquelle elle présente de grandes analogies.

Et que d'autres espèces oléagineuses, décrites ou à décrire, recèlent les forêts du Congo !

En attendant que des demandes fermes de l'industrie française amènent — peut-être — à en exploiter quelques-unes, les indigènes

---

(1) Ici, comme toujours, il ne faut accorder qu'une demi-confiance à ces termes indigènes, qui, surtout lorsqu'il s'agit de graines se ressemblant autant que ces graines de Sapotacées, peuvent se rapporter à plusieurs espèces. Nous avons vu à Marseille sous le nom de *njave* des graines qui sont certainement des graines de *Tieghemella* et non de *Baillonella*.

Rappelons que *Baillonella* et *Tieghemella* ne sont que deux sous genres du vaste genre *Mimusops*. Dans les *Baillonella*, l'extrémité de la graine opposée à la radicule est arrondie. Dans les *Tieghemella*, cette extrémité est atténuée, plutôt aiguë et récurvée.

Le *Mimusops Njave* Engl. est le *Bassia Njave* Laness., le *Baillonella Njave* Pierre, le *Baillonella toxisperma* Pierre. M. Engler *Monographien afrikanischer Pflanzenfamilien und -gattungen*, 1904) dit que les deux cotylédons de l'embryon sont inégaux.

Le *Mimusops Pierreana* Engl. est le *Baillonella obovata* Pierre, et aussi le *Mimusops obovata* Engl.

se contentent actuellement, pour l'exportation, de préparer de l'huile de palmes et des amandes.

Nous avons dit, en effet, à propos de l'Afrique occidentale française, que nous retrouverions l'*Elaeïs guineensis* au Congo. Son aire de distribution est même là très vaste, car il s'étend au delà de la grande forêt et est un des arbres des galeries forestières de la zone guinéenne. M. Chevalier le signale même dans le sud des États de Snoussi, où la région, avec ses rubans boisés, a encore l'aspect des contrées du Haut-Oubangui. Le palmiste y avoisine le *Coffea excelsa* Chev.

Mais est-il nécessaire de répéter, une fois de plus, que la difficulté des communications restreint l'exploitation de ces *Elaeïs* et la localise au voisinage de la côte? Le Gabon est donc, pour cette raison, la grande région de production. La préparation de l'huile et des amandes y est faite par des procédés qui sont ceux que nous avons décrits pour l'Afrique occidentale française. Nous pouvons nous contenter de renvoyer à ce précédent chapitre. Les remarques que nous y avons faites au sujet du perfectionnement possible des méthodes indigènes sont naturellement applicables également au Congo.

Nous avons dit plus haut que les exportations de la colonie ont été, en 1904, de 690.000 kilos d'amandes de palme et de 152.000 kilos d'huile.

Ces exportations restent depuis longtemps stationnaires, car en 1896, par exemple, elles étaient de 778.254 kilos d'amandes et 165.299 kilos d'huile.

A côté de ces exportations de beurre de palme rappelons les quelques petites expéditions d'arachides que fait la colonie (4.178 kilos en 1904). Nous dirons plus loin que, pour leurs besoins personnels, les Noirs cultivent l'*Arachis hypogea* en beaucoup de régions du Congo.

Les kolatiers. — En 1896, il était exporté 21.972 kilos de kolas du Congo ; en 1897, l'exportation s'abaissait à 17.802, puis, en 1898, à 10.340. En 1899 elle n'était plus que de 4.581 kilos ; en 1900, de 2.235 ; et elle a, à peu près, cessé depuis 1902.

Les kolatiers sont pourtant abondants dans la zone forestière de notre colonie. A quelle cause attribuer dès lors la disparition de ce commerce ?

A ce fait que les kolatiers du Congo jusqu'alors connus semblent des variétés inférieures du *Cola acuminata* R. Br., espèce que, elle-même, sous sa forme typique, nous avons déjà vue être de valeur moindre que les *Cola vera, sublobata* et *astrophora*.

Les deux variétés du Gabon et du Bas-Congo seraient le *Cola acuminata* var. *Ballayi* K. Sch. et le *Cola acuminata* var. *trichandra* K. Sch.

La teneur en kolanine de ces graines est sans doute plus faible — quoique des analyses précises n'aient pas encore été faites — que celle des graines du *Cola vera*. En tout cas, ces kolas congolais passent pour posséder des propriétés beaucoup moins actives que ceux de la Guinée française et de Sierra-Leone, et cette réputation les a rapidement dépréciés sur les marchés.

Il importerait de rechercher, par des analyses, si cette dépréciation n'a pas été exagérée, et si, à certains prix de vente, et comme sortes de seconde qualité, les noix de kola du Congo ne pourraient réapparaître sur les marchés.

Puis il serait aussi de toute nécessité d'entreprendre une étude botanique sérieuse de tous les kolatiers de notre Congo. Il en est certainement beaucoup d'autres que le *Cola acuminata* et ses variétés. Pour le Congo belge, M. de Wildeman a signalé, en ces derniers temps, plusieurs espèces nouvelles. Il faudrait savoir si ces espèces se retrouvent au Congo français, et surtout ce que valent leurs graines.

On peut dire que cette étude dans notre colonie n'est même pas ébauchée; nous devons donc nous en tenir, pour l'instant, aux vagues indications précédentes.

Le piassava. — Le Congo, de même que la Côte d'Ivoire, exporte du piassava, fourni par certains *Raphia* qui se trouvent soit dans la zone des lagunes, soit, un peu plus à l'intérieur, sur les bords des cours d'eau. Et il est bien probable — quoique nous en soyons moins sûr que pour la Côte d'Ivoire, pour laquelle nous avons été documenté par M. Chevalier — que le *Raphia Hookeri* Mann et Wendl, qui descend jusqu'au Gabon, est encore une des espèces principales.

Sans représenter une grande valeur, le produit n'est pas à dédaigner. Les exportations de 1904, qui ont été de 81.000 kilos, ont été inférieures à celles de 1903 (137.490 kilos) et de 1902 (288.849 kilos). En 1899, on avait exporté 210.225 kilos, alors que, antérieurement, les expéditions n'avaient jamais dépassé 50.000 kilos. Depuis 1898, l'année 1904 est la seconde où les arrivages de piassava du Congo sont faibles ; en 1901, ils avaient été de 49.444 kilos.

Le copal. — Les copals du Congo sont devenus, depuis quelques années, très communs sur les marchés, où, comme pour les copals d'Angola, deux principales variétés sont connues : la variété rouge et la variété blanche.

Les copals du Congo belge sont, d'ailleurs, ordinairement supérieurs aux sortes du Congo français, qui sont moins dures. Le copal blanc du Congo français, surtout remarquable par sa très faible coloration, est excessivement tendre. S'il convient donc admirablement pour fournir des vernis peu colorés, il est inutilisable, par contre, pour la fabrication des vernis qui doivent présenter quelque solidité, comme les vernis gras.

En somme, il ne faut pas se dissimuler que ce sont seulement leurs faibles prix qui assurent l'écoulement de nos copals congolais, pour la plupart assez médiocres.

Ces résines sont, croyons-nous, bien rarement fossiles. Lorsqu'elles ne sont pas récoltées sur l'arbre même, elles le sont au pied, mais presque à la surface du sol, dans lequel elles sont à peine enfouies.

Quant aux arbres producteurs, nous les ignorons, et, nous ne pensons pas qu'ils soient déterminés. On cite bien, au Congo belge et dans l'Angola, le *Copaifera Mopane* Kirk comme Légumineuse sécrétant une résine rouge sang qui aurait quelque analogie avec les copals, mais l'espèce n'est pas, à notre connaissance, signalée au Congo français ; et, en tout cas, elle habite dans l'Angola la région des acacias à gomme, c'est-à-dire une contrée tout autre que celle où on récolte actuellement les copals exportés de notre colonie.

Ces pays de récolte sont la région de Libreville, la région de l'Ogooué, et le Loango, les résines de cette dernière provenance semblant les plus dures et les meilleures.

La variété la plus commune est la blanche. En 1902, par exemple, il était exporté 22.969 kilos de cette couleur (17.961 francs) et 3.811 kilos seulement (4.159 francs) de copal rouge.

En 1903, les expéditions étaient de 23.484 kilos de la variété blanche et de 5961 kilos de la variété rouge.

M. Baudon nous signale la présence de copaliers dans la Basse-Sangha et le Moyen-Oubangui.

Le café et le cacao. — Les produits de culture — si l'on excepte le caoutchouc, au cas où, dans un avenir plus ou moins lointain, des plantations seraient établies — occuperont probablement toujours une place minime dans le commerce extérieur du Congo. Néanmoins, au Gabon — tel qu'on l'entend aujourd'hui administrativement — plusieurs compagnies agricoles (Sibangue, Ile aux Perroquets, Ogooué, Cap Lopez, Fernan-Vaz, Ngounié, Setté-Cama, lac Cayo, Kouilou, etc.) ont entrepris des cultures riches (vanille, café, cacaò) qui ont donné des résultats dont nous retrouvons les traces dans les statistiques, puisque, en 1904, il a été exporté 91.000 kilos de cacao et 17.000 kilos de café.

En 1896, il n'était exporté que 5.183 kilos de cacao et 4.471 kilos de café. En 1900, les exportations de cacao étaient de 14.006 kilos, et celles de café de 43.145.

La production du cacao a donc augmenté beaucoup plus rapidement que celle du café, qui même, en ces dernières années, aurait plutôt diminué.

Il n'en faudrait peut-être pas conclure trop vite que la culture du cacaoyer peut être généralisée au Gabon. Nous croyons que, au contraire, si on ne veut pas s'exposer à des mécomptes, ce ne sera qu'après une étude attentive du climat, et surtout du sol, qu'on devra établir de nouvelles plantations. Mais, sous cette réserve d'une grande prudence — qui doit, d'ailleurs, être de règle partout, en semblable circonstance — il semble que les efforts des colons peuvent, au Gabon, se porter avantageusement de ce côté. Les cacaoyers cultivés sont des *forasteros*.

Les caféiers sont le *Coffea liberica* Bull. et aussi le *Coffea canephora* Pierre, qui est une espèce indigène.

Les caféiers sauvages sont, en effet, assez nombreux au Congo, et plusieurs semblent mériter d'être étudiés en vue de la culture.

Le *Coffea canephora*, qui a été un des premiers bien connus, est un petit arbre à grandes feuilles (1), avec des fruits nombreux, qui forment des glomérules atteignant jusqu'à cinq centimètres de diamètre.

(1) Lecomte, *Le café* ; 1899. — De Wildeman, *Les caféiers* ; Bruxelles, 1901.

D'après M. Pierre, on peut en distinguer plusieurs variétés.

Sur les bords de la Noya, dans la région de Libreville, à la limite de la colonie, croît le *Coffea canephora* var. *Hinaultii*, d'où est peut-être dérivée une autre variété de la même région, le *Coffea canephora* var. *muniensis*.

Sur les bords du Como, la variété spontanée est le *Coffea canephora* var. *Trillesii*.

Au Sud, le long du Kouilou, on cultive le *Coffea canephora* var. *kouilouensis* et beaucoup aussi le *Coffea canephora* var. *oligoneura*.

Toutes ces formes du *Coffea canephora* appartiennent, on le voit, à la zone voisine du littoral, où poussent encore, dans le nord, le *Coffea jasminoïdes* Hiern var. *Trillesiana* Pierre, le *Coffea Klainei*, etc.

Dans l'intérieur, d'autres espèces apparaissent successivement.

Déjà, au Gabon, le *Coffea congensis* Frœhner est représenté par la variété *Chalotii* Pierre. Dans les forêts de la rive gauche de l'Oubangui, entre le quatrième et le cinquième parallèles, immédiatement au delà, par conséquent, de la limite de la grande forêt, on trouve le *Coffea congensis* var. *ubanguiensis* Pierre, signalé d'abord par M. Dybowski, puis revu par M. Chevalier (1).

A la même latitude, mais sur la rive droite du fleuve, d'après la carte dressée par M. Chevalier, c'est le *Coffea sylvatica* Chev.

Plus au Nord, sur les bords de la Kémo, entre le cinquième et le sixième parallèles, c'est le *Coffea Dybowskii* Pierre.

Enfin une espèce plus septentrionale encore, et fort intéressante, est celle qu'a rencontrée M. Chevalier (2) dans les galeries forestières des affluents orientaux du Chari, entre huit degrés et huit degrés trente de latitude, et qui existe aussi, à 500 et 800 mètres d'altitude, sur les bords du Bata, affluent de la Kotto, dans le bassin de l'Oubangui. C'est le *Coffea excelsa* Chev., voisin à la fois du *Coffea Dybowskii* de la Kémo et du *Coffea Dewevrei* de Wild et Dur. du Congo belge.

C'est un arbre de six à quinze mètres de hauteur, quelquefois même de vingt, qui fleurit en février et mars; il donne de petits grains qui sont arrondis comme les « Moka » typiques. Il faut de

(1) A. Chevalier, *Rapport sur une mission scientifique et économique au Chari-Tchad* ; Nouvelles Archives des missions scientifiques et littéraires, 1905.

(2) Chevalier, *Un caféier nouveau de l'Afrique centrale* ; Comptes-Rendus de l'Académie des Sciences, 20 février 1905.

1.020 à 1.060 de ces grains pour un poids de 100 grammes. Leur teneur en caféine est très élevée (1,89 o/o). Un pied sauvage de 5 ans, ayant huit mètres de hauteur, a fourni à M. Chevalier 600 fruits, c'est-à-dire 1.200 graines ; soit une production annuelle de 120 grammes.

Actuellement ce café est récolté exclusivement dans la vallée du Boro, dans le Sultanat de Snoussi. Il serait à souhaiter que la culture de l'arbre se développe dans la région, et que, en même temps, elle soit tentée ailleurs, car la sorte est à classer, par l'excellence de son arome, parmi les meilleures connues ; et une culture rationnelle accroîtrait encore ces qualités. Le sol où l'espèce pousse spontanément est riche en azote et en soude, mais est dépourvu d'acide phosphorique, de potasse et de chaux.

L'alimentation indigène.— L'alimentation végétale des peuples congolais est variable suivant la région.

Au Gabon, la banane entre pour une grande part dans la nourriture ; et les indigènes entretiennent avec un certain soin leurs plantations. Ils cultivent aussi beaucoup le manioc, puis, plus ou moins, les ignames, les patates, les taros (*Colocasia antiquorum*), les doliques, les arachides et le maïs.

Le manioc est généralement le *manioc amer* (*Manihot utilissima* Pohl). Les ignames sont diverses espèces de *Dioscorea*, parmi lesquelles surtout le *Dioscorea alata* Lin. Les doliques, ou haricots, sont des *Vigna Catjang* Walp.

Cette nourriture est encore celle du Bas-Congo, du Bas et Moyen-Oubangui et de la Moyenne-Sangha. Suivant les tribus, toutefois, c'est tantôt la banane et tantôt le manioc qui est l'aliment prédominant.

Mais, vers le cinquième parallèle, c'est-à-dire au seuil de la zone guinéenne, la culture du bananier cesse définitivement d'être faite en grand ; et dans la Haute-Sangha et l'Oubangui-Chari — exactement, par conséquent, dans la *zone guinéenne* — c'est toujours le manioc qui est le légume le plus important.

Les Bandas et les Mandjias font rouir les tubercules dans les rivières, avant de les consommer (1), puisque l'espèce cultivée est encore le *Manihot utilissima*.

Chez les Bandas du Haut-Oubangui, d'après M. Chevalier, on

____

(1) A. CHEVALIER, Les végétaux utiles de l'Afrique tropicale française ; Paris, 1905.

trouve une variété de patate (*Ipomoea Batatas* L.) à tubercules rouges, et une autre à tubercules blancs. Les mêmes peuples cultivent dans leurs villages le *Dioscorea alata*, quelques autres espèces indéterminées du même genre, et, comme ignames bulbifères, diverses espèces, soit toxiques, comme le *Dioscorea anthropophagorum* Chev. (qui, il est vrai, est plus souvent considéré comme fétiche que comme aliment), soit douces.

D'autres plantes tuberculeuses que nous voyons apparaître dans les cultures des mêmes contrées sont les *Coleus*, dont les principaux sont le *Coleus rotundifolius* var. *albus* Chev. et Perrot, le *Coleus Dazo* Chev. et le *Coleus langouassiensis* Chev. (2).

Nous avons déjà cité ces plantes en Afrique occidentale française, car nous avons vu cultiver en Haute-Casamance, et dans tout le sud du Soudan jusqu'au Minianka, l'*oussou-ni-fing*, qui est le *Coleus rotundifolius* var. *niger* Chev. et Perrot.

Ces *Coleus* sont, avec les *Plectranthus* — qui en sont voisins, mais qui s'en distinguent parce que leurs filets staminaux sont libres, au lieu d'être unis en un tube — des Labiées dont certaines espèces ont, comme la pomme de terre, des branches souterraines (ou rhizomes) plus ou moins renflées, à leurs extrémités, en tubercules oblongs, richement féculents.

Dans beaucoup d'espèces, au reste, ces tubercules sont très petits ; et c'est cette fréquence de leur petitesse qui restreint quelque peu, au point de vue cultural et alimentaire, le nombre des *Coleus*, et surtout des *Plectranthus*, intéressants. On trouve, par exemple, a Brazzaville, dans les savanes marécageuses et au bord des ruisseaux le *Coleus brazzavillensis* Chev., mais les tubercules sont délaissés par les Noirs, justement en raison de leur trop faible grosseur.

Au contraire, sont, par leurs dimensions, de véritables pommes de terre — et les Européens les appellent vulgairement *pommes de terre d'Afrique* — les tubercules des trois espèces du Congo mentionnées plus haut.

Le *Coleus rotundifolius* var. *albus* — que nous aurions déjà pu citer

---

(2) A. CHEVALIER et PERROT, Les *Coleus à tubercules alimentaires* ; Les végétaux utiles de l'Afrique tropicale française, Paris, 1905. Des études avaient déjà été publiées antérieurement sur ces mêmes tubercules par M. Heckel, notamment dans les Annales de l'Institut colonial de 1901 : *Sur l'oussou-ni-fing du Soudan.*

en Afrique occidentale française, car les Bambaras le cultivent un peu, sous le nom d'*oussou-ni-gué*, à côté de la variété à peau noire, ou *oussou-ni-fing* — est une petite plante, à tiges rampantes et stolonifères à la base, quadrangulaires. Ses tubercules sont ovoïdes ou oblongs-ovoïdes, à peau mince, blanchâtre ou blanc jaunâtre, très réguliers de forme, ayant, en moyenne, 4 cent. 5 de longueur, sur 1 cent. 5 d'épaisseur. Il est cultivé en grand par les indigènes du coude de l'Oubangui (Ndérès, Ndis, Mbrous, Ouaddas) et du Haut-Chari (Ndoukas).

Le *Coleus Dazo* présente de nombreuses tiges aériennes droites, cylindriques, qui se ramifient seulement à 10 ou 20 centimètres au-dessus du sol. Les tubercules n'en sont ni arrondis ni ovoïdes, mais cylindriques, très allongés, plus ou moins ramifiés, et groupés en faisceaux digités qui divergent de la base des tiges aériennes. Ils ont ordinairement de 5 à 10 centimètres de longueur, et un diamètre de 15 à 20 millimètres. On peut en compter jusqu'à cinquante par touffe. Nous aurions pu citer cette espèce précédemment à Brazzaville, dans le Moyen-Congo, car sur les plateaux Batékès de cette région — qui, nous le savons, se rattachent par leur végétation à la zone guinéenne, bien plus qu'à la zone forestière — ce *Coleus* est cultivé. Dans le Haut-Oubangui, on le trouve dans tous les villages au nord de Bangui. Dans le Haut-Chari, sa culture est aussi très répandue, et notamment chez les Mandjas de la Nana et les Bandas du Gribingui.

Le *Coleus langouassiensis* est, comme le précédent, à tiges aériennes fasiculées, droites et roides, rougeâtres, cylindriques à la base. Les jeunes rameaux, qui, dans le *Coleus Dazo*, étaient couverts de longs poils blancs, laineux et crépus, étalés, portent ici des poils courts appliqués. Les tubercules sont cylindriques, et groupés comme dans le *Coleus Dazo* ; les plus gros peuvent avoir 30 centimètres de longueur et un diamètre de 3 cent 5.

Ce *Coleus* est cultivé dans le Haut-Oubangui, spécialement aux environs de Bangui et de Bessou. M. Chevalier dit que, dans cette dernière localité, et près du confluent du Kwango et de l'Oubangui, ce sont exclusivement les indigènes constituant la peuplade Banda des Langouassis qui connaissent la plante.

Tous ces végétaux alimentaires que nous avons cités jusqu'alors pour la zone guinéenne sont donc des espèces utilisées pour leurs tubercules.

Comme plantes à graines, dans les mêmes contrées, les principales sont l'arachide, le djou, les sésames, les haricots (*Phaseolus lunatus*), des variétés à tiges rampantes de *Vigna Catjang*, et des courgettes. Ces dernières sont cultivées pour leurs graines oléagineuses.

Le *djou*, ou *voandzou*, est le *Voandzeia subterranea* Thou., appelé par les Européens « pois bambara ». C'est, comme l'arachide, une Légumineuse herbacée annuelle dont les gousses (à une ou deux graines) s'enfoncent et mûrissent en terre. Mais l'arachide est une Hedysarée à quatre folioles et à étamines monadelphes, le voandzou est une Phaséolée à trois folioles et à étamines diadelphes. Les deux plantes ne peuvent donc pas être confondues. D'autre part, les graines du *voandzou* contiennent, d'après M. Balland (1), 18,6 o/o de matières azotées, 6 o/o de substances grasses et 58 o/o d'amidon. Ce sont donc, à l'inverse des arachides, des graines amylacées plutôt que des graines grasses ; elles sont, en outre, très riches en substances azotées (2).

Les indigènes les sèment au commencement de la saison des pluies, en mettant deux ou trois graines dans des poquets distants de 40 à 50 centimètres.

Les sésames sont semés au même moment. A Fort-Sibut, les indigènes cultivent une variété à fleurs blanches et une variété à fleurs rosées.

Une autre plante à graines oléagineuses, semée à la même époque, est l'*Hyptis spicigera* Lam., également connu (3), des indigènes du Fouta-Djallon, qui la nomment *téné-fi*. Cette Labiée est encore une plante annuelle, de 60 centimètres à 1 mètre de hauteur. Les Dandas la cultivent autour de leurs habitations.

Comme Graminée, l'espèce très cultivée dans le Haut-Oubangui

(1) BALLAND, *Le voandzou* ; Annales agronomiques, 25 août 1901. — AMMANN, *Le voandzobory ou voandzou* ; Agriculture pratique des pays chauds, janvier 1907 D'après ce dernier travail, il faut distinguer deux variétés de *voandzou* : la variété dont les fruits sont *à coque mince*, les graines représentant 80 o/o du poids des gousses ; et la variété dont les fruits sont à *coque épaisse*, les graines représentant 66 o/o du même poids. En Guinée, au Soudan et à Madagascar, la variété la plus répandue serait celle à coque mince ; ce serait, au contratre, plutôt la variété à coque épaisse qu'on cultiverait au Dahomey, à la Côte d'Ivoire et au Congo. Dans ces deux variétés, la teneur en matières azotées varie de 18,72 à 22,85 o/o, dans la graine sèche.

(2) Pour des graines récoltées à Java, M. Greshoff indique 12,78 o/o d'eau, 6,41 d'huile, 19,12 de substancss azotées et 49.28 d'amidon.

(3) DE WILDEMAN, *Une plante oléagineuse de l'Afrique tropicale* ; Plantes utiles ou intéressantes de la flore du Congo, Bruxelles, 1903.

et dans le Haut-Chari est l'*Eleusine coracana* Gaertn., qui est semée en juin, repiquée en juillet et récoltée en octobre. C'est avec cette graine que les indigènes fabriquent leur bière de mil.

La culture de l'*Eleusine* remonte jusque vers le sud du Baguirmi. Elle s'étend donc plus loin, au Nord, que la culture en grand du manioc, qui s'arrète à la latitude de Fort-Crampel.

Car nous avons dit que la zone de cette culture en grand du manioc est, en somme, la zone guinéenne. A partir du septième parallèle, où est apparu le karité et où commence la zone soudanienne, le *sorgho* remplace le manioc, comme celui-ci, à l'entrée de la zone guinéenne, avait remplacé le bananier. Depuis Fort-Sibut, au reste, un peu avant le sixième parallèle, cette culture du sorgho augmentait progressivement. Mais elle atteint toute son importance (2) à Fort-Crampel, en même temps que se montrent les premières plantations d'une Graminée tout à fait inconnue dans le Haut-Oubangui, le *mil-chandelle*, ou *petit mil* (*Pennisetum typhoïdeum* Rich.).

Une des variétés de sorgho les plus répandues est une variété à grains rouges.

Les semis ont lieu en mai, sur le sol qui a été nettoyé en février ou mars. Ils sont faits en lignes espacées de 60 à 70 centimètres, dans des poquets creusés à des intervalles de 50 à 60 centimètres.

Ces cultures, établies près des rivières, ou dans des plaines ou sur des coteaux fertiles, sont accompagnées de celles du *Vigna Catjang*, de l'arachide, du voandzou, du maïs, des sésames et des courgettes à huile.

Il en est ainsi jusque vers le onzième parallèle.

Mais, peu à peu, aux abords de la zone sahélienne, le sorgho est devenu plus rare; et il fait place finalement, vers ce onzième parallèle, au *Pennisetum typhoïdeum*, qui est la principale culture et le grand aliment dans le nord du Baguirmi et le Bas-Chari.

Au delà est le Kanem, qui n'est plus, nous l'avons déjà dit, qu'une dépendance du Sahara. Dans les îles du Tchad, quelques cultures de sorgho sont possibles ; en dehors de cet archipel elles le sont aussi, grâce à des arrosages répétés, dans les oasis des replis des dunes. Mais partout ailleurs, sur ces dunes, le petit mil lui-même ne pousse

(1) A. CHEVALIER, *loc. cit.*

qu'à grand'peine, pendant la très courte saison des pluies, et encore dans les années où cette période d'hivernage, qui ne dure normalement que deux mois (de juillet à septembre), ne se trouve pas trop réduite. Les dattes des oasis de Mao et de Bir Alali et la pulpe fibreuse des fruits du *doum* (*Hyphene thebaïca* Mart.) sont bien souvent la seule autre ressource des malheureuses peuplades de ces contrées.

MADAGASCAR

Ce n'est que justice d'admirer le rapide développement qu'a pris en quelques années, sous l'habile administration de M. le général Galliéni, le commerce de notre nouvelle colonie.

En 1896, les exportations de l'île n'étaient que de 3.605.251 francs ; elles se sont élevées progressivement à :

4.974.549	francs .... en	1898
10.623.869	....	1900
13 144.440	....	1902
17.884.018	....	1903
19.354.464	....	1904
22.553 994	....	1905

Sur ces 22.553.994 francs de 1905, une grande part revient au caoutchouc et au raphia, car nous relevons :

Caoutchouc.. ...	904.227 kilos	4.840.926 francs
Raphia.........	4.119.828	2.377.829

Les autres produits, d'importance moindre, sont :

Légumes secs....	1.502.260 kilos	501.231 francs
Vanille.........	30.744	465.492
Bois d'ébénisterie	1.366.267	217.090
Riz.............	1.516.917	213.845
Girofles...	48.124	86.915
Crin végétal......	63.614	44.105
Copal...........	22.701	41.650
Cacao	6.255	12.200

Au point de vue de la distribution des végétaux spontanés et des cultures, Madagascar peut être divisé assez nettement en quatre

régions, dont la délimitation est, comme toujours, réglée par la diversité des conditions climatiques. Ce sont : la région orientale, la région
occidentale, la région centrale, et la région du sud-ouest.

I. — La *région orientale*, où il pleut pendant presque toute l'année,
est, par exellence, la région boisée. La chaîne côtière, du moins sur son
versant Est, est couverte de forêts qui descendent plus ou moins bas
vers le littoral, ne disparaissant que dans la « zone à *Ravenala* », qui
est le premier gradin de la double arête montagneuse. Ce sont alors
des plateaux mamelonnés aux pentes médiocres, où les bouquets de
bois sont localisés dans les dépressions. Puis, à 7 ou 8 kilomètres de
la mer, commence la « zone des lagunes », que caractérise, entre
autres plantes, le copalier.

C'est dans cette région orientale que la végétation est la plus
riche.

II. — La *région occidentale* est, suivant l'expression de M. Gautier (1), « l'antithèse climatérique de la côte Est », en ce sens que les
saisons y sont tranchées, la sèche s'opposant à l'humide. A Majunga,
il ne pleut que de novembre à avril, la chute d'eau, pendant cette
période, étant de 1ᵐ 50 environ. Pendant la saison sèche, le vent domi-
nant est celui du Sud-Est ou de l'Est, dont la violence augmente
d'autant plus qu'on s'avance vers l'intérieur.

Lorsque, d'autre part, en longeant la côte, on descend vers le sud,
les pluies diminuent. A Morondava, elles ne durent que deux ou trois
mois, qui sont décembre, janvier et février.

Toute cette région est beaucoup moins boisée que la précédente.
Ce n'est guère que dans le Ménabé que les forêts sont assez étendues,
formant trois groupes principaux, ceux du Morondava, de la Tsiribihina et du Manambolo.

Dans l'Ambongo et le Boina, d'après M. Gautier, la végétation
arborescente est presque réduite à un mince ruban littoral de quelques
kilomètres ; ce liséré franchi, on ne trouve plus d'arbres, la plupart
du temps, que sur les bords des cours d'eau.

Plus exactement, voici quelles sont les zones que successivement
on rencontre, quand, partant d'un point de la côte, entre Soalala et la
baie de Narinda, on se dirige vers Tananarive. Nous traçons ces déli-

---

(1) Gautier, *Essai de géographie physique de Madagascar* ; Challamel,
Paris, 1902.

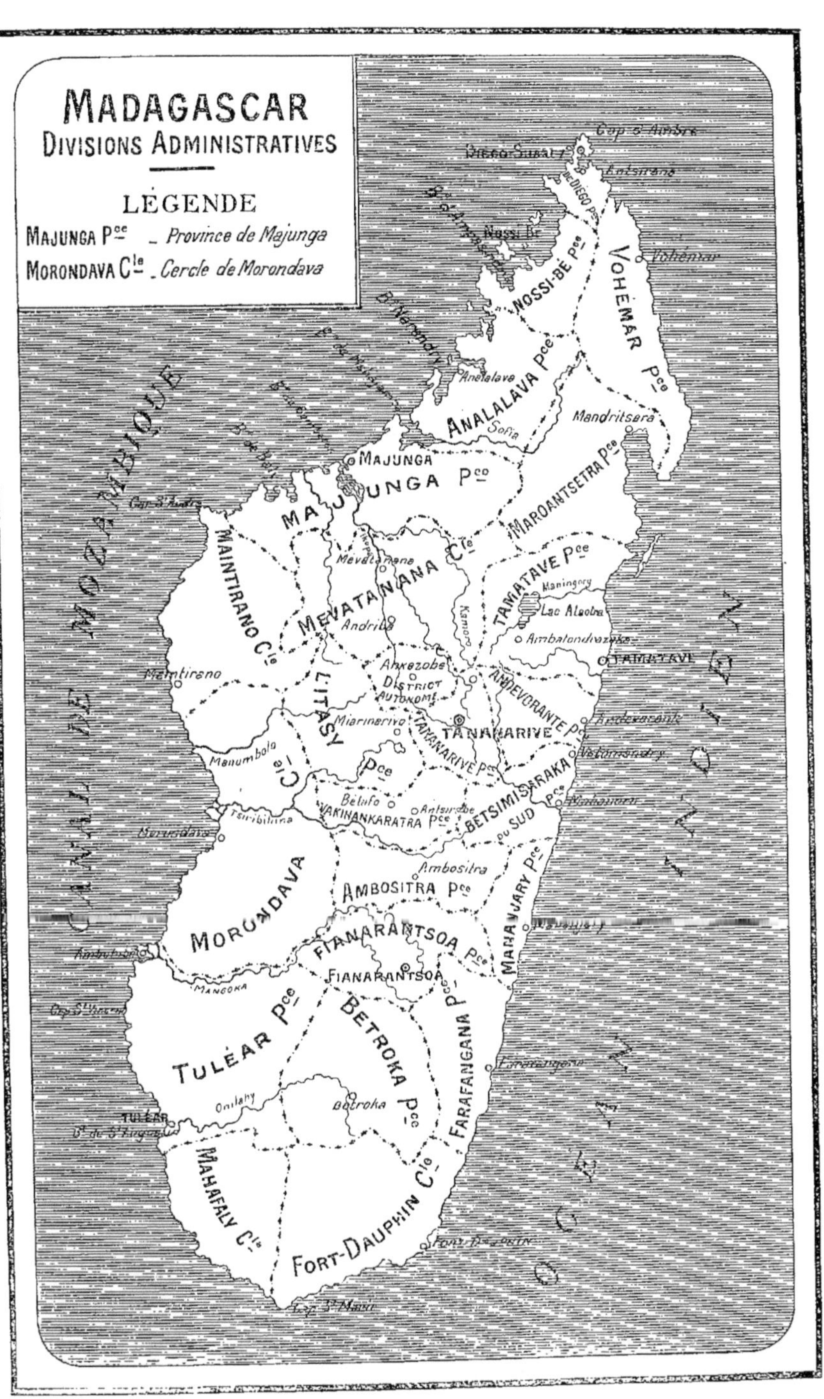

MADAGASCAR
DIVISIONS ADMINISTRATIVES

LÉGENDE
MAJUNGA Pce _ Province de Majunga
MORONDAVA Cle _ Cercle de Morondava

MOZAMBIQUE
CANAL DE MOZAMBIQUE

Cap d'Ambre
Diego-Suarez
Antsirane
DIEGO Pce
Nossi-Bé
NOSSI-BÉ Pce
VOHÉMAR Pce
Vohémar
Analalava
ANALALAVA Pce
Sofia
Mandritsara
MAJUNGA
MAJUNGA Pce
MAROANTSETRA Pce
TAMATAVE Pce
Maningory
Lac Alaotra
Ambatondrazaka
TAMATAVE
Mevatanana
MEVATANANA Cle
MAINTIRANO Cle
Andriba
Maintirano
Ankazobe
DISTRICT AUTONOME
AMBEVORANTE Pce
L'ITASY
Miarinarivo
TANANARIVE
TANANARIVE Pce
Andevoranto
Manumbolo
Betafo
Antsirabe
VAKINANKARATRA Pce
BETSIMISARAKA Pce
ou SUD
Vatomandry
Mahanoro
Tsiribihina
Morondava
MORONDAVA
Ambositra
AMBOSITRA Pce
MANANJARY Pce
FIANARANTSOA Pce
FIANARANTSOA
MANGOKA
TULÉAR Pce
FARAFANGANA Pce
BETROKA Pce
Onilahy
Betroka
Farafangana
TULÉAR
B. de S'Augustin
MAHAFALY Cle
FORT-DAUPHIN Cle
Fort-Dauphin

OCÉAN INDIEN

mitations d'après les notes (1) qu'a bien voulu nous communiquer notre ami M. Perrier de la Bathie.

La zone littorale est celle des dunes sablonneuses, actuelles ou anciennes, des grandes plaines alluvionnaires. Le substratum y est formé de divers étages du crétacé et de l'éocène, avec des épanchements basaltiques. L'alizé du Sud-Est y arrive très affaibli, et facilement annihilé par les brises marines du Nord-Ouest. C'est bien la partie où les bois sont le plus abondants, et d'autant mieux conservés que les feux de brousse sont toujours actuellement très restreints, arrêtés par la moindre broussaille.

Parmi les végétaux caractérisques de cette région est le *Raphia Ruffia* Mart., abondant dans les bas-fonds. D'autres plantes communes sont le *Typhonodorum madagascariense* Engler, le *Tacca pinnatifida* Forst., diverses Dioscoréacées, et, parmi les arbres, l'*Hyphene coriacea* Gaertn., le *Stereospermum euphorioïdes* DC., le *Khaya madagascariensis* Jum. et Perr., le *Diospyros Perrieri* Jum., le *Mascarenhasia arborescens* DC., etc.

La zone qui, vers l'intérieur, succède à la précédente est celle des causses, qui étaient déjà représentées par quelques enclaves calcaires entre Marovoay et Majunga. Les bois se cantonnent maintenant dans les endroits qui sont protégés à la fois contre l'alizé et les incendies. On les trouve, au reste, aussi bien au sommet des collines, dans les endroits secs, que dans le fond des vallées, quoique, naturellement, ils soient plus beaux lorsqu'il y a une certaine humidité. Le palmier le plus commun est le latanier rouge, ou *Latania Commersonii* Gmel. Autour des lacs, le *Mascarenhasia arborescens* forme une ceinture parfois assez large. Parmi les arbres les plus gros est l'*Adansonia Za* Baill. On rencontre encore le *Borassus flabellifer* Lin. var. *madagascariensis* Jum. et Perr. Dans les bois rocailleux, on retrouve le *Diospyros Perrieri*. Sur les blocs calcaires (*mara* des Malgaches), c'est la flore cactiforme que nous allons signaler plus loin, dans le sud-ouest de l'île. Dans la steppe, le *Medemia nobilis* Hild. et Wendl., l'*Hyphene coriacea*, le *Sclerocarya Shakua* Bak., des *Acridocarpus* offrent une certaine résistance aux feux de brousse. L'aliment de ces

---

(1) Ces notes font partie d'un travail plus complet que nous espérons publier sur la flore de cette région, en collaboration avec M. Perrier de la Bathie. Nous avons aussi emprunté quelques renseignements à un article de M. Perrier, paru en 1902, dans la « Revue des cultures coloniales », sous le titre : *Les forêts de la côte Nord-Ouest de Madagascar.*

feux est l'herbe épaisse qui couvre le sol. Cependant, l'alizé ne soufflant encore que modérément, il suffit de légers obstacles, tels qu'un marais, pour arrêter l'incendie.

Fait curieux : malgré le boisement moindre, la diversité des espèces ligneuses est plus grande dans cette seconde zone que dans la première.

Et la même remarque est vraie de la troisième zone, dont le sol est fait de gneiss et de latérite, et dans laquelle, comme on le pressent, le déboisement continue à s'accentuer.

Aux plateaux de la zone calcaire — qui avaient remplacé les ondulations de la région littorale, caractérisée par ses vallées profondes et fraîches — succède une étendue de mamelons de hauteur moyenne, disposés sans ordre, leurs flancs érosés livrant juste passage aux nombreux cours d'eau qui descendent de l'intérieur. Ce n'est que dans ces ravins que certaines espèces atteignent d'assez grandes dimensions. Les taches boisées — qui recouvrent, à l'occasion, les plaques de latérite, et qu'on rencontre également sur des cimes dépassant 1200 mètres — sont surtout nombreuses dans les endroits inhabités, dans ceux qui se trouvent en dehors des passages actuels ou des anciennes migrations ethniques, et sur les points qu'une circonstance quelconque protège contre les feux de brousse. Ces incendies sont, dans cette zone, vivement activés par la violence de l'alizé ; et ce n'est pas là la moindre cause de la disparition des anciennes forêts, si ces forêts — comme le pense M. Perrier de la Bathie, en se basant sur des observations qui seront ultérieurement publiées — ont existé. Parmi les espèces des bosquets actuels, mentionnons les *Dalbergia Perrieri* et *boinensis* Jum., le *Mascarenhasia lisianthiflora* DC., le *Stereospermum euphorioïdes*, le *Vernonia Merana* Bak., le *Canarium multiflorum* Engl., divers *Coffea*, le *Genipa Perrieri* Drake. Dans les ravins ou sur les flancs des mamelons est le *Ravenala madagascariensis* Gmel. Sur les sommets dénudés croît le *Menabea venenata* Baill. Parmi les lianes, les principales sont le *Landolphia Perrieri* Jum. et l'*Anisocycla Grandidieri* Baill. Les palmiers, en général, sont très rares.

III. — Toute la végétation arborescente précédente disparaît complètement lorsque nous entrons dans la région vers laquelle nous a amenés la traversée de la troisième zone de l'ouest. Nous sommes maintenant dans la *région centrale* de l'île.

Cette fois, il n'y a plus seulement diminution dans la densité du boisement, comme lorsque, précédemment, nous sommes passés de la région orientale à la région occidentale. Les arbres font à peu près totalement défaut, sauf dans les endroits où les hommes se sont efforcés de les conserver.

Il en est ainsi sur tout le plateau central, qui est le pays des Hova et des Betsileo.

A peine, çà et là, de très rares bouquets d'arbres, dans des dépressions humides ou sur les sommets de quelques collines. Dans toute l'Imerina, on ne connaît qu'une forêt, qui, au nord-est d'Ankazobé, dans l'Imerina du Nord, est celle d'Ambohitantely, dont la superficie est évaluée, très approximativement, à 20.000 hectares.

Partout ailleurs, dans toute cette contrée, dont l'altitude moyenne est de 1.200 mètres, et où la température est relativement basse (18°, comme moyenne annuelle, à Tananarive, au lieu de 27° à Majunga et 24° à Tamatave), c'est la steppe, avec des bas-fonds souvent tourbeux. Le sol est fait de cette argile rouge ferrugineuse, ou latérite, que nous avons signalée tout à l'heure dans la troisième zone de la région occidentale. La végétation qui le recouvre, dans les parties non occupées par les rizières et les diverses cultures vivrières, est réduite à des herbes plus ou moins hautes, peu variées, et qui encore ne sont vertes que pendant six mois.

Les pluies, en effet, dont la hauteur totale annuelle (1ᵐ30 à Tananarive) est à peu près celle de Majunga, ne se répartissent, comme dans le Boina, que sur les mois de la saison chaude.

Il y a donc, néanmoins, dans ce centre de l'île, une assez grande humidité. Au contraire, c'est une excessive sécheresse de l'air et du sol qui caractérise la dernière région qu'il nous reste à signaler, et qui est la région du sud-ouest.

IV. — Cette région du *sud-ouest*, qui, sur la côte occidentale, commence vers Tuléar, finit, au Sud, à Andrahomana, à 40 kilomètres en deça de Fort-Dauphin. Elle a pour limite orientale très nette la chaîne faîtière qui, terminaison du grand massif montagneux de l'est, sépare ainsi en deux parties bien distinctes — au point de vue de la végétation, comme au point de vue du climat — le cercle de Fort-Dauphin. Vers l'intérieur, on ne sait pas encore exactement où elle s'arrête. Il est certain seulement que, en pays antandroy, elle remonte à peine jusqu'à Tsivory. En pays mahafaly, elle ne doit correspondre qu'à la partie littorale, à sol calcaire ; avec les terrains primitifs gneissiques de l'intérieur, nous retrouvons la flore de la région occidentale.

Mais entre cette flore et celle du sud-ouest, la différence est très nette.

Les seuls végétaux de la brousse du sud-ouest, où la pluviosité est faible (35 centimètres à Nossy-Vé), où le sol est très perméable, et où un soleil intense vient, par surcroît, activer l'évaporation, sont des espèces épineuses, charnues, souvent sans feuilles, à tronc parfois ventru. Euphorbes, baobabs, *Pachypodium*, *Didierea*, *Agave*, Cactées, etc., sont les principaux représentants de cette flore étrange que M. Gautier qualifie un « musée de monstres ». Nous allons voir bientôt que c'est à cette brousse qu'appartient une euphorbe caoutchoutifère, l'*intisy*.

Les plantes à caoutchouc. — Des quatre régions de Madagascar que nous venons de délimiter et décrire, il n'en est qu'une qui soit totalement dépourvue de plantes à caoutchouc ; et c'est naturellement cette région centrale que nous avons dite dénuée de toute végétation arborescente.

Dans la région occidentale, par contre, lianes et arbres caoutchoutifères sont en assez grand nombre. Considérons d'abord leur répartition dans le Boina et l'Ambongo, ou, plus exactement, dans la partie de ces deux anciennes provinces qui correspond actuellement à la province de Majunga (limitée au Nord-Est par la Sofia) et au cercle de Mevatanana.

Il nous sera permis de rappeler que, depuis plusieurs années, en collaboration avec M. Perrier de la Bathie, nous nous sommes attaché à l'étude des plantes à caoutchouc de cette contrée, et que la répartition et les valeurs respectives de leurs diverses espèces sont ainsi aujourd'hui assez bien connues (1). Il est, dès lors, tout naturel que nous prenions pour point de départ ce coin de l'île.

(1) H. JUMELLE : *Les plantes à caoutchouc du nord-ouest de Madagascar* ; Revue générale de Botanique, 1901. — *Le guidroa, arbre à caoutchouc de Madagascar*; Comptes Rendus de l'Académie des Sciences, 1899. — *Le Cryptostegia madagascariensis, ou lombiro de Madagascar* ; Revue des Cultures coloniales, 5 juillet 1899. — *Un* Landolphia *à caoutchouc de Madagascar* ; id., 20 août 1899 — *Les* Mascarenhasia *à caoutchouc de Madagascar* ; id., 20 novembre 1899. — *Le* Marsdenia verrucosa, *ou bokalahy de Madagascar* ; id., 20 mai 1900. — *Deux nouvelles plantes à caoutchouc de Madagascar* ; Le Caoutchouc et la Gutta-Percha, juin-juillet 1905. — *Recher*

Les deux principales sortes de caoutchouc exportées de Majunga sont du « caoutchouc rouge » et du « caoutchouc noir ».

Le caoutchouc rouge (1) est donné par deux lianes, le *Landolphia spherocarpa* Jum., ou *reiabo*, et le *Landolphia Perrieri*, qui est le *piralahy*, ou *vahealahy*, des indigènes.

Le caoutchouc noir provient des arbres que les Sakalaves nomment *guidroa*, et qui sont le *Mascarenhasia lisianthiflora* DC. et le *Mascarenhasia arborescens* DC. (*Mascarenhasia anceps* Boiv.) (2).

D'autres caoutchoucs sont accessoirement fournis par d'autres genres.

Un assez bon produit, gris-jaunâtre, est celui de la liane *lombiro*, qui est le *Cryptostegia madagascariensis* Boj.

Beaucoup plus médiocre est la sorte récoltée sur le *bokalahy*, qui est une liane, le *Marsdenia verrucosa* Dcn.

De valeur moyenne est le caoutchouc blanchâtre de l'*Euphorbia Pirahazo* Jum. (*Euphorbia elastica* Jum.).

---

ches sur l'*extraction du caoutchouc des écorces et la coagulation des latex dans les* Mascarenhasia ; id., août-septembre 1905. — *Le caoutchouc d'écorces du* Landolphia Perrieri, id., février 1906. — *La répartition des plantes à caoutchouc à Madagascar ;* id., octobre 1906.

H. PERRIER DE LA BATHIE et H. JUMELLE, *Les feux de brousse et la culture des plantes à caoutchouc à Madagascar ;* id., février 1907.

(1) Cette distinction d'origine d'après la couleur ne peut, d'ailleurs, bien entendu, avoir qu'une valeur relative, puisque la couleur d'un caoutchouc dépend, avant tout, du mode de coagulation.

(2) C'est M. Dubard qui, dans une revision récente du genre *Mascarenhasia*, a rattaché le *Mascarenhasia anceps* Boiv. au *Mascarenhasia arborescens* DC. Nous adoptons d'autant plus volontiers cette identification que nous croyons que, en raison du très grand polymorphisme, non seulement foliaire, mais floral, des *Mascarenhasia*, le nombre des espèces du genre doit être plutôt restreint qu'accru. Le *Mascarenhasia anceps* du Boina et de l'Ambongo a, d'ailleurs, en général, le caractère du disque qu'indique de Candolle pour le *Mascarenhasia arborescens :* deux écailles soudées, et trois plus ou moins libres. M. Dubard a bien cru devoir rectifier ce caractère du *Mascarenhasia arborescens*, mais M. Perrier de la Bathie et nous-même, par des observations portant (surtout celles de M. Perrier faites sur place) sur d'innombrables pieds, avons reconnu que les caractères du disque ne sont nullement fixes ; M. Dubard a donc examiné un exemplaire dans lequel les écailles — comme il est possible — étaient exceptionnellement toutes soudées.

Il est bien probable, au reste, qu'il faut encore rattacher au *Mascarenhasia arborescens* le *Mascarenhasia micrantha* Bak., le *Mascarenhasia Baranbaja* Dub., et même le *Mascarenhasia angustifolia* DC.

Cette dernière espèce ne représenterait que le cas extrême, au point de vue de l'étroitesse des feuilles et des dimensions des fleurs, du *Mascarenhasia longifolia*

Le *Landolphia Perrieri*, à feuilles assez longuement pétiolées, à fruit normalement ovoïde, couvert de grosses lenticelles clairsemées et surmonté d'un mamelon terminal (1), est surtout, dans toute la région que nous étudions en ce moment, l'espèce des sols un peu secs, soit qu'il pousse dans les bois ou les bosquets, soit qu'il croisse même, à l'état d'arbuste, sur les collines dénudées. Dans les steppes, il résiste, par sa partie souterraine, à l'action des feux de brousse, en prenant toutefois, dans ce cas, un aspect quasi-herbacé, car sa partie aérienne n'est plus représentée que par les pousses qui, tous les ans, en saison pluvieuse, repartent de la souche, et, tous les ans, disparaissent. L'espèce se plaît dans les latérites des contreforts du plateau central, et beaucoup moins dans les terrains calcaires.

Le *Landolphia spherocarpa*, à feuilles brièvement pétiolées, et dont les fruits sont un peu ovoïdes quand ils sont jeunes, mais deviennent

Jum., que nous ne considérons définitivement plus aujourd'hui que comme la forme sylvestre du *Mascarenhasia arborescens*.

Sans doute, ce *Mascarenhasia longifolia* semble bien une espèce distincte lorsqu'on l'examine isolément, et en le comparant au *Mascarenhasia arborescens* (ou *anceps*) typique ; mais nous possédons aujourd'hui un grand nombre de spécimens intermédiaires. Et M. Perrier de la Bathie a fait une expérience concluante : des rejets de *M. longifolia* poussant en forêt, en terre très humide, ont été plantés, en 1902, dans un sol encore humide, mais découvert ; et, en 1906, ces rejets étaient devenus un arbre dont les feuilles étaient exactement celles du *Mascarenhasia arborescens*.

La seule distinction permise est donc celle du *Mascarenhasia arborescens* ou *anceps* typique, ramifié dès la base, et poussant dans les endroits humides *découverts*, et du *Mascarenhasia arborescens* forme *longifolia*, à tronc simple, poussant dans les endroits humides *ombragés*.

Au cas, au surplus, où l'on admettrait que jadis la forêt couvrait toutes ces régions à *Mascarenhasia*, la forme primitive — et, par suite, celle réellement typique — serait plutôt le *Mascarenhasia arborescens* forme *longifolia* que le *Mascarenhasia arborescens* ordinaire, à feuilles plus larges.

(1) Nous avons donné des figures des diverses plantes à caoutchouc du Boina dans notre volume *Les plantes à caoutchouc et à gutta* (Paris, Challamel, 1900). En ce qui concerne le *Landolphia Perrieri*, ce sont les nombreux fruits que nous avons pu voir depuis lors, et qui ont été recueillis par M. Perrier de la Bathie dans des stations diverses, qui nous font aujourd'hui préciser que la forme ovoïde, avec mamelon terminal, est la forme *normale*. Nous connaissons maintenant des fruits de la même espèce sans mamelon, et d'autres qui sont beaucoup plus allongés et plus étroits que les premiers que nous avons examinés et décrits. Mais toutes ces formes se rencontrent surtout sur les pousses de 1 ou 2 ans, qui repartent de lianes antérieurement coupées ou brûlées et ayant perdu leur ombrage. Ce sont donc des variations anormales, dues au grand soleil et à l'état de souffrance de la plante. Le *Landolphia Perrieri* est excessivement polymorphe. Ses jeunes rameaux, par exemple, sont presque toujours glabres, et c'est très souvent un des caractères qui distinguent l'espèce du *Landolphia spherocarpa* ; nous avons cependant vu, en ces derniers temps, une forme pubescente.

complètement sphériques à maturité (1), et sont couverts de petites lenticelles confluentes, est, à l'inverse du précédent, la liane des alluvions des bords des cours d'eau. C'est toujours là qu'on le rencontre, aussi bien dans la région de Mevatanana que dans les bassins de la Sofia et du Bemarivo où M. Perrier de la Bathie a pu récemment constater sa présence.

Faut-il attribuer le fait suivant à la différence de station ? Le *Landolphia spherocarpa* est toujours plus vigoureux et à tronc plus fort que le *Landolphia Perrieri*. M. Perrier de la Bathie a eu, en ces derniers temps, la chance très rare — et c'est même la seule fois qu'il l'ait eue, au cours de dix années d'exploration — de découvrir dans une île du Bemarivo des pieds de *reiabo* qui n'avaient jamais été exploités. Or une de ces lianes, qui avait ainsi échappé à toute mutilation, couvrait de ses ramifications un *Eugenia* de 24 mètres de hauteur ; sur les seize branches qui partaient de terre, trois avaient plus de 8 centimètres de diamètre et six de 4 à 6. Non loin de là, deux autres pieds — qui paraissaient dépérir de vieillesse — avaient chacun un tronc de 10 centimètres de diamètre.

L'extrême rareté de ces pieds intacts tient à l'habitat même du *Landolphia spherocarpa*, qui, se localisant sur les bords des cours d'eau, où il forme parfois une bordure ininterrompue, se trouve, par là, le long des seules voies de communication que présentent ces pays sans routes. Il a donc dû être la première espèce exploitée.

Pour cette exploitation, soit du *Landolphia spherocarpa*, soit du *Landolphia Perrieri*, les Sakalaves débitent les branches en tronçons, qu'ils font égoutter ensuite dans un récipient.

Puis ils obtiennent la coagulation en ajoutant du jus de citron ou une décoction végétale, soit de pulpe de fruits de tamarinier, soit de rhizomes et de racines du *vahea mojery*, ou *vahea lava*, qui est l'*Anisocycla Grandidieri* Bail. (2).

A côté de ces *Landolphia* nous avons cité plus haut deux espèces

---

(1) Il semble que, sur les lianes coupées, les pousses ne puissent pas — contrairement à celles du *L. Perrieri* — redonner de ces fruits avant deux ou trois ans. Les lianes bien développées sont seules fructifères. Les fruits donnent en assez grande grande quantité un bon caoutchouc (Observations de M. Perrier de la Bathie).

(2) Ces racines et bases de tiges de l'*Anisocycla* sont triturées à coups de marteau, et mises à bouillir dans l'eau, à raison de 4 ou 5 morceaux de 10 centimètres de longueur pour un litre. On verse la décoction sur le latex jusqu'à complète coagulation.

de *Mascarenhasia*. Ces arbres, pas plus que les lianes, n'ont une répartition uniforme.

Le *Mascarenhasia lisianthiflora* est plutôt l'espèce de l'intérieur, où elle se plaît sur les collines sèches. Elle est de plus en plus rare et rabougrie, à mesure qu'on se rapproche de la côte, où elle est peu à peu remplacée par le *Mascarenhasia arborescens*.

Le caoutchouc noir de l'Ambongo provient ainsi surtout, en particulier, de cette dernière espèce, qui est l'espèce des endroits frais.

Nous avons déjà dit, toutefois, que ce *Mascarenhasia arborescens* se présente sous deux formes assez différentes.

En terrain découvert, c'est un arbre qui est ordinairement rameux dès la base, et qui a de 6 à 12 mètres de hauteur lorsqu'il n'a jamais été coupé. C'est le *Mascarenhasia arborescens* typique.

En forêt, c'est un arbre à tronc droit et unique (*tokanfototra* des Sakalaves), ayant souvent 20 mètres de hauteur, et pouvant même atteindre 30 mètres, avec des feuilles plus allongées que précédemment. C'est le *Mascarenhasia arborescens* forme *longifolia*.

Il est même une troisième forme dont nous parlerons plus loin, et qui est la forme buissonnante, créée par les recépages et les feux de brousse.

Pour exploiter les *guidroa*, les Sakalaves, actuellement, les abattent (1), puis placent le tronc sur un support et font, à des intervalles de 20 centimètres, des incisions annulaires. Le lait est ensuite coagulé avec une décoction de fruits de tamarinier. Le Sakalave verse peu à peu le lait dans cette décoction, puis recueille le caoutchouc au fur et à mesure que le caillot vient surnager. On n'opère jamais sur de grandes masses, et on obtiendrait même de mauvais résultats en versant la décoction dans le latex. De grandes poches pleines de lait non coagulé se formeraient alors et provoqueraient plus tard l'altération du caoutchouc.

Cette méthode n'est pas, au reste, la seule employée. En saison

---

(1) Cet abatage est d'autant plus fâcheux que, comme l'a constaté M. Perrier de la Bathie, le récolteur obtient exactement la même quantité de lait que celle que lui fournirait une saignée faite sur pied.

M. Perrier de la Bathie nous raconte qu'il a vu une fois une vieille femme — c'était une négresse —, trop faible pour manier la hache, user d'une méthode originale. Sur le tronc *non abattu* elle pratiquait des saignées ; puis elle passait un de ses doigts sur ces entailles et le léchait. Lorsque sa bouche était ainsi pleine de latex, elle crachait le liquide dans un récipient.

sèche, où le lait est beaucoup moins abondant, la récolte consiste à laisser ce lait se coaguler au niveau des incisions faites sur le tronc, et à détacher ensuite les lanières desséchées (*tsongonofitra*).

Ce dernier procédé est cependant assez rarement usité, car les Sakalaves cherchent surtout à obtenir le latex, et travaillent donc plutôt en saison pluvieuse.

Assez différent des plantes précédentes, puisque c'est une Asclépiadée, est le *Cryptostegia madagascariensis*, ou *lombiro*. L'espèce habite principalement les terrains calcaires, sur lesquels, comme toutes les autres lianes, elle est, à l'occasion, un arbuste buissonnant.

Le caoutchouc qu'on en retire est de valeur variable suivant le mode de coagulation. Bien préparé, il est recherché par certaines industries; et c'est ce qui explique qu'il atteigne parfois sur les marchés des pris assez élevés, au moins égaux à ceux du caoutchouc rouge de Majunga. Convenablement desséché, il a été coté jusqu'à 12 fr. 50 à Hambourg.

Nous avons dit que bien inférieur est le caoutchouc noir, et peu tenace, de *Marsdenia verrucosa*.

L'*Euphorbia Pirahazo* n'est connu que depuis peu; il n'a été découvert qu'en mai 1903 dans la région d'Andranomavo (district de Soalala) dans des circonstances que nous avons racontées lorsque nous l'avons décrit.

Quatre enfants sakalaves jouaient dans un bois qui avoisinait le champ de maïs où travaillaient leurs parents. Le hasard de leurs amusements les amena à saigner un arbre d'où s'écoula un lait qu'ils firent bouillir. Mais, presque aussitôt, l'ébullition donnait un coagulat élastique, que les parents reconnurent pour du caoutchouc.

Le commerce de ce nouveau produit commença peu après sur le marché de Soalala.

Le *pirahazo* (*pira*, caoutchouc; *hazo*, arbre) serait un très grand arbre, qui pourrait atteindre, au dire des Sakalaves, 30 mètres de hauteur, et dont le tronc, vers sa base, aurait 60 centimètres de diamètre environ. M. de la Bathie ne peut cependant affirmer l'exactitude de ces assertions, car le plus gros pied qu'il ait vu n'avait que 12 mètres de hauteur et 22 centimètres de diamètre. La plante peut se trouver dans les forêts un peu humides, mais préfère les bois calcaires, rocailleux et secs.

Le rendement en caoutchouc est assez élevé.

Les Sakalaves prétendent que certains pieds donnent 3 kilos de caoutchouc; et, si sujettes à caution que soient, d'ordinaire, les affirmations des Sakalaves, il semble que, dans le cas présent, on puisse les admettre, car M. le lieutenant Paulet, commandant de la région d'Andranomavo, a vu obtenir 2 kilos de produit sur un seul tronc, abattu et incisé annulairement.

M. Perrier de la Bathie, d'autre part, s'est livré à quelques expériences personnelles, sur le pied de 12 mètres que nous venons de signaler.

Notre correspondant a, tout d'abord, reconnu que les saignées transversales provoquent un écoulement plus abondant que les saignées verticales. Ces saignées transversales, de 4 centimètres de longueur, ont été faites en alternance, de part et d'autre du tronc, à des intervalles de 10 centimètres.

Elles ont permis d'obtenir 342 grammes de caoutchouc sec.

Etant donné la hauteur relativement faible de ce pied, qui, en outre, a été incisé sans être abattu, il n'est pas invraisemblable que des arbres de 30 mètres, saignés à fond après abatage, fournissent les quantités indiquées par les indigènes.

Les 342 grammes de caoutchouc correspondaient à 1 litre de lait environ.

La coagulation est très facilement déterminée par la simple ébullition, contrairement à ce qui a lieu pour la plupart des autres laits de Madagascar, qu'on coagule plutôt, même à chaud, par l'addition de jus de citron ou d'autres liquides acides. Ici, l'ébullition est à peine commencée que le caillot se produit ; et c'est donc à ce procédé que les indigènes ont recours.

Le lait doit toujours être retiré du tronc ou des grosses branches, car les branches supérieures et les feuilles ne donnent qu'une substance résineuse.

Quant aux incisions du tronc, M. Perrier de la Bathie estime, d'après ses expériences, qu'elles pourraient être faites sur pied. L'abatage de l'arbre est inutile (1).

(1) Malheureusement, il est possible que le résultat final soit souvent le même que si cet abatage avait lieu. M. Perrier de la Bathie a remarqué ce fait curieux que les termites, qui ne pénètrent pas dans les blessures des Apocynées à caoutchouc, s'introduisent dans celles des euphorbes. Une simple entaille dans ces euphorbes suffit donc pour devenir la cause occasionnelle de leur mort.

Le caoutchouc n'est pas très nerveux, mais a été cependant coté comme assez bonne sorte par MM. Michelin, qui l'ont examiné. Il n'a aucune tendance à tourner au gras.

Ses caractères semblent, au reste, dépendre beaucoup du mode de coagulation. Un des meilleurs échantillons que nous ayons vus était le produit provenant d'une coagulation spontanée du latex.

Le caoutchouc obtenu par l'acide sulfurique est à peu près de même valeur ; mais le pouvoir coagulant de l'acide, qui est si grand pour les laits de *Landolphia*, est faible pour celui de *pirahazo*.

Par la décoction de *vahea mojery*, le produit est noirâtre, non cassant, assez nerveux.

Par l'ébullition, il est blanchâtre ; et, puisque cette méthode est celle des Sakalaves, c'est donc sous cette couleur qu'il arrive dans le commerce. Nous croyons, d'ailleurs, qu'on l'y trouve assez rarement.

Déjà il a été rapidement déprécié à Soalala par les agissements frauduleux des Sakalaves, qui, pour augmenter leur gain, n'ont pas longtemps hésité à ajouter au véritable lait les latex d'autres euphorbes des mêmes terrains.

Puis l'habitat de l'arbre paraît assez limité. D'après nos connaissances actuelles, on doit le considérer comme restreint à la région qui, au-dessous d'Andranomavo, s'étend vers le plateau calcaire du Tampoketsa.

Cette dernière donnée ne serait à modifier que s'il était reconnu que c'est la même espèce que, dernièrement, dans le district de Port-Bergé, Rafane, gouverneur d'Ampasimantera, signalait à M. Perrier de la Bathie. Il s'agissait d'un arbre qui, à 40 kilomètres de là, vers le Sud-Est, donnait 3 kilos de caoutchouc ; et la description faite à notre ami par Rafane correspondait assez bien au *pirahazo*. En ce cas, l'aire de dispersion de l'Euphorbiacée s'étendrait considérablement, puisque nous passons de la partie occidentale de la province de Majunga à la partie orientale. Mais l'indication, on le voit, reste encore peu précise.

Quoi qu'il en soit, tout l'exposé que nous venons de faire jusqu'alors s'est rapporté au Boina et à l'Ambongo. Quittons cette zone pour descendre — en restant toujours dans la région occidentale, telle que nous l'avons plus haut délimitée — dans le Ménabé.

Nos deux *Landolphia* (*L. Perrieri* et *L. spherocarpa*) ne disparaissent pas, car nous retrouvons (basant cette assertion sur des échantillons que nous avons vus à l'Exposition de Marseille) le *Landolphia Perrieri* dans la province de l'Itasy ; puis nous savons aussi (par des spécimens que nous a envoyés M. le lieutenant Guénot) que la même espèce croît à Malaimbandy, dans le secteur de la Sakeny, en arrière du secteur du Ménabé central ; et enfin, revenant vers la côte, dans le Ménabé méridional, nous constatons de nouveau sa présence (d'après les herbiers de MM. les lieutenants Guénot et Hegelbacher) entre Manja et Andranopasy.

Dans cette même dernière région, on rencontre le *Landolphia spherocarpa*, appelé là *ariabo*, alors que le *Landolphia Perrieri* est le *voahaiha* ou le *rehea*.

En somme, ce *Landolphia Perrieri*, dans le Ménabé comme dans le Boina, s'avance aussi loin vers l'intérieur que le permet l'altitude, puisqu'on le retrouve sur les pentes du Bongo-Lava, premier gradin du plateau central.

Quant aux *Mascarenhasia* du Boina et de l'Ambongo, ils ne semblent pas descendre aussi bas, sur la côte Ouest, que les deux lianes.

Des plantes que nous connaissons déjà, deux seulement continuent à accompagner nos *Landolphia* : le *Cryptostegia madagascariensis*, ou *lombiri*, et le *Marsdenia verrucosa*, ou *bokabé*.

Une nouvelle Asclépiadée, d'autre part, se montre, qui est une espèce de *Secamone*, le *vahimainty* des Sakalaves. Pour en obtenir le caoutchouc, les récolteurs débitent les branches en tronçons, tout comme celles des *Landolphia* ; et le lait recueilli est bouilli, après addition de sucs acides. Il s'en sépare un coagulat noir foncé extérieurement, assez nerveux.

Comme qualité, ce caoutchouc de *Secamone*, sans valoir ceux des *Landolphia*, est certainement bien supérieur à celui du *Marsdenia verrucosa*.

Pour ce dernier, on peut vivement regretter son infériorité, car la liane est de large extension dans l'ouest de Madagascar.

Elle ne s'arrête pas, en effet, au sud du Ménabé, comme probablement les *Landolphia* et peut-être aussi le *Cryptostegia madagascariensis*.

Tout à fait dans le sud-ouest, c'est, chez les Masikoro, le *tsingovio*, et, chez les Mahafaly, d'après les échantillons que nous avons vus à l'Exposition, le *berabohy*.

Chez ces Mahafaly, les autres plantes à caoutchouc qui poussent sur les mêmes terrains que le *Marsdenia*, à Ampanihy et à Ejéda, dans l'intérieur du cercle, sont le *kompitso*, le *fitra* et le *famatra*.

Le *fitra* et le *famatra* sont encore indéterminés. Le *kompitso* est une Asclépiadée, que MM. Costantin et Gallaud ont nommée dernièrement le *Kompitsia elastica*. Si nous nous en rapportons aux échantillons de caoutchouc de *kompitso* que nous avons vus, la valeur de ce produit dépendrait beaucoup, comme celui de *lombiro* et de *pirahazo*, du mode de coagulation,

Nous avons examiné des boules préparées par les indigènes ; le caoutchouc était très inférieur, élastique, mais cassant. Mais nous avons eu aussi entre les mains d'autres spécimens coagulés avec soin, soit par ébullition, soit par dessiccation au soleil ; ceux là étaient beaucoup plus nerveux.

Il serait désirable d'être encore mieux renseignés à cet égard, car le caoutchouc de *kompitso* pourrait peut-être prendre une petite importance pendant quelque temps.

Nous basons cette supposition sur ce fait que le *Kompitsia elastica* n'est pas limité au cercle des Mahafaly ; il se continue dans le nord-ouest du cercle de Fort-Dauphin, dans la région de Tsivory.

Ce sont encore les échantillons de l'Exposition de Marseille qui nous ont appris la présence à Tsivory de ce *kompitso*, à côté duquel seraient exploitables, là, deux autres plantes, l'*angaloro* et le *kakomba* (*Mascarenhasia Kakomba* C. et P).

Mais sans doute remarque-t-on que, à Tsivory, comme à Ejéda et à Ampanihy, nous sommes arrivés au voisinage immédiat de la région que, au commencement de ce chapitre, nous avons appelée la région du sud-ouest, caractérisée par sa brousse épineuse.

Et, en effet, passant dans cette zone, nous voyons disparaître toutes les espèces précédentes, que remplace l'*Euphorbia Intisy* Drake, comme s'il était dit que chaque flore de Madagascar possédera sa plante ou ses plantes à caoutchouc, adéquates aux exigences du climat et du sol. Déjà, sur les terrains calcaires d'Andranomavo, dans l'Ambongo, la flore cactiforme de l'endroit nous a offert l'*Euphorbia Pirahazo*.

Le produit de l'*Euphorbia Intisy* du sud est un caoutchouc blanc, récolté sur le tronc et sur les racines de l'arbre.

Depuis quelques années, l'exportation, qui a lieu par Tuléar et par Fort-Dauphin, s'était considérablement affaiblie, car la destruction des arbres par les récolteurs avait eu rapidement pour conséquence leur rareté dans les contrées accessibles.

Mais il est à croire que, au fur et à mesure des progrès de pacification dans le sud, de nouveaux peuplements ont été rencontrés et sont aujourd'hui exploités, car les exportations de caoutchouc de Tuléar, où la principale sorte commerciale est l'*intisy*, se sont élevées, en 1905, à 760.717 francs, et, en 1906, à 1.155.324 francs.

De Fort-Dauphin, les mêmes années, il a été expédié pour 363.550 et 132.450 francs de caoutchouc.

Nous ignorons cependant, il faut bien le dire, la part exacte qui, dans les deux ports, revient à l'Euphorbiacée ; et, à Fort-Dauphin notamment, tout le caoutchouc exporté ne provient pas de l'*intisy*, puisque nous savons que le cercle est divisé, par la terminaison, d'ailleurs très ramifiée, de la chaîne montagneuse, en deux parties, et que c'est dans la partie occidentale seulement que se trouve la brousse épineuse, arrêtée précisément par le massif faîtier.

Et si, par conséquent, nous franchissons ce massif, nous arrivons dans la région orientale de l'île, humide et boisée.

Alors réapparaissent, comme espèces caoutchoutifères, les *Mascarenhasia* et des lianes.

Dans le voisinage de Fort-Dauphin, l'espèce exploitable de *Mascarenhasia* serait le *Mascarenhasia speciosa* Elliott.

C'est, du moins, l'espèce pour laquelle M. Dubard a trouvé, dans les herbiers du Muséum, la mention « arbre à caoutchouc appelé *hazondrano* à Fort-Dauphin ».

Les lianes sont complètement indéterminées (1). D'après M. Prud'homme, il en est trois principales, que les indigènes nomment *erobahy-ravina-singaina*, *erobahy-ravina-mampay* et *erobahy-ravina-voavontaka*, toutes bien distinctes des *voahena* qu'on trouve plus haut sur la côte Est, mais qui n'apparaissent, à peu près, qu'au niveau de Farafangana.

M. Prud'homme dit que les laits des trois espèces sont coagulés

---

(1) Ces lignes étaient en cours d'impression quand a paru (Comptes-Rendus de l'Académie des Sciences, 13 mai 1907) une note de MM. Costantin et Poisson signalant près de Fort-Dauphin deux *Landolphia* que les indigènes nomment *mamolava* et *mamava*, et qui seraient deux espèces nouvelles, le *Landolphia Mamolava* et le *Landolphia Mamava*.

par le jus de citron, le sel marin ou une décoction de pulpe de tamarinier.

Le *ravina-singaina* est à fort rendement ; et son caoutchouc est brun-rosé à l'extérieur, et blanc-grisâtre nacré intérieurement, très nerveux et résistant.

Les caoutchoucs des deux autres espèces sont également de bonne qualité, mais les lianes sont moins riches.

Une de ces deux lianes est, avons-nous dit, l'*erohaby-ravina-voavontaka*. Si nous en jugeons par les rameaux feuillés que nous avons vus à l'Exposition de Marseille, ce *ravina-voavontaka* serait la même liane que, en remontant le long de la côte orientale, nous retrouvons dans la région d'Analamazaotra, désignée sous le nom de *fingomena*.

Le *fingotra* qui accompagne ce *fingomena* est le *Landolphia Dubardi* Pierre. On exploiterait également le *Landolphia Mandrianambo* Pierre.

Parmi les autres plantes à caoutchouc sont des *Mascarenhasia*, qui seraient ainsi plus largement répartis sur la côte Est que sur la côte Ouest, puisqu'on les trouverait depuis Fort-Dauphin jusqu'à l'extrême-nord. Mais seule l'espèce que nous avons citée pour Fort-Dauphin est déterminée ; et nous ne savons pas encore quelles sont les autres espèces qui sont appelées *barabanja* dans la baie d'Antongil et chez les Betsimisaraka, *herondrano*, chez les Bezanozano, *herotra* chez les Betsileo, *hazondrano* étant plutôt le terme du sud, de Farafangana à Fort-Dauphin.

Et, en définitive, sur la côte Est, nous ne sommes assez bien renseignés, au point de vue botanique, que pour les *Landolphia* de la région de Maroantsetra, c'est-à-dire des environs de la baie d'Antongil, vers le Nord.

Là, ce sont les récoltes et les observations de M. Thiry, complétées par les déterminations — dont quelques-unes toutefois assez douteuses — de Pierre, qui nous ont documentés.

Tout d'abord, des déterminations de Pierre, faites sur les échantillons envoyés par M. Thiry, il découlerait cette notion, nouvelle et inattendue, que le *Landolphia madagascariensis* K. Sch., qui, il y a quelques années, était considéré comme à peu près la seule source du caoutchouc de Madagascar, en réalité, ne donnerait pas de caoutchouc !

Pierre rapporte du moins à ce *Landolphia madagascariensis* le *robanga* de Maroantsetra ; et M. Thiry dit que le lait du *robanga* donne un coagulat qui n'est pas élastique.

Par contre, les lianes exploitables de la région seraient le *Landolphia Mandrianambo* Pierre, le *Landolphia hispidula* Pierre, ou *fingomainly*, le *Landolphia Dubardi* Pierre, ou *fingobary*, le *Landolphia Richardiana* Pierre, ou *talandoka*.

D'après M. Thiry, la répartition de ces espèces, dans le nord-est, n'est d'ailleurs pas quelconque au point de vue de l'altitude.

Le *Landolphia Mandrianambo* et le *Landolphia Dubardi* se rencontrent entre 50 et 950 mètres.

Le *Landolphia Richardiana* ne dépasse pas, au contraire, généralement 100 mètres.

Le *Landolphia hispidula* et une autre liane nommée *fingomena* restent entre 300 et 500 mètres.

M. Thiry dit encore, au sujet de ces espèces, que leur rendement varie beaucoup suivant l'altitude. Dans la basse vallée de la Mananara, par exemple, le rendement moyen du *Landolphia Mandrianambo* serait supérieur à celui du *Landolphia Dubardi*, tandis que, plus au Sud, dans la province de Moramanga, entre 750 et 850 mètres, c'est le contraire qui a lieu.

Par ordre d'importance, les trois lianes principales sont le *Landolphia hispidula*, le *Landolphia Mandrianambo* et le *Landolphia Dubardi*. Les autres sont beaucoup moins intéressantes.

Le *Landolphia hispidula*, à fruit ovoïde, est surtout très constant dans sa production ; et il est assez fâcheux que son habitat soit restreint. Ce caoutchouc, d'après les appréciations de MM. Michelin, est une gomme assez résistante à la chaleur, et qui, obtenue par le pilonnage des écorces, rend 92,6 o/o au déchiquetage.

Le *Landolphia Mandrianambo*, à fruit piriforme, souvent bosselé quand il est mûr, est l'espèce la plus répandue, et, en même temps, celle qui donne le plus fort rendement en latex. Malheureusement, son caoutchouc a une plus grande tendance que le précédent à tourner au gras. Préparé par pilonnage des écorces, il rend 91,7 o/o au déchiquetage.

Le *Landolphia Dubardi* est, après le *mandrianambo*, la liane qui a l'aire de dispersion la plus étendue. C'est, d'après M. Thiry, celle qu'il serait possible de cultiver aux plus hautes altitudes. Elle fournirait environ le quart du caoutchouc exporté du nord-est de l'île. Son rendement est moindre que celui du *mandrianambo*, mais le produit aurait une valeur plus grande.

Un autre bon caoutchouc est celui du *Landolphia Richardiana* ; mais la liane est à très faible rendement, et sa zone de répartition, aux basses altitudes où elle est limitée, est très restreinte.

La préparation de tous ces caoutchoucs par les indigènes est celle de la côte occidentale. Les lianes sont toujours débitées en tronçons, dont les sections sont faites obliquement, pour faciliter l'écoulement du lait ; et ce lait recueilli est ensuite coagulé avec l'aide de sucs végétaux acides.

Est-il nécessaire d'ajouter que, à Madagascar comme sur le continent africain, cette exploitation indigène est faite avec une insouciance et un manque de précaution qui font diminuer tous les jours le nombre des arbres et des lianes ?

Et comment empêcher cette destruction ?

Le décret du 10 février 1900, par lequel a été établi le régime forestier applicable à Madagascar, a bien imposé aux concessionnaires de forêts certaines conditions. L'article 24 stipule notamment les règles générales suivantes :

1° Les arbres et lianes à caoutchouc ne pourront être coupés qu'après qu'il aura été démontré que les saignées annuelles les ont mis hors d'état de produire ;

2° Les saignées ne pourront être pratiquées que sur des lianes adultes, ayant au moins 4 centimètres de diamètre à 1 mètre du sol ;

3° Les saignées pratiquées verticalement ne devront pas avoir plus de 15 centimètres de hauteur et 1 centimètre de largeur. Elles seront séparées verticalement par un espace de même longueur, et, suivant la circonférence, par un espace double de la largeur de la saignée.

Mais il est bien certain que, malgré toute la bonne volonté du Gouvernement, cette réglementation ne peut être qu'une demi-mesure, car elle s'adresse au colon qui demande l'autorisation d'une exploitation de forêt, mais elle ne peut atteindre le principal récolteur de caoutchouc, qui est l'indigène.

Le récolteur qui s'enfonce plusieurs semaines dans la forêt, à la recherche des lianes, échappe à toute surveillance, et pourra donc continuer pendant longtemps, à sa fantaisie, son travail de dévastation.

Le seul moyen de changer ces habitudes serait peut-être de créer à Madagascar des « Ecoles de caoutchouc » comme celles que nous avons dit être organisées en Afrique occidentale française.

Notons que c'est ce qui a déjà été tenté, paraît-il, dans le cercle de Mevatanana. Il serait urgent de généraliser dans la colonie cet enseignement pratique, qui aurait donné au Soudan les résultats que nous avons indiqués.

Si difficile que puisse être la tâche, peut-être enfin, avec le temps, parviendra-on à faire comprendre aux Malgaches qu'il est de leur intérêt de ménager les végétaux caoutchoutifères.

En attendant, une excellente mesure a été prise, par arrêté du Gouverneur général de Madagascar, à la date du 1er juillet 1904. Autant que la dévastation des forêts, les fraudes répétées pourraient — comme on l'a vu, il y a quelques années, en Guinée française — nuire au commerce du caoutchouc de la colonie. Mais, à cet égard, des moyens efficaces de répression peuvent être trouvés immédiatement, et ce sont ceux qui sont prévus dans l'arrêté que nous signalons. D'après l'article 1 de cet arrêté, la vente des caoutchoucs frelatés est interdite ; d'après l'article 2, sont considérés comme frelatés les caoutchoucs mouillés, ou contenant des matières étrangères, telles que pierres, sable, bois, etc. ; d'après l'article 3, les boules de caoutchouc ne peuvent être transportées et vendues que coupées par le milieu en deux parties. L'article 5 ordonne de confisquer ces produits ; et l'article 6 autorise à condamner les auteurs de ces contraventions de un à cinq jours de prison, et de 1 à 15 francs d'amende.

Parallèlement à ces mesures, il importerait aussi d'encourager la culture, qui, jusqu'alors, n'a guère été tentée que sur la côte orientale.

En 1904, on évaluait à 459 hectares la superficie des plantations de cette côte, alors que, la même année, il n'y en avait que 31 dans le nord, 20 dans l'ouest, et 1 dans le sud.

Parmi les systèmes à préconiser pour le développement de ces plantations, il en est un sur lequel, avec M. Perrier de la Bathie, nous avons déjà donné quelques indications dans un article du journal *Le Caoutchouc et la Gutta-Percha*.

De réalisation facile, il offrirait l'avantage de faire utiliser des terrains qui sont sans valeur pour d'autres cultures ; nous voulons parler de ces steppes que, tous les ans, dévastent les feux de brousse.

Considérons par exemple, celles de ces steppes que l'on rencontre dans l'est de la province de Majunga, dans les bassins de la Sofia et du Bemarivo.

C'est dans ces prairies qu'on peut observer, sous l'action des incendies annuels, des transformations végétales semblables à celles que, sous la même cause, nous avons, en citant les observations de M. Chevalier, signalées au Congo.

Ici aussi, des plantes qui, d'ordinaire, sont des arbres ou des lianes prennent des formes anormales et réduites.

Ce n'est que sur les bords des cours d'eau que les arbres conservent leurs dimensions habituelles. Protégés par la rivière, si leurs troncs y plongent, ou tout au moins par les berges, ces arbres sont bien souvent les seuls vestiges de l'ancienne végétation forestière.

Et encore les feux de brousse ne les épargnent-ils pas complètement, car les parties tournées vers la prairie sont, chaque année, touchées par l'incendie, qui y détermine une sorte de taille unilatérale. Il en résulte que tous ces arbres se penchent fortement au-dessus de l'eau, comme s'ils s'étaient courbés sous l'action des vents du Sud ou du Sud-Est. Et il est facile cependant de se convaincre que ces vents ne sont pas la cause réelle de cette inclinaison ; les cicatrices de la base du tronc, la carbonisation d'un côté de ce tronc et des rameaux ne permettent pas d'hésiter un moment sur l'explication qu'il convient de donner à ces positions bizarres.

Mais il n'y a donc là qu'une modification d'aspect. La transformation est plus profonde lorsqu'on s'éloigne de la rivière.

En plus des Graminées, la végétation est surtout représentée par des plantes buissonnantes, ou même herbacées, qui donnent à ces étendues l'aspect de la steppe.

Qu'on gratte toutefois légèrement le sol, aux pieds de ces buissons ou de ces arbustes, et on découvre de grosses souches noirâtres, mi-carbonisées, qui indiquent la taille que normalement la tige eut dû atteindre.

Tel petit arbuste est la même espèce qui, dans la forêt, est une liane ; tel buisson de 1 mètre de hauteur atteint 8 à 10 mètres dans les bois. Les *Dalbergia*, qui sont ordinairement de beaux et grands arbres, sont réduits dans la steppe à cette forme buissonnante ; il en est de même de beaucoup de Combrétacées.

L'*Anisocycla Grandidieri* Baill., cette liane appelée *vahea mojery* et *vahea lava* par les Sakalaves, et dont, avons-nous dit, les racines et les bases des tiges sont employées en décoction par les indigènes pour la coagulation des laits à caoutchouc, devient aussi une de ces plantes naines. Elle n'est plus grimpante, mais forme des touffes qui partent d'une souche contournée, informe, étalée et élargie au ras du sol, où sa surface apparaît, irrégulièrement corrodée par le feu.

Les plantes à caoutchouc subissent naturellement des modifications analogues.

En dépit de la destruction annuelle de leurs parties aériennes, qui se reforment pendant la saison des pluies, *Landolphia* et *Mascarenhasia* persistent. Et le *Landolphia Perrieri* est une espèce qui, notamment, semble offrir une très grande résistance.

Mais toutes ces plantes ne sont plus encore représentées que par des formes basses.

Il y aurait même lieu de voir, dès lors, si le développement exagéré des parties souterraines, qui résulte de la réduction des tiges aériennes, n'amènerait pas parfois, comme au Congo, une accumulation de caoutchouc dans les rhizomes ou les racines.

Ce caoutchouc devrait, en ce cas, être obtenu à Madagascar comme il l'est au Congo, par pilonnage dans le mortier. Notons à ce sujet que ce ne serait pas la première fois que l'extraction du caoutchouc par broyage serait pratiquée dans l'île par les indigènes. C'est déjà ainsi que, dans l'est, les Antaimoro obtiennent le caoutchouc de *Mascarenhasia* en saison sèche, c'est-à-dire à l'époque où le latex est pauvre et où la saignée ne donne que de mauvais résultats. Du bois est amoncelé au pied des arbres et allumé. Sous l'action de la chaleur les écorces se détachent facilement ; les Antaimoro les recueillent et les pilonnent dans leurs mortiers à riz. Le procédé n'est certes pas à recommander, mais il indique que les indigènes sont tout disposés, à l'occasion, à avoir recours au pilonnage (1).

Cette remarque, d'ailleurs, n'est qu'incidente, et nous nous y

______

(1) Décidément ce pilonnage des plantes à latex, proposé, il y a quelques années, comme méthode industrielle originale, est un procédé auquel il est si naturel de penser qu'on le retrouve dans les pays les plus divers. Les Noirs du Congo et de l'Angola l'ont trouvé d'eux-mêmes, les Malgaches également.... Et, à Avignon, les riverains du Rhône récoltent, tous les ans, les *Asclepias Cornuti* qui poussent en abondance dans les îles du fleuve — sous le pont d'Avignon, par exemple — pour en dégager, par le broyage, le latex concrété, qui leur sert de mastic à greffer.

arrêtons d'autant moins que, jusqu'alors, M. Perrier de la Bathie n'a pas rémarqué cette accumulation de caoutchouc dans les parties souterraines des formes basses des steppes (1). Ce n'est donc pas pour aboutir à cette indication que nous insistons sur la persistance des plantes à caoutchouc modifiées, dans les steppes annuellement incendiées ; nous avons prévenu qu'il s'agissait de l'utilisation culturale de ces steppes.

Et, en effet, ne serait-il pas à désirer qu'on tentât de reboiser ces étendues dénudées ?

Or, puisque *Landolphia* et *Mascarenhasia* sont au nombre des espèces qui résistent le mieux, et que le feu ne parvient pas à éliminer, pourquoi ne serait-ce pas avec ces espèces caoutchoutifères que le reboisement serait effectué ?

Il pourrait l'être, par exemple, dans des conditions qui concorderaient avec l'idée heureuse qu'on prête au nouveau gouverneur de Madagascar de faire entreprendre aux indigènes certaines cultures, en échange d'une remise partielle de l'impôt.

Moyennant cette remise, chaque village avoisinant des steppes s'engagerait à planter, sur une certaine étendue, des *Landolphia* et des *Mascarenhasia* du pays. Le terrain ainsi complanté serait, au préalable, entouré par une piste de deux mètres, au moins, de largeur qui serait nettoyée tous les ans. Sur la partie ainsi délimitée, les feux de brousse seraient, naturellement, rigoureusement interdits.

Lorsque les arbres et les lianes deviendraient exploitables, la coupe ou la saignée seraient réservées aux habitants du village, qui les pratiqueraient par zones successives, en payant un droit minime qui remplacerait l'impôt.

Il y aurait toutes chances de réussite si une grande surveillance était exercée pendant la seconde et la troisième années.

---

(1) Cependant depuis que nous avons fait, pour la première fois, cette remarque (*Les feux de brousse et la culture des plantes à caoutchouc à Madagascar* ; Le Caoutchouc et la Gutta-Percha, février 1907), MM. Costantin et Poisson (Comptes-Rendus de l'Académie des Sciences, mai 1907) ont signalé dans la province de Tuléar deux *Mascarenhasia* (le *Mascarenhasia Geayi*, ou *kokomba*, et le *Mascarenhasia Kidroa*) dont les racines seraient ainsi, déjà aujourd'hui, traitées par les indigènes pour l'extraction du caoutchouc des écorces. Nous croyons qu'il resterait à voir si ces deux nouvelles espèces ne sont pas, conformément à ce que nous disons ici, des formes d'autres *Mascarenhasia* de plus grandes dimensions, donnant, ceux-ci, du caoutchouc par leur tronc. MM. Costantin et Poisson remarquent eux-mêmes que leur *Mascarenhasia Kidroa* est très voisin (sauf les dimensions des feuilles) du *Mascarenhasia pallida*.

Pendant la première année, en effet, il est assez facile d'éviter l'incendie, car les chaumes des Graminées conservent une certaine humidité, et sont, en outre, clairsemés. Plusieurs années plus tard, l'ombrage des arbustes convertit rapidement cette couche en un humus peu inflammable. Mais c'est au cours de la seconde et de la troisième années que les Graminées sont abondantes, et forment sur le sol une couverture qui se dessèche rapidement et complètement, et est une proie facile pour l'incendie.

Comme *Landolphia*, l'espèce qui, dans l'ouest, se prêterait le mieux à ce genre de culture serait évidemment le *Landolphia Perrieri*, que nous avons vu pousser jusque sur les premiers contreforts du plateau central, sans se localiser au bord des cours d'eau, comme le *Landolphia spherocarpa*, qui est de plus fort rendement, mais aussi de végétation plus exigeante.

Quant au mode de culture de ce *Landolphia Perrieri*, il serait le suivant.

La multiplication est possible par semis, moins assurée par marcottage. Les semis doivent être faits en pépinière, en novembre, dans un sol riche en humus et ombragé ; on transplante deux ans après. Les marcottes peuvent être faites sur le terrain même, quand le nombre des pieds sauvages qui s'y trouvent déjà est suffisant.

L'entretien consisterait à nettoyer la piste circulaire comme nous l'avons déjà dit, à préserver la plantation de l'incendie, et à enlever, chaque année, les arbustes et les lianes non caoutchoutifères qui pourraient repousser. On ne laisserait sur le terrain, avant la transplantation, que les grands arbustes et les arbres pouvant fournir quelque ombrage.

Il ne faut pas se dissimuler que la première récolte se fera attendre ; elle ne sera possible qu'au bout de douze ans, si l'on a procédé par semis, et la dixième année si l'on a marcotté. Les tiges qui n'ont pas au moins la grosseur du doigt sont presque dépourvues de caoutchouc.

Ces tiges n'atteignent jamais, du reste, des dimensions permettant pratiquement la saignée. La récolte devra donc être faite de la façon suivante, à la fin d'octobre.

Les lianes seront coupées au niveau du sol, et débitées par tronçons de quarante centimètres, qu'on égouttera, suivant le procédé déjà courant à Madagascar, dans une gouttière quelconque qui amène le lait dans un récipient.

Après tamisage, ce lait sera coagulé en plaques aussi minces que possible, par une solution d'acide sulfurique à 5 o/o.

Chaque pied doit donner ainsi, en moyenne, deux litres de lait, abandonnant, à la coagulation, 200 grammes de caoutchouc.

Mais les tronçons seront ensuite dépouillés de leur écorce, soit par martelage, soit encore après immersion dans l'eau pendant huit jours; et ces écorces pilonnées fourniront environ 200 autres grammes de caoutchouc.

Il est bon de savoir qu'il n'est pas indispensable que cette décortication des tronçons soit faite immédiatement ; le caoutchouc peut rester inaltéré dans ces écorces pendant plus d'un an.

Il faudra attendre ensuite cinq ans pour que la même partie de la plantation soit de nouveau exploitable. Mais nous avons dit que, dans des plantations de grande étendue comme celles que nous supposons ici, on pourrait faire en sorte que la récolte ait lieu chaque année, par zones successives.

D'après les chiffres que nous venons de donner, il sera toujours facile de calculer le rapport qu'on peut espérer ; il suffira de se baser sur le cours du moment, en admettant deux mille lianes environ par hectare.

Au cas où cette culture serait entreprise par un colon, les frais pourraient être évalués comme il suit, pour cet hectare.

Les terrains dont il est question, étant des sols inutilisés, pourraient être concédés par le Gouvernement au prix de deux francs. Le coût du débroussaillement serait de six cents francs environ. Il faudrait, en outre, compter soixante francs, à peu près, par an, pour l'entretien de la plantation pendant les premières années (les lianes, en se développant, supprimant ces frais dans la suite). Quant à l'extraction par les deux procédés, elle entraînerait une dépense qu'on peut estimer à huit cents francs.

Il est permis de penser, du reste, que, bien préparé par le procédé indiqué, le caoutchouc serait coté sur les marchés à des prix plus élevés que ceux des sortes commerciales ordinaires, offertes actuellement.

Nous avons bien précisé que toutes ces données se rapportent au *Landolphia Perrieri*, qui est l'espèce sur laquelle nous avons insisté parce que c'est celle dont les faibles exigences à l'égard du terrain laissent entrevoir, dans les steppes, la plus large extension culturale.

On se gardera néanmoins d'oublier que, chaque fois que le terrain sera propice, la culture du *Landolphia spherocarpa* sera préférable.

Et, sur cette espèce, la tige étant plus grosse, il est possible de faire des incisions, qui laissent écouler un lait plus abondant et plus riche en caoutchouc que celui de l'espèce précédente. En le recueillant et en le coagulant par la même méthode que pour le *Landolphia Perrieri*, on pourrait en obtenir quatre litres, qui donneraient 600 grammes de caoutchouc. A ces 600 grammes viendraient s'ajouter 200 grammes, extraits par pilonnage des écorces.

Ce caoutchouc vaut exactement celui du *Landolphia Perrieri*.

Dans le genre *Mascarenhasia*, l'espèce qui correspond, comme habitat, à ce *Landolphia Perrieri* est, nous le savons, le *Mascarenhasia lisianthiflora* qui est l'arbre à caoutchouc des endroits secs.

C'est donc à ce *Mascarenhasia* qu'il faut tout de suite penser pour le repeuplement de la steppe, à côté du *Landolphia Perrieri*. La récolte du caoutchouc devrait être faite en novembre et décembre (du moins dans le bassin du Bemarivo), car en septembre l'arbre est sans feuilles et donne un latex poisseux, dont le caoutchouc est sans ténacité ; et le produit est encore médiocre et peu abondant en octobre, quand les feuilles commencent seulement à pousser.

En novembre et décembre, au contraire, des incisions en arête, faites avec un instrument à tranchant assez large, laissent écouler un lait plus épais, qui se coagule sur le tronc. On enlève ensuite le caoutchouc assez aisément, si on prend la précaution de le mouiller au préalable.

Répétons que ce *Mascarenhasia lisianthiflora*, qui est l'espèce des endroits secs, est remplacé dans les endroits frais par le *Mascarenhasia arborescens*. C'est donc cette seconde espèce qui, dans les terres humides, est à préférer.

Comme le *Mascarenhasia lisianthiflora*, elle ne donne qu'un lait fluide, à caoutchouc poisseux, quand on la saigne au moment de la reprise de la végétation.

Annuellement, en bonne saison, le *Mascarenhasia arborescens* donne, après coagulation spontanée du lait sur le tronc, 300 grammes de caoutchouc. Il est possible également, au reste, de recueillir le lait et de le coaguler sur une surface plane, ou encore par addition d'acide sulfurique à 5 o/o. Avec ce dernier coagulant, toutefois, le caoutchouc a une teneur en eau très élevée.

Toutes les plantations précédentes sont supposées faites en terrain plus ou moins découvert, où les *Landolphia* prendront donc généralement la forme buissonnante. Il importe de rappeler que, dans ces conditions, il est une liane à la culture de laquelle il semble qu'il ne faille pas songer, c'est le *Cryptostegia madagascariensis*, ou *lombiro*, des sols calcaires.

A l'inverse des *Landolphia*, ce *Cryptostegia*, comme nous l'avons dit dans notre volume sur *Les plantes à caoutchouc et à gutta*, ne donne de bon caoutchouc que dans ses parties inférieures ; il n'est, par suite, facilement exploitable que sous sa forme liane.

Les seuls endroits qui lui conviennent sont donc les forêts humides ; et ce n'est que là qu'il faudrait entreprendre ses plantations, par semis ou par bouturage.

La coagulation se fait bien par évaporation du lait sur une surface plane.

L'espèce donne malheureusement un lait très pauvre ; car un pied fournira bien 4 litres de lait, mais d'où on ne retirera que 120 grammes, et même moins, de caoutchouc.

Telles sont les quelques indications culturales — se rapportant plus particulièrement au nord-ouest de l'île, puisqu'elles sont fournies par M. Perrier de la Bathie — que nous avons cru pouvoir nous permettre de donner, en terminant cette rapide histoire des plantes à caoutchouc actuellement connues à Madagascar.

On ne saurait trop encourager et aider tous les efforts qui seront faits pour sauvegarder les intérêts d'un commerce qui s'accroît chaque année.

En 1896, il était exporté de Madagascar, 403.770 kilos de caoutchouc, valant 1.325.329 francs ; en 1903, les exportations étaient de 583.729 kilos, au prix de 2.581.439 francs ; en 1905, elles ont été de 904.227 kilos, d'une valeur de 4.840.926 francs ; et, en 1906, elles se sont élevées à 1.264.764 kilos, au prix de 7.511.322 francs.

Il faudrait tout au moins réussir à ce que l'importance actuelle de ces exportations se maintienne dans l'avenir.

Le raphia. — Bien que le *Raphia* de Madagascar soit invariablement désigné sous le nom de *Raphia Ruffia* Mart. (*Raphia pedun-*

çulata Pal. Beauv.), il est très possible qu'il y ait dans l'île plusieurs variétés de ce *Raphia*, ou même, plus probablemeut, plusieurs espèces.

On peut en trouver une première preuve dans les différences anatomiques signalées par Sadebeck (1) pour les lanières de raphia qui nous arrivent dans le commerce européen, en provenance de Majunga ou de Tamatave.

Nous rappellerons plus loin que ces lanières sont les épidermes supérieurs des segments des jeunes feuilles, ces épidermes toutefois — et c'est ce qui explique leur résistance — entraînant sur leur face interne, lorsqu'on les détache, les faisceaux fibreux qui, dans la feuille, leur sont intimement accolés.

Or, comme l'a reconnu Sadebeck, ces faisceaux, dans la région médiane des segments foliaires, forment tantôt des îlots plus ou moins cylindriques et assez largement espacés, et tantôt de larges bandes très rapprochées.

D'après l'auteur allemand, la première de ces structures est celle des lanières de Tamatave, qui constituent dans le commerce le « raphia rouge »,ou « raphia sombre », considéré comme de qualité inférieure ; la seconde est celle des lanières de Majunga, qui sont le « raphia clair », et la sorte la plus estimée.

Et, se basant sur ces différences, Sadebeck a, du reste, admis que le *Raphia* de l'ouest est seul le *Raphia Ruffia*, et que le *Raphia* de la côte orientale est une espèce nouvelle, le *Raphia tamatavensis* Sadb.

Peut-être est-il un peu téméraire de créer ainsi une espèce sur des matériaux qui se réduisent à des bandes épidermiques; et c'est ce qu'a démontré M. Claverie, qui (2), dans notre laboratoire, a examiné de nombreuses lanières de *Raphia* provenant de divers points de l'île, et a trouvé des types anatomiques intermédiaires entre les deux formes décrites par Sadebeck. On serait ainsi tout aussi bien amené, si l'on prend, pour unique point de repère, ces quelques données histologiques, à admettre un plus grand nombre d'espèces.

Donc nous croyons que, pour l'instant, sans préciser davantage, il faudrait surtout retenir de l'examen anatomique cette première indication — mais rien de plus — qu'il peut y avoir plusieurs *Raphia*.

---

(1) Sadebeck, *Der helle und der dunkle Raphiabast von Madagascar* ; Engler's Bot. Jahrbücher, vol. XXXI.

(2) P. Claverie, *Contribution à l'étude anatomique des* Raphia *de Madagascar*; Comptes-Rendus de l'Académie des sciences, 4 mars 1907.

Ce sont les fruits qui fournissent un second élément de conviction.

Tels que les a figurés Palisot de Beauvois, les fruits de son *Raphia pedunculata* sont piriformes, la moitié atténuée étant celle qui correspond au point d'attache ; et c'est la même forme qu'indique, après Le Maout et Decaisne, M. Drude dans le *Natürlichen Pflanzenfamilien* d'Engler et Prantl.

M. Sadebeck, par contre, donne une photographie (1) de fruits rapportés de la région de Nossi-Bé par M. Hildebrandt ; ceux-là sont beaucoup plus elliptiques. M. Sadebeck ajoute, il est vrai, qu'on trouve, sur un même régime, des formes intermédiaires, mais jamais aussi amincies à la base que dans la figure donnée par Palisot.

Nous pouvons affirmer cependant — pour répondre à l'objection possible que les fruits ont été inexactement représentés dans la *Flore d'Oware et de Benin* — que ces fruits dé *Raphia* de Madagascar peuvent être aussi piriformes, et même plus, que ceux représentés par de Beauvois.

C'est le cas, par exemple, de fruits que nous avait procurés M. Jully, et qui lui avaient été envoyés de Mahanoro, c'est-à-dire de la province des Betsimisaraka du Sud, sur la côte Est.

Et ces fruits étaient désignés comme cueillis sur le raphia *vavy* (c'est-à-dire « femelle »), alors que d'autres, de la même région, provenaient du raphia *lahy* (c'est-à-dire « mâle »). Ces derniers étaient encore piriformes, mais un peu plus petits, et, dans leur aspect général, légèrement plus allongés.

Mais les termes traditionnels de *lahy* et *vavy* n'indiquent-ils pas déjà des différences visibles pour les indigènes ?

De la région d'Andriba (du cercle de Mevatanana) nous avons vu des fruits tout autres, et qui alors avaient une grande ressemblance avec celui figuré par M. Sadebeck ; ils étaient indiqués comme *vavy* (femelles).

Enfin plus gros et plus allongés, tout en redevenant quelque peu piriformes, étaient d'autres fruits qui se trouvaient à l'Exposition de Marseille, dans le pavillon de Madagascar, mais dont la provenance exacte n'était malheureusement pas mentionnée.

---

(1) SADEBECK, *Der Raphiabast* ; Jahrbuch der hamburgischer wissenschaftlichen Anstalten, 1900.

En outre des différences anatomiques, voilà donc des différences dans la forme des fruits et dans les appellations indigènes.

Et ce sont des faits de cet ordre qui durent, jadis, frapper du Petit-Thouars, puisque, dès 1804, dans sa *Flore d'Oware et de Benin*, Palisot de Beauvois écrivait : « M. Aubert du Petit-Thouars m'a assuré avoir reconnu (pour le *Raphia pedunculata*) deux variétés qui peut-être, mieux examinées, donneraient une troisième espèce. »

Il est fâcheux que, depuis lors, l'étude, à ce point de vue, des *Raphia* de Madagascar ait été complètement délaissée; et il importerait d'autant plus de la reprendre que la solution du problème offre un intérêt pratique.

Nous avons déjà dit que toutes les lanières de *Raphia* exportées de Madagascar ne sont pas de qualité uniforme.

Le commerce distingue deux grandes sortes : le « Majunga », ou « raphia clair », qui est le meilleur, et le « Tamatave » ou « raphia sombre », beaucoup moins résistant, et, par conséquent, inférieur.

Après les quelques expériences déjà faites par M. Claverie, nous ne sommes pas sûr que la distinction nette entre les provenances de la côte Ouest, d'une part, et celles de la côte Est, de l'autre, ne soit pas trop absolue.

Quelques provenances de l'ouest jouissent peut-être, à cause de leur origine, d'une faveur injustifiée ; et inversement certains raphias de l'est sont peut-être trop dépréciés par la défaveur attachée — et avec juste raison dans la plupart des cas — à ces sortes de la région orientale.

Car à quoi tiendrait l'infériorité ordinaire de ces sortes ?

M. Sadebeck l'attribue à la moindre largeur et au plus grand espacement des faisceaux fibreux sous-épidermiques.

Or l'examen anatomique a démontré à M. Claverie que ce caractère est bien celui des lanières de Tamatave, de Vohémar, d'Antongil, de Mananjary et de Sainte-Marie, mais n'est plus celui des lanières d'Ambositra, d'Andevorante et de Mandritsara, qui ressemblent plutôt, à cet égard, aux lanières de Majunga et à celles du cercle de Mevatanana et de Nossi-Bé.

Il est vrai qu'on peut de nouveau, sur ce point, contester l'explication de Sadebeck ; et M. Claverie, par des essais directs de résistance, faits sur des lanières d'origines diverses, a, en fait, reconnu que la ténacité est bien plus en concordance avec l'épaisseur — très variable suivant les sortes — des *éléments fibreux* qu'avec la largeur et le rapprochement des faisceaux.

Ainsi ont été très résistantes les lanières de Majunga (10 kilos, pour des bandes de 80 centimètres de longueur et 2 centimètres de largeur), de Mananjary (9 kilos), de Sainte-Marie (8 k. 500), de Méva-tanana (8 kilos), de Mandritsara (8 kilos) et de Vohémar (7 k. 800), dont les faisceaux sont composés de nombreuses fibres très grosses et à membrane très épaisse ; et bien moins fortes, au contraire, les bandes d'Andevorante (4 k.100), d'Antongil (4 k. 100), de Nossi-Bé (4 k. 500), d'Ambositra (4 k. 500) et de Tamatave (6 kilos), dans lesquelles les faisceaux sont formés d'un plus petit nombre de fibres, qui sont plus fines et à paroi plus mince.

Mais on remarquera que, même en adoptant cette seconde explication, et en se rapportant, en tout cas, aux résultats des expériences, on ne range pas exactement dans une même catégorie toutes les lanières de l'ouest, d'une part, et toutes les lanières de l'est, de l'autre.

Les bandes de Mananjary, de Sainte-Marie, de Mandritsara et de Vohémar sont rapprochées des bandes de Majunga et de Mévata-nana ; et les bandes de Nossi-Bé sont classées à côté de celles de Tamatave.

C'est donc sous la réserve imposée par ces observations que nous rappelons ici la distinction admise entre tous les raphias de l'ouest et tous ceux de l'est.

Il est, au surplus, peu vraisemblable que des différences de qualité aussi nettes qu'elles le sont quand on compare la majorité des échantillons des deux côtes soient à attribuer exclusivement, comme on l'a supposé quelquefois, à des différences dans le soin de la préparation.

Ce qu'est cette préparation, on l'a expliqué bien souvent. Récemment, cependant, M. Deslandes (1) a donné une description plus détaillée que toutes celles publiées jusqu'alors ; et c'est cette description que nous résumons, en la précisant et complétant au point de vue botanique.

L'exploitation du palmier a lieu, en somme, toute l'année, mais est surtout active de juillet à septembre.

---

(1) M. DESLANDES, *Le raphia* ; Agriculture pratique des pays chauds, 1905.

Quand un *Raphia* a atteint l'âge voulu pour que cette exploitation commence, on peut couper deux feuilles par an, à six mois d'intervalle. Les feuilles que les récolteurs détachent sont les plus jeunes, celles qui se dégagent du bourgeon terminal et sont encore fermées.

Lorsqu'elles sont cucillies, les limbes sont séparés des pétioles ; et chacun de leurs segments — qui sont formés de deux moitiés appliquées l'un contre l'autre — est divisé en deux par une incision faite de part et d'autre de la nervure médiane.

On sépare donc ainsi ces deux moitiés accolées.

Ce sont, avons-nous déjà dit, les épidermes supérieurs de toutes ces moitiés de segments qui vont constituer le raphia du commerce.

Ces épidermes supérieurs correspondent aux faces qui, dans le segment non encore divisé, étaient externes, car le *Raphia* est un palmier à feuilles rédupliquées, la déchirure s'y faisant suivant les nervures des fonds des plissements. Il en résulte que, dans chaque moitié, l'épiderme qu'il s'agit de détacher est reconnaissable à sa teinte, car il est le seul qui soit un peu verdâtre ; l'épiderme inférieur, qui correspondait, dans le segment encore fermé, aux faces internes des deux moitiés rapprochées, est incolore, puisqu'il est resté jusqu'alors à l'abri complet de la lumière.

Pour obtenir l'épiderme verdâtre et brillant, le récolteur met à plat sur un billot le demi-segment foliaire, en plaçant en dessous la face colorée ; puis vers la base, avec un couteau, il fait une incision transversale qui traverse presque toute l'épaisseur des tissus.

Exactement cependant, cette incision s'arrête à la couche fibreuse que nous savons être contiguë à l'épiderme supérieur, et qui offre une certaine résistance au tranchant de la lame.

Grâce à cette entaille, il est facile maintenant de soulever, vers le haut et vers le bas du demi-segment, toute la partie située au-dessus de cette couche de fibres ; et c'est ce que fait l'indigène, qui tire rapidement et successivement, de part et d'autre, les deux lanières qu'il a saisies par leurs extrémités relevées, correspondant aux bords de l'incision.

Mais, ces lanières enlevées, il ne reste donc plus sur le billot que la pellicule qui n'a pas été atteinte par l'entaille, et qui est la bande de raphia.

Toutes les bandes ainsi isolées sont desséchées au soleil, en petits tas ou en couches minces ; et, lorsqu'elles sont sèches — souvent au bout d'une demi-journée — c'est lé raphia tel qu'on l'exporte,et tel que l'emploient nos jardiniers.

Sur place, ces mêmes lanières servent pour la confection de chapeaux ou de divers objets de vannerie, ou encore pour la préparation de la filasse bien connue avec laquelle les Malgaches confectionnent leurs rabanes.

La préparation de cette filasse est ainsi décrite dans les *Notes, Reconnaissances et explorations de Madagascar* (1899, 3e trimestre) :

« On frotte le raphia avec les pieds sur une pierre ou un escabeau ; on peut aussi le battre dans un mortier contenant de l'eau.

« On le met à sécher ; puis on procède au polissage, en faisant glisser les lanières entre le pouce et deux morceaux de bambou. On les sépare ensuite en fils, au moyen d'une aiguille ou d'une petite broche en os ; on réunit ces fils, et enfin on les tord de la même façon que les fils de soie.

« Mis en écheveaux, le fil de raphia est lavé dans de l'eau de savon. Puis on le fait bouillir dans une marmite, avec de l'eau de cendres de fougères ou de paille de riz filtrée.

« Lorsque le raphia a pris une teinte vert-jaunâtre, il faut qu'il sèche. On le plonge dans de l'eau argileuse, à laquelle on ajoute du jus de citron. Blanc et sec, il est mis de nouveau en écheveaux ; et on procède au dernier ourdissage pour l'étendre ensuite sur le métier. On le tire de la même manière que la soie. »

Sur la côte orientale, d'après M. Deslandes, les fils sont généralement séparés au moyen d'une sorte de peigne.

On sait que ces filasses, teintes par divers colorants, ne sont pas toujours tissées seules, mais très souvent aussi avec d'autres textiles, tels que la soie.

Une certaine quantité de ces rabanes, ainsi que d'objets en raphia, est exportée annuellement en Europe (16301 kilos de rabanes ordinaires, au prix de 45107 francs, en 1905). Néanmoins, le *Raphia* doit bien, avant tout, son importance commerciale aux lanières, dont il a été expédié, nous l'avons vu, en 1905, 4.119.828 kilos, d'une valeur de 2.377.829 francs.

C'est à peu près exclusivement par ces bandes que le palmier occupe le quatrième rang dans les exportations de l'île, le premier rang appartenant à la poudre d'or (6.874.961 francs en 1905), le second au caoutchouc (4.840.926 francs), et le troisième aux peaux brutes (3.710.550 francs).

Les expéditions de raphia sont faites à destination de la France (2.375.281 kilos en 1904), de l'Allemagne (887.547 kilos) et de l'Angleterre (70.487 kilos).

Elles ont lieu surtout par Majunga (882.925 francs en 1905), Tamatave (622.723 francs), Vatomandry (297.010 francs), Andevorante (166.910 francs) et Nossi-Bé (139.300 francs).

Majunga et Nossi-Bé sont donc les deux grands ports d'exportation de la côte Ouest. Dans cette région occidentale, le *Raphia* se trouverait, d'après M. Duchène, dans la zone limitée par une ligne qui, partant de Tuléar, passerait vers Andriba en se dirigeant vers Diégo. Mais sa répartition serait loin d'être régulière ; et les seules contrées d'exploitation ne sont que le cercle de Mevatanana, la province de Majunga et le cercle d'Ananalava.

A Andriba, dans le cercle de Mevatanana, est un important marché où viennent s'approvisionner les indigènes du centre.

Sur la côte Est, Vatomandry et Andevorante sont les deux principaux ports d'expédition, après Tamatave. Dans cette région orientale, l'habitat par excellence du palmier est, en effet, le pays Betsimisaraka, quoiqu'il s'étende encore, dans le sud, jusque vers la province de Farafangana, et, dans le nord, dans la province de Mandritsara et dans celle de Vohémar. Vers l'intérieur, il s'arrête partout à l'altitude maxima de 400 à 500 mètres. En revenant vers la côte, on le trouve dans toute la zone à *Ravenala*, jusqu'à quelques kilomètres de la mer.

Toujours, d'ailleurs, ses lieux de prédilection sont les bords des cours d'eau, les ravins humides et abrités, car la chaleur et l'humidité sont les deux conditions indispensables à sa végétation. Et la nécessité de ces deux facteurs réunis suffit à faire comprendre pourquoi les *Raphia* ne croissent ni dans la région centrale — où on ne voit qu'exceptionnellement quelques pieds cultivés, ou de rares sujets qui ont pu pousser spontanément dans certains bas-fonds — ni dans le sud-ouest.

Ces deux dernières régions sont, par conséquent, dépourvues des diverses ressources que le palmier offre dans l'est et dans l'ouest, et qui ne se limitent pas seulement à l'emploi des épidermes supérieurs des segments foliaires.

Les pétioles des grandes feuilles — et feuilles qui peuvent avoir 15 mètres de longueur, avec un pétiole de 3 à 4 mètres, car les *Raphia* sont presque caractérisés, au point de vue du port, par les énormes dimensions de ces feuilles et, au contraire, une brièveté relative du tronc — sont des bâtons solides, qui servent de piquets, de brancards, de chevrons, etc.

Les nervures, qui sont le déchet de la préparation des lanières lorsque chaque segment a été divisé en deux bandes, sont employées pour la fabrication d'ustensiles de pêche (*vovo* et *tandrorotra*).

Le bourgeon terminal, dont la cueillette entraîne la mort de l'arbre, est un chou-palmiste.

L'incision du tronc donne un vin de palme.

Enfin les indigènes consomment volontiers, d'après M. Deslandes, la partie pulpeuse du péricarpe des fruits, qui sont des baies cortiquées. D'après les analyses de M. Schagendhauffen, cette pulpe contient 14,12 o/o d'une substance grasse qui est un mélange de stéarine et de palmitine.

Mais tous ces usages sont donc locaux ; au contraire, un produit qui offre, comme les lanières, un intérêt commercial est la cire qu'on peut récolter sur les feuilles.

Nous avons signalé cette cire en 1905 (1) d'après les renseignements que nous avait fournis M. Perrier de la Bathie, qui a été le premier à la remarquer et à songer à la possibilité de son utilisation.

Il serait d'autant plus désirable que l'industrie en tirât parti que cette préparation donnerait une valeur à ce qui actuellement n'est qu'un déchet, car c'est l'épiderme *inférieur* des segments foliaires qui est recouvert de cette substance cireuse.

On peut donc l'obtenir, et on l'obtient, en reprenant toutes les moitiés de segments auxquelles nous avons vu enlever l'épiderme *supérieur* (qui, avec ses fibres sous-jacentes, constitue les lanières).

Ces segments, ainsi débarrassés de cet épiderme supérieur, sont desséchés, puis battus dans une grande toile. Il s'en détache la fine poudre cireuse blanche qui recouvre la face inférieure ; et cette poudre, après tamisage, est jetée dans l'eau bouillante, où elle s'agglutine en masse.

(1) H. Jumelle, *Une cire végétale de Madagascar* ; Comptes-Rendus de l'Académie des Sciences, déc. 1905.

On a alors une substance légèrement grasse au toucher, assez facilement cassante, et à cassure nette et mate. Tout en n'étant pas friable, elle est pulvérisée aisément dans le mortier.

Par beaucoup de ses caractères, elle se rapproche de la cire de carnauba.

M. Descudé (1), qui en a fait, avec des échantillons que nous lui avons donnés, une étude chimique minutieuse, a constaté son insolubilité, à froid, dans l'alcool, le chloroforme, le benzène, le toluène, le sulfure de carbone, l'essence de térébenthine, etc. Par contre, elle est un peu soluble dans l'alcool bouillant, et d'une très grande solubilité, à chaud, dans les autres liquides précédents.

Son point de fusion, compris entre 83° et 84°, est le même que celui de la cire de carnauba.

La densité est de 0,954.

Comme dans la cire de carnauba et dans la cire d'abeilles, l'acide libre le plus abondant est l'acide cérotique, le principal alcool est l'alcool mélissique, et l'acide combiné le plus important est l'acide palmitique.

La cire de raphia ne diffère de la cire de carnauba que par sa plus faible proportion d'acides combinés, et, inversement, sa plus forte teneur en acides libres ; et ces deux cires se distinguent surtout de la cire d'abeilles par leur point de fusion plus élevé (celui de la cire d'abeilles étant de 64 degrés).

Or, si l'on envisage, d'autre part, la composition et les diverses propriétés de la « cire » du Japon, on constate que, ainsi que le fait remarquer M. Descudé, « il serait aisé de mélanger cette cire du Japon à celle de raphia dans des proportions telles que le produit obtenu posséderait sensiblement les mêmes données que la cire d'abeilles. »

« La cire du Japon, ajoutée à la cire de raphia :

« 1° élèverait sa densité ;

« 2° abaisserait son point de fusion ;

« 3° ne modifierait guère le titre d'iode, qui est voisin de celui de la cire d'abeilles ;

« 4° introduirait bien une légère quantité d'acides solubles dans

(1) M. Descudé, *Une nouvelle cire végétale* ; Le Caoutchouc et la Gutta-Percha, mars 1907.

l'eau, mais les cires d'abeilles blanchies au soleil en contiennent toujours un peu ;

« 5° élèverait la teneur en acides libres ;

« 6° élèverait beaucoup la teneur en acides combinés ;

« 7° abaisserait un peu le volume d'hydrogène dégagé.

« Il en résulte que la cire du Japon, déjà utilisée pour falsifier la cire d'abeilles blanchie, paraît pouvoir se substituer complètement à cette dernière, du fait que son mélange, convenablement fait, avec la nouvelle cire de raphia donnerait un produit de composition tellement voisine que la fraude serait difficilement décelable. »

Ce dont il faut, au reste, se préoccuper, ajoute avec raison M. Descudé, « ce n'est pas de la falsification de telle ou telle cire, pas plus que de la fabrication d'un produit pouvant passer pour un autre plus en vogue ; mais il convient de voir si cette nouvelle cire, soit seule, soit mélangée avec d'autres substances, ne conviendrait pas pour certains usages. Et les résultats exposés paraissent de nature à convier les industriels à des essais pratiques sur cette nouvelle matière, susceptible d'acquérir une valeur marchande réelle. »

Rappelons que la cire de carnauba, récoltée, au Brésil, de septembre à mars, sur les feuilles non ouvertes du *Copernicia cerifera* Mart., est très employée, en Amérique du Nord, pour la fabrication de bougies, pour la préparation de pommades pour chaussures, ainsi que d'encaustiques, et est aussi utilisée par l'industrie des cylindres de phonographes et de gramophones.

C'est en raison de ces débouchés divers que les Allemands ont, paraît-il, songé à introduire dans leurs colonies africaines le palmier brésilien. Nous aurions tort vraiment de ne pas profiter de cette circonstance heureuse que, à Madagascar, nous avons en abondance, à l'état spontané, un autre palmier qui, d'après l'étude précédente, peut fournir un produit analogue.

En avril 1907, la cire de carnauba valait 450 à 525 francs les 100 kilos, lorsque la cire du Japon était cotée 145 à 148 francs, et la cire d'abeilles de Madagascar 167 à 173 francs.

Le crin végétal. — Le « crin végétal » de Madagascar est plus exactement un piassava, car les très longs filaments bruns qui sont toujours désignés sous ce nom sont épais, et servent principalement en brosserie.

Le palmier producteur serait le *Dictyosperma fibrosum* Wright, ou *vonitra* des Sakalaves, qui était autrefois très commun sur la côte orientale, chez les Betsimisaraka, mais devient de plus en plus rare.

Aujourd'hui, d'après M. Prudhomme, les indigènes qui se livrent à la récolte du piassava, entre Tamatave et Mananjary, doivent s'avancer à une ou deux journées de marche dans l'intérieur.

Sur cette récolte nous n'avons malheureusement que des renseignements vagues, et même contradictoires.

On admet bien généralement que le piassava de Madagascar, comme les piassavas d'Amérique et de l'Afrique occidentale, est fourni par les feuilles ordinaires. C'est là également l'explication qui nous a été donnée à l'Exposition coloniale de Marseille ; et elle est rendue vraisemblable par la structure anatomique des filaments, que M. Sadebeck (1) compare à celle du piassava de Para (du *Leopoldinia Piassaba* Wall), composé de plusieurs faisceaux libéro-ligneux. En ce cas, le piassava de Madagascar serait récolté sur le tronc du palmier.

Le capitaine Jeannot raconte cependant (2) que les Betsimisaraka ramassent simplement les spathes des inflorescences qui sont tombées sur le sol et se sont décomposées. Ce serait alors les filaments fibreux de ces spathes, dégagés par la dissociation des tissus mous, qui seraient le « crin végétal » (3).

Quoi qu'il en soit, l'importation du produit diminue chaque année, soit parce qu'il est peu apprécié sur les marchés européens, soit parce que la récolte devient de plus en plus difficile, par suite de la disparition du palmier.

En 1904, les exportations ont été de 7.232 kilos, d'une valeur de

---

(1) Sadebeck, *Ueber die sudamerikanischen Piassavearten* ; Berichte der deutschen botanischen Gesellschaft. 1902.

(2) Jeannot, *Les productions végétales de la région des Betsimisaraka-Betanimena* ; Revue des cultures coloniales, 1er semestre 1901.

(3) Il importerait toutefois de savoir s'il n'y a pas eu confusion par M. Jeannot entre le *vonitra* et un autre crin végétal qui, celui-là, est blanc, moins gros que celui du *Dictyosperma fibrosum*, et serait fourni par un palmier appelé *laffa*.

D'autre part, il est nécessaire encore de faire remarquer que le nom de *vonitra* est app'iqué à un autre Palmier-Céroxyloïdée-Arécée de l'est de Madagascar, qui serait le *Dypsis Thouarsiana* Baill., ou *Vonitra Thouarsiana* Bec. Mais la description précise de Wright (*Madagascar Piassava* ; Kew Bulletin, 1894) ne semble guère laisser de doute que le *vonitra* à piassava est le *Dictyosperma fibrosum*, qui, du reste, ne paraît pas pouvoir être identifié avec le *Vonitra Thouarsiana* de Beccari.

4.630 francs ; 6.002 kilos ont été importés en France, 1.030 kilos en Allemagne, 200 kilos en Angleterre.

Les plantes à chapellerie et à vannerie. — Le *Raphia* n'est pas le seul Palmier dont les segments foliaires, à Madagascar, sont employés en chapellerie et en vannerie.

Un autre représentant de la même famille, que les indigènes nomment le *manarana*, fournit en Imerina une paille pour la fabrication de chapeaux assez fins.

Il en serait de même du *bara* de la région de Farafangana et du *lakatra*, qui appartient également à la côte Est.

Ces deux derniers Palmiers sont indéterminés ; le *manarana* est l'état jeune de l'*anivona*, qui est le *Phloga polystachya* Nor., d'après M. Beccari.

Ce *manarana* surtout offrirait de l'intérêt pour la chapellerie. Il serait commun dans les bosquets des hauts plateaux ; et sa paille serait plutôt travaillée plus facilement que celle de l'*ahibano*, Cypéracée dont nous allons parler immédiatement. Un chapeau en *manarana* serait d'une très grande finesse ; il pourrait se rouler dans un étui de 4 à 5 centimètres de diamètre. Une bonne ouvrière le confectionne en six à douze jours, suivant la minceur de la paille.

L'*ahibano*, auquel nous venons de faire allusion, est le *Cyperus nudicaulis* Poir., des terrains tourbeux de l'Imerina, et que l'on retrouve, dans l'ouest, jusque dans les tourbières de Manongarivo, dans l'Ambongo. C'est avec sa tige, dépourvue de feuilles, qu'on fabrique des chapeaux très souples, et de première qualité. D'après M. Jully, ces chapeaux supporteraient plusieurs lavages. Il faut à une bonne ouvrière, pour les exécuter, de huit à quinze jours, suivant la finesse du tressage. Les prix varient en conséquence.

Moins bonnes seraient les tiges, que l'ouvrier aplatit ou découpe en lanières, du *penjy* (peut-être le *Lepironia mucronata* Rich.) et de l'*hareto* (peut-être l'*Eleocharis plantaginea* Br.) des régions orientale et centrale.

Dans le centre, on emploierait aussi beaucoup aujourd'hui le *Sporobolus indicus* R. Br., ou *tsindrodrotra*, qui serait le *tsiana* des Betsimisaraka. Il y a une quarantaine d'années, nous disait M. Jully, on ne se servait de cette paille, à Tananarive, que pour confectionner des étuis, de petits paniers et des nattes fines ; l'application à la chapellerie est assez récente. Le *tsindrodrotra*, abondant dans les terres humides des environs de Tananarive, a une paille à reflets chatoyants, qui est tressée facilement. Une ouvrière en fait, en trois jours, un chapeau, qui est de prix moins élevé que ceux en *ahibano*.

La fabrication de tous ces chapeaux, nous apprend encore M. Jully, est surtout le travail des femmes. Les hommes s'occupent uniquement de la récolte des pailles, qui a lieu vers le mois d'avril, à la fin de la saison des pluies, puis du blanchiment, lorsque le chapeau est terminé.

Ce blanchiment consiste en un lavage à l'eau courante, suivi d'un nettoyage avec le jus de citron, d'une application d'amidon de riz et d'un polissage au moyen d'un corps dur. Du moins, cette préparation est celle que subissent les chapeaux en *ahibano*, en *manarana*, ou en *manakalahy* de l'Ankaratra.

« L'outillage nécessaire (1) à la confection du chapeau est des plus simples : il consiste en une double forme en bois, l'une en creux, l'autre en relief, un petit couteau pour préparer les pailles, et un maxillaire de bœuf pour les écraser, les serrer et les polir. Cette industrie est rémunératrice, car une ouvrière habile peut gagner facilement et sans fatigue des journées de 1 fr. 25. »

Elle serait appelée à quelque avenir, si de grandes maisons françaises continuaient, comme elles ont commencé, à acheter ces chapeaux, auxquels il suffit de redonner, chez nous, la forme qu'exige la mode.

Pour les chapeaux tout à fait inférieurs, tels que les bonnets de bourjanes, on emploie chez les Betsimisaraka les feuilles des *vakoa*, qui sont diverses espèces de *Pandanus*.

Pour la fabrication des nattes et des paillassons, les plantes très utilisées sont : le *Cyperus prolifer* Lam. (*Cyperus æqualis* Vahl), qui serait le *zozoro* des Betsimisaraka, et qu'on trouve aussi dans les tourbières du centre et dans celles de l'Ambongo ; le *Cyperus alternifolius* Lin., qui est le *vinda* des Sakalaves ; le *Cyperus latifolius* Poir., qui est l'*herana* ; et le *Cyperus madagascariensis* R. et Sch., qui est l'*isatra* (2).

<hr>

(1) Nous empruntons ce passage à un article dans lequel M. Jully avait réuni pour un journal quotidien marseillais les renseignements qu'il nous avait communiqués verbalement.

(2) De toutes ces identifications botaniques nous ne garantissons que celles du *vinda*, de l'*ahibano*, de l'*herana* et de l'*isatra*, qui ont été établies d'après l'herbier

Le *Cyperus latifolius*, commun dans les sols marécageux du Boina, a une souche cespiteuse, qui émet des rejets courts, dont l'ensemble forme de grosses touffes de 1 à 2 mètres de diamètre. Les tiges sont de deux sortes, les unes seulement foliifères, de 2 mètres de hauteur, et les autres florifères, atteignant plus de 3 mètres. Toutes sont rougeâtres à la base. Les inflorescences sont d'amples ombelles composées, dont les rayons secondaires sont les axes (parfois ramifiés) d'épis très fournis, à pédicelles relativement courts. Ce sont les feuilles qui sont employées ; mais les nattes sont grossières.

Le *Cyperus madagascariensis* pousse surtout dans les marais du centre. Les échantillons que nous avons examinés, et qui ont permis l'identification de l'*isatra*, ont été recueillis par M. Perrier de la Bathie dans le bassin de l'Isandrano, dans l'Imerina du Nord. La tige qui est traçante, et de la grosseur du poing, émet des rameaux sans feuilles, de 2 à 3 mètres de hauteur; les inflorescences sont de larges ombelles simples d'épis courts mais longuement pédicellés. Pour confectionner des nattes, qui sont très solides, les indigènes enlèvent avec un couteau les trois faces de la tige, en se débarrassant de la moelle, et fendent ces faces en fines lanières.

Parmi les Palmiers, celui dont les segments foliaires sont le plus employés en vannerie, dans l'ouest, après le *Raphia*, serait l'*Hyphaene coriacea* Gaertn., qui est le *satrana mira*, ou *satrana viehy*, ou *banty*, des Sakalaves (1).

de M. Perrier de la Bathie. Au sujet du *Cyperus prolifer*, nous savons seulement que c'est bien cette espèce qu'on trouve dans l'Ambongo, qui est, d'ailleurs, l'habitat signalé par Baker. Nous ne savons pas si c'est vraiment le *zozoro* des Betsimisaraka et des Hova, et nous devons même noter que les dimensions de nos échantillons, comme celles indiquées par Baker et par Clarke (tiges de 70 centimètres à 1 mètre), sont beaucoup inférieures à celles (tiges très grosses, et de 2 à 3 mètres) attribuées ordinairement au *zozoro* du centre et de l'est.

(1) Dans le mémoire récent *(Palmarum madagascariensium Synopsis* ; Engler's Bot. Jahrbuch, 1906), où M. Beccari a créé, comme nous l'avons dit plus haut, en note, le genre *Vonitra* pour le *Dypsis Thouarsiana* Baill., le même auteur sépare de l'*Hyphaene coriacea* Gaertn. l'*Hyphaene* du nord-ouest de Madagascar, qu'il nomme *Hyphaene Hildebrandtii* Cette détermination, basée sur les seuls fruits, est peut-être un peu hâtive ; et il serait bon, croyons-nous, de comparer aussi les feuilles, et surtout les fleurs, de l'*Hyphaene coriacea* de l'Afrique orientale et de l'*Hyphaene* de Madagascar, qui pourrait n'être, au plus, qu'une variété. Les fruits, dans les deux cas, sont turbinés.

Et il est d'autant plus possible que l'*Hyphaene* malgache soit à laisser au voisinage de l'*Hyphaene coriacea* que certains faits autoriseraient jusqu'à un certain point à penser que l'*Hyphaene* a été jadis introduit à Madagascar, où il se serait acclimaté tout particulièrement dans la steppe. Il en serait de même pour le *Sclerocarya*

Les plantes textiles. — Quelques plantes, à Madagascar, pourraient peut-être offrir un certain intérêt comme textiles.

Dans le nord-ouest — la seule région pour laquelle nous ayons personnellement sur ce sujet quelques renseignements précis, grâce aux documents et aux matériaux que nous a envoyés à plusieurs reprises M. Perrier de la Bathie — les Sakalaves connaissent très bien les espèces qu'il serait possible d'exploiter.

Ils extraient, par exemple, les filaments fibreux des gaînes foliaires du *Typhonodorum madagascariense* Engl. (1), qu'ils nomment *viha*, ou encore *mangibo* ou *mangoka*.

Cette Aroïdée vit au voisinage de la mer, dans les marais (2) et sur le bord des cours d'eau boueux. De sa souche partent de grandes feuilles à gaînes très développées. Pour extraire la filasse de ces gaînes, les Sakalaves les cassent en deux d'un coup sec ; il leur suffit ensuite de tirer doucement les filaments fibreux assez gros qui apparaissent, bien visibles et bien séparés, au niveau de la brisure. L'extraction est surtout aisée si la traction est faite bien parallèlement à l'axe du limbe. Parfois les Sakalaves facilitent encore cette opération par un battage préalable.

Shakua Bak., qu'aucun caractère bien sérieux ne sépare, croyons-nous, du *Sclerocarya Caffra* Sond., de la Côte orientale d'Afrique. Le *sakoa* et l'*Hyphaene*, ainsi que le *Medemia nobilis*, sont de plus en plus rares lorsque, de la côte, on s'avance vers l'intérieur.

(1) P. Claverie, *Étude morphologique et histologique du Typhonodorum madagascariense, textile de Madagascar* ; Revue générale de Botanique, 1906.

(2) A Maurice, où croît aussi le *via*, c'est une principales plantes qu'on cherche à faire disparaître, depuis qu'on a entrepris le curage des eaux stagnantes pour détruire les moustiques, propagateurs de la fièvre paludéenne. M. Boname a recherché à cette occasion (*Rapport annuel de la Station agronomique de Maurice*, 1901) si ces feuilles, qui forment sur les berges, après leur extraction, des amoncellement volumineux, qui entrent en décomposition et dont il faut se débarrasser, ne pourraient être utilisées comme engrais. L'Administration éviterait ainsi tous frais de transport, car les riverains pourraient se charger de les emporter, pour les étendre dans leurs champs. Or, la composition chimique du *via* serait à peu près celle des tiges et feuilles des bananiers. Les cendres sont remarquablement riches en potassium (40,4 p. 100), qui s'y trouve à l'état de chlorure et de carbonate ; et il y a aussi une forte proportion de soude. Malheureusement, la masse fraîche contient 95 pour 100 d'eau ; et, à moins d'attendre que la décomposition se soit effectuée sur place, il y a un poids considérable à transporter, pour n'obtenir, en définitive, que très peu de matière sèche. C'est là le principal inconvénient. Pour y remédier dans la mesure possible, M. Boname propose de mettre tous ces détritus en tas, sur les berges, de les mélanger avec de la chaux, qui activerait la décomposition et améliorerait le résidu final, puis d'abandonner le tout à la fermentation pendant quelques mois. Le terreau qui en résulterait pourrait alors être plus facilement porté directement aux champs, ou mélangé avec le fumier ordinaire.

La filasse, qui est jaunâtre, leur sert surtout pour la fabrication de grands filets de pêche.

Pour l'exportation, nous ne croyons pas qu'elle ait grande valeur, même celle de la variété à gaînes rougeâtres, qui serait supérieure à celle de la variété à gaînes blanches. Sa propriété caractéristique est son élasticité, ou plutôt son extensibilité après dégommage. Mais elle est ligneuse, et sa résistance n'est que moyenne.

Plus intéressante serait la filasse de l'*Urena lobata* Lin. (1), qui est le *kiriza* des Sakalaves, et encore le *tsikilenza*.

Cet *Urena lobata*, de la famille des Malvacées, est une plante bien connue, car l'espèce n'est pas spéciale à Madagascar, mais est, au contraire, commune dans les pays chauds les plus divers, où elle se plaît en terres alluvionnaires.

Au Brésil, où une importante fabrique a été fondée pour son exploitation, la filasse est aujourd'hui désignée sous le nom d'*aramina*.

A Ceylan, où la plante est appelée *patta appele*, et dans l'Inde, où, au Bengale, on la nomme *bun-ochra*, on en fait des cordes et des sacs, soit en employant la filasse seule, soit en la mélangeant avec le jute.

Dans beaucoup de contrées de l'Afrique tropicale, aussi bien sur la côte orientale qu'au Congo et dans l'Angola, les mêmes filaments servent pour la fabrication de cordages.

A Madagascar, les indigènes en font de même des cordes et des ficelles, et même quelquefois de grossiers lambas assez résistants.

Ils préparent les filaments fibreux en trempant les écorces dans l'eau pendant quelques jours.

Les lanières ainsi préparées, longues de 1ᵐ 70 à 2 mètres, sont blanc-sale, ou grisâtres, ou même gris-noirâtre, mais toujours plus ou moins brillantes.

La filasse préparée et peignée est plus blanche.

On a songé à l'utiliser en France pour la fabrication du papier. En tout cas, elle peut convenir également, semble-t-il — et voilà ce qu'il faut retenir — pour tous les usages dans lesquels le jute trouve des applications. On l'a appelée à tort à Madagascar « ramie indigène ». Si l'on veut faire une comparaison, ce serait plutôt, à notre

---

(1) H. Jumelle, *Sur une filasse appelée* ramie indigène *à Madagascar* ; Annales coloniales, 15 février 1903.

avis, le terme de « jute indigène » qui serait plus exact ; et ce serait donc comme remplaçant de ce jute que notre colonie pourrait l'exporter.

De la ramie nous rapprocherions plus volontiers, par les modes possibles d'emploi, la filasse de *lombiro*.

Nous avons déjà dit, à propos des plantes à caoutchouc, que ce *lombiro* est une Asclépiadée, le *Cryptostegia madagascariensis* Boj.

La plante serait aussi intéressante comme textile que comme espèce à caoutchouc, d'après les expériences que nous avons faites (1).

Cette filasse de *lombiro* n'est pas ligneuse comme celle de l'*Urena lobata*; elle est cellulosique.

Elle est, en outre, très fine et très résistante. Lorsque des ficelles d'*Urena lobata* se rompent sous une charge moyenne de 14 kilos, une ficelle de *Cryptostegia madagascariensis* de même calibre ne se brise que sous un poids de 18 kilos.

Le *Cryptostegia madagascariensis* pourrait donc être déjà, tout en ne valant pas le chanvre, une bonne plante à corderie ; mais son intérêt est peut-être plus grand encore, car des industriels, à qui nous avons montré sa filasse, nous ont affirmé qu'elle donnerait des tissus très fins, comparables à ceux de ramie.

Il est regrettable que le manque de main-d'œuvre ne permette pas, à Madagascar, d'assurer des exportations régulières.

La préparation semble pourtant assez facile. Actuellement, les Sakalaves décortiquent les tiges à la main ; cette décortication opérée, ils dégagent de l'écorce, avec leurs ongles, les faisceaux fibreux (d'origine péricyclique), que leur espacement et leur blancheur rendent bien visibles.

Ce mode d'obtention a l'avantage de faciliter ensuite le peignage, qui, en effet, est plus rapide et donne un déchet moindre qu'avec la filasse d'*Urena lobata*.

Au contraire, la très grande difficulté du peignage enlève beaucoup d'intérêt à la filasse de *Pachypodium Rutenbergianum* Vatke, ou *vontaka*.

Les *Pachypodium*, nous l'avons dit plus haut, font partie, avec les Euphorbes et les *Adansonia*, de la flore xérophile des régions calcaires.

(1) H. JUMELLE, *Trois plantes à corderie de Madagascar* ; Revue des cultures coloniales, 20 juillet 1903.

Le *Pachypodium Rutenbergianum*, qui pousse sur ces rochers, et aussi sur les roches siliceuses du Boina et de l'Ambongo, est un arbre cactiforme, de 3 à 4 mètres de hauteur. Son tronc, épaissi à la base, diminue rapidement de grosseur vers le sommet, où il porte quelques rameaux étalés. Sur toute la surface sont de gros aiguillons droits coniques.

Les filaments fibreux sont probablement obtenus par le rouissage et le battage de l'écorce.

Mais les longues lanières, blanc jaunâtre ou jaunes, ainsi isolées, sont enduites d'une matière gommeuse qui, après leur dessiccation, leur donne une certaine roideur, en même temps qu'elle rend très difficile l'isolement des filaments. Par peignage à la main, nous n'avons pu obtenir qu'une filasse très grossière ; le peignage à la machine est nécessaire.

Nous ne pouvons donc que répéter aujourd'hui ce que nous avons dit autrefois, en relatant nos expériences. L'intérêt des *Pachypodium* comme plantes textiles est certainement pour nous plus restreint que celui du *Cryptostegia madagascariensis*, et même de l'*Urena lobata*. La filasse est bien cellulosique, mais sa préparation présente des difficultés que, pour le moment, aucune raison sérieuse ne nous force à surmonter.

Puis les *Pachypodium* ne sont certainement pas des plantes de culture possible, comme le seraient, au besoin, l'*Urena lobata* et le *Cryptostegia madagascariensis* ; et il est vrai qu'on les trouve aussi bien dans la région à intisy du sud-ouest que dans le nord-ouest, mais il n'en reste pas moins probable que leur abondance n'est pas telle qu'une exploitation un peu intense n'amènerait rapidement leur disparition.

Toute l'étude précédente se rapporte principalement aux plantes du Boina et de l'Ambongo, qui sont toujours celles sur lesquelles nous avons les renseignements personnels les plus précis. L'intérêt de toutes ces données ne se localise pas cependant dans cette région, car nous avons vu, à propos des plantes à caoutchouc, que le *Cryptostegia madagascariensis* s'étend, dans l'ouest, à travers tout le Ménabé, et nous venons de faire observer que les *Pachypodium* sont au nombre des genres de la brousse épineuse du sud.

Le *Typhonodorum madagascariense* habite, d'autre part, les marais du littoral oriental. De même, sur cette côte Est, on retrouve l'*Urena*

lobata, car le Père Baron, dans son *Compendium des plantes malgaches,* l'y signale sous les noms de *kirijy,* ou *pampada,* ou *panapada,*
ou *paka.*

La Malvacée serait donc exploitable, là, concurremment avec le
Fourcroya gigantea Vent., dont la présence à Madagascar n'est pas à
oublier.

L'importance, en effet, du *Fourcroya gigantea* comme textile est
bien établie, puisque c'est des feuilles de cette Amaryllidée, voisine
des *Agave,* qu'on extrait à la Réunion, et surtout à Maurice, ce qu'on
appelle dans le commerce européen l'*aloès vert de Maurice.*

Il semble que, à Madagascar, dans les régions où pousse ce
Fourcroya, on pourrait faire mieux que d'extraire seulement — comme
c'est le cas aujourd'hui — les quantités de filasse nécessaires pour les
petits besoins locaux.

A Maurice, où l'espèce n'est pas cultivée, mais croît, à l'état
sauvage, dans les terres incultes du littoral, en se reproduisant par
les bulbilles qui se détachent des hampes florales, cette filasse donne
lieu à une exportation régulière (1.243.000 kilos en 1901); et la colonie
anglaise se préoccupe (1) d'introduire des défibreuses plus perfectionnées que la « gratte » ordinaire, qui est le seul appareil actuellement connu des Mauritiens.

En décembre 1906, à Hambourg, la filasse de *Fourcroya* était
cotée, aux entrepôts, 75 à 88 francs les 100 kilos, alors que le chanvre
de Manille valait 93 à 162 francs, le chanvre de Sisal 88 à 103 francs, et
l'ixtle 61 à 73 francs. Si les conditions économiques, à Madagascar,
permettaient l'exploitation de ce textile, notre colonie pourrait ne pas
dédaigner une industrie qui, en ce moment, est à peu près localisée
à Maurice, car nous verrons qu'elle est sans importance à la
Réunion.

Le coton.— Madagascar est, comme l'Afrique occidentale française, une des colonies où l'on songe à la culture des cotonniers; et
des essais sont, en effet, tout indiqués, puisqu'il fut un temps où les
indigènes se livraient eux-mêmes à cette culture, que fit ensuite
abandonner l'introduction des cotonnades américaines à bon marché.
Il en est resté, dans presque toutes les parties de l'île, des plantes à
demi-sauvages.

(1) Boname, *Rapport annuel de la Station agronomique de Maurice,* 1901.

La région qui conviendrait essentiellement serait évidemment la région occidentale. Sur le versant oriental, les pluies sont trop abondantes ; et sur le plateau central, bien que jadis il y ait eu de nombreux champs de cotonniers, dans l'Imerina et le Betsileo, le terrain est trop pauvre. Dans l'extrême-nord et dans le Boina, climat et sol sont particulièrement favorables ; et c'est là que doivent porter, et qu'ont porté avec raison, les premiers efforts.

A la fin de 1903, M. Billaud entreprenait des cultures à Marohogo, à 12 kilomètres au sud-est de Majunga.

Et dès octobre 1904, on lisait dans le *Journal Officiel* de la colonie : « L'expérience faite cette année démontre la bonne venue du coton à Madagascar. Les essais auxquels l'Association cotonnière coloniale a bien voulu procéder sur les échantillons provenant de Marohogo donnent un résultat inespéré, en classant ces cotons au rang des premières qualités. Les offres, pour les achats, ont été de 140 à 150 francs les 50 kilos, pour le *Yanovitch*, et de 100 à 110 francs pour l'*Abassi*. D'autre part, un second examen, fait récemment, au Havre, des cotons de Marohogo, a donné lieu également à des constatations satisfaisantes, principalement en ce qui concerne la longueur (30 à 35 millimètres) et la finesse des soies. On signale seulement qu'il y aurait intérêt — comme M. Billaud lui-même l'a déjà reconnu — à changer le modèle d'égreneuse, et à adopter l'égreneuse de Mac-Carthy. »

Ajoutons que, l'année dernière, nous avons fait nous-même estimer des cotons de même provenance, et la qualité en a été fort appréciée.

Le résultat de cette première tentative devait encourager à de nouvelles expériences ; aussi le Gouvernement de la colonie établissait-il en 1904 une station d'essais à Marovoay.

L'endroit était heureusement choisi. La vallée de Marovoay constitue, dans le district de ce nom, au fond de la baie de Bombetoka, le centre rizicole le plus important du nord-ouest. Et les terrains convenant au riz sont, *à priori*, ceux qui peuvent être propices à la culture du cotonnier.

Quelques renseignements généraux (1) se dégagent déjà de

(1) Duchêne, *Culture du cotonnier à Madagascar* ; Association cotonnière coloniale, janvier 1906.

ces essais méthodiques, qui ont été aussi satisfaisants que ceux de Marohogo.

Pour l'époque des semis, il apparaît qu'il faut faire en sorte que les plants atteignent 25 à 30 centimètres — ce qui représente de 20 à 30 jours —au moment où commence la saison sèche. Ils pourront être moins avancés s'ils se trouvent en terrain de plaine à sous-sol humide. D'après ces données, le mois de mars est, dans la région de Majunga, un moment favorable pour cet ensemencement.

Il est prudent de semer en billons, pour éviter la stagnation de l'eau, qui ferait pourrir les graines ; et la même raison doit faire soigner le drainage.

Sur le choix des variétés on est encore peu fixé ; on a toutefois déjà reconnu que le type indigène ne réussit pas mieux que les variétés introduites.

Comme terrain, il faut éviter les sols acides et ceux qui sont trop sablonneux ; les terres de fertilité moyenne, et sur lesquelles quelques cultures ont déjà été faites, sont excellentes.

Les essais en cours compléteront rapidement ces premières indications, qui, nous le répétons, intéressent surtout la côte Ouest, et non seulement, sur cette côte, la province de Majunga, le cercle d'Analalava et les provinces de Nossi-Bé et de Diego-Suarez, mais aussi les cercles de Maintirano et de Morondava, et même la province de Tuléar.

Les terrains à cotonnier ne forment pas sur toute cette étendue une zone continue ; mais ils correspondent à toute une série d'îlots, situés dans les vallées, au voisinage des cours d'eau.

Les essences forestières. — Nous avons dit au début de ce chapitre, que la contrée la plus boisée de Madagascar est, dans la région orientale, la partie comprise entre le plateau central, qui est entièrement dénudé, et la zone à *Ravenala*, où les bouquets d'arbres se concentrent dans les fonds.

Tous les versants Est de la chaîne côtière sont couverts de forêts, quoique sur une largeur variable, dont le maximum serait au nord de la baie d'Antongil.

Commençant dans la province de Diego-Suarez par le massif d'Ambre, la bande forestière est très épaisse dans la province de Vohémar et sur la limite de cette province et celle de Nossi-Bé. C'est vers Maroantsetra qu'elle devient plus étroite. Elle est cependant encore assez puissament développée au niveau de Tamatave. Entre ce niveau et le lac Alaotra sa largeur est de 75 kilomètres environ. Au sud de Tamatave, l'amincissement est graduel, le boisement se localisant de plus en plus vers les cimes des deux arêtes de la chaîne. Vers Mananjary, il n'y a plus qu'un ruban sinueux de quelques kilomètres ; et il en est ainsi jusqu'à Fort-Dauphin, avec même, çà et là, des interruptions dans la province de Farafangana.

Il n'y a aucune forêt, naturellement, dans le sud-ouest, où la végétation est broussailleuse, non plus que dans le centre, où elle est presque nulle.

Dans la région occidentale, ce sont des massifs plus ou moins espacés, alternant avec les savanes. Nous avons déjà cité, pour le Menabé, les trois groupes du Morondava, de la Tsiribihina et du Manambolo. Ces trois groupements constituent, dans leur ensemble, le boisement le plus important de tout le versant. Dans la province de Tuléar, il n'y a que quelques taches. L'Ambongo est, en grande partie, dénudé au-delà du ruban littoral que nous savons. Ce ne sont aussi que des paquets épars de forêts qu'on rencontre, très rares, dans le cercle de Mevatanana (manquant même entièrement dans les secteurs d'Andriba et d'Andriamena), plus nombreux dans la province de Majunga.

Nous ne retrouvons un boisement plus dense qu'en passant dans le cercle d'Analalava, et surtout dans la province de Nossi-Bé; mais nous revenons alors vers la zone forestière orientale, que nous avons vue s'étendre sur les limites des provinces de Vohémar et de Nossi-Bé, de même qu'elle couvre plus bas les limites des provinces des Betsimisaraka du Nord et de Mandritsara.

Les essences qui, dans toutes ces forêts, pourraient être exploitées paraissent assez nombreuses, et sont souvent citées.

Ce sont, entre autres : les *hazomainty*, ou ébènes, qui seraient diverses espèces de *Diospyros* ; les *voamboana* et les *manary*, qui sont des *Dalbergia*, parmi lesquels le *Dalbergia Baroni* Bak., le *Dalbergia trichocarpa* Bak., le *Dalbergia Perrieri* Jum. ; le *volomopona*, ou bois de rose, qui serait encore un *Dalbergia* ; le *varongy fotsy*, qui serait l'*Ocotcia trichophlebia* Bak. ; le *volomborona*, ou *Albizzia fastigiata* Mey. ; les *nato*, qui sont diverses Sapotacées telles que le *Mimusops Commersoni* Engl., le *Sideroxylon rubrocostatum* Jum. et Perr. etc ;

le *rotra*, qui est un *Eugenia* ; le *sohily*, ou *sodindranto*, qui serait le *Cephalanthus spathelliferus* Bak *;* l'*indrarinandra*, ou *hintzina*, qui est l'*Afzelia bijuga* Gray ; les *lalona*, qui sont des *Weinmannia*, tels que le *Weinmannia bojeriana* Tul., le *Weinmannia lucens* Bak. etc. ; les *harahara*, qui sont des *Neobaronia*; le *vandrika*, ou *Craspidospermum verticillatum* Boj. ; le *zahana*, ou *Phyllarthron Bojerianum* DC. ; le *mongy*, ou *Hernandia peltata* Meissn.; l'*ambora*, ou *Tambourissa parvifolia* Bak. ; l'*hetatra*, ou *Podocarpus madagascariensis* Bak. ; le *merana*, ou *Vernonia Merana* Bak.; l'*ambiaty*, ou *Vernonia appendiculata* Less.; un *hazomena*, ou *faux-natte*, qui serait le *Weinmannia Rutenbergii* Engl.; des *hazondrano*, qui sont des *Eleodendron ;* le *vivaona*, ou *Dilobeia Thouarsii* Roem. et Sch.

Tous ces bois sont encore à peu près inexploités, et on ne sait guère la valeur exacte de la plupart.

En 1905, les quantités exportées ont été de 1.366.267 kilogrammes, valant 217.090 francs.

Les années précédentes, elles étaient de :

1896........	F. 76.262	1903.......	F. 564.754
1898........	114.190	1904.......	369.734
1901........	111.544		

Ces 369.734 francs de 1904 représentent 2.243.734 kilogrammes, dont il a été expédié vers les pays suivants :

France...............	951.070	kilogrammes
Allemagne............	887.547	»
Colonies anglaises....	65.250	»
Angleterre...	55.998	»
Colonies francaises ...	4.912	»
Autres pays	278.962	»

Le principal port d'embarquement est actuellement Majunga (150.000 francs environ, en 1905, sur 217.000 francs). Les chargements de Tamatave sont deux fois moindres. Les autres expéditions, très faibles, sont faites par Sainte-Marie et Nossi-Bé.

A Majunga, le trafic des bois est surtout entre les mains d'une compagnie allemande, la « Deutsche Ost-Afrikas Gesellschaft ».

Les principales essences qui, dans cette région Nord-Ouest, donnent lieu à ce commerce sont les suivantes, telles que nous avons pu les déterminer avec les échantillons recueillis par M. Perrier de la Bathie.

La plus importante est l'ébène, qui est le *Diospyros Perrieri* Jum. (1). C'est le *lopingo* des Sakalaves, qui ont emprunté ce terme aux commerçants de Zanzibar, l'ébène de la côte orientale d'Afrique, qui est le *Dalbergia melanoxylon* G. et Perr., étant appelé *m'pingo* en soaheli. Le nom malgache est plutôt *hazomainty*.

Ce *Diospyros Perrieri*, qui serait le seul arbre à ébène du nord-ouest, atteint 15 à 20 mètres de hauteur. Son tronc est recouvert d'une écorce noirâtre, qui se détache par plaques, comme celle du platane. Les feuilles sont à limbe ovale-allongé, arrondies ou aiguës à la base. Les fleurs femelles sont, sur les jeunes rameaux, soit espacées, soit simulant, dans leur ensemble, des épis plus ou moins lâches ; à un même niveau, elles sont isolées, ou par deux ou trois.

Le *lopingo* se trouve surtout dans les bosquets forestiers à sol rocailleux, et sur les bords des torrents. Dans le cercle de Mévatanana, par exemple, il occupe les gorges boisées des montagnes.

Dans le Ménabé, il serait encore commun, d'après le capitaine Rey, dans les massifs de la vallée de la Sohanina et dans ceux du Manambolo et de la Tsiribihina. Il est bien probable qu'on le rencontre également dans les forêts du Morondava.

Dans le Boina, les arbres à palissandre qu'on exploite en même temps que l'arbre à ébène sont principalement le *Dalbergia boinensis* Jum. et le *Dalbergia Perrieri* Jum. (2).

Le *Dalbergia boinensis*, qui est le *manipika* des Sakalaves, serait le plus commun. Son tronc, qui a de 10 à 25 mètres de hauteur, et quelquefois 30 à 40 centimètres de diamètre, porte des rameaux étalés ; il est à écorce jaunâtre. Les fleurs sont blanches et à odeur forte. Il croît partout dans le Boina, sauf dans les terrains humides.

Le *Dalbergia Perrieri* de la même région est un *manary*. C'est un arbre de 10 à 20 mètres de hauteur, dont le tronc, à écorce gris-noirâtre, et parsemé de nombreuses petites lenticelles, atteint parfois 60 centimètres de diamètre, et devient, par conséquent, plus gros que celui du *manipika*. Cette espèce n'existe pas dans le Bas-Boina ; elle

(1) H. JUMELLE, *L'arbre à ébène du nord-ouest de Madagascar*; Revue des cultures coloniales, 5 juin 1902.

(2) H. JUMELLE, *Deux* Dalbergia *à palissandre de Madagascar*; Comptes-Rendus de l'Académie des Sciences, 13 février 1905.

se plait principalement en forêts sèches, dans les terrains siliceux du haut bassin de la Betsiboka et de l'Ikopa.

Ces palissandres de la province de Majunga sont beaucoup moins exportés que l'ébène ; et il n'y a, de même, que des exportations intermittentes de l'*hazomena* du Boina et de l'Ambongo, qui est le *Khaya madagascariensis* Jum. et Perr. (1).

Cet *hazomena* peut être cependant intéressant, puisqu'il appartient au genre qui fournit, comme nous l'avons vu, des acajous en Afrique occidentale.

Le *Khaya madagascariensis* est un grand et bel arbre de 20 à 30 mètres de hauteur, à tronc très droit et cylindrique, avec une écorce brunâtre, maculée de gris. Il pousse dans toutes les alluvions des bords des cours d'eau, disparaissant dans les endroits où, par contre, sont surtout le *Diospyros Perrieri* et les *Canarium*.

Le bois d'*hazomena* du Boina, exporté au Havre à plusieurs reprises, a été rapproché de ceux des *aucoumés* du Gabon, et vendu aux mêmes prix.

Les arbres à gommes et à résines. — Les troncs de beaucoup d'arbres, à Madagascar, exsudent des gommes ou des résines.

Nous connaissons, pour notre part, un assez grand nombre de ces espèces gommifères ou résinifères que nous nous proposons de décrire ultérieurement, avec M. Perrier de la Bathie ; et nous en avons déjà signalé quelques-unes.

Ainsi le *Dalbergia boinensis*, cet arbre à palissandre que nous venons de citer, laisse écouler, quand on incise l'écorce du tronc, un liquide très fluide, qui, après dessiccation, (2) donne une substance noire, brillante, cassante, facilement réduite, par broyage, en une poudre rougeâtre, à forte odeur de cannelle. Cette substance se dissout entièrement dans l'alcool, en donnant des vernis rouges qui semblent comparables à ceux qu'on prépare avec des baumes tels que les accroïdes et le sang-dragon.

Or on sait que ces accroïdes et ce sang-dragon entrent dans la préparation de certains vernis usuels, et notamment des vernis pour

---

(1) H. Jumelle et H. Perrier de la Bathie, Le Khaya *de Madagascar* ; Comptes-Rendus de l'Académie des Sciences, 9 avril 1906.

(2) H. Jumelle, *Deux gommes-résines de Madagascar* ; Annales coloniales, 1er octobre 1905.

métaux. Les accroïdes jaunes, par exemple, font partie des vernis cuivre jaune ; les accroïdes rouges servent pour la fabrication des vernis cuivre rouge ; les mêmes accroïdes et le sang-dragon sont inscrits dans les formules des vernis or jaune et des vernis or rouge ; enfin les accroïdes font partie de certains vernis à bon marché, destinés à donner des tons mordorés aux chaussures communes ou à divers objets de vannerie.

Peut-être, pour tous ces emplois, la sorte de gomme-résine balsamique du *Dalbergia boinensis* pourrait-elle convenir si — ce que nous ignorons — on pouvait s'en procurer suffisamment pour une exportation régulière.

D'autre part, le *Khaya madagascariensis* secrète une gomme qui se concrète sur l'écorce sous l'aspect de petites stalactites, dont certains fragments sont jaune clair. Cette gomme est, en grande partie (85 o/o), soluble dans l'eau, avec laquelle elle donne des solutions plus ou moins colorées et adhésives ; elle ne contient pas de tanin et est sans odeur ni saveur. Elle pourrait donc présenter aussi quelque intérêt.

Citons encore la résine rougeàtre de l'*Erythrophleum Couminga* Baill.

Ce n'est, par conséquent, pas exceptionnellement que sont à exsudat, à Madagascar, les deux genres résinifères les plus connus, qui sont les *Trachylobium* et les *Canarium*, dont la valeur est, du reste, très inégale.

Les *Canarium*, qui sont des Burséracées, ne fournissent qu'un élémi, c'est-à-dire une oléorésine entrant seulement dans la préparation de certains vernis à l'essence ou à l'alcool.

L'*élémi de Manille* est sécrété par le *Canarium album* Raeusch., l'*élémi du Bengale* par le *Canarium bengalense* Roxb., l'*élémi d'Afrique* par le *Canarium Schweinfurlhi* Engl. (1), les *élémis d'Amérique* par des *Protium*.

Le *Canarium* du Boina, qui est le *ramy*, est, d'après M. Jacob de Cordemoy (2), le *Canarium multiflorum* Engl.

C'est un arbre qui, dit M. Perrier de la Bathie, a 30 à 35 mètres de

(1) Et non par le *Canarium edule* Hook. f., qui, d'ailleurs, (*Kew Bulletin*, 1906) est le *Pachylobus edulis* Don.

(2) J. DE CORDEMOY, *Sur le ramy de Madagascar* ; Comptes-Rendus de l'Académie des Sciences, 1901, 1er semestre.

hauteur, et a le port d'un grand chêne. Ses feuilles sont imparipennées, avec quatre à cinq paires de folioles.

Nous avons vu précédemment qu'il pousse, avec le *Diospyros Perrieri*, dans les terrains silicieux où disparaît le *Khaya madagascariensis*.

La résine qui découle de la base du tronc et des grosses racines est jaune-verdâtre, à odeur de citron.

Ce sont les mêmes caractères qui sont indiqués pour les résines de *ramy* du nord et du nord-est de l'île. Nous ne savons cependant si, dans ces autres régions, les arbres producteurs sont toujours le *Canarium multiflorum*.

Il est probable que d'autres espèces du genre sont également productrices.

Les indigènes, qui se servent de la substance comme encens, comme colophane, ou pour faire des soudures, ne recueillent pas seulement l'exsudat spontané, mais activent la sécrétion par des entailles.

D'après M. Coffignier, le *ramy* est soluble dans l'alcool éthylique, l'alcool amylique, le chloroforme, la benzine, l'éther, et l'essence de térébenthine. Avec ce dernier dissolvant, il donne, comme le galipot d'Amérique, des vernis qui, ne durcissant pas les couleurs au plomb, permettent de les étendre.

A l'heure présente, la résine n'est guère connue dans l'industrie européenne.

Au contraire, il y a de la côte Est de Madagascar des exportations régulières de *copal*, qu'explique la haute valeur de cette résine dure.

Le copal de Madagascar est, en effet, avec le copal de Zanzibar, la meilleure résine dont puissent faire usage les fabricants de vernis, et celle qui est la base des meilleurs vernis gras.

En 1905, il en a été exporté 22.701 kilog., au prix de 41.650 francs.

L'arbre producteur, ou *tandroroho*, qui, comme le copalier de Zanzibar, est le *Trachylobium verrucosum* Hayne, n'existe à Madagascar que sur la côte orientale. Dans le nord de la province de Vohémar, il est commun entre le Fanambana et le Sahambava. Chez les Betsimisaraka du Nord, on le trouve principalement dans la région de Maroantsetra, dans la vallée de la Mahavelona et dans la presqu'île de Masaola. Plus au Sud, il abonde entre Tamatave et Mananjary, et

notamment, d'après M. Prudhomme (1) à proximité d'Ivondrona.
(Betsimisaraka du Centre), d'Andevorante (Betanimena), de Mana-
kambahina, de Vatomandry, de Beparasy et de Mahanoro (Betsimisaraka du Sud).

Partout l'habitat de l'espèce est le bord immédiat de la mer, dans
les terres sablonneuses de la région des lagunes.

Le copal est surtout obtenu par l'incision des grosses branches et
du tronc, mais on en récolte aussi un peu dans le sol. La résine
commerciale est donc, en partie, récente et, en partie, fossile.

Sur les marchés d'Europe, on en distingue deux sortes : la
blanche, qui est la meilleure, et la rouge. Toutes deux sont à surface
lisse.

Le copal de Madagascar est un peu moins dur que celui de
Zanzibar, et est moins résistant aux dissolvants. D'après M. Coffignier (2), les proportions insolubles pour 100 sont les suivantes :
73,80 dans l'alcool éthylique, 65 dans l'éther, 69 dans le chloroforme,
60 dans l'essence de térébenthine, 78,40 dans la benzine, etc.

La densité (1,056) et le point de fusion (300 degrés) sont les mêmes
que pour le copal de Zanzibar, mais les chiffres d'acide (c'est-à-dire
les titres acidimétriques des acides libres) sont différents (93 pour le
copal de Zanzibar, et 78,50 pour le copal de Madagascar). Enfin les
indices de Kottstorfer (c'est-à-dire les quantités d'acides totaux, après
saponification potassique) sont de 70,1 pour la sorte de Zanzibar et de
65,90 pour la sorte de Madagascar.

L'alimentation indigène. — Les Malgaches choisissent volontiers, comme plantes alimentaires les espèces sauvages, qu'ils ont la
seule peine de récolter, sans s'être donné le mal d'une culture
préalable.

Les Sakalaves, par exemple, consomment la fécule des souches
du *Typhonodorum madagascariense* Engl., ou *viha*, cette Aroïdée que
nous avons déjà mentionnée parmi les végétaux textiles. Après que les
souches ont été râpées, la farine grossière obtenue est desséchée sur
feu doux ; puis l'amidon en est séparé par lavage, tamisage et
décantation.

(1) PRUDHOMME, *L'agriculture sur la côte Est de Madagascar ;* Paris, 1901.
(2) COFFIGNIER, *Sur les résines coloniales ;* Première réunion internationale
d'agronomie coloniale, Paris, 1906.

Malgré l'action du feu, cette fécule conserve, d'ailleurs, toujours une certaine quantité de ces principes caustiques que contiennent tous les tubercules d'Aroïdées ; et elle cause dans la bouche, et même dans l'œsophage, d'après M. Perrier de la Bathie, une sensation spéciale.

Meilleure est certainement la fécule de *kobitso*, car ce *kobitso*, d'après les échantillons botaniques que nous possédons, n'est autre que le *Tacca pinnatifida* Forst., répandu dans tant d'autres pays chauds, en Afrique, par exemple, et plus encore en Océanie, où c'est le *pia* de Tahiti. Et il est bien connu que sa fécule, qui, en Angleterre, est l'*arrow-root de Tahiti*, est d'assez bonne qualité pour être exportée.

Dans l'Ambongo et le Boina, le *Tacca pinnatifida* est très commun dans les sables de la zone littorale, plus rare sur le calcaire.

Les Sakalaves, nous dit M. Perrier de la Bathie, pèlent les tubercules, puis les râpent sur une pierre ; et ils jettent — comme pour obtenir la fécule du *viha* — la pulpe ainsi désagrégée sur un tamis, dans lequel ils font couler de l'eau jusqu'à ce que cette eau passe claire. Ils laissent ensuite l'amidon se déposer, décantent et font sécher. La fécule est consommée cuite, à l'eau ou au lait.

Un autre aliment féculent des Sakalaves est la farine qu'ils obtiennent en pulvérisant la moelle de *satrrnabe*, ou *Medemia* (ou *Bismarckia*) *nobilis* Hild. et Wendl.

Le palmier est commun dans l'Ambongo et dans le Boina, au bord de la mer et au voisinage des cours d'eau. Nous avons signalé antérieurement sa résistance aux feux de brousse. Les Sakalaves l'abattent, et extraient du tronc les deux à cinq kilos de moelle qu'il contient.

Cette moelle desséchée est pulvérisée.

C'est, après tamisage, une fine poudre jaunâtre, qui, lorsqu'elle est toute fraîche, est un peu sucrée.

Les Sakalaves la consomment sans isoler la fécule.

Elle est assez nourrissante, comme en témoignent les analyses faites par M. Gallerand (1), avec un échantillon que nous avait envoyé M. Perrier de la Bathie.

Telle que nous l'avions reçue, la farine était jaune clair ; son humidité était de 17 o/o. Desséchée, elle contenait, pour 100 :

Amidon	66,833	Substances grasses	1,037
Cellulose	12,939	Substances minérales	8,200
Substances albuminoïdes	10,538		

(1) H. GALLERAND, *Une farine de palmier de Madagascar* ; Comptes-Rendus de l'Académie des Sciences, 2 mai 1904.

Ces substances minérales sont surtout du sulfate de potasse (15,362, pour 100 de cendres), du chlorure de potassium (5,189), du phosphate de chaux (4,941), des sels de magnésie (5,424), du protoxyde de fer (0,697) et de la silice insoluble dans les acides (55.53).

Le principal fait qui doit frapper est la grande richesse en substances albuminoïdes. La farine de *Medemia nobilis* est, à cet égard, supérieure aux ignames, à la pomme de terre, à la patate douce et aux maniocs.

Comme ignames, les Sakalaves ne consomment guère que les tubercules des *Dioscorea* sauvages.

Enfin des tubercules qu'ils récoltent aussi sans culture sont les rhizomes (1) des *Ouvirandra* (*O. fenestralis* Poir. et *O. Bernieriana* Dne), qui sont assez communs dans les rivières de l'ouest ainsi que dans celles du centre. On sait que ces Naïadacées sont reconnaissables à leurs feuilles fenêtrées, qui flottent, sous l'aspect de fines dentelles, à la surface de l'eau.

Toutes les plantes précédentes, auxquelles il faut ajouter le bananier, ont donc une part plus ou moins grande — et quelquefois nullement négligeable, comme le *Tacca pinnatifida* pour les Sakalaves du Boina et de l'Ambongo — dans l'alimentation indigène.

Les cultures qui, au point de vue végétal, complètent cette alimentation sont celles du riz, du manioc, de la patate douce, des saonjo, du maïs, du sorgho, et de divers légumes.

L'importance respective en varie, d'ailleurs, suivant les régions. Dans le sud, les principales cultures sont les cultures vivrières; les rizières sont rares.

Ces rizières sont moins nombreuses aussi sur la côte occidentale que sur la côte orientale et dans le centre.

Dans la région centrale, on évaluait, en 1904, à 135.000 hectares la surface couverte par les champs de riz. Dans la seule province de Tananarive-Ville, sur une superficie totale de 3312 hectares, il y avait 1355 hectares de rizières. En Imerina centrale, la production est supérieure aux besoins ; et une partie de la récolte est envoyée à Tananarive ou sur la côte. Il en est de même dans l'Imerina du Nord. L'Itasy est aussi une province à riz. Dans la province d'Ambositra, ainsi que dans celle de Fianarantsoa, en pays betsileo, non seulement presque toutes les vallées sont utilisées pour la culture de la céréale, mais, sur le

---

(1) E. HECKEL, *Sur l'Ouvirandra Bernieriana de Madagascar* ; Revue des cultures coloniales, 1898.

flanc des montagnes, grâce à un ingénieux système d'irrigations, les indigènes ont établi les rizières en gradins qui sont si souvent citées, notamment entre Ambositra et Fianarantsoa.

Mais ces rizières sont donc encore des rizières irriguées.

En revenant vers la côte Est, dans la province de Mananjary et dans tout le pays betsimisaraka, on rencontre, outre ces rizières aquatiques, celles de *tavy*, ou de montagne, qui ont tant contribué au déboisement de toute la région. L'Administration s'efforce avec raison de faire abandonner ce système d'écobuage mal compris ; et ses efforts commenceraient, paraît-il, à être couronnés de quelque succès. Les rizières de marais remplaceraient de plus en plus les rizières sèches.

Dans l'ouest, c'est la province de Majunga qui est la principale contrée rizicole, surtout dans la vallée de la Betsiboka. Dans la plaine de Marovoay, que nous avons dit plus haut être propice à la culture du coton, il y a actuellement plus de 13.000 hectares de rizières, établies, pour la plupart, par des Hova et des Betsileo. En 1904, il a été ainsi exporté de Marovoay 2.625 727 kilos de riz. Une rizerie a été récemment montée à Majunga ; et les expéditions sont faites vers Mayotte, Diego-Suarez, Zanzibar, et même Tamatave.

D'une manière générale, les exportations de riz de l'île sont en accroissement assez rapide, car les sorties n'étaient, en 1900, que de 23.786 francs, et ce chiffre s'est élevé à 62.520 francs en 1904 et 213.845 francs en 1905.

Ces 213.845 francs de 1905 correspondent à 1.516.917 kilos.

Après le riz, la plante alimentaire la plus cultivée par les Malgaches est le manioc.

Dans la province de Tananarive-Ville, où nous avons relevé tout à l'heure 1354 hectares de rizières, on évalue à 370 hectares les champs de manioc. Il y en avait 5 424 hectares dans l'Itasy, 2.328 dans la province d'Ambositra. Dans la province de Tuléar, comme chez les Mahafaly, où il y a très peu de rizières, c'est même la principale culture.

Trois variétés sont surtout cultivées, celle de Bourbon, l'indigène, et celle du Mozambique, qui appartiennent, les unes et les autres, au *Manihot palmata* Mull., c'est-à-dire à l'espèce à tubercules doux (1).

---

(1) M. Perrier de la Bathie a constaté que ces tubercules sont cependant quelquefois un peu amers, surtout lorsqu'ils ont poussé en sols calcaires. Ils n'ont néanmoins jamais causé d'accidents, quoique les Sakalaves, à l'occasion, les consomment crus et non pelés.

La multiplication est faite par boutures. En plantant, en octobre, 10.000 de ces boutures à l'hectare, dans l'Ambongo, M. Perrier de la Bathie a obtenu, en juillet suivant, 29.000 kilos de tubercules frais, soit 14.000 kilos environ de tubercules secs, qui ont donné 11.000 kilos de farine tamisée. Et le terrain était peu fertile. Dans des sols plus riches, les Sakalaves prétendent obtenir, dans le même laps de temps, la variété étant très hâtive, une récolte double (1).

La préparation de la fécule et du tapioca pourrait donc être une industrie qui réussirait aussi bien à Madagascar qu'à la Réunion, à propos de laquelle nous en reparlerons.

Pour le moment, il n'y a que des cultures indigènes limitées aux besoins locaux. Il en est de même pour la patate et le *saonjo* (*Colocasia antiquorum* Schott).

Au contraire, dans le sud-ouest, les Malgaches ne cultivent pas seulement pour leur nourriture, mais aussi pour le commerce extérieur, les haricots du Cap (*Phaseolus lunatus* Lin).

En 1904, l'île a exporté 930.457 kilos (248.194 francs) de ces graines, qui sont expédiées surtout de Tuléar, et à destination principalement de l'Angleterre et de la Réunion. Ainsi, en 1904, il en a été envoyé :

42.150 kilos	en France,	
425.197	»	en colonies françaises (La Réunion),
402.293	»	en Angleterre,
48.718	»	en colonies anglaises (surtout Maurice),
12.099	»	en d'autres pays.

En Angleterre, ces haricots du Cap sont utilisés pour la préparation de certaines sauces.

Parmi les céréales autres que le riz, la plus répandue, à Madagascar, est le maïs. Beaucoup plus rare est la culture du sorgho, qui n'est faite qu'accessoirement, tout en l'étant surtout dans le centre, le sud-ouest et la région de Fort-Dauphin, un peu aussi dans la province de Nossi-Bé. Sur les hauts plateaux, quelques champs de blé et d'orge.

La canne à sucre a quelque importance. Très anciennement

---

(1) Nous donnerons plus de renseignements sur cette culture du manioc dans l'Ambongo, dans un volume que nous pensons publier prochainement sur *Les plantes à tubercules*. En Imerina, les variétés cultivées sont, comme celles de la Réunion, beaucoup moins hâtives que la variété sakalave.

introduite, puisque déjà Flacourt en parle, la Graminée saccharifère réussit jusque dans le centre, car il y en avait 92 hectares, en 1904, dans la province de Tananarive-Ville.

Sur la côte, les plantations en sont plus nombreuses dans l'est que dans l'ouest; et, au sujet des régions orientale et centrale, M. Prudhomme écrit (1) : « Les indigènes exploitent la canne jusque dans le centre de l'île, pour fabriquer un sucre grossier, de couleur jaune brun, qu'ils moulent en pains de forme arrondie, et surtout pour produire un alcool de qualité inférieure, dont ils font un usage immodéré. Les broyeurs de cannes installés par les Malgaches ne sont pas rares sur la côte; on en trouve dans un grand nombre de villages des environs de Tamatave et de Vatomandry.

La canne à sucre est exploitée par les colons, principalement aux environs de Tamatave et de Vatomandry, où il existe quelques sucreries et fabriques de rhum. Cultivée en vue de produire de l'alcool, cette plante peut être rémunératrice pour quelques industriels, car on trouve aisément à écouler le rhum chez les indigènes ; mais l'énorme quantité de sucre produite, tant en Europe que dans les colonies, place l'industrie sucrière dans une situation si difficile, à Madagascar, qu'on ne saurait conseiller l'installation de nouvelles sucreries. Les usines existant actuellement pourront trouver dans la consommation locale un débouché suffisamment important ; mais on aurait tort, selon moi, de vouloir produire du sucre pour l'exportation. »

En terminant cette histoire des végétaux alimentaires de Madagascar, sauvages et cultivés, rappelons que, sur les hauts plateaux, le climat permet la réussite de beaucoup de plantes européennes. La pomme de terre — sans pousser aussi bien partout, car le sol ne lui convient pas toujours — donne, en divers points, de bons résultats, et notamment dans une partie de l'Itasy et dans la province de Vakinankaratra. L'artichaut, d'après les essais faits à Nanisana, peut être aussi de bonne venue, ainsi que l'asperge. Les aubergines, les carottes, les tomates, les poireaux, les navets, les fèves peuvent être obtenus toute l'année. Les betteraves poussent également. Par contre, les choux-cabus et les choux-fleurs sont très attaqués par les chenilles ;

---

(1) Prudhomme, *L'agriculture sur la côte Est de Madagascar* ; Paris, Comité de Madagascar, 1901.

les choux de Bruxelles produisent très peu de bourgeons; les oignons restent petits.

Quant à la vigne, déjà introduite à l'époque de Flacourt (1), il y en avait, paraît-il, 87 hectares, au total, dans la région centrale, en 1904.

Comme arbres fruitiers, les principaux cultivés à Madagascar sont :

dans la zone littorale, les bananiers, les manguiers, les orangers, les citronniers, les goyaviers, les papayers, les avocatiers, les mombins, les *Anona*, les letchis, etc. :

dans l'intérieur, les bananiers, les manguiers, les goyaviers, les orangers, les pêchers.

Partout on cultive aussi les ananas.

Dans le centre, les Européens tentent d'acclimater nos divers arbres d'Europe, pruniers, poivriers, etc.

Les végétaux oléagineux. — Aucun des arbres appartenant à la flore naturelle de Madagascar n'est actuellement exploité pour ses graines grasses. On a cependant beaucoup parlé, en ces derniers temps, des baobabs, qui sont représentés sur la côte Ouest par, au moins, trois espèces (2) indigènes :

l'*Adansonia Grandidieri* Dr. Cast. (*Adansonia madagascariensis* Baill., pro parte) (3), à fruit ellipsoïde, couvert d'un duvet roussâtre ;

l'*Adansonia madagascariensis* Dr. Cast. (*Adansonia Fony* Baill. et *Adansonia madagascariensis* Baill. pro parte) à pétales longs et étroits, à tube staminal allongé, à fruit globuleux, ou même, généralement, un peu plus large que haut ;

l'*Adansonia Za* Baill., à pétales relativement courts et larges, et à tube staminal bref, comme dans l'*Adansonia Grandidieri*, mais à fruit invariablement beaucoup plus long que large, et ressemblant même parfois à un fruit de *Luffa*.

---

(1) H. BAILLON, *Sur la vigne d'Alfissach* ; Bulletin de la Société linnéenne, 7 mai 1890.

(2) Drake del Castillo : *Atlas de la flore de Madagascar* (planche 79, de Baillon ; et suivantes, ajoutées par Drake del Castillo). — *Madagascar au début du XXᵉ siècle.*

(3) D'après Drake, les échantillons sur lesquels Baillon a établi son espèce *Adansonia madagascariensis* étaient un mélange de spécimens de deux espèces. Les fleurs étaient celles de l'espèce qui, pour Drake, reste l'*Adansonia madagascariensis*, mais les fruits (ellipsoïdes) provenaient d'une autre espèce, que Drake a nommée l'*Adansonia Grandidieri* à fleurs, présentant un tube staminal court. Les fruits de l'*Adansonia madagascariensis*, qui a des fleurs à tube staminal allongé, sont, comme nous le disons, globuleux, ou même souvent, un peu plus larges que longs.

C'est à dessein que nous n'ajoutons pas à ces noms botaniques les noms indigènes presque toujours cités.

Il est exact que, la plupart du temps, les graines qui nous parviennent en France sont désignées :

celles de l'*Adansonia Grandidieri* Dr. sous le nom de *reniala* ;

celles de l'*Adansonia madagascariensis* Dr. (non Baill.) sous celui de *fony ;*

celles de l'*Adansonia Za* Baill. sous celui de *za.*

Mais tous ces noms sakalaves peuvent être très trompeurs ; et ce serait un tort de leur attribuer trop de fixité. Ce ne sont, en réalité, les uns et les autres, que des vocables généraux, que les indigènes appliquent indistinctement, suivant la région, à tous les *Adansonia.*

Ainsi, dans l'Ambongo et le Boina — nous dit M. Perrier de la Bathie — les termes de *reniala* et de *fony* sont inconnus. Les seuls employés sont ceux de *za, zamena, sefy, bontony,* qui désignent presque indifféremment tous les baobabs. Et il y a pourtant, dans cette région, quatre espèces d'*Adansonia* : l'*Adansonia digitata* Lin., du continent africain, devenu subspontané auprès des villages de la côte ; l'*Adansonia madagascariensis* Dr. Cast. (non Baill.) ; l'*Adansonia Za* Baill.; et une quatrième espèce (1).

Les noms botaniques sont donc les seuls qui soient précis ; et il est d'autant plus nécessaire de les retenir que les trois espèces malgaches jusqu'alors connues n'ont pas le même intérêt industriel. Les amandes d'*Adansonia madagascariensis* Dr. et d'*Adansonia Za* sont relativement pauvres en substance grasse, dont elles ne contiennent même pas, croyons-nous, 20 o/o.

Les seules graines riches sont celles de l'*Adansonia Grandidieri* Dr. (*Adansonia madagascariensis* Baill. pro parte), qui ont été analysées par M. Balland.

---

(1) Nous n'osons dire, sans plus amples renseignements, que cette quatrième espèce — qui est peut-être plus spécialement le *zamena,* car son écorce est rougeâtre — est l'*Adansonia Grandidieri* Dr. Cast. (*Adansonia madagascariensis* Baill.), car la forme du fruit que nous indique M. Perrier de la Bathie est bien un peu celle de cet *Adansonia Grandidieri,* et les caractères floraux semblent être aussi les mêmes, mais M. Perrier ajoute que ce quatrième baobab est le plus petit de tous (à tronc ne dépassant pas 10 mètres), alors que Drake signale, au contraire, son *Adansonia Grandidieri* comme l'espèce qui atteint les plus grandes dimensions. Quant aux différences de port, sur lesquelles insiste Drake pour les divers *Adansonia,* elles n'ont qu'une valeur très relative, car la disposition de la ramure est très variable pour une même espèce.

Ces graines sont composées, pour 100, de 63 gr. 3 d'amande et de 36 gr. 7 de tégument ; et les amandes contiennent :

Eau...................... 5,40
Substances azotées........ 17,68
    —   grasses........ 63,20
    —   extractives..... 9,72
Cellulose................. 1,05
Cendres.................. 3,55

Dans les substances extractives il n'y a pas d'amidon. L'acide phosphorique se trouve à la dose de 1,34 o/o.

La matière grasse est un beurre, qui est blanchâtre à la température ordinaire, grumeleux, ne commençant à se liquéfier qu'à 25°, et entièrement fluide à 34° seulement. Sa nuance rappellerait alors celle de l'huile d'olive de Tunisie. Il est d'odeur agréable et de saveur douce.

M. Balland dit que, même après huit mois, des échantillons conservés ne présentaient pas trace d'acidité. La graisse pourrait peut-être, dès lors, être utilisée pour l'alimentation, comme le beurre de coco. Elle conviendrait, en tout cas, pour la préparation des savons, et surtout en stéarinerie.

La seule région de Madagascar qui pourrait exporter ces graines est la région Ouest, car les baobabs sont inconnus dans l'est. Ils appartiennent essentiellement aux flores xérophiles du sud-ouest et de l'ouest. Ils sont, avec les *Didierea*, les *Pachypodium*, etc., au nombre des représentants de la brousse à intisy ; et, en dehors de cette brousse, lorsqu'on remonte vers le Nord, tout le long du versant occidental de l'île, ils réapparaissent sur tous les points où le climat et le sol redeviennent ceux de cette brousse. Ainsi, dans le Mevatanana, on les retrouve sur tous les plateaux calcaires qu'habitent ces mêmes plantes à tiges ventrues et bizarres, telles que le *Pachypodium Rutenbergianum* Vatke (ou *vontaka*), l'*Ophiocaulon firingalavense* Dr. (ou *ola-boay*), etc.

Dans l'est, les végétaux oléagineux spontanés qu'il y aurait utilité d'étudier sont les *Myristica*, qui sont les *rara* des indigènes. La substance grasse de leurs graines est depuis longtemps employée par les Malgaches comme pommade contre les maladies de la peau. Probablement riche en myristine, cette graisse ne conviendrait peut-être pas pour la stéarinerie, mais pourrait être propre à la fabrication des savons. En ce cas, comme pour les baobabs, il serait essentiel de ne pas perdre de vue qu'il est plusieurs espèces de *Myristica*, et que les graines sont sans doute de compositions différentes.

Le *rara molotrandrongo* de la région d'Analamazaotra est le *Myristica acuminata* Lam. ; le *rara mena* est le *Myristica Chapelieri* Baill. (1), etc.

En attendant que nous soyons fixés sur l'avenir que les industriels français réservent à ces végétaux indigènes — et avenir qui dépend, en outre, beaucoup de la facilité et de la régularité avec lesquelles l'île assurerait l'exportation des graines — la seule exploitation de plante oléagineuse qui ait commencé à prendre quelque développement à Madagascar est celle du cocotier.

Le développement se poursuivra-t-il pour aboutir à un commerce extérieur de quelque importance ? Sur ce point les avis sont divers. Nous avons entendu des personnes, auxquelles un long séjour dans l'île donnait quelque compétence, émettre des doutes, alors que d'autres — et c'est le plus grand nombre — étaient optimistes.

En tout cas, depuis plusieurs années, le Gouvernement général encourage la culture du palmier.

Par arrêté du 21 décembre 1900, il faisait installer à Vohidrotra, sur les bords de l'Ivoloina, au nord de Tamatave, une cocoterie où le Service de l'Agriculture procédait à des essais d'acclimatation des variétés de Ceylan, des Seychelles et de Zanzibar.

Le 11 mars 1902, un nouvel arrêté prévoyait la création de cocoteries indigènes dans le nord-ouest, et, le 18 septembre, les fonds nécessaires à l'achat des graines étaient accordés.

Enfin, le 28 novembre 1902, un arrêté, qui réglementait les encouragements à donner à la culture du cocotier, étendait la mesure précédente à la plus grande partie des côtes Est et Ouest :

En 1904, il y avait ainsi :

Dans l'ouest, 2.209 hectares de cocoteries, dont 1.823 appartenant aux Européens et 386 aux indigènes ;

(1) Ces identifications ne sont pas celles de Baillon (Bulletin de la Société linnéenne, janvier 1885), mais celles que nous avons établies d'après les échantillons d'herbier qui figuraient à l'Exposition coloniale de Marseille. Pour Baillon, le *Myristica madagascariensis* Lamk. est le *rara-horak*, le *Myristica Vouri* Bail. est le *vouri*, ou *rara be*, et le *Myristica Chapelieri* est ce qu'il appelle le *mauloutch-an-droungou* (ce qui est vaguement la prononciation malgache de *molotrandrongo*).

Dans l'est, 468, dont 248 aux Européens et 220 aux indigènes.

D'après M. Prudhomme (1), le cocotier aurait été importé autrefois à Madagascar dans le nord-ouest par les Anjouanais et les Comoriens. Et il s'acclimata peu à peu d'autant mieux qu'il trouva sur le littoral de cette région les terres qui lui conviennent.

On sait quels sont ces terrains.

Le cocotier est bien connu comme plante halophyte, et, si certaines variétés ont été rencontrées — comme nous le verrons à propos de l'Indo-Chine — très loin des côtes, il n'en reste pas moins vrai que le voisinage de la mer est l'habitat ordinaire de l'espèce ; et le palmier, là, se plaît encore plus particulièrement dans les alluvions des bords des cours d'eau, car il ne lui suffit pas que le sol soit léger, comme le sont les sables du littoral, il faut, en même temps, qu'il soit riche.

Ce n'est que lorsque toutes ces conditions d'humidité, de température, de terrain, sont réalisées que la végétation du cocotier est réellement vigoureuse, et la fructification abondante.

Sur la côte Ouest de Madagascar, le climat du sud, au-dessous de la province de Morondava, devient trop sec ; la vraie région est donc celle comprise entre le cap d'Ambre et la limite septentrionale de la province de Tuléar. Dans la province de Nossi-Bé (y compris l'île) et dans le cercle d'Analalava, en particulier, il y a des cocoteries déjà anciennes.

De nouvelles sont établies dans la province de Majunga, ainsi que dans le nord du cercle de Morondava, dans le secteur du Ménabé septentrional.

Dans ce secteur, M. Rey cite les plantations de Soahanina, d'Antsinojilo, de Tamotamo, de Behenjavilo, d'Amboaniho, de Mafaindrano, de Soahazo, de Tsimanandrofozana, de Bosy, qui paraissent toutes réussir, comprenant, au total, 10.000 plants.

Sur la côte Est, les terres sont un peu moins propices que dans l'ouest ; cependant M. Prudhomme donne au sujet de ce versant — qu'il connaît si bien, au point de vue agricole — les renseignements suivants :

« Le cocotier s'y rencontre principalement à Vohémar, à Sainte-

___

(1) PRUDHOMME, *Le cocotier à Madagascar* ; Première réunion internationale d'agronomie coloniale, 1906.

Marie et à Fénerive, puis à l'intérieur et dans le voisinage des villes ou agglomérations les plus importantes, comme Tamatave et Mahanoro, etc... Il en existe quelques rares exemplaires assez vigoureux jusqu'à Fort-Dauphin ; plus au Nord j'ai constaté sa présence aux environs de Farafangana, près de Mananjary et à Mahanoro. A partir de ce point, il est assez commun dans tous les centres d'une certaine importance situés entre l'embouchure du Mangoro et Antsirane... Sur toute cette portion de la côte Est, comprise approximativement entre Farafangana et Diego-Suarez, le cocotier peut croître d'une manière convenable, soit seulement à proximité des maisons d'habitation, lorsqu'il s'agit de sols peu fertiles, soit, au contraire, sous forme de grandes plantations régulières, quand on se trouve en présence de terres riches... Les terres de bonne qualité sont constituées par les alluvions situées sur le bord des rivières ; tel est le cas des terrains formés par les rives de la basse Matitanana, un peu au nord de Farafangana. Il s'agit donc ici, en définitive, de la plupart des sols sur lesquels on cultive actuellement la vanille, le cacao, le café et la canne à sucre. Les terrains de cette nature n'occupent pas de grandes surfaces au sud de Tamatave, mais sont beaucoup plus étendus dans les anciennes provinces de Fénérive et de Maroantsetra. » M. Prudhomme ajoute qu'il est aussi sur toute la côte orientale, tout à fait dans le voisinage de l'océan, une longue bande de terres plus ou moins humifères, sur laquelle des cocoteries pourraient être créées, à la condition qu'on fume abondamment, au préalable.

Actuellement, toutes les noix de coco récoltées sont consommées sur place, et la production est même inférieure à la consommation. La culture du cocotier ne deviendra donc, pour l'île, un revenu que le jour où, les plantations ayant une extension suffisante, il y aura un excédent de récolte qui permettra aux colons de se livrer à la préparation du coir et du coprah, ainsi que des autres produits que nous mentionnerons, quand nous résumerons, au chapitre de l'Indo-Chine, l'histoire industrielle du cocotier.

Pour l'instant, une des préoccupations du Service de l'Agriculture doit être de trouver les remèdes qui arrêteraient les ravages que causent certains animaux dans les plantations.

Ces grands ennemis des cocotiers, à Madagascar, sont les rats, les sangliers, l'*Oryctes Rhinoceros*, et les fourmis.

Les rats non seulement détruisent les jeunes noix, mais s'attaquent aussi aux jeunes plantes, dont ils rongent les feuilles. Quelques planteurs ont bien eu recours au virus raticide de Danyz, mais sans succès, paraît-il (1). Ce virus perdrait rapidement son pouvoir destructeur, et les envois de Paris seraient parvenus à Madagascar complètement inactifs. Puis il n'est pas sûr, d'après M. Neiret, que, même bien conservé, il produise ses effets sur les rats de Madagascar.

Les sangliers causent également, dans les cocoteries, des dégâts qui parfois représentent une perte du cinquième de la plantation. On ne s'en débarrasserait qu'en accordant une prime aux indigènes, pour leur destruction.

La grosse fourmi qui perfore les graines, dans les semis de cocotiers, peut être efficacement combattue par l'arrosage de ces semis avec de l'eau salée, additionnée de 10 pour o/o de pétrole.

Contre l'*Oryctes Rhinoceros* (« black beetle » des Anglais et *voatandroka* des indigènes) dont les palmiers ont tant à souffrir, le remède le plus pratique consiste, d'après M. Chapert (2), à rechercher soit les galeries creusées dans la terre au pied du cocotier, lorsque celui-ci n'a pas plus de trois ans, soit le trou qui, sur le tronc, donne accès à cette galerie, quand le cocotier est plus âgé ; et dans l'un et l'autre cas, on plonge, par l'ouverture, un roseau flexible, terminé par une griffe en acier. En retirant la baguette, on ramènera le plus souvent le coléoptère, que l'on tuera en détachant la tête du tronc. Il est prudent aussi de brûler tous les vieux troncs de palmiers morts, cocotiers et autres, sur lesquels pullulent soit les larves soit les insectes parfaits.

Enfin une sorte de cancrelat s'introduit souvent, après le départ de l'*Oryctes*, dans la galerie que celui-ci a creusée, et continue son travail. On se débarrasse de ce nouvel ennemi en versant, dans la cavité, de l'eau additionnée de 5 pour o/o environ de pétrole.

Nous avons jugé utile de donner ces diverses indications pour ne pas laisser ignorer les difficultés diverses que peut présenter l'installation d'une cocoterie.

Mais, comme le fait encore remarquer M. Prudhomme, les dégâts

______

(1) Procès-verbaux des séances de la Chambre d'Agriculture de Madagascar, février 1906.

(2) Procès-verbaux des séances de la Chambre d'Agriculture de Madagascar, juillet 1905.

causés par ces ennemis ne constituent pas un obstacle insurmontable pour l'extension de la culture du cocotier, « car l'Administration pourrait, par des mesures énergiques, réduire les ravages dans une très forte proportion, comme l'a fait le Gouvernement britannique dans les Straits Settlements ».

Les cultures riches. — Les deux principales cultures riches de Madagascar sont celles du giroflier et de la vanille ; plus secondaires sont les cultures du cacaoyer et du caféier.

L'île a exporté en 1905 :

    30.744 kilos de vanille, au prix de 465.492 francs.
    48.124   »   de girofles   »   86.915   »
     6.255   »   de cacao   »   12 200   »

Et en 1904 :

     9.289 kilos de vanille, au prix de 172.314 francs.
    77.501   »   de girofles   »   104.410   »
    19.411   »   de cacao   »   38.472   »
     6.209   »   de café   »   10.378   »

En cette année 1904, les surfaces cultivées étaient de :

    1.465 hectares de vanilles, dont 1.385 aux Européens.
     409   »   de girofliers, dont 152 aux Européens.
     512   »   de cacaoyers, tous aux Européens.
    2.070   »   de caféiers, dont 1.818 aux Européens.

Nous reportons au chapitre suivant l'exposé de quelques faits généraux que nous voulons signaler au sujet de la culture de la vanille ; disons seulement ici que, à Madagascar, où la plante serait d'importation très récente, puisqu'elle n'aurait été introduite que peu de temps avant la guerre de 1885, elle est surtout cultivée sur la côte Est (994 hectares en 1904), et beaucoup moins dans le nord-ouest (436 hectares).

Ces vanilleries du nord-ouest se trouvent presque toutes dans la province de Nossi-Bé, et notamment dans la vallée du Sambirano.

Sur la côte Est, les plantations sont disséminées entre Antalaha, au nord de la baie d'Antongil, et Mananjary, c'est-à-dire dans le sud de la province de Vohémar, dans les provinces des Betsimisaraka du

Nord, de l'île Sainte-Marie, des Betsimisaraka du Centre, des Betanimena, des Betsimisaraka du Sud, et un peu dans la province de
Mananjary. Sur toute cette étendue, M. Prudhomme (1) assigne, comme
limite occidentale, à la culture de l'Orchidée l'altitude de 350 à
400 mètres. Au-dessous de Mananjary, cette altitude s'abaisse; et elle
ne peut plus être supérieure de 100 à 125 mètres vers Fort-Dauphin.

En 1904, sur les 9.289 kilos de gousses exportées, 5.769 étaient à
destination de France, et 3.500 kilos pour l'Allemagne. Ces exportations n'augmenteront guère, d'ailleurs, tant que les planteurs auront
à lutter, non-seulement contre les spéculations des marchés, mais
aussi, et surtout, contre la vanilline, dont l'emploi a si fort abaissé
les prix de la vanille.

C'est là une situation dont se préoccupe à juste titre la Chambre
d'Agriculture de Madagascar, qui, en décembre 1904, émettait les vœux
suivants :

1° Que l'Administration supérieure facilite, par tous les moyens,
l'organisation des syndicats de planteurs;

2° Que le Gouverneur général veuille bien faire les démarches
nécessaires à l'effet d'obtenir la prohibition absolue, en France, de la
vanilline synthétique pour les usages alimentaires; que, en un mot, la
vanilline soit traitée comme la saccharine;

3° Que la taxe de 208 francs par 100 kilos, dont sont grevées les
vanilles originaires des colonies françaises, soit supprimée.

Après celle de la vanille, l'autre grande culture riche de Madagascar est, avons-nous dit, la culture du giroflier; mais celle-ci est
presque exclusivement localisée dans l'île Sainte-Marie, où l'on estimait qu'il y avait, en 1904, 37.700 pieds de girofliers plantés et
12.350 en rapport, dans les entreprises européennes, et 64.000 arbres
appartenant aux indigènes. Il n'y a que quelques rares plantations
sur la côte Est et dans le nord-ouest.

On peut dont considérer comme provenant presque en totalité de
Sainte-Marie les 48.124 kilos de girofles exportés en 1905.

En 1904, les expéditions, toutes à destination de France, avaient
été de 77.501 kilos (104 410 francs).

Il semble que c'est dans la même île de Sainte-Marie que le

---

(1) PRUDHOMME, *L'agriculture sur la côte Est de Madagascar;* Paris, Comité de
Madagascar, 1901. Sur la carte, les provinces des Betsimisaraka du Nord, des Betsi-
misaraka du Centre et des Betanimena sont appelées provinces de Maroantsetra, de
Tamatave et d'Andévorante.

cacaoyer a été jadis tout d'abord introduit; et il n'aurait été qu'ultérieurement importé sur la côte orientale.

Les exigences de température et d'humidité en limitent, d'ailleurs, étroitement la culture au versant Est de la grande île, car la trop longue saison sèche du versant opposé l'exclue absolument du nord-ouest.

Actuellement, les cacaoyers, qui occupaient, en 1904, une surface de 501 hectares, sont presque entièrement groupés entre Tamatave et Vatomandry. On commence toutefois à en planter plus au Nord, jusque dans la province des Betsimisaraka du Nord. Dans le sud, il y a aussi quelques cacaoyères aux environs de Mahanoro et de Mananjary.

Près de Tamatave, les cacaoyères des bords de l'Ivoloina et de l'Ivondrona sont en pleine production ; et leur état de prospérité ne laisse aucun doute, de l'avis de M. Prudhomme, sur la réussite du cacaoyer dans toute cette contrée.

M. Prudhomme pense même que la zone de culture peut être élargie avec quelques chances de réussite, car « d'après ce que l'on sait, jusqu'à ce jour, sur le régime météorologique de Madagascar, la zone de culture du cacaoyer doit occuper approximativement, sur le versant Est, une bande de terre de plus de 900 kilomètres de long, bornée à l'Est par la côte, et, à l'Ouest, par une ligne sensiblement parallèle au rivage, mais ne s'élevant pas à plus de 300 mètres de hauteur, à la latitude de la baie d'Antongil, à 250 mètres sur le parallèle d'Andevorante, à 180 mètres sur celui de Mahanoro, et à 100 mètres seulement dans le voisinage de Mananjary ».

Nous avons dit que, en 1905, les exportations de cacao ont été de 6.255 kilos, au prix de 12.200 francs. Les exportations de 1904 avaient été plus importantes : 19.411 kilos, au prix de 38.472 francs.

De même que pour les girofles, la totalité de ces cacaos est importée en France.

C'est également la métropole qui reçoit presque tous les cafés exportés de Madagascar (5.993 kilos, sur 6.209 en 1904).

En attendant qu'on sache exactement ce que valent les graines de certaines espèces indigènes — car il y a des *Coffea* sauvages à Madagascar — les deux caféiers cultivés sont le *caféier de Libéria*, sur les côtes, et le *caféier d'Arabie*, dans l'intérieur.

Cette différence de répartition des deux espèces n'est, d'ailleurs, pas, en principe, rigoureusement nécessaire, au moins en ce qui concerne le *Coffea arabica*.

Le *Coffea liberica* ne peut bien, c'est vrai, vivre que sur le littoral, puisque sa végétation exige une température assez élevée, qu'il ne trouverait pas sur les plateaux de l'intérieur, et le *Coffea arabica* seul peut s'accommoder du climat modéré du centre ; mais ce caféier d'Arabie pourrait tout aussi bien, d'autre part, surtout à la latitude de Madagascar, réussir sur la côte, comme il réussissait jadis à la Réunion.

Comme dans l'île voisine, ce n'est que l'*Hemileia vastatrix* dont l'invasion, favorisée par l'humidité et la chaleur, empêche la culture en région basse.

Aussi trouve-t-on quelques plantations de « Leroy » et de « Bourbon rond » à Maroantsetra, à Andevorante, à Moramanga et à Fort-Dauphin.

Mais elles sont plutôt rares, et l'espèce dominante, sur tout le littoral oriental, est le *Coffea liberica*. C'est ce caféier de Libéria qui est le plus généralement cultivé dans les provinces de Vohémar, des Betsimisaraka du Nord, de Sainte-Marie, des Betsimisaraka du Centre, des Betanimena, des Betsimisaraka du Sud et de Mananjary.

Le versant Est est, comme pour le cacaoyer, le vrai versant de culture du caféier.

Dans le nord-ouest, les seules plantations sont à peu près celles de Nossi-Bé, qui a toujours été, sur cette côte, le grand centre de culture, depuis que des graines de caféier de la Réunion, apportées en 1844 au Jardin de l'État, y furent le point de départ des caféeries établies vers 1855. Malheureusement on sait les ravages occasionnés dans la région par l'*Hemileia vastatrix* ; et les nouvelles plantations, courageusement refaites, ne sont pas encore suffisantes pour redonner au commerce de la province son ancienne importance.

En Imerina et dans le Betsileo, où la sécheresse relative entrave la végétation du champignon, le caféier d'Arabie s'est toujours mieux maintenu.

Il y a quatre hectares de caféeries dans la province de Tananarive-Ville.

Ce qui ne signifie nullement que les hauts plateaux puissent devenir, comme on l'avait espéré un moment, un centre de culture de ce caféier.

Non seulement le terrain, mais les vents violents du Sud-Est, et en outre, dans le Betsileo, des froids parfois assez vifs, en juillet et août, doivent enlever toute illusion à cet égard. Ce n'est qu'exceptionnellement que le caféier réussit bien dans quelques fonds de vallées, humides et abrités.

M. Prudhomme dit catégoriquement que « si le caféier d'Arabie peut être considéré, dans presque tout Madagascar, comme un arbuste de jardin, capable de donner d'excellents résultats, quand il est entouré de soins minutieux, il est malheureusement souvent impossible de songer à le cultiver sur une grande échelle ».

De l'avis du même auteur, les plantations de l'espèce d'Arabie ne sont possibles, à Madagascar, que dans la zone intermédiaire comprise entre 700 et 1.100 mètres, où il n'y a jamais de grands froids, où l'humidité n'est pas trop grande, et où la fertilité du sol est suffisante.

Là, l'espèce de Libéria ne peut pousser. Celle-ci n'apparaît que plus bas, à partir de 400 à 500 mètres, c'est-à-dire un peu avant les limites des zones de culture de la vanille et du cacaoyer.

LA RÉUNION

La chaîne de montagnes qui, du Nord-Ouest au Sud-Est, traverse la Réunion — et qui est constituée par deux massifs que relie la Plaine des Cafres, formant col à 1.600 mètres d'altitude — divise l'île en deux moitiés, la Partie-du-Vent et la Partie-sous-le-Vent.

La Partie-du-Vent est la région qui reçoit le souffle humide de l'alizé du Sud-Est.

La Partie-sous-le-Vent devrait être la région à l'abri de ce souffle.

En réalité — comme le font remarquer MM. E. et H. Jacob de Cordemoy (1) — l'alizé du Sud-Est, en raison de l'orientation de l'île, n'atteint pas seulement toute la Partie-du-Vent, depuis la Pointe-de-la-Table jusqu'à Saint-Denis ; il frappe aussi les communes de Saint-Philippe, Saint-Joseph, Saint-Pierre et Saint-Louis jusqu'à l'Étang-Salé, quoique toutes ces localités soient topographiquement dans la Partie-sous-le-Vent

La véritable partie sous le Vent, au point de vue climatique, se réduit ainsi à la portion de l'île comprise, dans le nord-ouest, entre la Pointe de l'Étang-Salé et la falaise qui sépare la Possession de Saint-Denis.

C'est entre la partie du Vent et la partie sous le Vent ainsi délimitées — et qui ne correspondent donc pas exactement aux deux arrondissements de la Partie-du-Vent et de la Partie-sous-le-Vent — qu'il y a de grandes différences de végétation, si bien résumées par notre ami H. Jacob de Cordemoy : « Toute la zone littorale (de la

---

(1) E. Jacob de Cordemoy, *Flore de l'île de la Réunion* ; Paris, 1895. — H. Jacob de Cordemoy, *Étude sur l'île de la Réunion* ; Annales de l'Institut colonial de Marseille, 1904.

partie du Vent) qu'atteint le souffle de l'alizé est abondamment arrosée ; les pluies sont fréquentes, notamment sur toute la partie de la côte qui s'étend depuis Saint-Joseph et Saint-Philippe, en passant par le Grand-Brûlé et Sainte-Rose, jusqu'à Saint-Benoît, toutes localités qui reçoivent le premier choc du vent du Sud-Est, constamment chargé de vapeur d'eau (1). Aussi toute cette partie de l'île est recouverte d'une luxuriante végétation qui descend jusque sur le rivage ; et partout, sur ce littoral, grâce aussi aux alluvions fertiles que le ruissellement et les torrents y ont accumulées, on remarque des cultures tropicales variées : canne à sucre, vanille, arbres à épices, parmi lesquels le muscadier et le giroflier, et arbres fruitiers. Parmi ces derniers, le *litchi* (*Nephelium Litchi* Camb.) et l'avocatier (*Persea gratissima* Gaertn.), qui sont des meilleurs, se plaisent particulièrement dans ces localités humides.

Celles-ci jouissent, en outre, d'une température moyenne relativement peu élevée, qui est de 25 degrés environ.

Dans toute la partie Nord-Ouest, au contraire, que les montagnes abritent contre les « vents généraux », l'atmosphère est presque constamment calme, la sécheresse très grande, la température moyenne élevée (29 degrés environ). Sur le littoral, le sol rocailleux, calciné, porte une maigre et pauvre végétation composée d'arbustes rabougris, d'herbes jaunies, desséchées, qu'accompagnent des touffes d'*Opuntia* et d'*Agave*, plantes bien caractéristiques des terrains arides et déserts. C'est seulement à une certaine altitude qu'apparaissent les paysages verdoyants, une végétation vigoureuse, et de riches cultures, sur un sol d'une fertilité remarquable. Toute la vie économique de la région se trouve, par suite, concentrée sur ces hauteurs ; c'est là que s'élèvent d'importantes usines sucrières et que se manifeste, d'une façon générale, toute l'activité agricole et industrielle. »

Sur le littoral de cette région Nord-Ouest, M. E. de Cordemoy signale tout particulièrement, parmi les arbres introduits avec succès, le jujubier et le dattier, qui, au contraire, fleurissent peu et fructifient mal sur le littoral Sud-Est.

Il y a donc bien déjà, dans les parties basses de l'île, deux types très distincts de végétation, qui sont la conséquence directe d'une inégale humidité, mais résultent indirectement de la présence de cette

---

(1) De Saint-Benoît vers Saint-Denis les pluies sont de plus en plus rares.

chaîne montagneuse qui soustrait à l'action vivifiante de l'alizé une portion du versant Nord-Ouest.

La même chaîne offre naturellement, d'autre part, sur ses flancs, d'autres zones florales qui sont celles des climats plus tempérés, et qui apparaissent à mesure que l'élévation en altitude amène un abaissement de la température moyenne.

A une hauteur qui varie entre 200 et 800 mètres, suivant la région, on trouve la forêt, qui jadis commençait au bord de la mer, mais progressivement a reculé, devant les défrichements poursuivis sans relâche pour l'installation des diverses plantations.

Aujourd'hui, la seule zone qui reste partiellement boisée est la zone de moyenne altitude, comprise approximativement entre 800 et 2.000 mètres. Plus haut, la forêt fait place rapidement à la broussaille, car les plantes ligneuses qu'on rencontre encore restent basses.

C'est dans cette zone moyenne, et surtout entre 800 et 1.300 mètres, que sont possibles beaucoup de cultures européennes, telles que celles de l'avoine et de l'orge, de la pomme de terre, des haricots, des artichauts, etc.

C'est là aussi que réussissent la plupart de nos arbres fruitiers et que nous verrons cultiver le géranium.

En 1904, les principales exportations de la colonie, en produits d'origine végétale, étaient les suivantes :

Sucres	36.483.365 kilos	au prix de 7.672.732 francs	
Vanille	94.009 »	» 1.564.610	»
Essence de géranium	30.789 »	» 1.073.710	»
Taploca et fécules	010.424 »	» 010.424	»
Paille de chouchou	66.131 »	» 903.893	»
Essence de vétiver	1.489 »	» 76.700	»
Café	26.285 »	» 66 919	»
Sacs de vakoa	190.034 sacs	» 25.063	»
Fibres d'aloès	41.044 kilos	» 15.182	»
Oignons	73.921 »	» 16.250	»
Thé	1.012 »	» 9.790	»
Légumes secs	20.147 »	» 8.058	»
Clous de girofle	11.502 »	» 6.901	»
Pommes de terre	19.093 »	» 4.292	»
Fruits conservés	1.750 »	» 3.963	»
Cacao	1.539 »	» 1.924	»
Essence d'ylang-ylang	4 »	» 500	»
Maïs	2.139 »	» 318	»
Bois d'ébénisterie	1.800 »	» 360	»
Muscades	88 »	» 176	»

Canne à sucre, vanille, géranium et manioc sont donc les seules plantes dont la culture ait, en définitive, une certaine importance à la Réunion.

La canne à sucre. — Si l'on en juge par les statistiques, l'industrie sucrière reste stationnaire à la Réunion depuis un certain nombre d'années, car l'exportation, qui, en 1904, était de 36.483.365 kilos, était de 37.307.095 kilos, par exemple, en 1890.

Presque tout ce sucre est expédié en France, qui en a reçu 35.978.444 kilos en 1904, 89.767 kilos ayant été envoyés à Madagascar.

La culture de la canne ne dépasse pas 400 mètres dans la partie du Vent, que nous avons vue tout à l'heure être la région la plus humide et la plus fraîche de l'île. Dans le nord-ouest, au contraire, où la température est plus élevée, la Graminée croît encore très bien entre 1.100 et 1.200 mètres. Nous avons déjà dit que c'est jusque sur ces hauteurs que sont établies, là, les fabriques de sucre.

Nombreuses aussi sont, dans l'île, les distilleries qui préparent le rhum, soit que ces distilleries soient annexées aux fabriques de sucre, soit qu'elles appartiennent à des industriels qui achètent aux sucreries la matière première. Ce commerce de la fabrication des rhums et liqueurs a augmenté, en ces derniers temps, à la Réunion, par suite des débouchés qu'offre aujourd'hui Madagascar. Les expéditions de rhum, qui étaient de 1.650.686 litres (722.732 francs) en 1899, et 957.121 litres en 1900, étaient de 2.435.510 litres (803.719 francs) en 1902, de 2.109.260 litres (1.054.630 francs) en 1903, et 2.110.749 litres (599.656 francs) en 1904.

La vanille. — La vanille ne peut guère dépasser, à la Réunion, 300 ou 400 mètres. Sa culture — qui couvrait, en 1904, 4.000 hectares — est donc localisée dans la zone basse de la partie du Vent, où les principaux centres de production sont Saint-Andrè, Saint-Benoît, Saint-Joseph et Saint-Philippe.

Les exportations de 1904 se décomposent ainsi :

Vanilles de 1re qualité	Kil. 44.095	F.	1.064.232
— 2e —	15.482		253.304
— 3e —	6.160		58.018
Vanillons de 1re qualité	7.002		87.232
— 2e —	4.241		30.516
Vanilles fendues de 1re qualité	1.705		28.158
— — 2e —	1.320		12.499
Vanilles de rebut	13.998		30.651

Plus encore que Madagascar, notre vieille possession de Bourbon doit souhaiter que, entre autres mesures qui pourraient contribuer à arrêter l'avilissement des prix de la vanille, dû à des causes multiples, la métropole donne suite au vœu qu'a formulé, au sujet de la vanilline, la Chambre d'Agriculture de Tananarive, et que nous avons reproduit dans le chapitre précédent.

Ce ne serait qu'une marque d'intérêt et d'encouragement que la mère-patrie donnerait à la petite colonie trop fréquemment éprouvée, et qui cependant lutte toujours, avec une opiniâtreté qui mériterait plus de succès, pour se relever des diverses crises industrielles et agricoles qu'elle a successivement traversées.

Les soins apportés à la culture et à la préparation de la vanille sont précisément — tout comme la préoccupation de se tenir au courant des perfectionnements introduits ailleurs dans l'exploitation sucrière — une des meilleures preuves de cet effort persévérant. Au lieu de s'endormir dans la routine, et de trouver qu'il est plus simple de conserver intégralement les vieilles méthodes que de risquer des essais, les planteurs ont observé. Et ces observations leur ont fait reconnaître, non seulement — ce qu'on sait depuis longtemps — que les arbres vivants valent mieux, comme supports, pour la vanille, que les tuteurs morts, mais encore que le choix de ces arbres vivants n'est pas indifférent, car leur espèce peut influer sur la vigueur de la liane.

Ainsi le support de choix semble être aujourd'hui le *vacoua* ou *pinpin*, c'est-à-dire le *Pandanus utilis* Bory., qui serait supérieur au *pignon d'Inde* (*Jatropha Curcas* Lin.) et au *filao* (*Casuarina equisetifolia* Forst.).

Peut-être d'ailleurs, au premier abord, l'importance de ce choix, au point de vue de la vigueur de la plante, peut-elle surprendre, car s'il est connu, de longue date, que certains arbres-tuteurs sont préférables à d'autres, les seules raisons invoquées ont été exclusivement d'ordre matériel. Il est tout naturel, par exemple, — surtout à la Réunion — d'éviter l'emploi d'arbres trop cassants, peu résistants au vent, ou encore d'arbres dont l'écorce ou le rhytidome (comme dans les vieux filaos) se détachent, ou de ceux dont le feuillage fournit trop d'ombrage.

Mais la conviction des planteurs de la Réunion, née d'une vieille expérience et de constatations nombreuses, est, depuis longtemps, que, en outre, le support exerce un effet sur la croissance et la force de la vanille.

Et cependant cette vanille a toujours été, considérée comme épiphyte, et non parasite, c'est-à-dire comme une liane s'appuyant seulement extérieurement sur l'arbre par ses racines aériennes, mais n'y puisant pas sa nourriture.

En réfléchissant à cette contradiction entre les idées scientifiques courantes et l'expériences des praticiens, M. H. Jacob de Cordemoy, en 1904 (1), au retour d'un voyage dans son île natale, se demanda si la vieille opinion de l'indépendance complète de la vanille sur le support n'était pas erronée, et s'il ne fallait pas, en la circonstance, faire intervenir la récente théorie des mycorhizes, qui nous a fait connaître, chez beaucoup de végétaux, un mode spécial — et jadis insoupçonné — de relation avec le substratum.

Chez les plantes à mycorhizes, un mycelium, ou « blanc », de Champignon habite les racines ; mais, loin d'être nuisible à son hôte, comme le serait une espèce parasite, ce mycelium contribue ici à la nutrition de l'individu dans lequel il habite. Quelques-uns, en effet, de ses filaments, en s'étendant au dehors, puisent dans le sol des substances qui parviennent, par leur intermédiaire, aux cellules qui logent la partie mycélienne interne.

Établie surtout par des observations faites sur les racines ,souterraines, cette théorie pouvait évidemment être applicable aussi aux racines aériennes.

Voilà ce que précisément a reconnu pour la vanille M. Jacob de Cordemoy, qui a réussi à suivre ces filaments de champignon passant de la racine de l'Orchidée dans l'écorce de l'arbre-tuteur.

L'ancien prétendu épiphytisme est donc, en réalité, un parasitisme indirect. Par l'intermédiaire du mycélium, la liane emprunte à l'arbre qui la supporte quelques-unes de ses substances.

On s'explique ainsi que — comme le pensaient avec raison les planteurs de la Réunion — il y ait une influence du tuteur sur la vigueur de la vanille.

Nous verrons, au chapitre de l'Indo-Chine, que cette constatation a un égal intérêt pour la culture du poivrier.

---

(1) H. JACOB DE CORDEMOY, *Sur une fonction spéciale des mycorhizes des racines latérales de la vanille* ; Comptes-Rendus de l'Académie des Sciences, 8 février 1904.

Les plantes à essences. — La principale de ces plantes, à la Réunion, est, avons-nous vu, le *Pelargonium capitatum* Ait., qui, par distillation de ses feuilles (1), donne l'essence de géranium, et que nous avons déjà vu cultivé en Algérie. Nous avions prévenu, à ce moment, que nous retrouverions ici la même culture.

Elle y est, du reste, assez récente, car les exportations de l'île n'étaient, en 1900, que de 9.074 kilos. C'est depuis lors qu'elles se sont élevées successivement à :

16.420	kilos	en 1901	30.789	kilos en	1904
17.515	—	1902	40.262	—	1905
25.804	—	1903			

Si à ces 40.000 kilos de 1905 nous ajoutons les 55.000 kilos, au moins, qu'a dû produire, dans la même année, l'Algérie, nous obtenons pour les deux colonies, une production totale de 95.000 kilos.

Or, en 1900, la production, qui suffisait à la consommation, ne dépassait pas 40.000 à 45.000 kilos !

Il n'y a pas lieu, dans ces conditions, d'être surpris de la baisse continue du prix de l'essence, qui, nous l'avons dit, à propos de l'Algérie, frappe surtout la Réunion, le produit de cette provenance ayant toujours été régulièrement coté plus bas que celui d'Algérie, déjà inférieur à celui de Grasse.

A la Réunion, les prix du kilogramme d'essence de géranium, en ces dix dernières années, ont été successivement les suivants (si nous considérons, pour toutes ces années, les cotes de janvier) :

1896....	F.	44	»	1902.....	F.	41 »
1897.....		37	»	1903.....		35 50
1898.....		28	»	1904.....		29 50
1899.....		25	»	1905....		26 »
1900.....		29	»	1906.....		23 50
1901.....		40	»			

(1) MM. Charabot et Hébert (Bulletin de la maison Roure-Bertrand fils, de Grasse ; 1903) ont établi que l'essence de géranium est exclusivement localisée dans les limbes foliaires de la plante, et qu'il n'y en a aucune trace, non seulement dans les fleurs, mais même dans les tiges et les pétioles. Et l'opération a cependant porté sur 113 kilos de ces tiges et pétioles !

En même temps qu'ils faisaient cette constatation, MM. Hébert et Charabot ont déterminé le rendement exact en essence, par rapport à ces seuls limbes.

200 kilos de géranium exempt de racines ont fourni 78 kil. 900 de limbes et 113 kil. 300 de tiges et pétioles (la perte de poids subie par les plantes, par suite de l'évaporation de l'eau pendant le triage, ayant donc été de 4 pour 100 environ). Or,

Il faut bien constater que cette culture ne paraît pas encore de celles qui seront une compensation aux divers déboires subis par les planteurs de la Réunion. Jadis éprouvés par l'apparition de l'*Hemileia vastatrix* dans leurs caféeries, ces planteurs luttent fort péniblement et mal contre la sucrerie européenne, ils voient en même temps, la fabrication de la vanilline synthétique et la spéculation concourir à amener l'avilissement des prix de la vanille ; et voilà que surgit, presque dès les premières années d'une nouvelle culture, la surproduction de l'essence de géranium.

C'est dans la zone d'altitude moyenne de l'île, entre 400 et 1.200 mètres, qu'ont été faites les plantations de *Pelargonium*. Plus haut, les froids de l'hiver austral sont trop vifs pour permettre de bons résultats. Et, en fait, M. H. Jacob de Cordemoy, en septembre 1903, a vu des champs de géraniums qui, établis dans la Plaine des Cafres, entre 1.300 et 1.400 mètres, avaient été complètement détruits par la gelée. Or, si les plantations pluriannuelles sont déjà peu rémunératrices, à plus forte raison ne faut-il pas penser à des plantations qui ne seraient qu'annuelles, comme celles de Grasse.

Le régime actuel de la culture du *Pelargonium*, à la Réunion, serait, très souvent, le suivant (1).

Dans la région indiquée, et où se trouvent soit des forêts, soit des terrains incultes, les propriétaires de ces forêts ou de ces terres en ont abandonné des parcelles à des colons, qui se sont engagés à les complanter en *Pelargonium*. La récolte opérée, ces mêmes propriétaires fournissent les alambics ; et ils reçoivent, comme paiement, le tiers du produit de distillation. Les deux autres tiers appartiennent aux colons, en compensation de leur travail.

Le tiers à peu près des quantités d'essence exportées par la colonie serait préparé dans ces conditions ; et « ce mode d'exploitation paraît suffisamment rémunérateur, car on a pu affecter à la culture du géranium des terrains sans valeur, à une altitude élevée où la vanille ne produit pas ; de sorte que le tiers de récolte qui revient au proprié-

---

pendant que les 113 kilos de tiges et pétioles, comme nous le savons, ne donnaient rien à la distillation, les 78 kilos de limbes ont fourni 130 grammes d'essence ; et l'on a recueilli, d'autre part, 130 litres d'eau qui, agitée avec l'éther de pétrole, a abandonné à ce dissolvant 25 grammes d'huile essentielle. Soit, au total, 155 grammes.

(1) Bulletin de la maison Roure-Bertrand fils, de Grasse ; octobre 1905 et avril 1906.

taire constitue, pour celui-ci, un bénéfice net. Et le colon y trouve aussi son compte, puisqu'il n'a aucun débours à faire, aucun loyer à payer. Trouvant sur place l'eau et le bois nécessaires pour la distillation, il fait uniquement l'avance de son temps et de son travail. Nous connaissons de grandes propriétés sur lesquelles vingt-cinq à trente colons vivent de la sorte ».

Et on a calculé que, même au prix de 23 francs, propriétaire et colon ainsi associés peuvent encore retirer quelque petit bénéfice de l'exploitation du *Pelargonium*.

Le même prix ne laisserait déjà, par contre, paraît-il, qu'un très minime rapport — si même il en laisse — au petit cultivateur qui travaille sur sa terre, à ses propres frais, comme il en est un certain nombre, par exemple, à la Plaine des Palmistes.

Quant aux propriétaires qui — disposant de la main-d'œuvre nécessaire, ce qui est un premier problème — voudraient faire eux-mêmes cultiver le *Pelargonium*, comme on le faisait jadis, et comme on le fait encore aujourd'hui, en Algérie, ce n'est qu'au-dessus de 27 ou 28 francs qu'ils pourraient se livrer sans perte à l'exploitation. Aussi les grandes usines ont-elles disparu.

Au commencement de 1906, il y avait dans l'île 400 alambics en fonctionnement, dont 250 à Saint-Pierre et dans les environs, 12 à Saint-Louis, 12 à Saint-Joseph, 60 dans la Plaine des Palmistes, et 25 à 30 disséminés en d'autres localités.

Il est perçu, pour chacun de ces alambics, une taxe annuelle de 10 francs Les appareils, d'après M. H. Jacob de Cordemoy, sont d'une extrême simplicité, et construits dans la colonie même. On évalue qu'il faut 700 à 1.000 kilos de feuilles pour obtenir 1 kilo d'essence, qui, au sortir des alambics, est de coloration verte. Cette estimation est à peu près celle que nous avons indiquée pour la récolte de juillet, en Algérie, d'après MM. Rivière et Lecq.

Pour l'exportation, presque tous les producteurs ont recours à l'intermédiaire de courtiers jurés ou d'agents de change. Ceux-ci traitent à leur tour avec les exportateurs proprement dits.

Les frais d'expédition ne s'élèvent pas à moins de 3 fr. 50 par kilogramme, franco Marseille (chaque bouteille d'essence étant d'une contenance de 800 grammes environ).

Étant donné toutes ces conditions, il semble bien qu'il ne faille pas souhaiter une extension plus grande de la culture du *Pelargonium* à la Réunion, quoique beaucoup de terrains restent encore disponibles.

Il faudrait plutôt — et c'est possible par une entente entre producteurs, intermédiaires et consommateurs — limiter la production dans nos deux colonies de la Réunion et de l'Algérie. C'est le conseil que donne la maison Roure-Bertrand, de Grasse, tout en reconnaissant qu'il est difficile à mettre en pratique.

Deux autres essences produites accessoirement à la Réunion, outre l'essence de géranium, sont l'essence de vétiver et l'essence d'ylang-ylang.

La colonie a exporté, en 1904, 1.489 kilos de la première, au prix de 76.700 francs, et 4 kilos de la seconde, au prix de 500 francs.

Originaire de Ceylan et de l'Inde, où il pousse, dans le sud, jusqu'à 1300 mètres, et dans le nord, jusqu'à 600 mètres d'altitude, se plaisant sur les bords des cours d'eau et dans les sols riches et marécageux, le *vétiver*, ou *Vetiveria zizanioïdes* Stapf (*Andropogon muricatus* Retz) est introduit depuis longtemps à la Réunion, puisque c'est de cette provenance qu'était l'essence étudiée par Vauquelin en 1809.

M. E. Jacob de Cordemoy, dans sa *Flore*, indique l'espèce comme naturalisée et commune partout ; elle sert même de haies et de bornes.

La colonie n'exporte que l'essence ; les racines d'où cette essence est extraite, en Europe, par distillation proviennent du sud de l'Inde (Travancore et Coromandel).

L'*ylang-ylang*, ou *Cananga odorata* Hook fils (*Unona odorata* DC.), indigène dans la péninsule malaise, à Java et aux Philippines, est surtout cultivé dans les dernières de ces îles. Manille est le grand centre de production ; et l'essence de cette provenance — probablement parce que les soins apportés à sa distillation sont plus grands — est supérieure à celle de Java.

Nous lisons dans le *Bulletin scientifique et industriel de la maison Roure-Bertrand fils*, de mars 1902 : « Notre envoyé a pu assister, à Manille, à la réception des fleurs d'ylang et au chargement des alambics. Apportées le matin par les paysans, les fleurs sont entassées dans ces alambics, et soumises à la distillation, sous l'influence de la vapeur directe. Une partie de l'eau est cohobée, et l'opération dure environ cinq heures.

On compte, à Manille, cinq distilleries principales, et deux de moindre importance. Au dire de tous, on sépare deux essences différentes, au cours de chaque distillation.

L'arbre d'ylang ne serait pas cultivé, à Manille, en plantations régulières et continues; et des essais tentés par des Européens en vue d'en obtenir auraient complètement échoué. Effectivement l'arbre paraît assez délicat et se trouve sans cesse exposé à l'attaque des insectes.

A Malabon, village voisin de Manille, l'ylang est cultivé dans presque tous les jardins des indigènes; il paraît même constituer, en certains endroits, des plantations affectant quelque régularité.

Indépendamment des lieux de production signalés plus haut, nous citerons encore San-Juan-del-Monte et Albay où, paraît-il, l'arbre pousse assez abondamment.

La distillation s'effectue généralement avec la plus grande activité en août et en septembre, mais les circonstances atmosphériques sont susceptibles de faire varier l'époque des récoltes. En particulier, le vent, très nuisible à l'ylang, en retarde fréquemment la floraison, et parfois même l'arrête entièrement.

Après la saison froide, qui se répartit entre les mois de décembre, janvier et février, le mois de mars s'annonce souvent par des pluies fréquentes et périodiques, qui favorisent le développement des fleurs, si bien que la floraison se prolonge presque sans discontinuité pendant toute l'année ».

Il pourrait sembler que cette abondance de la matière première doive diminuer le prix de l'essence; et c'est sans doute, en effet, ce qui aurait lieu si d'autres causes indirectes n'intervenaient, aux Philippines, pour maintenir, au contraire, des cours très élevés.

La première de ces causes est la concurrence acharnée que se font les distillateurs, qui, pour se nuire mutuellement, et, en même temps, décourager les nouveaux fabricants qui seraient tentés de s'établir, cherchent à accaparer les fleurs en les surpayant.

La situation encore très troublée de l'île empêche, d'autre part, l'installation d'usines dans l'intérieur.

Enfin, depuis l'occupation américaine, la vie est devenue aux Philippines d'une cherté excessive. « Le prix de la main-d'œuvre, celui des matières de première nécessité augmentent rapidement, et ne sont devancés, dans leur ascension, que par les impôts ».

Ces dernières lignes étaient écrites en 1906, dans le *Bulletin* auquel nous avons emprunté la citation précédente ; elles dépeignent donc un état de choses qui est encore celui d'aujourd'hui.

Et naturellement, pour toutes ces causes réunies, les fabricants maintiennent aussi hauts que possible les cours de l'essence d'ylang-ylang.

Il est bien certain que ces cotes ne pourront être conservées indéfiniment, et que, surtout si les récoltes sont bonnes, l'accumulation continue des stocks provoquera fatalement une dépréciation. L'occasion n'en serait pas moins excellente pour la Réunion d'augmenter, s'il est possible, sa production, et de faire mieux connaître son produit sur les marchés européens.

La culture du *Cananga odorata* est peu dispendieuse ; et les arbres sont de croissance assez rapide. A la Jamaïque, au dire de M. William Fawcett, des pieds de 6 ans atteignent 15 mètres de hauteur, avec une circonférence de 90 centimètres, à 1 mètre au-dessus du sol.

Le même auteur évalue à 45 à 55 kilos la récolte annuelle de fleurs fraîches que peut fournir un arbre ; et il faudrait 4 kilos de ces fleurs pour obtenir 30 grammes d'huile essentielle.

Nous avons vu que, en 1904, la Réunion n'a exporté que 4 kilos d'essence d'ylang-ylang, alors que l'exportation des Philippines était, la même année, de 3.000 kilos environ.

Une autre essence que pourrait préparer la colonie est l'*essence de champaca*, qui est d'une odeur très suave, rappelant à la fois celle de l'ylang-ylang et du jasmin. Le *Michelia Champaca* Lin., qui est commun dans les jardins, à Java et aux Philippines, est signalé par M. E. Jacob de Cordemoy comme assez fréquemment cultivé dans la petite île africaine.

Le manioc. — La féculerie est encore une industrie qui, à la Réunion, doit lutter contre certains désavantages d'ordre économique.

Les fécules et les tapiocas du Brésil et de Singapore font, sur nos marchés, aux produits similaires de notre colonie une concurrence qu'il est difficile à celle-ci de soutenir, car le change dont bénéficient les provenances du Brésil en diminue le prix de revient ; et Singapore a l'avantage d'une main-d'œuvre moins rare et moins coûteuse que celle dont disposent les fabricants bourbonnais.

De telles conditions autorisent vraiment la colonie à demander, comme elle l'a déjà fait inutilement, les mesures de protection dont bénéficient, à leur entrée en France, tant d'autres produits de nos possessions.

Tant que ce régime ne sera pas établi, l'industrie féculière ne pourra, dans l'île — où elle a été entreprise vers 1885 — que se maintenir sans se développer ; et les exportations resteront sensiblement ce qu'elles sont depuis 1890, pour l'ensemble des fécules et des tapiocas :

945.352	kilos	en 1890		857.617	kilos	en 1902
937.820	»	1899		1.680 205	»	1903
1.557.966	»	1900		610.424	»	1904
1.834.650	»	1901				

Presque toutes ces exportations sont à destination de la France. En 1904, par exemple, 608.311 kilos ont été importées dans la métropole, et 2,106 kilos seulement à Madagascar.

La plante productrice de la fécule, le manioc, est cultivée sur tout le littoral, et, vers l'intérieur, ne dépasse guère, au plus, 400 mètres. Déjà (1), à 250 mètres. le rendement en tubercules est très amoindri.

Aux plus basses altitudes, la plante réussit dans presque tous les terrains, pourvu qu'il n'y ait pas d'humidité stagnante.

L'espèce cultivée, comme à Madagascar, est le *Manihot palmata* Müll. Arg., ou *manioc doux* (2).

Les principales variétés, d'après MM. Colson et Chatel, sont : le *camanioc*, le *manioc soso*, le *manioc blanc*, le *manioc arrow-root*, le *manioc de Singapore* et le *manioc violet*.

---

(1) Colson et Chatel, *Le manioc, culture et industrie à la Réunion ;* L'agriculture pratique des pays chauds, 1905.

(2) MM. Colson et Chatel disent que des cas d'empoisonnement ont été quelquefois constatés avec ces tubercules de *manioc doux*, et surtout lorsque ces tubercules provenaient, soit de champs sur lesquels il y avait eu plusieurs récoltes successives de la plante, soit d'altitudes élevées. Les auteurs font encore remarquer que cependant, à Madagascar, même sur les hauts plateaux, aucun cas analogue n'est jamais signalé ; et cette observation concorde avec ce que nous avons déjà dit plus haut, au chapitre de Madagascar, d'après M. Perrier de la Bathie. MM. Colson et Chatel ajoutent que les tubercules *non pelés* seraient peut-être moins dangereux que ceux qui sont débarrassés de leur pellicule extérieure ; il semblerait que cette pellicule contient un contre-poison.

La féculerie préfère le *camanioc* et le *manioc soso*, la première variété contenant de 23 à 30 o/o d'amidon, et la seconde de 20 à 26.

Pour la table, le *manioc de Singapore* et le *manioc arrow-root* sont les meilleurs.

Pour l'alimentation du bétail, le *manioc soso* offre l'avantage d'être à gros rendement.

Tous ces maniocs sont récoltés au bout de dix-huit mois à deux ans, sauf la variété de Singapore, qui est plus hâtive et est arrachée au bout d'un an.

Les rendements sont variables suivant les sols, les altitudes et les variétés. Le *camanioc* donne ordinairement de 20.000 à 25.000 kilos par hectare ; le *manioc soso*, toutes conditions égales, rapporte 15 à 20 o/o de plus environ ; le *manioc de Singapore*, au contraire, 20 o/o de moins.

Ce n'est pas ici le lieu de rappeler les procédés de préparation de la fécule et du tapioca, que nous décrirons avec quelques détails dans un ouvrage prochain, d'après les renseignements qui nous ont été directement fournis ; indiquons seulement que les usines de la Réunion ne granulent que le tapioca destiné à la consommation locale. Le tapioca d'exportation — sur la demande des acheteurs français — est laissé en grumeaux, et expédié en cet état dans des sacs en jute ; il est granulé en France.

Les sacs de tapioca en grumeaux sont de 60 à 65 kilos.

Les sacs, également en jute, dans lesquels est emballée la fécule sont de 75 à 80 kilos.

Les plantes textiles et les plantes à vannerie et à cha-pellerie. — Deux Amaryllidées textiles sont depuis longtemps naturalisées, et aujourd'hui très communes, à la Réunion : le *Fourcroya gigantea* Vent., ou *aloès vert* ; et l'*Agave rigida* Mill., ou *choka*.

La seule exploitée est l'*aloès vert*; et encore l'est-elle beaucoup moins qu'à Maurice, où la préparation de la filasse est une industrie d'une certaine importance, représentant des exportations moyennes annuelles de plus d'un million de kilos (2.250.000 kilos en 1899, 3.105.000 kilos en 1900, 1.243.000 kilos en 1901), alors qu'elles n'atteignent pas 50.000 kilos (41.044 kilos en 1904) dans notre colonie.

Quelle est la cause de cette faible exploitation ? Ce ne peut être, en la circonstance, le manque de main-d'œuvre, car on peut se contenter, pour l'extraction des filaments fibreux, de la gratte ordinaire, qui est la seule machine connue à Maurice, et qui, dit M. Boname (1), si primitive qu'elle soit, comparativement aux appareils plus récents (2), est encore la mieux appropriée aux petites exploitations.

Cette gratte, avec laquelle on extrait de 125 à 150 kilos de filasse verte en dix heures, ne nécessite que deux hommes pour son fonctionnement. En admettant deux équipes dont chacune travaille pendant cinq heures, et un, ou même deux ouvriers supplémentaires, chargés de la surveillance du moteur, on voit qu'un personnel restreint est très suffisant.

La pénurie des capitaux est peut-être donc le grand et véritable obstacle à l'extension de cette industrie.

En tout cas, quelle que soit cette cause à laquelle se heurtent les colons de Bourbon, il faut regretter qu'ils ne réussissent pas à la surmonter, car, en même temps que l'*aloès vert*, les planteurs pourraient traiter les feuilles de l'*Agave rigida*, qui fournit le *henequen*, ou *chanvre du Yucatan*, et ils pourraient aussi, non sans chance de succès, tenter d'introduire dans la partie du Vent, où pousse cet *Agave rigida*, la variété *sisalana* (3), dont la filasse, qui est le *chanvre de Sisal*, atteint, sur les marchés, de plus hauts prix que l'aloès vert et le henequen.

« Quand on voit, dit M. H. Jacob de Cordemoy(*loc. cit.*), la facilité surprenante avec laquelle pousse l'*Agave rigida* sur le bord de tous les chemins et des routes, quand, d'autre part, on considère l'énorme étendue occupée par les broussailles inutiles et les vastes terrains en friche, on se prend à songer aux merveilleux résultats qu'on obtiendrait, avec des capitaux suffisants, par l'exploitation méthodique et rationnelle de ce vulgaire *choka*, en s'inspirant toutefois, pour organiser la nouvelle industrie, des procédés de culture et d'extraction

---

(1) *Rapport annuel de la Station agronomique de Maurice* ; 1902.

(2) Parmi ces machines perfectionnées, les plus connues sont celles que construisent les maisons anglaises Barraclough et Lehmann et la maison allemande Boeken ; mais il en est encore d'autres, telles que la machine Torre, la machine Fasio, etc.

(3) Nous croyons, du moins, que cette variété *sisalana*, à feuilles inermes, manque à la Réunion. M. E. Jacob de Cordemoy, dans sa *Flore*, ne cite que l'*Agave rigida* typique, à feuilles piquantes.

mis en pratique depuis longtemps au Mexique et en d'autres pays d'Amérique. »

Sans doute parce qu'elles ne nécessitent pas tout cet outillage, deux modestes industries jouissent aujourd'hui d'une certaine faveur à la Réunion : l'une est la fabrication des sacs de vacoua, et l'autre la préparation de la paille de chouchou.

Le *chouchou*, ou *Sechium edule* Swartz, est une Cucurbitacée d'origine américaine, qui, dans la zone de moyenne altitude de l'île, s'est abondamment naturalisée, envahissant les forêts et les terres incultes ; et son fruit, comme dans beaucoup d'autres pays chauds, est un légume que recherche la population indigène. Mais sa tige, en outre, fournit une paille qui, comme dans le *Tacca pinnatifida*, est la partie fibreuse du péricycle. La préparation de cette paille consiste à fendre les tiges longitudinalement et à gratter tous les tissus qui recouvrent, de part et d'autre, cette lamelle péricyclique. Les bandes ainsi obtenues sont lavées et desséchées, et elles sont alors blanc argenté et brillantes. Leur ténacité permet de les utiliser en chapellerie, ou pour la confection d'objets de fantaisie.

C'est surtout pour la chapellerie que l'article est demandé en France, qui en a reçu, en 1904, 66.131 kilos, d'une valeur de 903.893 francs.

Le *vacoua*, déjà cité comme tuteur de la vanille, est le *Pandanus utilis* Bory, du littoral. Fixé au sol par de fortes racines aériennes, cet arbre se ramifie à partir d'un certain âge, et c'est alors le *pinpin* des créoles ; mais c'est avant cette époque, et quand il porte encore plus spécialement le nom de *vacoua*, que ses feuilles donnent lieu à l'industrie qui occupe un assez grand nombre de gens de la basse classe.

Ces feuilles, longues de 2 mètres, larges de 8 à 10 centimètres, sont, dit M. H. Jacob de Cordemoy, découpées en lanières. Pour les faire sécher, on les réunit en paquets, qu'on suspend aux arbres. Elles sont ensuite nattées, et c'est avec ces nattes, rassemblées par leurs bords et cousues, que sont faits les sacs qui servent, sur place, pour l'emballage des denrées, ou qui, aussi, sont exportés, puisque la France en a reçu, en 1904, 156.534, 33.500 ayant été expédiés, la même année, dans diverses colonies françaises. Ces 190.034 sacs représentaient une valeur de 25.063 francs.

Les feuilles des *Pandanus* devenus rameux sont courtes et rigides, et ne sont plus utilisables.

Le caféier et le cacaoyer. — Le caféier fut introduit à la Réunion vers 1718 (1); et en 1817 la colonie exploitait 3 millions de kilos de graines.

Mais, en 1836, l'exploitation n'était plus déjà que de 928.000 kilos; en 1865, elle était de 368.000. L'apparition de l'*Hemileia vastatrix* en 1882 fut le dernier coup — et le plus grave — porté subitement au commerce qui déclinait.

La Réunion ne cultivait alors que le *Coffea arabica*, qui réussit, dans l'île, aussi bien dans la zone basse qu'à 1.000 ou 1.100 mètres d'altitude. Les habitants du cirque du Grand Bassin, voisin de celui de Cilaos, retiraient jadis, dit M. H. Jacob de Cordemoy, de beaux bénéfices de leurs caféeries.

Les deux principales variétés étaient la *variété du pays*, à graine ovoïde, donnant le « Bourbon rond » du commerce français, et la *variété Leroy*, à graine allongée, donnant le « Bourbon pointu », un peu inférieur au précédent.

Les ravages causés par le champignon sur ces caféiers si bien adaptés au climat qu'ils étaient devenus subspontanés, autour des habitations, ont nécessité l'introduction du *Coffea liberica*; et c'est cette autre espèce qui, actuellement, prospère seule dans la colonie.

On aurait cependant, en ces derniers temps, remarqué une tendance à la disparition de l'*Hemileia*; et les caféiers d'Arabie paraîtraient, dit on, reprendre leur ancienne vigueur. Encouragé par cette constatation, on a introduit, pour de nouveaux semis, des graines étrangères, notamment d'Abyssinie; et les planteurs recommenceraient à fonder quelque espoir sur la reprise prochaine de l'exploitation du *Coffea arabica*.

Souhaitons que l'avenir justifie ces prévisions, puisque le café de Libéria ne remplace qu'imparfaitement le café d'Arabie.

Peut-être, d'autre part, trouverait-on encore une solution satisfaisante dans l'obtention d'hybrides des deux espèces. M. Bordage signalait en 1901 (2) un de ces hybrides, apparu dans une plantation

(1) H. Lecomte, *Le café*; Paris, 1899.
(2) E. Bordage, *Sur un hybride de caféier de Libéria et de caféier d'Arabie obtenu à la Réunion*; Revue des cultures coloniales, 5 janvier 1901.

de l'île, et qui offrirait la résistance des plants de Libéria, tout en fournissant des graines ayant l'arome de celles d'Arabie.

En ces dernières années, les exportations ont été de :

14.573 kilos en 1899
10.775 — 1900
79.731 — 1901
102.649 — 1902
52.160 — 1903
26.285 — 1904

En cette dernière année 1904, nous avons vu qu'il a été exporté 1.539 kilos de cacao.

Si ce chiffre prouve que le cacaoyer est cultivé à la Réunion, il établit, en même temps, que c'est une culture bien limitée, qui doit se réduire, à peu près, croyons-nous, aux plantations du Crédit foncier colonial.

Ainsi que nous le disions en 1900 (1), l'île ne produit pas même la quantité de cacao nécessaire à sa consommation ; et les fabriques de chocolat montées dans le pays doivent avoir recours à l'importation, pour se procurer les graines.

Giroflier et muscadier. — On ne se douterait guère aujourd'hui que la Réunion fut, après Maurice, en 1772, le second pays où l'intendant Poivre introduisit les plants de girofliers après que, trompant la surveillance des Hollandais, il eut dérobé ces plants aux Banda.

Alors que cette culture est restée prospère à Sainte-Marie-de-Madagascar, où elle fut importée à peu près en même temps qu'à la Réunion, les cyclones ont depuis longtemps découragé les colons bourbonnais, qui, à l'époque surtout où ils ont développé la culture de la canne à sucre, n'ont pas renouvelé les plantations détruites.

Il faut bien reconnaître qu'il est peu tentant d'établir une plantation qui ne commencera à rapporter qu'après une dizaine d'années, lorsqu'il y a toujours, comme éventualité très possible, le risque de la voir abattue par un ouragan, au moment de toucher la première rémunération de ses frais et de ses peines.

En 1820, les exportations de girofles étaient de 150.000 kilos ; en 1894, elles étaient de 899 kilos ; en 1904, elles ont été de 11.502 kilos de clous (6.901 francs) et 37 kilos de griffes (4 francs).

(1) H. JUMELLE, *Le cacaoyer* ; Paris, Challamel, 1900.

Mais peut-être même ce dernier chiffre de 1904 est-il exceptionnellement élevé, car c'est encore, on le sait, un des défauts du giroflier que d'être d'un rendement excessivement capricieux. Tel pied donnera dix kilos de récolte une année, et deux kilos les années suivantes ; et on ne compte souvent qu'une bonne année sur cinq.

Le muscadier est encore, à la Réunion, plus délaissé que le giroflier, puisque, en 1904, il n'a été expédié — et le tout à destination de France, comme les girofles — que 88 kilos, représentant une valeur de 176 francs.

Voilà ce qu'est devenue la culture d'arbres qui, comme le caféier d'Arabie et le cacaoyer, trouvent cependant, dans l'île, des conditions climatiques normales assez favorables pour qu'ils soient subspontanés autour des habitations.

Pour le giroflier et le muscadier, comme pour le cacaoyer, ces conditions sont, du reste, exclusivement celles de la zone basse, chaude et humide, de la partie du Vent.

Les légumes d'exportation. — Outre les légumes, tels que pois du Cap, voèmes ou catjangs, pois carrés, brèdes, etc., et les arbres fruitiers, tels que manguiers, avocatiers, letchis, ananas, etc., qui sont les espèces ordinaires des pays chauds, on cultive, à la Réunion, dans la zone de moyenne altitude, les plantes potagères et les arbres fruitiers d'Europe.

L'abricotier, le poirier, le pommier, l'amandier, le prunier prospèrent sur les hauteurs ; le pêcher, qui descend même jusque dans la zone basse, y est aussi très répandu.

Comme céréales, dans la même région, on récolte de l'avoine et de l'orge.

Les plantes potagères sont la pomme de terre, la betterave, les lentilles, les haricots, les artichauts, les choux-fleurs, l'oignon, l'ail, etc.

Tous ces légumes sont surtout récoltés à Cilaos, à Salazie, dans les plaines des Palmistes et des Cafres ; et l'excédent de la consommation est exporté, notamment à Madagascar et à Maurice.

En 1904, par exemple, il a été expédié 19.093 kilos de pommes de terre (4.292 francs), dont 11.500 à Maurice et 7.110 en France.

La même année, il est sorti de la colonie : 20.147 kilos de légumes secs (8.058 francs), dont 11.198 pour Madagascar et 7.693 pour

Maurice ; 73.921 kilos d'oignons (16.250 francs), dont 38.022 pour Madagascar et 32.248 pour Maurice ; 6.693 kilos d'aulx, dont 3.118 pour Madagascar, 910 pour Maurice et 265 pour la France ; une petite quantité de légumes conservés et d'artichauts.

C'est là un commerce qui, sans pouvoir évidemment représenter une grande valeur, n'est pas à dédaigner et pourrait peut-être être développé.

Pour la pomme de terre, en tout cas, le premier soin doit être de combattre énergiquement le *Phytophthora infestans*, apparu en ces dernières années, et qui, comme à Maurice (1), commence à faire restreindre une culture qu'il y aurait intérêt, au contraire, à étendre.

(1) BONAME, *Rapport de la Station agronomique pour 1904*; Maurice, 1905.

INDO-CHINE

Administrativement, l'Indo-Chine comprend :

La Cochinchine, pays d'administration directe ;
Le Cambodge, pays de protectorat ;.
L'Annam, également pays de protectorat ;
Le Tonkin, pays de protectorat à forme mitigée ;
Le Laos, pays d'administration directe ;
Le Kouang-tcheou-wan.

Ce dernier territoire, que nous n'occupons à bail que depuis 1898, est géographiquement bien distinct de l'Indo-Chine ; nous le mettrons à part, et signalerons rapidement ses productions à la fin de ce chapitre.

Les cinq autres contrées, qui correspondent à l'Indo-Chine française proprement dite, occupent, dans la partie orientale de la péninsule indo-chinoise, une surface de 70 millions d'hectares, que traverse obliquement, du Nord-Ouest au Sud-Est, la chaîne montagneuse qui se détache des massifs thibétains.

Cette chaîne, couverte, en général, d'épaisses forêts, se ramifie, au Nord-Ouest, en nombreux contreforts ; au centre et dans le sud, elle se rapproche de la mer de Chine, dont elle n'est même séparée, en certains endroits, que par une étroite bande littorale. Elle est la ligne de partage entre le bassin du Mékong et les bassins de tous les fleuves et rivières qui se déversent dans le golfe du Tonkin et dans la mer de Chine.

Parmi ces cours d'eau du versant oriental, le plus important est le Song-coi, ou Fleuve Rouge, qui forme, à son embouchure, le delta du Tonkin, pendant que, de l'autre côté du massif, le grand delta est celui du Mékong, qui, avec le delta du Donnaï, constitue, en somme, presque toute la Cochinchine.

Ce sont ces deltas du Mékong, du Donnaï et du Fleuve Rouge qui, avec tous les bassins côtiers du Cambodge et surtout de l'Annam, représentent les plus belles parties agricoles de l'Indo-Chine.

Des cultures sont néanmoins encore possibles, car la terre est souvent très fertile et propice aux rizières, dans toute la vallée du Mékong, à travers le Cambodge et le Laos.

Les massifs montagneux du nord et la chaîne annamitique constituent, d'autre part, la région forestière, où sont récoltés les divers produits de la végétation spontanée que nous signalerons plus loin.

En 1904, les exportations de l'Indo-Chine ont été les suivantes :

Riz à divers états	965.607.272 kilos	108.168.774 francs
Poivre	5.310.572 »	6.372.687 »
Cannelles	295.344 »	1.652.610 »
Coton égrené	6.143.448 »	2.360.972 »
Caoutchouc	177.107 »	1.151.195 »
Cunao	6.148.304 »	922.245 »
Cardamomes	329.673 »	903.910 »
Thé d'Annam	326.984 »	817.460 »
Essence de badiane	41.558 »	623.370 »
Sucres	2.537.352 »	514.007 »
Rotins	1.927.154 »	481.788 »
Coprah	1.833.372 »	458.343 »
Café en fèves	145.426 »	349.022 »
Beurre de coco	209.343 »	136.073 »
Bois divers	1.188.014 »	123.439 »
Citrons et oranges	136.488 »	102.366 »
Benjoin	27.026 »	81.078 »
Résines	24.676 »	61.190 »
Jute	29.480 »	11.792 »
Maïs	113.684 »	11.369 »
Opium	62.275 grammes	3 928 »
Baumes divers	537 kilos	3.222 »
Camphre	406 »	2.030 »

Très divers sont donc les produits végétaux qui contribuent, pour une si grande part, au commerce d'exportation de l'Indo-Chine. Ce commerce, au total, en 1904, a représenté 156,373.687 francs, alors qu'il était de 96.296.151 francs en 1896, et de 117.234.962 francs en 1897.

Le riz. — La précédente statistique met bien en évidence l'importance véritablement prédominante qu'a, en particulier, le riz dans le commerce d'Indo-Chine puisque, sur les 156 millions de francs des exportations de 1904, il représente 108 millions, soit environ les sept dixièmes.

Tous les riz expédiés en 1904 se répartissent comme il suit :

Paddy...................	11.696.044 kilos	818.723 francs
Riz cargo................	235.667.050 »	23.566.705 »
Brisures...........	56.906.337 »	5.121.570 »
Farines et poussières.....	104.459.195 »	6.267.552 »
Riz entier blanc..........	556.878.650 »	72.394.224 »

La France a reçu :

15.250	kilos de	paddy
44.871.809	»	riz cargo
50.904.651	»	brisures
124.289.400	»	riz blanc

La Chine et le Japon :

1.253.698	kilos de	paddy
6.006.654	»	riz cargo
814.720	»	brisures
67.960.545	»	riz blanc

Les entrepôts de Singapore :

1.236.673	kilos de	paddy
118.615	»	riz cargo
2.330	»	brisures
9.015.778	»	riz blanc

Les entrepôts de Hong kong :

9.072.293	kilos de	paddy
131.813.897	»	riz cargo
5.135.216	»	brisures
87.643.529	»	farine et poussières
109.128.986	»	riz blanc

Les riz envoyés à Hong-kong, d'après un renseignement verbal que nous devons à l'obligeance de M. Brenier, seraient, en grande partie, réexportés au Japon.

Les autres envois directs d'Indo-Chine, dont nous ne donnons pas le détail, ont lieu vers les colonies françaises, les Indes néerlandaises, les Philippines, etc.

En France, presque tout le riz blanc de notre commerce spécial est du riz indo-chinois. Ainsi, en 1903, sur 58.882.503 kilos de ce riz blanc entier que nous avons consommé, 54 569.859 kilos provenaient d'Indo-Chine (3.380.104 kilos venant d'autre part des Pays-Bas).

Par contre, nous recevons plutôt le paddy de l'Espagne, de l'Inde anglaise, d'Italie et des Indes néerlandaises.

On connaît, en Indo-Chine, les deux types de rizières dont nous avons parlé à propos de Madagascar et de l'Afrique occidentale : les rizières aquatiques et les rizières sèches.

Il y a, par exemple, des rizières sèches — établies temporairement sur des terrains, ou *raïs*, dont les arbres et les herbes ont été brûlés en saison sèche — en Cochinchine, dans le nord des provinces de Bienhoa et de Thu-dau-mot. Elles sont installées par les Stiengs, ou Moïs Hoans.

Au Tonkin, les Mans surtout font de ces rizières, dans les provinces de Son-tay et de Hagiang, etc.

Au Laos, les mêmes rizières se retrouvent dans les provinces de Vientiane, de Luang-prabang, du Haut-Mékong, de Muong-son, etc. Les Khas principalement pratiquent ce mode de culture.

Il est intéressant aussi de noter que, au Tonkin, dans la province de Hagiang, les Thos ont su — tout comme les Betsileo à Madagascar — aménager des rizières aquatiques jusqu'à 900 mètres d'altitude, en assurant l'irrigation au moyen de tubes en bambou.

Dans la province de Hoa-binh, également au Tonkin, les Muongs irriguent de même artificiellement les riz de plaine (*lua-te*) qu'ils cultivent concurremment avec les riz de montagne (*lua-coc*). La rivière à proximité de laquelle sont ensemencés les riz de plaine est obstruée par un barrage, qui ne laisse qu'un étroit passage occupé par une roue élévatoire en bambou, à palettes et à auges. L'eau est reçue dans des bassins d'où elle est répartie dans les divers champs.

Les rizières sèches sont, d'ailleurs, partout accessoires, et établies par les peuplades qui, dans l'intérieur, ne cultivent le riz que pour leur propre consommation; et les rizières indo-chinoises sont essentiellement les rizières aquatiques, aménagées dans les plaines, soit sur le littoral, soit le long des rives du Mékong et de ses affluents, dont les débordements périodiques annuels assurent l'irrigation.

Au Laos, où presque tout le riz actuellement cultivé est du riz gluant pour la consommation locale, ces rizières sont plus ou moins étendues, suivant que les vallées sont plus ou moins larges, dans les provinces de Vientiane, d'Attopeu, de Bassac, de Cammon, de Khong, de Muong-hou-neua, du Haut-Mékong (plaine de Muong-sing), de Muong-son, de Saravane, de Savannaket (rives de la Sébang-hien, de la Schepone, de la Siphalane et du Mékong).

Au Cambodge, où, en 1900, il y avait 260,000 hectares environ de rizières, contre 1.117.936 en Cochinchine, les champs se trouvent, soit sur la côte, comme dans la province de Kompong-son, qui fait partie de la résidence de Kampot, soit sur les rives du Mékong ou des lacs. Les rizières, par exemple, sont arrosées par les crues des lacs dans les résidences de Pursat et de Konpong-chnang, et par celles du Mékong dans les résidences de Kratié, de Kompong-cham, de Prey-veng, de Soai-rieng, et dans la province de Bati, de la résidence de Takeo.

En Annam, les principales rizières sont celles de la province de Than-hoa, dans le delta du Song-ma-giang, et des provinces de Nghé-an, de Thua-tien, de Quang-nam, de Quang-ngai, de Binh-dinh et de Khanh-hoa. Dans cette dernière province, les cultures du lac Darlac donnent, paraît-il, un riz supérieur, consommé presque totalement sur place.

Les exportations de riz d'Annam sont, au reste, très faibles, puisqu'elles ne représentent guère que 1 pour 100 des expéditions indochinoises.

Au point de vue foncier, les rizières d'Annam sont divisées en quatre catégories, qui paient annuellement les taxes suivantes, par mau (le *mau* étant un carré de 70^{m}50 de côté)·

1re catégorie	Piastres	1 50
2e —	—	1 20
3e —	—	0 80
4e —	—	0 60

Au Tonkin, dont les exportations sont faites surtout vers la Chine, le riz est l'objet d'un mouvement commercial plus grand (19 pour 100 des exportations totales) qu'en Annam; et le pays doit cette importance à son delta du Fleuve Rouge (1).

(1) Et les exportations du Tonkin ne donnent pas encore une véritable idée de l'étendue des rizières de la contrée, surtout si on les compare à celles de Cochinchine, car la densité de la population du delta du Fleuve Rouge retient relativement plus de riz pour la consommation locale qu'en Cochinchine.

Toutes les provinces de ce delta tirent des rizières leur principale ressource. Seules, les provinces montagneuses et forestières de Backan, de Hoa-binh, de Son-la, de Thuyen-quang et de Yen-baï sont plus ou moins dépourvues de ces rizières. Les autres provinces, dans leurs parties basses, ont pour grande culture celle du riz. Dans la province de Haï-duong, où les alluvions représentent les trois cinquièmes de la superficie totale, on évaluait, en 1901, à 120.000 hectares la surface des rizières. Dans la province de Nam-dinh, les champs de riz (114.130 hectares en 1901) s'étendent à perte de vue. Thaï-binh (97.550 hectares), dans le sud-est, est encore une des riches provinces rizicoles.

Dans les autres provinces, en 1901, la surface des rizières était la suivante :

	hectares		hectares
Ha-dong	83.500	Vinh-yen	46.449
Bac-ninh	61.500	Ha-nam	38.488
Son-tay	60.393	Bac-giang	32.240
Ninh-binh	51.167	Hung-hoa	28.560
Phu-lien	49.000	Quang-yen	10.244
Hung-yen	48.000	Thaï-nguyen	6.330

Il y a encore quelques rizières aquatiques sur les territoires militaires de Cao-bang, de Hagiang et de Lao-kai. Les rizières du Tonkin sont de trois classes :

La 1re classe paie par mau	1 50 piastre
La 2e » »	1 10 »
La 3e » »	0 80 »

Mais le pays qui, par dessus tous les autres, est, par excellence, en Indo-Chine, la grande région de culture du riz, c'est la Cochinchine. Presque entièrement constituée, comme nous l'avons déjà fait remarquer, par les deltas du Mékong et du Donnaï, la colonie ne possède que très peu de hautes terres (collines de Tay-ninh, dans le nord, et collines de Ha-tien et de Chaudoc, dans l'ouest) et peut donc être, sur presque toute son étendue, couverte par les rizières.

En réalité, toutes les provinces cochinchinoises cultivent en grand la céréale aquatique ; et les surfaces occupées, en 1904, par cette monoculture étaient les suivantes, que l'on pourra comparer à celles indiquées par les statistiques antérieures de 1901 :

	1901	1904		1901	1904
Soc-trang	146.220	168.900	Long-xuyen	44.900	60.337
Tra-vinh	121.215	136.077	Gia-dinh	55.755	53.846
Can-tho	121.415	128.718	Ta-nan	42.400	51.006
Mytho	82.058	116 958	Go-cong	46.833	43.048
Rach-gia	84.198	111.673	Bien-hoa	25.416	26.520
Bentré	84.876	91.384	Chaudoc	16.213	25.774
Vinh-long	77.631	81.568	Tay-ninh	14.039	16.591
Sadec	63.940	77.712	Thu-dau-mot	11.027	11.381
Cholon	59 800	75.623	Ha-tien	1.159	1.435
Bac-lieu	52.322	69.277	Baria	8.155	984

En même temps que, par ce tableau, on se rend compte de l'importance actuelle des rizières de Cochinchine, on voit qu'elles continuent à s'étendre; et c'est l'occasion de dire que, en effet, si développée que puisse paraître aujourd'hui, en Indo-Chine, la culture du riz, elle peut l'être encore plus.

Au Laos, au Cambodge, en certains points de l'Annam, aussi bien qu'au Tonkin et en Cochinchine, il reste des superficies considérables de terres sur lesquelles cette culture n'est pas encore faite et est possible.

En 1902, M. Brenier (1) estimait que les provinces de Can-tho, de Tra-vinh, de Vinh-long, de Rach-gia, de Ta-nan, de Long-xuyen, de Chaudoc, dans le centre et l'ouest de la Cochinchine, offraient encore une disponibilité de plus de 1.413.000 hectares, pouvant être, pour la plus grande partie, convertis en rizières.

Dans les provinces de Mytho, de Ta-nan, de Sadec, de Long-xuyen, les aménagements et le drainage de la Plaine des Joncs (180.000 hectares) rendent peu à peu cultivables ces sols marécageux.

Au Tonkin, des terres qui avaient été abandonnées aux époques de la piraterie et des guerres, dans des régions telles que le Yen-thé, le Dong-trieu, et certains territoires limitrophes de la Chine, sont de nouveau mis en valeur par les habitants revenant du Delta.

En Annam, dans la province de Ha-tinh, la superficie de ces

(1) BRENIER, *Note sur le développement commercial de l'Indo-Chine de 1897 à 1901*; Hanoï, 1902.

terres cultivées a augmenté aussi autour des villages situés près des montagnes (1) ; et il ne s'agit pas de défrichements de terres vierges, mais de la reprise d'anciennes rizières, abandonnées jadis à la suite de troubles.

Au Laos, la province de Muong-hou-neua est une de celles où il serait possible d'étendre la culture du riz, en desséchant les marécages par des travaux analogues à ceux entrepris dans la Plaine des Joncs.

En Cochinchine, les 1.358.706 hectares cultivés en 1904 (contre 1.107.469 en 1898) se divisent (2) en :

Rizières de première classe......	758.084	hectares.
— seconde —	309.204	—
— troisième —	291.417	—

Ce classement foncier étant établi d'après le rendement en paddy, on évalue que :

Les rizières de première classe, qui paient une redevance de 1 piastre 50, produisent, par hectare, 40 à 60 piculs ;

Les rizières de seconde classe, qui paient une piastre, en produisent 20 à 40 ;

Les rizières de troisième classe, qui paient une demi-piastre, en produisent 12 à 20.

Et ces rendements dépendent bien uniquement des valeurs propres respectives des terres, car l'emploi des engrais est presque inconnu des riziculteurs annamites, qui, même en Cochinchine, ne font guère usage que des cendres de balles de paddy et des excréments de buffles.

Par les soins du Service de l'Agriculture de l'Indo-Chine, des essais de fumure minérale ont toutefois été tentés ; et il faut espérer que l'usage de ces engrais commencera, un jour prochain, à entrer dans la pratique courante.

« Les rizières de Cochinchine, dit M. Coquerel, n'ont pas encore donné le maximum de rendement possible. Le jour où, par une culture intensive, découlant de procédés scientifiques, on arriverait à élever le produit de la récolte d'un dixième seulement, on augmen-

(1) Capus, *Note sur les progrès de l'agriculture en Indo-Chine*; Hanoï, 1902.
(2) A. Coquerel, *Vade-mecum commercial de la Cochinchine* ; 1905.

terait immédiatement la richesse de notre colonie dans la proportion de 30 à 40 millions de francs (1) ».

Avec raison aussi, l'Administration de la colonie se préoccupe d'introduire des variétés de riz étrangères, telles que celles de Java.

Il ne faut pas, en effet, oublier que les riz d'Indo-Chine n'atteignent jamais, sur les marchés, les prix des riz de Birmanie, et, à plus forte raison, ceux des riz du Japon, de Java, d'Italie et de la Caroline.

Les causes de cette dépréciation, qui représente un taux moyen d'abaissement de 3 à 4 francs par quintal, comparativement aux riz de Birmanie, sont de divers ordres.

C'est déjà la présence trop fréquente, dans les envois indo-chinois, de grains jaunes, qui doivent leur couleur à ce que les Annamites ont moissonné trop tard, lorsque les épis, en se courbant, ont touché l'eau, ou bien à ce que la récolte a été laissée longtemps entassée, ce qui a provoqué un début de fermentation.

Une autre cause est la présence trop fréquente, parmi les grains blancs, de grains rouges assez cassants, qui proviennent du Cambodge, et qui servent à des mélanges regrettables.

Mais, plus fréquemment encore, l'infériorité relative du riz indo-chinois tient certainement à ce que les indigènes ne renouvellent pas leurs semences. Et c'est pourquoi il y a nécessité pressante de rechercher quelles sont les variétés étrangères dont l'introduction pourrait être faite avec succès dans ce pays.

A l'heure présente, les trois principales sortes commerciales des riz de Cochinchine sont, d'après M. Coquerel :

le « Vinh-long », à grain long, assez léger, d'une résistance modérée à la meule, et qui est la sorte la plus répandue, quoique la moins belle ;

le « Go-cong », bien supérieur, ovoïde, lourd, non cassant, de décortication très facile ;

le « Bai-xau », qui tire son nom du marché le plus important de la province de Soc-trang, et qui est à grain très long, presque cylindrique, très tendre.

(1) D'utiles renseignements sur les fumures appropriées ont déjà été fournis par les expériences poursuivies par M. Haffner dans les Champs d'Essais de Ong-iem et de Phu-my.

Cette dernière sorte est très recherchée des Chinois; et elle est réellement très alimentaire, car elle est plus riche en principes azotés que les riz de Go-cong, qui, par contre, étant plus féculents, conviennent mieux pour les emplois industriels.

Sur les marchés européens, nous recevons surtout de ces grains ronds de Go-cong, mais mélangés à des grains longs de Vinh-long.

Ce mélange est inévitable, puisque la production du « Go-cong », en Cochinchine, représente à peine le tiers de la production totale ; il n'en est pas moins fâcheux.

Et M. Coquerel dit à ce sujet : « C'est ce qu'avait très bien compris la Chambre de Commerce de Saïgon lorsque, en 1896, elle demandait la création d'un concours général de riz, destiné à stimuler les propriétaires annamites et à amener l'amélioration des riz par un choix meilleur des graines destinées à la semence.

Depuis cette époque la commission d'examen s'est réunie chaque année, et elle s'est montrée particulièrement bienveillante pour les producteurs de grains ronds dits « Go-cong ». Par ses conseils et ses encouragements, elle a essayé de pousser, autant que faire se pouvait, à la culture de cette qualité essentiellement marchande. Ses efforts ne sont pas restés stériles ; et c'est avec une légitime satisfaction que, d'année en année, elle a pu constater l'amélioration des échantillons qui lui étaient soumis ; et, fait significatif, elle a pu voir aussi la culture du riz Go-cong commencer à s'implanter dans certains arrondissements qui, tels que Chaudoc, Soc-trang, Bac-lieu, n'en avaient jamais produit jusqu'alors. »

En 1903, la production totale de la Cochinchine, d'après l'évaluation que cite M. Coquerel, était approximativement de 1.870.519.000 kilos, dont :

12.518 000 kilos de		paddy exporté,
729.645.000	»	riz cargo, riz blanc, brisures, etc.
852 700.000	»	paddy consommé sur place,
27.656.000	»	paddy pour la fabrication de l'alcool,
150.000.000	»	paddy pour les animaux,
98.000.000	»	réserve pour semence.

Dans ce total sont compris les riz ordinaires non gluants, ou *lua*, et les riz gluants, ou *nep*, ces derniers servant principalement, en Indo-Chine, pour la fabrication de l'alcool et la confection de pâtisseries.

Au point de vue cultural, les riz aquatiques sont des *riz hâtifs*, des *riz de saison* et des *riz tardifs*, qui sont distincts par les époques auxquelles se font les semis et les récoltes.

Les riz de saison, qui sont des riz de six mois, sont ensemencés, en Cochinchine, à la fin de juin ou au commencement de juillet, repiqués un mois plus tard, et récoltés en décembre et janvier.

La récolte des riz hâtifs, semés en mai et repiqués en juin, a lieu en novembre et décembre.

Les riz tardifs — précieux quand les inondations ont détruit les riz précédents — sont semés de septembre en novembre, et récoltés, suivant les variétés, trois ou quatre mois plus tard.

Un riz tout particulier, qu'il importe de signaler, est le « riz flottant », autrefois exclusivement cultivé au Cambodge, puis qui, de la province de Kratié, fut apporté en Cochinchine, où il est maintenant cultivé notamment dans divers villages de la province de Chaudoc.

Ce riz (*lua-song-lon*), qui est, croyons-nous, le même que le riz du Cachar, dans l'Inde anglaise, offre cet avantage que sa tige s'accroît au fur et à mesure que monte le niveau de l'eau, réglant sa hauteur sur celle de l'inondation ; il peut ainsi atteindre, à l'occasion, plusieurs mètres. C'est, par suite, le riz à cultiver dans les sols exposés à de très fortes inondations ; et il y réussit, à la condition, du moins, que les crues ne soient pas trop brusques.

En Cochinchine, les semis de cette variété sont faits, paraît-il, en avril, avant l'inondation, avec des grains mouillés, puis séchés ; on récolte en décembre. La moisson est effectuée nécessairement en bateau ; pendant qu'un indigène rame, un autre coupe les tiges au niveau de l'eau.

Il est regrettable que ce riz — qui n'est pas exporté — soit inférieur aux riz ordinaires par sa saveur, car le rendement est considérable, et presque le double (dans le rapport de 33 à 18,4) de celui des riz de plaine.

La culture en est aussi beaucoup plus simple, puisqu'il n'y a à se préoccuper ni des labours profonds, ni du repiquage, ni des soins d'entretien, que nécessitent les riz aquatiques.

Sur cette culture des riz aquatiques, il serait hors de propos d'insister ici. Elle est faite par les anciens procédés, et avec les instruments primitifs de jadis, auxquels les Annamites restent fidèles.

Il n'est pas sûr, au surplus, qu'il y ait lieu, comme outillage, de recommander l'introduction des machines modernes adoptées aux Etats-Unis.

On sait que les Américains ont construit, et emploient, pour l'exploitation de leurs rizières, des moissonneuses analogues à celles qui servent pour la récolte des céréales ordinaires. La maison John Gordon, de Londres, la maison Ruston et Proctor, de Lincoln, etc., construisent ces moissonneuses, et même des moissonneuses-lieuses.

Les roues de ces machines sont très larges, et armées de crampons, ce qui les empêche de trop enfoncer dans la boue. Sur le tablier, en arrière de la scie faucheuse, est disposé, en outre, un fort rouleau de bois qui maintient le niveau de ce tablier au-dessus de la vase.

Mais déjà, aux Etats-Unis, malgré ces précautions, on a reconnu qu'il est des terres — notamment à l'est du Mississipi — qui sont toujours trop molles pour permettre le bon fonctionnement de ces machines ; et leur emploi n'est, dit-on, possible, en général, que sur les sols un peu plus fermes de la partie occidentale de la côte, dans le golfe du Mexique.

Il est fort probable que, en Indo-Chine, les terres des rizières n'auraient pas cette consistance nécessaire.

Qu'on remarque, d'autre part, que l'avantage économique que ces machines représentent n'est réel que dans les pays où la main-d'œuvre fait défaut ou coûte cher, et — même en admettant que les Annamites pussent faire la dépense nécessaire pour un tel achat — on ne sera pas absolument persuadé *a priori* que l'introduction de cet outillage soit parmi les perfectionnements les plus urgents à apporter, pour la culture du riz dans nos possessions d'Extrême-Orient.

Il est certainement d'une utilité plus immédiate de préconiser l'usage des engrais dont nous parlions précédemment,

Comme machines, celles peut-être qu'aurait plutôt intérêt à se procurer le colon qui se trouve à la tête d'une installation d'une certaine importance sont les batteuses, telles qu'en construisent les maisons dont nous citions les noms tout à l'heure.

Avec ces batteuses à riz, qui, comme nos batteuses à blé, trient la grosse paille, la menue paille et le grain, on prépare, par heure, de 7 à 25 hectolitres de paddy, suivant la longueur du cylindre-batteur (qui varie de 60 centimètres à 1ᵐ 50).

Lorsque le paddy, par un moyen ou par l'autre, en Indo-Chine, est préparé, il est acheté, s'il est destiné au commerce, par des courtiers, qui le portent aux usines.

Là, il va être transformé en « riz cargo » ou en « riz blanc ».

Le « riz cargo » est théoriquement le paddy décortiqué, la décortication consistant à débarrasser le grain de ses balles, et à l'obtenir plus ou moins revêtu seulement de son mince tégument. En réalité, le riz cargo du commerce est un mélange, en proportions variables, de grains ainsi décortiqués, et plus ou moins partiellement blanchis, et de grains qui ont échappé à la décortication et sont encore à l'état de paddy.

Le riz cargo que les exportateurs achètent aux usines contient de 5 à 20 o/o de ce paddy.

L'opération qui suit la décortication — et qui, lorsqu'on exporte le riz cargo, n'est effectuée que dans les pays d'importation — est le polissage, ou blanchiment, qui transforme le riz cargo en riz blanc.

On distingue en Cochinchine, d'après M. Coquerel :

1° le « riz blanc n° 1 », fortement blanchi et glacé ;

2° le « riz blanc n° 2, trié », qui contient, au maximum, 25 o/o de brisures ;

3° le « riz blanc n° 2 ordinaire » qui en contient 45 à 60 o/o.

Cette dernière qualité est plus ou moins blanche, suivant qu'elle doit être expédiée en Europe, où elle sera soumise à un nouveau blanchiment, ou en Extrême-Orient, où elle sera consommée telle quelle. Le blanchiment, en ce dernier cas, est un peu plus soigné.

Quoique toutes ces opérations soient, d'ordinaire, effectuées dans des usines — telles que les rizeries à vapeur installées à Cholon sur les quais (1) — on peut rappeler ici qu'il est de nombreux types de décortiqueurs, parmi lesquels certains peuvent être mus à la main. Un cultivateur qui a une exploitation de quelque importance peut donc très bien préparer lui-même, tout au moins, du riz cargo.

---

(1) Ces rizeries étaient, en 1905, au nombre de sept, qui travaillaient par jour 96.400 piculs de paddy. Le picul dont il s'agit ici est, croyons-nous, le picul annamite de 45 ligatures, soit 68 kilos Le picul officiel équivaut à 60 kilos, le picul chinois à 60 kil. 573. Il y a des piculs annamites de 43, 45 et 50 ligatures. D'après les renseignements fournis à M. Brenier par les usiniers de Cholon, il faut, d'ordinaire, 1.299 kilos de paddy pour fournir une tonne de riz cargo à 20 o/o, et 1.666 kilos du même paddy pour fournir une tonne de riz blanc.

L'un des plus connus, parmi ces appareils, est le décortiqueur de Nicholson, simplement construit, en somme, sur le principe des nettoyeuses de riz qui étaient jadis en usage, et le sont peut-être encore quelquefois, dans le midi de l'Europe.

Cette « nettoyeuse » se composait d'un tronc de cône fixe, en bois, cannelé à la surface, que recouvrait une chape, également en bois, et à surface intérieure aussi cannelée, mais mobile autour d'un pivot central vertical. Deux barres fixées extérieurement sur cette chape permettaient à deux hommes de lui imprimer, en tournant, un mouvement de rotation ; et c'était par le frottement produit entre la surface interne de la chape et la surface externe du tronc de cône que les grains de riz tombant d'une trémie se débarrassaient de leurs balles.

On dit que, en dix heures, avec cette machine, deux ouvriers pouvaient décortiquer 200 kilos de riz.

Le décortiqueur de Nicholson se compose aussi d'un tronc de cône central et d'une enveloppe tronconique.

Mais c'est le tronc de cône central, en aggloméré, qui, ici, est mobile autour de son axe vertical, mis en mouvement par un système d'engrenage se raccordant au volant. Au contraire, l'enveloppe, qui est en bois, mais munie intérieurement de bandes de cuir, est fixe.

C'est toujours le frottement entre les deux surfaces qui amène la décortication des grains de riz tombant de la trémie supérieure. L'élasticité des bandes de cuir présente l'avantage de diminuer la proportion des brisures.

Lorsque, sous l'action d'un moteur, l'arbre de commande fait 47 tours à la minute, il passe, en une heure, 100 kilos de paddy. Si deux passages sont suffisants pour produire la décortication complète, il faut donc évaluer à 50 kilos environ la quantité de paddy décortiquée en une heure.

Toutes les maisons qui fabriquent les appareils de rizerie construisent ce décortiqueur Nicholson.

Telles sont : à Londres, la maison Gordon ; à Paris, la maison Sloan.

La seconde de ces maisons construit un autre décortiqueur, plus spécialement appliqué à la grande production des usines.

Le cône intérieur, horizontal et non plus vertical, est en fonte, et percé de quelques trous pour la sortie des grains ; il est mobile, à l'intérieur d'une enveloppe également conique. La trémie de distribution est placée à l'extrémité correspondant au sommet du cône.

Il paraît que, aux États-Unis, on construit un autre type de décortiqueur, constitué par un cylindre armé de saillies, qui tourne à l'intérieur d'un cylindre-enveloppe en tôle perforée. Ces perforations de la tôle joueraient le rôle de râpe, qui détacherait les balles.

Enfin la maison Gordon propose un décortiqueur, qui rappelle les moulins à riz espagnols, car il se compose de deux meules horizontales, dont l'inférieure est fixe et la supérieure mobile.

Ce ne sont donc pas les appareils qui font défaut, pour une décortication du riz plus rapide et plus complète que par l'antique procédé du pilonnage.

Avec les appareils précédents, la décortication se fera surtout bien et vite si, avant le second passage, on sépare les grains décortiqués de ceux qui ne le sont pas ; on ne fait alors subir ensuite qu'à ces derniers un nouveau passage entre les surfaces de frottement. La maison Gordon construit un trieur spécial (*paddy separator*) qui effectue cette séparation entre, d'une part, le paddy, et, d'autre part, le riz décortiqué, qu'il reste maintenant à blanchir.

Aux usines, qui, dans les coloniés, opèrent ce blanchiment — que les indigènes ne réalisent jamais que très imparfaitement, en soumettant à un nouveau pilonnage le riz décortiqué — on peut recommander les appareils des maisons que nous venons déjà de citer.

Le blanchiment peut être fait, par exemple, par un pilonnage mécanique. La maison Gordon, entre autres, construit de ces jeux de pilons, mus par une roue, sur laquelle passe une courroie en communication avec un moteur. Le grain jeté dans les mortiers a été, au préalable, vanné au tarare.

Dans l'outillage de la maison Marcus Mason, de New-York, le polissage est fait par un cylindre vertical, recouvert d'une peau de mouton, et tournant à l'extérieur d'un autre cylindre en toile métallique.

De même, le polisseur Sloan comprend un cylindre central recouvert de cuirs ajustés, enveloppé par une tôle perforée, par laquelle s'échappent les poussières.

Ces polisseurs horizontaux peuvent être combinés avec les décortiqueurs, en une seule machine ; et la maison Sloan fournit même ainsi, au prix de 2.400 francs, un appareil où sont réunis un décortiqueur, un polisseur, une brosse, et deux ventilateurs.

Un appareil à brosses spécial est construit par la maison Gordon, où l'on trouve enfin, comme chez tous les autres constructeurs, des trieurs à riz, séparant le riz entier des brisures.

Un classeur, tel que le classeur Mason, qui divise le riz entier en trois qualités, achève le travail.

C'est grâce à tout cet outillage qu'il est possible aux colons désireux de monter, en Indo-Chine, des rizeries complètes, de livrer au commerce un riz aussi parfaitement préparé qu'il l'est en France.

Les brisures et farines qui représentent les déchets de ces opérations précédentes sont utilisées dans les amidonneries, les glucoseries et les distilleries.

Nous passons sous silence la préparation de la fécule. On sait que la première phase de cette préparation, précédant la mouture, est le « trempage », qui est la dissolution du gluten du grain dans une lessive alcaline, où il passe à l'état de glutinate de soude.

Mais la fabrication de l'eau-de-vie de riz a, en Indo-Chine, une trop grande importance pour que nous ne rappelions pas que les travaux de MM. Calmette, Went et Geerligs, Wehmer, Chrzasczcz, etc., nous ont fourni, en ces dernières années, sur cette industrie, des données scientifiques presque aussi précises et complètes que celles que nous possédions pour nos industries de fermentation européénnes.

La préparation de l'eau-de-vie de riz annamite (*ruou* ou *choumchoum*) par le procédé chinois — toute différente de la préparation du *saké*, ou bière de riz, des Japonais — comprend deux phases.

Pendant la première, le riz gluant (ou *nep*), décortiqué et étuvé, est saupoudré (à raison de 1 kil. 500 de poudre pour 100 kilos de grain) avec des macarons de levain, ou *men*, pulvérisés au préalable ; et ce mélange est laissé, pendant trois jours, dans des jarres en terre, de 20 litres de capacité, remplies jusqu'à la moitié à peu près.

Les macarons de levain ont été obtenus en laissant moisir sur des nattes, dans des endroits obscurs, de la pâte de riz, additionnée de nombreuses substances végétales aromatiques réduites en poudre. Cette pâte, découpée en petits pains, a été, en outre, piquetée de quelques balles de riz, qui y introduisent les microorganismes dont nous allons parler.

Pendant la seconde phase, le mélange de riz étuvé et de poudre de macarons est recouvert d'eau. C'est évidemment la phase de fermentation alcoolique, car rapidement le liquide bouillonne, par suite d'un dégagement abondant de bulles de gaz. Au bout de deux jours, cette fermentation est jugée suffisante ; il n'y a plus qu'à distiller.

Faite dans des alambics grossiers, cette distillation donne, en définitive, pour 100 kilos de riz, 60 litres d'eau-de-vie à 36 degrés.

Mais quel est donc, dans la fabrication ainsi menée, le rôle des macarons de levure ?

C'est sur ce point que les recherches des auteurs dont nous avons cité les noms ont établi que la partie active et essentielle de ces petits pains est, tout d'abord, un champignon qui s'est développé dans la pâte, et qui est une moisissure de la famille des Mucorinées, le *Mucor Rouxii* Wehmer (*Amylomyces Rouxii* Calm.) (1).

Au cours de la première phase de fabrication, ce champignon, introduit, avec la poudre de *men*, dans toute la masse du riz étuvé, envahit tous les grains et y secréte les diastases qui — à la façon des diastases analogues qui apparaissent dans le grain d'orge lui-même, pendant la germination de cet orge pour la fabrication de la bière — transforment l'amidon en maltose, puis en glucose fermentescible.

Cette saccharification de l'amidon est terminée quand, au quatrième jour, on verse de l'eau sur la masse.

Cette eau, dissolvant le sucre, est donc immédiatement une solution glucosique ; et un second champignon, qui est, celui-ci, un *Saccharomyces*, ou levure, (comme le *Saccharomyces cerevisiæ* de la bière, le *Saccharomyces ellipsoïdeus* du vin), en intervenant, transforme, à l'abri de l'air, le glucose en alcool.

Il est possible, du reste, que le *Mucor Rouxii*, maintenant submergé, devienne une forme-levure, comme en sont capables beaucoup d'autres Mucorinées privées d'air, et contribue ainsi également — quoique probablement pendant très peu de temps, et dans une assez faible mesure — à la formation de l'alcool.

En somme, les deux phases de la préparation du liquide dont la distillation donnera l'eau-de-vie de riz sont les deux mêmes phases que celles de la fabrication de la bière ; et la seconde, dans les deux cas, est accomplie par un *Saccharomyces*. Mais la différence porte sur

---

(1) Went et Prinsen Geerligs, *Beobachtungen uber die Hefearten und zuckerbildenden Pilze der Arackfabrikation* ; Verhandl. d. Konink. Akademi van Wetensch.te Amsterdam, 1895. — Wehmer, *Der javanische Ragi und seine Pilze* ; Centralblatt für Bakteriologie, 1900-1902.

la première, car les diastases (amylase et maltase) qui transforment l'amidon en glucose sont produites par le grain d'orge lui-même — au cours de la petite période germinative qu'on lui fait, au préalable, accomplir — alors que ces mêmes diastases sont introduites dans le grain de riz — qui en est dépourvu puisqu'il n'a pas germé — par un organisme étranger, le *Mucor Rouxii.*

Nous avons fait remarquer que la préparation du *saké* japonais est différente de celle de l'eau-de-vie annamite. Et elle s'en distingue, en effet, non seulement par l'ensemble et les détails de l'opération industrielle, qui est beaucoup plus longue, mais par les champignons qui provoquent les transformations chimiques. La fermentation alcoolique est encore due à un *Saccharomyces,* qui est le *Saccharomyces Sake* de Yabé ; mais la saccharification de la première période (provoquée par l'addition de *koji,* ou riz moisi, ou riz non gluant étuvé) est due à une moisissure tout autre que le *Mucor Rouxii,* car c'est un Ascomycète, à filaments cloisonnés, l'*Aspergillus Oryzæ.*

On ne peut être surpris de cette différence, puisque les procédés opératoires sont eux-mêmes très distincts, et que l'on sait encore que, même dans les diverses contrées d'Extrême-Orient où l'on fabrique de l'eau-de-vie de riz — et suivant une méthode qui est, sauf peut-être de légères variantes dans quelques détails, la méthode chinoise que nous venons de décrire — ce ne sont pas toujours les mêmes organismes qui sont les agents saccharifiants du levain.

MM. Went et Geerligs, ainsi que M. Wehmer (1), en effet, n'ont pas retrouvé le *Mucor Rouxii* dans les macarons (*ragi*) employés à Singapore et à Java par l'industrie des *aracks* de riz (2). Ils ont constaté, par contre, la présence d'autres Mucorinées, le *Chlamydomucor Oryzæ,* le *Rhizopus Oryzæ* et le *Mucor dubius ;* et M. Wehmer pense que les deux premières de ces trois espèces, au moins, sont actives et remplacent le *Mucor Rouxii.*

---

(1) WEHMER, *Der javanische Ragi und seine Pilze ;* Centralblatt für Bakteriologic, 1900 et 1901.

(2) *Arack,* dans l'Inde et en Malaisie, ne signifie qu' « eau-de-vie ». Il n'y a donc pas que des aracks de riz, mais des aracks de mélasse, des aracks de palme, etc. Les aracks de mélasse, comme ceux de riz, sont préparés avec le ragi.

Dans les gâteaux de levain de Singapore et de Tagok-tegal, M. Wehmer a trouvé encore une autre moisissure que les trois que nous avons mentionnées, c'est le *Mucor javanicus.* Mais ce champignon ne paraît pas saccharifier l'amidon.

Parmi les *Saccharomyces* du ragi qui joueraient un rôle dans la fermentation alcoolique, MM. Went et Geerligs signalent le *Saccharomyces Vordermanni.*

Au surplus, en Indo-Chine même, le levain cambodgien ne serait pas biologiquement le levain chinois de la Cochinchine, de l'Annam et du Cambodge.

Déjà M. Calmette, lors de ses premières recherches sur ce levain chinois, avait fait remarquer que la préparation des macarons, au Cambodge, n'est pas exactement celle du *men* de Cochinchine. La pâte n'est pas toujours obtenue avec de la farine de riz, mais souvent avec de la farine de maïs, ou encore de la farine de *Vigna Catjang* ; puis les macarons sont plutôt utilisés pour la fabrication d'une sorte de bière, et non d'eau-de-vie, ou pour faire lever la pâte de divers gâteaux indigènes.

Et M. Chrzaczcz a établi ultérieurement, en 1901 (1), que le champignon de cette levure cambodgienne serait, en effet, une nouvelle Mucorinée, qui est intermédiaire, par ses caractères morphologiques, entre le genre *Mucor* et le genre *Rhizopus* : c'est le *Mucor Cambodja* Chr.

Est-il nécessaire de faire remarquer l'intérêt pratique de toutes ces observations ? Les organismes actifs de ces divers levains étant connus et isolés, et leur mode d'action, et les conditions dans lesquelles ils se développent le mieux, étant précisés, on entrevoit la possibilité d'arriver, par des sélections méthodiques, à des résultats analogues à ceux obtenus aujourd'hui pour les levures des industries de fermentation européennes. Il y a certainement dans tous ces macarons, tels qu'ils sont fabriqués, par empirisme, en Extrême-Orient, des organismes étrangers nuisibles ; et leur suppression doit avoir pour effet d'activer et de régulariser la fermentation désirée, en empêchant toutes les fermentations accessoires.

Dès ses premières études sur le levain chinois, M. Calmette avait été amené à conclure que, en purifiant ainsi les champignons utiles du *men*, et en les débarrassant des autres moisissures, levures et bactéries qui peuvent les accompagner, on devrait, pour 100 kilos de riz, obtenir 45 litres d'alcool à 100°, au lieu de 18.

Le poivrier. — Le poivre est, après le riz, le principal produit végétal d'exportation de l'Indo-Chine.

---

(1) Chrzaczcz, *Die « chenische Hefe » Mucor Cambodja, eine neue technische Pilzart, nebst einigen Beobachtungen über Mucor Rouxii* ; Centralblatt für Bakteriologie, 1901.

En 1904, ces exportations étaient de 5.310.572 kilos (6.372.687 fr.), dont il a été importé :

En France...................	4.891.916	kilos.
En colonies françaises........	3.378	»
En divers pays d'Europe......	35.520	»
En Chine et au Japon.........	3.075	»
En Birmanie et au Siam	1.250	»
A Singapore.................	35.143	»
A Hong-kong.............	339.890	»

La France constitue donc le grand débouché de ces poivres indo-chinois, qui sont, en effet, les poivres que nous consommons le plus aujourd'hui.

Il n'en a pas toujours été de même.

En 1898, sur 2.835.865 kilos de cette denrée que nous consommions en France, il en venait :

> 1.268.115 kilos d'Indo-Chine,
> 1.567.741 » de l'Inde anglaise.

En 1902, au contraire, nous recevions déjà, sur 3.194.772 kilos :

> 2.413.846 kilos d'Indo-Chine,
> 768.942 » de l'Inde anglaise.

L'année suivante, cette consommation, chez nous, des poivres d'Indo-Chine était encore favorisée par la loi du 23 mars 1903, qui, tout en élevant les droits d'entrée sur tous les poivres, non seulement maintenait en faveur de nos colonies la détaxe coloniale, mais, en plus, supprimait toute limitation sur les quantités admises à en profiter.

Il ne faudrait pas toutefois que ce privilège encourageât trop l'Indo-Chine à étendre ses plantations de poivriers.

Le poivre n'est pas de consommation illimitée et croissante ; une production supérieure à la production actuelle deviendrait rapidement une surproduction qui entraînerait un avilissement des prix.

On pourrait même trouver que l'extension de la culture poivrière, en Indo-Chine, en ces dernières années — extension qui a fait monter l'exportation de 2.647.000 kilos, en 1901, à 5.310.572 kilos, en 1904 — a été trop grande. Elle a pu contribuer à la baisse constante qui a été constatée, sur place, dans les prix des poivres, depuis quatre ans. En 1902, le poivre valait 38 à 40 piastres le picul ; il tombait à 31 piastres en 1903, et à 26 à 27 piastres en 1904. Or le prix de 22 piastres ne serait plus, paraît-il, rémunérateur.

Il serait donc prudent de se contenter désormais des cultures établies en Cochinchine et au Cambodge.

Au Cambodge, les quatre provinces productrices sont celles de Kampot, de Péam et de Banteay-méas, dans la résidence de Kampot, et celle de Tréang, dans la résidence de Takeo.

En 1902, pour ces quatre provinces, le nombre des pieds plantés et le rendement étaient :

Kampot	1.974.050 pieds	1.267.559 kilos.
Péam........	1.695.196 »	1.484.922 »
Banteay-méas...	66.069 »	108.105 »
Tréang	691.797 »	642.362 »

Ces cultures sont faites par les Cambodgiens, et, sur une plus grande échelle, par les Chinois.

En Cochinchine, les deux grands centres de production sont, d'abord, la province de Ha-tien, près du Cambodge, puis, dans l'ouest, la province de Bien-hoa.

En 1904, dans la province de Ha-tien, il y avait 786 hectares de poivrières, ainsi répartis :

Canton de Binh-an	475	hectares.
Ile de Phu-quoc.............	95	»
Canton de Thang-gi........	156	»
» Ha-than	60	»

Au sujet de la culture de ces poivriers, nous avons indiqué autrefois, dans un de nos volumes sur *Les Cultures coloniales*, qu'il est deux méthodes en présence, relativement aux tuteurs à employer.

Les poivriers, en effet, étant des lianes — qu'on multiplie par boutures, et qui fournissent une première récolte à la fin de la troisième année — doivent s'enrouler sur des supports.

Or, en Indo-Chine comme dans la péninsule malaise, ces tuteurs sont, paraît-il, le plus souvent, de simples pieux, alors que, en Malaisie et dans l'Inde, ce sont des arbres vivants. Et, de longue date, le problème est posé, et a été souvent discuté, de savoir quel est, de ces deux sortes de supports, celui qu'il faut préférer. Des commissions furent même nommées, à plusieurs reprises, en Cochinchine, pour l'étude de cette question.

Du reste, l'impression ordinaire était que les arbres vivants conviennent mieux que les tuteurs morts, mais sans que la raison en pût être donnée, puisqu'il était facile de constater que les racines aériennes du poivrier restent à la surface du support, sans y pénétrer.

Mais, précisément parce que ces racines sont comparables ainsi à celles de la vanille, les recherches de M. H. Jacob de Cordemoy, que nous avons résumées au chapitre de la Réunion, à propos de cette vanille, nous fournissent, par contre-coup, pour le poivrier, l'explication à laquelle, ici encore, on ne pouvait guère songer.

Dans les racines du poivrier comme dans celles de la vanille doit habiter un champignon qui, d'autre part, pénètre dans le tuteur, et tend à y puiser des substances qu'il communiquera à la liane. Il y a donc parasitisme indirect.

Dès lors, il y a certainement avantage à ce que le support soit un arbre vivant ; et la méthode malaise est bien à recommander aux planteurs de poivriers, en Cochinchine et au Cambodge.

Le poivre préparé en Indo-Chine est presque toujours du poivre noir, c'est-à-dire du poivre dont chaque grain représente un fruit entier (baie à une graine), simplement desséché au soleil ou dans des fours.

Le poivre blanc, dont on prépare surtout de grandes quantités dans le Bornéo anglais, et des quantités moindres dans la péninsule malaise, dans l'Inde, au Siam et à Java, est normalement obtenu avec des fruits cueillis plus mûrs que pour le poivre noir. Ces fruits sont soumis, en tas, à une petite fermentation, comme à Ceylan, ou bien immergés pendant quelque temps dans l'eau ; on les débarrasse ensuite, par frottement entre les mains, de la pulpe plus ou moins désagrégée qui les recouvre, et qui correspond au péricarpe de la baie. Il ne reste ainsi que la graine, qui est le poivre blanc, plus aromatique mais moins piquant que le poivre noir. Et cette différence de saveur est due à ce que, des deux principes actifs du poivre, qui sont une essence odorante et douce et la pipérine, qui est piquante, la première prédomine dans la graine et la seconde, au contraire, dans la pulpe du fruit. En supprimant la pulpe, on modifie, par suite, la répartition en faveur de l'essence, puisqu'on diminue la proportion de la pipérine.

Nous rappelons ces faits pour ajouter que, de plus en plus, aujourd'hui, — suivant un renseignement qui nous a été donné, et que nous avons tout motif de croire exact, — soit dans les pays d'importation, comme l'Angleterre, soit même dans les pays exportateurs, comme le Siam, on prépare du poivre blanc, non pas immédiatement avec des fruits mûrs cueillis spécialement dans ce but, mais avec du poivre noir déjà desséché et commercial.

Ce poivre serait amolli par trempage dans l'eau ordinaire ; puis, lorsque la pulpe, redevenue humide, s'est suffisamment gonflée, on laisserait les fruits pendant quelque temps dans des sacs, qu'on place eux-mêmes dans des baquets. Il se produit, ici encore, une fermentation, qui provoque un commencement de désagrégation du péricarpe ; on achève ce dépulpage avec des appareils spéciaux.

La principale difficulté de l'opération consisterait à arrêter le dépulpage au moment voulu. Poussé trop loin, il entraînerait, en effet, le tégument de la graine, qui est l'enveloppe incolore donnant au poivre blanc son aspect ; et on mettrait à nu l'amande qui, sous cette enveloppe, est desséchée et noirâtre, On aurait ainsi, de nouveau, un poivre qui, tout en ayant la saveur et les propriétés du poivre blanc — puisqu'il serait, en réalité, la graine tout comme ce poivre blanc — ne serait cependant pas évidemment accepté comme tel par le commerce, puisqu'il serait noir.

Il peut n'être pas inutile de connaître cette industrie nouvelle, qui, si elle se développe vraiment, comme on nous l'affirme, ne doit pas engager les planteurs indo-chinois qui en auraient l'intention à se livrer sans renseignements préalables à la préparation directe du poivre blanc.

La cannelle d'Annam. — L'Europe reçoit deux sortes de cannelles, auxquelles sont attribuées deux valeurs bien différentes.

Lorsque la « cannelle de Ceylan », qui est l'écorce du *Cinnamomum zeylanicum* Nees, vaut 250 à 300 francs les 100 kilos, la « cannelle de Chine », qui est l'écorce du *Cinnamomum Cassia* Bl., dont nous recevons des quantités plus faibles, ne vaut que 110 francs.

La cannelle d'Indo-Chine, qui est presque entièrement exportée à Hong-kong, et en très petites quantités vers Singapore, se rapproche plus de la cannelle de Chine — à laquelle elle serait cependant un peu supérieure — que de la sorte de Ceylan.

Elle est récoltée en Annam, et serait l'écorce du *Cinnamomum Loureirii* Nees (et peut-être aussi du *Cinnamomum Culilawan* Bl., qui est une espèce voisine).

Les provinces d'Annam dans les régions montagneuses desquelles croissent principalement les canneliers sont les provinces de Than-hoa et de Nghé-an, dans le nord, puis, plus bas, dans le centre, celles de Quang-nam et de Quang-ngai.

Ces deux dernières, surtout, sont celles où le commerce de la cannelle a une grande importance, et celles aussi où, en plus des arbres sauvages, on exploite des pieds cultivés.

Dans la province septentrionale de Than-hoa, la cannelle passe pour être de qualité exceptionnelle et — peut-être simplement à cause de sa relative rareté, ou par suite de vieux préjugés — est vendue beaucoup plus cher que les sortes du Quang-nam et du Quang-ngai; mais elle est peu apportée sur les marchés.

Dans la région centrale, l'exploitation (1) a lieu depuis les sources de la rivière de Cu-dé, près de Tourane, dans le Quang-nam, jusqu'à la limite méridionale du Quang-ngai, longeant, sur tout ce parcours, les limites de l'habitat annamite et ne paraissant pas dépasser, vers l'Ouest, la cime de la chaîne montagneuse. C'est la région habitée par les tribus sauvages connues sous les noms de Pa-hi, Ta-la, Veh et Cedang.

Les canneliers cultivés forment des jardins autour des villages moïs, ou sont plantés, par groupes de 20 à 50 pieds, à l'intérieur de la forêt.

L'écorçage est effectué à deux époques.

Il y a une première récolte, et la plus importante, du second au quatrième mois annamite, au moment de la montée de la sève, puis une seconde, la plus faible, vers le septième mois, quand il y a une nouvelle poussée séveuse.

Pour enlever l'écorce, le Moï pratique, avec un instrument bien tranchant, de une à trois incisions verticales, du sommet à la base du tronc, puis quelques autres horizontales, sur toute la circonférence, la dernière s'arrêtant à 10 à 20 centimètres au-dessus du sol.

Avec une spatule en os ou en corne, il soulève maintenant tous les fragments d'écorce, qui se détachent.

(1) Brière, *Culture et commerce de la cannelle en Annam* ; Bulletin économique de l'Indo-Chine, 1904.

Les branches sont dépouillées par le même procédé.

L'arbre, naturellement, meurt à la suite de cette mutilation.

Les écorces récoltées sont attachées sur des planchettes en bois, pour qu'elles ne s'enroulent pas, et desséchées au-dessus du feu.

Une fois sèches, elles sont mises en paquets; et c'est en cet état qu'elles sont, soit livrées aux agents des maisons chinoises de Faï-fo, si elles ont été achetées sur place, avant la récolte — comme cela a lieu souvent, car ces agents, ou *lai-buon*, parcourent les pays de canneliers et examinent les arbres encore sur pied — soit apportées sur les marchés, dont les principaux sont Tramy et Phuoc-son dans le Quang-nam, et Tra-bong, Co-sau et Dong-khé, dans le Quang-ngai.

Le paiement n'a pas lieu en monnaie, mais en objets d'échange, tels que jarres, gongs, sel, cotonnades, perles, marmites, et même des buffles.

Sur le marché, les écorces sont soumises à un premier triage. Les écorces du milieu du tronc sont plus estimées que celles de la base; les écorces provenant des extrémités des branches sont préférées aussi à celles des parties inférieures de ces branches.

Ces caractères font établir des subdivisions dans la première et la troisième des trois grandes catégories suivantes :

le *que-kep*, qui est l'écorce du tronc des arbres ayant plus de 10 centimètres de diamètre; et c'est la cannelle parvenue à « maturité »;

le *que-kien*, qui est l'écorce, insuffisamment « mûre » des arbres plus jeunes ;

le *que-tanh*, qui provient des branches.

Toutes ces écorces sont taillées en morceaux d'égale longueur et d'égale largeur ; et leurs extrémités sont coupées en biseau. Une nouvelle dessiccation a lieu ensuite sur les planchettes en bois.

Certaines modifications qui se manifestent, au cours de cette dernière manipulation, dans l'aspect des fragments indiquent, paraît-il, à l'opérateur expérimenté la valeur exacte du produit, et l'amènent souvent à opérer un second classement, quelque peu différent du premier.

En 1904, il a été exporté d'Indo-Chine :

93.444 kilos de grandes écorces, au prix de 1.168.050 francs.
201.900 » de petites écorces, » 484.560 »

Ces exportations, qui, en ces dernières années, ont diminué, pourraient, au contraire, augmenter si, en Annam, le commerce du produit devenait plus actif dans la province de Than-hoa, et aussi si, au Laos, les indigènes savaient le bénéfices qu'ils pourraient retirer de cette exploitation, dans des contrées où, comme le Haut-Mékong, les canneliers sauvages croissent, mais sont délaissés.

En 1904, dans les magasins chinois de Tramy, les prix de diverses qualités de cannelles étaient ceux-ci (1), pour le picul :

Cannelle sauvage *que-rung-ya-thang-ba*, ou «cannelle royale».   80 piastres.
»   »   *que-rung-ya-mang-thang-ba*..............   14   »
Cannelle cultivée *nieck-heu-thanh-ba-que*...................35 à 40   »
»   »   *que-cay* 1re qualité.........   30   ›
»   »   »   2e qualité.....................   30   »

A Hong-kong, on distingue cinq principales sortes de cannelles, qui se subdivisent elles-mêmes en plusieurs qualités ; et les prix (en piastres) en étaient les suivants, par exemple, en 1903, pour le picul de 60 kilos :

	1re qualité	2e qualité	3e qualité
Kay-kouay......	700-800	400-450	300
Kouay-noam	200-210	160-175	130-140
Kouay-mu.......	140-150	120-130	
Thieu-kouay	115-155	90-100	
Kouay-thau.....	70 - 80		

Ainsi certaines cannelles sont vendues, en Chine, jusqu'à 30 francs le kilo. Ces sortes, et même les sortes moyennes, ne sont pas exportées en Europe, qui ne reçoit que les cannelles très ordinaires de 125 piastres. Les bonnes qualités sont conservées par les Chinois, qui, pour leurs médicaments, préfèrent les sortes d'Annam aux sortes du Kwang-si.

Les cardamomes. — Les cardamomes ordinaires du commerce européen sont surtout les graines de l'*Elettaria Cardamomum* Mat., du Malabar, cultivé dans l'Inde et à Ceylan. L'île anglaise exporte peu les graines de son cardamome indigène, qui est l'*Elettaria major* Sm.;

(1) Bulletin économique, 1904. Les prix sont indiqués pour le *kilo*, mais c'est évidemment du picul qu'il s'agit.

et les cardamomes commercialement connus comme cardamomes de Ceylan sont ainsi, presque toujours, les cardamomes provenant de l'espèce introduite, qui est la plus communément cultivée. On cultive seulement un peu aussi le cardamome d'Allepey (ou de Mysore) moins estimé ; il n'y a pas de culture de l'*Elettaria major* (1).

En Indo-Chine, on distingue, à l'exportation, deux sortes de cardamomes, les « cardamomes du commerce » et les « cardamomes sauvages ».

Les « cardamomes du commerce », qui sont nettement la meilleure qualité, et qui sont, croyons-nous, exclusivement fournis par le Cambodge, sont des graines extraites de fruits plus ou moins ovoïdes, à surface jaune et lisse.

Les « cardamomes sauvages », qui proviennent également, en grande partie, du Cambodge, mais commencent cependant aussi à être récoltés au Laos et au Tonkin, sont des graines extraites de fruits à surface ordinairement épineuse.

Sur l'origine botanique des cardamomes du commerce provenant du Cambodge on est resté très incertain jusqu'en ces derniers temps; ce n'était qu'avec doute qu'on signalait comme principale plante productrice l'*Alpinia globosa* Hor. (*Amomum globosum* Lour.).

D'après les échantillons que nous avions vus, il nous semblait cependant — et nous avions eu l'occasion de professer — que les fruits cambodgiens se rapprochaient plutôt de ceux figurés autrefois par Guibourt sous le nom d'*Amomum racemosum* Lamk.

D'une détermination récente faite par M. Gagnepain (2), avec les spécimens de Zingibéracées de l'herbier Pierre, il résulte, en effet, que ces cardamomes très exploités par les Cambodgiens dans la région de Pursat sont bien l'*Amomum racemosum* de Guibourt, mais que Guibourt a eu tort toutefois de nommer ainsi, en l'identifiant, par erreur, à l'*Amomum racemosum* de Lamarck ; c'est une espèce distincte, qui est l'*Amomum Kravanh* Pierre.

Ce serait donc cet *Amomum Kravanh* qui serait le *kra-vanh* (ou

---

(1) Le genre *Elettaria* se distingue du genre *Cardamomum* par plusieurs caractères, et, entre autres, ceux-ci, parmi les plus apparents : les inflorescences sont en épis lâches et les graines sont sans arille dans les *Elettaria* ; les épis sont denses et les graines ont ordinairement un arille dans les *Amomum*.

(2) Gagnepain, *Zingibéracées de l'herbier du Muséum* ; Bulletin de la Soc. botanique de France, 1906.

kra-ko kra-vanh) des Cambodgiens, et serait jusqu'alors la principale espèce intéressante des cardamomes d'Indo-Chine. Ce serait le cardamome cultivé, si on appelle « culture » tout le travail qui consiste, en général, dans les monts Kravanh, à surveiller, dans les clairières où ils poussent spontanément, les pieds qui vont fleurir et mûrir, et à remplacer seulement, au besoin, ceux qui meurent (1).

Les « cardamomes sauvages », qui sont le *kra-ko* (ou certains *kra-ko*) (2) des Cambodgiens, seraient peut-être, le plus souvent, au Cambodge, l'*Amomum xanthioïdes* Wall., mais correspondent certainement aussi à d'autres espèces. En tout cas, les fruits épineux du Laos et du Tonkin que nous avons vus à l'Exposition coloniale de Marseille sont plus petits que ceux du Cambodge ; et M. Gagnepain a décrit plusieurs espèces d'*Amomum* à capsules échinées.

Telles sont :

au Cambodge, dans les monts Kravanh, l'*Amomum elephantorum* Pierre *(krako-tom-rey)* (3), à aiguillons forts et comprimés, souvent fourchus ;

au Cambodge (dans les monts Chereer et Tamire) et au Laos (dans la province de Camnon), l'*Amomum ovoïdeum*, à aiguillons renflés à la base.

Et il en est encore d'autres, mais il resterait à établir quelles sont celles de ces espèces, et quelles sont aussi les autres espèces connues, dont les graines sont livrées au commerce.

L'exportation de ces « cardamomes sauvages » a, d'ailleurs, quelque importance, car, en 1904, l'Indo-Chine a expédié :

122.880 kilos de cardamomes du commerce.
206.793   »   de cardamomes sauvages.

Néanmoins, la première sorte ayant représenté une valeur de

---

(1) Il y a cependant exceptionnellement de véritables plantations. Ainsi, en 1903, 10.000 pieds de cardamomes ont été *transplantés*. On estime que chaque pied doit donner, après trois ou quatre ans, dix épis» pesant, au total, 150 grammes.

(2) Dans les articles du « Bulletin économique de l'Indo-Chine» relatifs aux cardamomes du Cambodge (par exemple, Löffler : *Les cardamomes de Pursat* ; nouv. série, n° 36) on distingue nettement les cardamomes du commerce, sous le nom de *kra-vanh* et les cardamomes sauvages, sous celui de *kra-ko ;* mais M. Gagnepain, qui cite les termes indigènes relevés dans l'herbier Pierre, indique l'*Amomum Kravanh* (ou *Krervanh*) comme portant aussi le nom de *kra-ko* ; c'est le *kra-ko kra-vanh.*

(3) Ce terme indigène de *tom-rey* doit aussi s'appliquer à d'autres espèces, car M. Gagnepain décrit un *Amomum Tomrey* qui n'est pas l'*Amomum elephantorum*.

614.000 francs, et la seconde 289.510 francs seulement, il ressort également-
ment du rapprochement de tous ces chiffres que les graines des cardamomes à fruits épineux sont beaucoup moins estimées que les graines
de cardamomes à fruits lisses du Cambodge.

Au Laos, ces cardamomes sauvages (*mak-neu*), achetés sur place
par les Chinois, sont surtout récoltés sur le plateau des Bolovènes,
dans la province de Saravane, et dans la province de Bassac. Il y a
cependant aussi une petite récolte dans les provinces de Vientiane
et d'Attopeu.

Au Tonkin, les cardamomes sont récoltés actuellement dans la
partie montagneuse de la province de Hoa-binh ; mais ils peuvent
l'être aussi ailleurs, M. Eberhardt (1) signale, par exemple, dans le
cercle de Cao-bang une espèce *à capsules lisses* qui, à partir d'une
certaine altitude, se rencontre, çà et là, sur les bords des arroyos. Les
indigènes, pour le moment, en préparent très mal les graines, qui,
en cet état, sont invendables ; mais il serait possible de leur apprendre
à perfectionner leurs procédés, et le produit tonkinois, assure
M. Eberhardt, trouverait certainement sa place sur les marchés.

En Annam, les cardamomes sont connus dans le Phu-tuong, dans
la province de Nghé-an.

Tous ces *Amomum*, quelle que soit l'espèce, poussent en montagne, dans les endroits humides, où se plaît aussi l'*Alpinia Galanga*,
Willd. cette autre Zingibéracée dont les rhizomes sont également un
condiment.

Au Cambodge, qui est la contrée pour laquelle nous possédons les
renseignements les plus précis, puisque c'est là que, de longue
date, a lieu le commerce des graines, les cardamomes sont abondants
et exploités dans les montagnes de Kravanh, dans la résidence de
Pursat, et, plus au Sud, dans la résidence de Kompong-speu.

Les pousses florales sortent de terre en février ou mars ; les fleurs
apparaissent vers avril, et les fruits sont cueillis en juillet, avant complète maturité.

Les Pols, qui sont les principaux indigènes récolteurs, dessèchent
ces capsules sur des claies en bambou, placées, à 1 mètre du sol, au-
dessus d'un petit feu. Dès que les fruits sont chauds, ils sont recouverts avec de la terre détrempée ; et la dessiccation se continue ainsi

(1) Ph. Eberhardt, *Note sur l'existence et la récolte de l'Elettaria Cardamomum
au Tonkin* ; Bulletin du Muséum d'Histoire naturelle, 1906.

pendant trois heures encore. A ce moment, la claie est enlevée du feu, et les capsules, dégagées de la terre, sont ouvertes, car les graines seules sont conservées ou vendues.

C'est là, du moins, la préparation que subissent les *kra-vanh* (*Amomum Kravanh*). Si simple qu'elle soit, les Pols ne se donnent pas la peine de procéder à la même dessication artificielle pour les fruits d'*Amomum xanthioïdes*.

Plus tardifs que les précédents — car la floraison n'a lieu qu'en mai — ceux-ci ne sont récoltés qu'en septembre ; et ils sont simplement exposés au soleil.

En aucun cas, même pour les « cardamomes du commerce », on ne procède, au Cambodge, aux manipulations assez compliquées (1) que subissent dans l'Inde les fruits de l'*Elettaria Cardamomum*. Ces fruits, avant d'être desséchés, sont blanchis par savonnage, ce ce savonnage — qui a remplacé l'amidonnage d'autrefois — étant opéré avec de l'eau dans laquelle ont été jetés des fruits pulvérisés de *Sapindus trifoliatus* Lin. et d'*Acacia concinna* DC.

On blanchit également, à Ceylan.

Le blanchiment a pour but de donner aux capsules une belle couleur jaune-paille, et aussi de conserver à leur enveloppe une certaine souplesse,qui en empêchera la déhiscence pendant la dessiccation. Car les fruits sont empaquetés tout entiers.

Le cotonnier. — La question de la culture cotonnière se pose aussi bien pour l'Indo-Chine que pour l'Afrique occidentale et Madagascar; et nos possessions d'Extrême-Orient ont le même intérêt que nos colonies africaines à tenter de compter le coton parmi leurs importants produits d'exportation.

En Indo-Chine, les cultures déjà établies peuvent permettre quelque espoir sur l'avenir de ce commerce, qui se chiffrait, en 1904, par 1.887.137 kilos (1.509 710 francs) de coton égrené (dont 1.259.461 kilos entreposés à Hong-kong) et 4.256.311 kilos (851.262 fr.) de coton non égrené (dont 4.253.738 kilos à Hong-kong).

Le centre aujourd'hui le plus important est le Cambodge, où les cotonniers réuissssent (2) sur les berges du Mékong, fertilisées par

(1) *L'amidonnage et le lavage des cardamomes aux Indes anglaises* ; Bulletin économique de l'Indo-Chine, nouv. série, n° 23.

(2) BRENIER, *Le coton en Indo-Chine* ; Bulletin économique, 1903.

l'inondation annuelle, et, en particulier, dans la province de Kom-pong-cham. Plus au Nord, dans la province de Kratié, l'aménagement des terres sur les rives du fleuve rendrait disponibles de grandes étendues ; et il en serait de même, au Sud, dans la province de Kandal.

En Annam, la région actuelle de culture est, dans le nord, la province de Than-hoa, où la récolte s'élève parfois à 600.000 kilos.

En Cochinchine, du coton est récolté, mais en petites quantités, dans les provinces de Baria et de Bentré, et, moins encore, dans celles de Bien-hoa, de Vinh-long et de Tra-vinh.

Au Tonkin, dans les provinces de Nam-dinh et de Ninh-binh, c'est seulement une culture familiale.

Au Laos, sur les rives du Mékong et de ses affluents, les cotonniers sont cultivés, çà et là, dans à peu près toutes les provinces. Dans le Haut-Mékong, les Khas obtiennent même des récoltes qui leur permettent, en plus des quantités utilisées sur place, de faire quelques échanges avec les caravanes chinoises.

Toutes ces cultures, et d'autres encore, faites en beaucoup de régions que nous ne mentionnons pas parce qu'elles sont plus restreintes, peuvent laisser bien augurer des résultats que donneront définitivement les expériences entreprises.

Ces essais méthodiques ont déjà été commencés par les soins du Service de l'Agriculture, qui s'attache avec tant d'activité et de zèle à résoudre tous les problèmes qui ont quelque importance économique pour l'avenir de notre Indo-Chine.

Ainsi la question de l'outillage est déjà à l'étude ; et elle est, en effet, une des premières à envisager. Actuellement l'égrenage est opéré à la main ou avec des machines rudimentaires; et le temps perdu par la main-d'œuvre — qui n'est pas très grande au Cambodge — est énorme.

Des expériences de fumure et d'assolement sont aussi poursuivies à la Station d'essais de la province de Than-hoa, en Annam.

Enfin, au point de vue des variétés à cultiver, une première donnée est acquise, car il semble que, au Cambodge, il y a lieu de conserver, en en améliorant la culture, le cotonnier actuellement répandu, et qui serait spécifiquement le *Gossypium hirsutum* Lin. La sorte obtenue doit bien être rangée dans la classe commerciale des « courtes-soies » (24 à 25 millimètres au maximum) « mais, dit M. Bre-

nier, sa belle couleur blanche, la propriété qu'elle a de friser naturellement la font coter, en général, à 2 dollars de plus, par picul, que les
sortes de l'Inde, sur le marché de Hong-kong, et rechercher particulièrement par les Japonais, pour la fabrication des crépons de coton ».
Les essais faits en France par M. Paul Ancel ont établi, d'autre part,
que ces poils sont plus fins et aussi résistants que ceux de la sorte
« Louisiane », qui appartient à la même espèce de *Gossypium*. M. Ancel
affirme qu'il n'y a pas à redouter une appréciation désavantageuse
sur les marchés européens.

Cette opinion optimiste est de nature à encourager l'entreprise des
travaux qui — autre point à ne pas perdre de vue — seraient nécessaires sur les bords du Mékong, au Cambodge et au Laos, pour
assurer des irrigations régulières des champs de cotonniers. La
hauteur très variable des crues périodiques du fleuve, en augmentant
ou en diminuant, suivant l'année, l'étendue des terres fertilisées, c'est-
à-dire des terres cultivables, est la grande cause pour laquelle, à
l'heure présente, les exportations de coton du Cambodge offrent des
oscillations considérables. De grandes cultures ne peuvent évidemment être entreprises sous la menace perpétuelle d'un pareil aléa.

Les autres végétaux textiles. — Nous avons assez longuement
insisté sur la question du coton en Indo-Chine parce que nous répétons
que c'est là, de l'avis des personnes compétentes, la culture textile qui,
dans notre Extrême-Orient, doit probablement primer toutes les
autres, même celles de ramie et de jute.

Pour ces deux dernières plantes, en effet, quelques objections
peuvent être faites, que nous ne reproduisons pas avec l'intention —
qui serait prétentieuse — de dissuader de la culture de ces espèces, mais
qui cependant doivent être soulevées. Il est nécessaire qu'elles soient
connues des planteurs sérieux, désireux de ne pas se livrer à des
entreprises hasardeuses, et soucieux de bien peser, avant d'engager
leurs capitaux, les avantages et les risques.

Ceux-là devront penser que, tant que des machines réellement
pratiques, et d'un fonctionnement absolument sûr, n'auront pas été
construites, la ramie restera, pour l'Europe, ce qu'elle est depuis si
longtemps, le textile de l'avenir. . mais d'un avenir qui s'éloigne
toujours.

Et la décortication à la main, telle que la pratiquent les Chinois, force à vendre, chez nous, le china-grass à des prix qui restreignent d'autant plus l'emploi de la filasse que ce china-grass perd encore 30 o/o pendant le dégommage.

Actuellement la ramie, en Indo-Chine, est cultivée un peu de tous côtés (1), « aussi bien au Tonkin (vallée de la Rivière Noire, au sud de Cho-bo) que dans le nord de l'Annam (phu de Qui-chu, au Nghé-an), dans l'est de la Cochinchine (Baria), par petites places au Cambodge, et enfin au Laos, dans l'extrême-nord, de même que dans les vallées au nord-est de Stung-treng, où elle donne lieu à une petite exportation vers le Cambodge ».

Mais nulle part cette culture ne couvre de grandes surfaces; et le principal, et presque l'unique emploi, des filaments fibreux est la confection de filets de pêche.

En principe, la culture du jute pourrait être beaucoup plus rémunératrice que celle de la ramie, car il y a un débouché local assuré, qui est la fabrication des sacs dans lesquels sont expédiés les principaux produits indo-chinois, riz, poivre, coprah, etc. Et les importations annuelles de ces sacs du Bengale représentent, pour l'Indo-Chine, plus de 10 millions de kilos (12.266.000 kilos en 1904).

Mais un premier danger est l'utilisation toujours possible d'autres filasses de Malvacées, telles que celle d'*Urena lobata*, qui pourraient peut-être, dès que l'occasion se présenterait, concurrencer d'autant plus aisément le jute que la filasse du *Corchorus capsularis* est loin d'être la meilleure, par la résistance et la durée, parmi les filasses analogues.

Puis, dit M. Brenier, « au point de vue spécial du commerce d'exportation, le problème se pose dans des conditions difficiles. Les Annamites des régions où le jute est déjà cultivé, et où son extension serait, par conséquent, par certains côtés, plus facile trouvent une vente avantageuse dans le jute en lanières, dont la préparation leur donne moins de peine, et qui sert pour la confection des nattes ».

Ces nattes, qui sont ce qu'on appelle en France les « nattes de Chine », sont fabriquées par les Chinois ; et le Tonkin en exporte annuellement vers Hong-kong plus de 5 millions de kilos. Or elles sont faites avec des joncs, et surtout le jonc du Tonkin, mais la trame est en jute non roui.

(1) H. BRENIER, *Notice sur les produits de l'Indo-Chine à l'Exposition coloniale de Marseille* ; 1906.

Et, le jonc étant une matière à très bon marché, les fabricants chinois offrent aux Annamites, pour ces lanières de jute si facilement préparées, des prix qui sont plus rémunérateurs que ceux qu'imposerait pour la filasse le marché de Calcutta (1).

C'est pour ces raisons, auxquelles s'ajoutent encore celles qui résultent des exigences du *Corchorus capsularis* Lin., au point de vue du climat et du sol, qu'il est possible qu'il n'y ait pas de longtemps une grande extension des cultures de jute, surtout établies, pour l'instant, au Tonkin, dans les provinces de Bac-ninh, de Hung-yen, de Nam-dinh et de Ninh-binh.

D'autres plantes textiles pourraient, d'ailleurs, en Indo-Chine, aussi bien que la ramie et le jute, attirer l'attention des planteurs qui voudraient se livrer à ce genre d'exploitation.

On peut citer notamment :

l'*Abroma augusta* Lin., qui pourrait réussir au Tonkin, et dont la filasse passe pour être supérieure à celle du jute ;

diverses autres Malvacées, parmi lesquelles les *Sida* ;

les *Crotalaria*, à filasse cellulosique ;

le *Maoutia Puya* Wedd, qui est une Urticacée, à filasse probablement aussi cellulosique ;

les *Agave*, dont certaines espèces poussent spontanément en assez grande abondance dans le sud de l'Annam ;

les *Sanseviera*, dont on trouve en Cochinchine plusieurs espèces ;

les ananas ;

le *Musa textilis* Née, des Philippines (*abaca* ou *chanvre de Manille*) dont un planteur du Thuyen-quang, M. Emery, a entrepris des plantations ;

et enfin d'autres *Musa* sauvages, abondants, par exemple, sur le bord du Fleuve Rouge et de ses affluents.

Pour toutes ces plantes, des études expérimentales de culture et d'exploitation seraient à faire.

Une industrie, par contre, qui ne nécessiterait pas d'essais préalables — parce que le produit est bien connu et couramment utilisé — mais dont le développement est lié à celui que pourrait prendre la culture du cocotier, si cette culture s'étendait en vue de la prépa-

---

(1) Il y a cependant eu en France, en 1904, une importation de 28.030 kilos (11.212 francs) de jute brut d'Indo-Chine.

ration du coprah dont nous parlerons plus loin, c'est l'industrie du coir.

On sait qu'on appelle *coir* les filaments fibreux qui parcourent la pulpe du fruit du cocotier. La pulpe elle-même dans laquelle sont plongés ces faisceaux constitue, lorsqu'elle est desséchée et désagrégée, et, par conséquent, réduite essentiellement aux membranes cellulaires, le *cofferdam* (ou, plus exactement, la *bourre à cofferdam*).

Le coir que nous recevons en France provient, en grande partie, de Ceylan, l'île anglaise n'exportant pas, d'ailleurs, seulement de la filasse brute, mais des cordes toutes préparées.

Ainsi que nous l'expliquerons à propos des plantes oléagineuses, le jour où l'Indo-Chine voudra augmenter son commerce de coprah, elle devra tout naturellement, à l'exemple de Ceylan, exporter la filasse de coco qu'elle ne prépare jusqu'alors que pour les usages locaux.

A Ceylan, comme aux Philippines et dans les Antilles anglaises, les anciennes méthodes indigènes, qui consistaient à dégager les filaments en battant avec des maillets la pulpe suffisamment rouie dans l'eau de mer, disparaissent (1), remplacées par les procédés mécaniques.

La maison Lehmann, de Manchester, la maison Barraclough, de Londres, construisent, entre autres, tout l'outillage nécessaire pour ce travail, et même pour la confection des cordes.

Avec l'outillage de la maison Barraclough, la préparation du coir est la suivante.

Les coques des fruits — c'est-à-dire les enveloppes charnues, séparées des noyaux — sont tout d'abord passées entre les cylindres cannelés d'une broyeuse, qui, en écrasant les tissus, les rend plus mous et spongieux.

Ces coques ainsi amollies sont immergées maintenant, pendant cinq à six jours, dans des citernes remplies d'eau. La désagrégation des tissus qui résulte de l'écrasement préalable facilite la pénétration de cette eau, et le rouissage va permettre de dégager ensuite sans peine les filaments fibreux.

Ce dégagement est opéré par des défibreuses, qui travaillent

---

(1) Mais n'ont cependant pas encore disparu complètement, car, dans l'Inde, au Malabar, par exemple, ce vieux procédé est encore le plus courant et donne un bon produit.

toujours par paires. Toutes deux sont des tambours garnis extérieurement de nombreuses rangées de dents ; mais l'une est à dents relativement grosses, et l'autre à dents plus fines. L'ouvrier placé en face
de la première engage entre les deux rouleaux d'alimentation le fragment de coque roui qu'il tient à la main, et dont il a exprimé l'eau ;
une partie des filaments fibreux de la moitié présentée à la machine
est entraînée. Mais l'ouvrier prend maintenant dans sa main cette
moitié partiellement défibrée, et traite de la même manière l'autre
moitié, qui est celle qu'il tenait précédemment.

Les filaments fibreux entraînés par la machine sont ceux qui
correspondent à la partie interne de la coque.

Lorsque le premier ouvrier les a extraits comme nous venons de
le dire, il passe la coque restante au second ouvrier, chargé du fonctionnement de la défibreuse à dents fines.

Celui-ci procède d'ailleurs absolument comme le précédent, mais
il dégage les filaments fibreux plus rapprochés de la partie externe de
la coque, et que la première machine n'a pas enlevés.

Tous les filaments entraînés par les deux tambours constituent la
« mattress fibre » du commerce, ou « fibre à matelas », ou « fibre à
tapis », ou encore « fibre à filer ».

Des peigneuses spéciales, à main, isolent de la partie tout à fait
superficielle de la coque (ou « peau de coque »), imparfaitement désagrégée, une dernière filasse, plus grossière, qui est la « bristle fibre »,
ou « fibre à brosses », qui sert pour la confection de brosses, de
balais, etc.

Tout cet outillage est, en somme, celui que construit aussi la
maison Lehmann, qui toutefois, croyons-nous, n'emploie qu'une
seule défibreuse pour l'isolement de la « mattress fibre ».

En moyenne, 10.000 fruits fournissent, d'après la maison Barraclough, 35 à 45 quintaux anglais (50 k. 800) de « fibre à filer », et 10 à
13 quintaux de « fibre à brosses ».

Les maisons Barraclough et Lehmann construisent encore,
comme outillage complémentaire nécessaire, un tarare, qui est
un tamis cylindrique incliné, tournant lentement, et au centre
duquel est un axe muni de palettes disposées en spirale, qui tourne
également. Jetés dans cette cage, les filaments fibreux sont nettoyés,
c'est-à-dire débarrassés de tous les débris et de toutes les poussières
qui y restent mélangés au sortir des défibreuses.

Ce n'est qu'après ce nettoyage que le coir est porté aux presses d'emballage.

Il faut encore ajouter qu'il est une machine spéciale pour le traitement des coques qui proviennent de fruits jeunes et non mûrs. Ces coques ne renfermant pas de filaments grossiers, la machine en dégage d'un seul coup tous les filaments, qui constituent une qualité unique, convenant à certains emplois.

Tel est l'outillage — assez coûteux évidemment comme première installation -- qui, aujourd'hui, il ne faut pas se le dissimuler, est nécessaire pour la préparation du coir commercial, soit que le planteur veuille obtenir lui-même ce coir, soit que — ce qui est aussi possible — des industriels, achetant les coques aux planteurs, s'occupent spécialement de la défibration de ces coques et de la fabrication des cordages.

A cet égard, c'est-à-dire en ce qui concerne l'exploitation d'une cocoterie et l'extension plus ou moins grande qu'il peut convenir d'y donner, en préparant de préférence un produit déterminé, ou bien, au contraire, en préparant un plus ou moins grand nombre des divers produits (coprah, beurre, dessicated cocoa-nuts, coir) dérivant des fruits du cocotier, beaucoup de combinaisons sont possibles, réglées par les conditions du milieu, par les capitaux dont on dispose, etc.

Dans le *Bulletin économique de l'Indo-Chine* de septembre 1905, MM. Brenier et Crevost établissent, avec de nombreux chiffres à l'appui, quelques-unes de ces combinaisons, qui seront très utilement examinées par les personnes intéressées.

Les plantes à caoutchouc. — Longtemps délaissé en Indo-Chine, le caoutchouc y est devenu, depuis quelques années, un article d'exportation régulière, représentant, en 1904, 1.151.195 francs, pour 177.107 kilos expédiés.

Ce caoutchouc provient du Tonkin, du Laos et de l'Annam.

En Cochinchine et au Cambodge, il y a bien quelques lianes, parmi lesquelles le *Parameria glandulifera* Benth., qui est le *vahr-ang-kot* des Cambodgiens et le *do-tram* des Annamites — et qu'on retrouve sur les bords du Song-ca, en Annam, où il est appelé *khua-khau-ken* — mais la rareté de toutes ces espèces n'en permet pas une exploitation régulière ; et, en fait, il n'y a pas d'exportation de ces contrées.

Dans le reste de l'Indo-Chine, d'après M. Spire (1), ce serait le genre *Parabarium*, de la famille des Apocynées, qui serait prédominant, et fournirait la plus grande partie des caoutchoucs d'Extrême-Orient.

Ainsi, dans la région montagneuse du Nghé-an, en Annam, puis, de l'autre côté de la chaîne, au Laos, dans le Cammon, le Tran-ninh, le Luang-prabang et le Haut-Mékong, la liane la plus commune est le *Parabarium Tournieri* Pierre (*mak-sang-khua-deng*, dans le Tran-ninh et sur le Mékong).

Dans la région de Cua-rao (de la province de Nghé-an, en Annam) croît le *Parabarium Spireanum* Pierre (*yang-lam-mop*), à tronc ne dépassant pas 10 à 12 centimètres de diamètre.

Dans la même contrée, ainsi que dans le Cammon, au Laos, et dans le Ha-tinh, au Tonkin, est le *Parabarium Quintareti* Pierre (*Ecdysanthera micrantha* Quint.), qui est le *yang-lam-nieu* du Nghe-an.

Dans les environs de Napé on trouve le *Parabarium napeense* Pierre (*Microchites napeensis* Quint.).

Dans les forêts du Tran-ninh et du Tonkin, le *mak-sang-khua-dam* est le *Parabarium Verneti* Pierre.

Dans le Haut-Laos, une autre liane exploitée est l'*Ecdysanthera micrantha* DC.

En Annam, dans l'ouest de la province de Nghé-an, sur les bords du Song-ca et de ses affluents, est le *Microchites Jacquetii* Pierre (*khua-yang-thok*), que M. Spire a retrouvé au Tonkin, dans la forêt du De-tham. Le nom même de *khua-yang-thok* indiquerait l'intérêt de cette liane, puisqu'il signifierait « caoutchouc qui se coagule spontanément ».

Un genre d'Apocynée encore caoutchoutifère est le genre *Xylinabaria*.

L'espèce *Xylinabaria Reynaudi* Jum., appelée *giai-ret* dans la province de Thaï-nguyen, au Tonkin, donne le très bon caoutchouc rouge qui provient de cette région, pendant que, au Laos, dans la province de Cammon, entre Banbo et Napé, le caoutchouc que les indigènes récoltent dans les forêts du sommet des montagnes est le *Xylinabaria Spirei* Pierre, qui est le *khua-mak-kha-kay*.

<hr>

(1) SPIRE, *Contribution à l'étude des Apocynées* ; Challamel, 1905.

Enfin il est certaines espèces de *Melodinus*, telles que le *Melodinus Jumellei* Pierre, de la province de Thaï-nguyen, et le *Melodinus Tournieri* Pierre, signalé dans la forêt du De-tham, au Tonkin, ainsi que sur le versant oriental de la chaîne annamitique, entre Tha-do et Ké-kien, qui sont peut-être plus ou moins exploitées, sans que nous puissions cependant l'affirmer.

L'énumération précédente ne peut certainement pas, du reste, être considérée comme la liste complète des lianes à caoutchouc indo-chinoises.

Dans le sud de l'Annam, dans les parties montagneuses des provinces de Khanh-hoa, de Phu-yen et de Binh-dinh, M. Vernet a signalé diverses espèces qu'il resterait à déterminer d'une façon certaine. Elles sont connues des indigènes sous les noms de *geu* ou *mac-tram*, *dai-mo-tro*, *sron-trai*, etc. Il n'est nullement sûr que ces plantes soient identiques à celles que nous venons de citer.

Les caoutchoucs que donnent ces lianes d'Indo-Chine sont ordinairement rouges ou noirs. Au commencement de 1907, quand le « Para fin » valait 14 francs, on cotait le « Tonkin rouge » 9 à 10 francs et le « Tonkin noir » 8 à 9 francs.

La récolte est faite par divers procédés.

Le lait du *Xylinabaria Reynaudi*, par exemple, est recueilli dans des entre-nœuds en bambou, placés sous les incisions faites sur le tronc et sur les grosses branches. Quand ces tubes sont pleins, les indigènes les font chauffer au bain-marie, jusqu'à ce que la coagulation se produise. Le coagulat est ensuite exporté tel quel, après dessiccation, ou découpé en lanières, qui sont enroulées autour d'un fragment de bois.

Au Laos et en Annam, M. Achard (1) signale trois méthodes indigènes. La première, usitée dans le Cammon, est, en somme, celle que nous venons de décrire. Le récolteur enlève tangentiellement, sur le tronc, des plaques d'écorce. Le latex s'étale sur la surface de section. Le récolteur alors passe son doigt sur cette surface et recueille ainsi un peu de lait, qu'il déverse sur un entre-nœud en bambou, en râclant son doigt sur le bord supérieur de cet entre-nœud. Lorsque cette opération a été renouvelée plusieurs fois sur la même surface, l'indigène

---

(1) Achard, *Méthodes d'exploitation des lianes à caoutchouc, au Haut-Laos et en Annam* ; Bulletin économique de l'Indo-Chine, 1902.

fait successivement d'autres entailles semblables à la première, et recommence chaque fois la même manipulation. La liane est abandonnée quand il ne coule presque plus de lait sur les entailles.

Le tube de bambou, dès qu'il est rempli, est chauffé à feu doux; et la coagulation se fait aujourd'hui d'autant plus facilement que les indigènes, cédant aux conseils des commerçants, n'emploient plus les larges entre-nœuds dont ils se servaient au début, mais des tubes dont le diamètre ne dépasse pas 8 à 10 millimètres.

La deuxième méthode qu'a vu employer M. Achard serait surtout usitée dans la province de Vientiane, puis, plus au Nord, dans les provinces de Luang-prabang et de Tran-ninh, ainsi que dans les provinces septentrionales de l'Annam.

Elle est applicable dès que les lianes ont atteint la grosseur de la moitié du poignet.

« Des entailles, dirigées de haut en bas, sont faites sur le tronc, suivant deux génératrices opposées du cylindre représentant ce tronc. Les entailles se prolongent à une hauteur plus ou moins grande, en s'espaçant dans le haut plus que dans le bas, suivant que la liane est suffisamment forte, et suffisamment enlacée à son tuteur pour supporter le poids du collecteur qui grimpe sur elle, ou suivant que celui-ci trouve, dans le voisinage immédiat, un arbre ou un arbuste qui lui permette d'atteindre jusqu'à l'extrémité de la partie exploitable. »

Le lait qui s'écoule des entailles se coagule sur la plaie, ou bien, s'il tombe à terre, sur les feuilles qui recouvrent le sol.

Le lendemain, toutes ces lanières et toutes ces bribes de caoutchouc sont recueillies et agglomérées, soit en boules, soit en chapelets, soit en gâteaux.

« Boules, gâteaux et boudins, dit M. Achard, ont, sauf la couleur, la forme, la consistance et l'aspect de masses cérébrales sillonnées des arabesques de leurs sinus ; et cet aspect est caractéristique des régions où on les recueille ».

La troisième méthode, qui serait surtout employée en Annam, quoiqu'elle commençât, dès 1902, à se répandre sur le versant laotien de la chaîne annamitique, jusqu'aux points où les Annamites vont récolter le caoutchouc, n'est qu'une variante de la première, avec laquelle elle présente cette unique différence que les lianes sur lesquelles seront faites les entailles tangentielles ne sont pas laissées sur pied, mais sont coupées au ras du sol, et débitées en tronçons. C'est sur ces tronçons, apportés dans les sentiers, que l'Annamite fait des entailles, qui sont très nombreuses et très rapprochées.

Le lait recueilli avec le doigt est versé, par ràclage de ce doigt sur le bord du récipient, dans l'entre-nœud de bambou et coagulé par ébullition.

L'Annamite userait souvent, en outre, d'un autre moyen, qui rappelle la méthode — et le rapprochement est intéressant — qu'emploient les indigènes, à Bornéo, pour faire sortir le lait des tronçons de *Willughbeia firma* Bl. Il présente au feu une des extrémités de chaque branche, et provoque ainsi la sortie du lait, à l'autre bout.

Il est certain que, par ce dernier procédé, tout le caoutchouc que peut fournir une liane est obtenu ; mais il est non moins incontestable que cette méthode barbare doit entraîner la disparition des lianes. Et malheureusement il en est trop souvent de même par les deux autres méthodes, et surtout par la seconde. Car la liane, là, est bien laissée sur pied, mais les incisions trop profondes, trop étendues et trop nombreuses, amènent fréquemment sa mort ; et le résultat est en définitive le même que par le troisième procédé, qui, du moins, a permis de récolter tout le caoutchouc.

Y a-t-il un remède à cette dévastation progressive des lianes indo-chinoises ? Le seul serait que le Service forestier réussît à obtenir des indigènes une exploitation plus prudente, soit par des incisions faites avec soin — pour ne pas altérer une trop grande surface ou une trop grande profondeur de l'écorce — soit par un système de coupe méthodique, faite seulement à partir d'un certain niveau du tronc. Ce sont là les efforts qui, croyons-nous, devraient être tentés par le Service forestier, pendant que le Service de l'Agriculture se préoccupe activement d'établir, de façon précise, quel avenir pourrait être réservé, en certaines régions de l'Indo-Chine, aux plantations de *Ficus elastica* ou d'*Hevea*.

Pour ces *Hevea*, les si beaux résultats obtenus en péninsule malaise et à Ceylan sont certainement le plus grand des encouragements pour l'entreprise d'essais analogues dans nos possessions d'Extrême-Orient.

Ces essais ont déjà été commencés par M. Haffner au Champ d'Essais de Ong-iem, dans la province de Thu-dau-mot, en Cochinchine, et par MM. Yersin et Vernet dans les plantations de Suoi-giao, près de Nha-trang, dans la province de Khanh-hoa, en Annam.

Les *Hevea* plantés par M. Haffner en 1898 et 1899 n'ont pas encore été saignés, mais poussent bien, surtout ceux qui sont à un niveau relativement élevé. M. Haffner a eu, en effet, l'occasion de faire cette constatation intéressante que les pieds qui, tout en restant dans un air humide, sont à flanc de coteau, en terre un peu sèche, sont beaucoup plus vigoureux que ceux qui poussent à des niveaux plus bas, dans des terres plus humides.

Le café et le thé. — Il a été exporté d'Indo-Chine, en 1904, 145.426 kilos de café en fèves (349.022 francs) et 326.984 kilos de thé d'Annam (817.460 francs).

Les deux denrées ont été presque entièrement importées en France, qui a reçu 122.407 kilos de café et 324.741 kilos de thé.

Les exportations de café sont sans grande importance ; mais elles deviendraient plus fortes si, dit M. Brenier, on réagissait contre ce préjugé commercial, « contre lequel la Direction de l'Agriculture ne cesse de protester », que l'Inde anglaise donne un café meilleur que celui du Tonkin.

Notre colonie du nord de l'Indo-Chine est dans les conditions voulues pour que le *Coffea arabica* y réussisse ; et les Européens y développent sa culture, notamment dans la province de Ninh-binh, puis, plus ou moins, dans les provinces de Hung-hoa, de Thaï-nguyen et de Quang-yen. Dans la province de Phu-yen, il y a aussi des plantations indigènes.

Un accueil favorable sur les marchés pourrait donc provoquer rapidement l'accroissement de ce commerce naissant.

L'Annam en tirerait également profit, car les caféiers semblent prospérer dans le huyen de Bo-trach, de la province de Quang-binh ; et d'autres caféeries ont été créées dans le Quang-tri et le Quang-nam.

En Cochinchine, les plantations sont plus ou moins nombreuses dans les provinces de Baria, de Bien-hoa, de Gia-dinh, de Ha-tien, de Thu-dau-mot et de Sadec.

L'espèce, il est vrai, là, est plutôt, en raison du climat, le *Coffea liberica* ; mais, au sujet de ce caféier de Libéria, M. Brenier nous donne (*loc. cit.*) le fort intéressant renseignement suivant : « C'est un fait généralement peu connu que l'espèce entre presque exclusivement dans les exportations de la péninsule malaise (3 à 4 millions de kilos

par an), et qu'elle occupe actuellement la première place, de beaucoup, dans les plantations privées (1) de Java (17.330.000 kilos, en 1903,
contre 2.617.000 kilos de café dit « de Java »). Les cotes sur le marché
d'Amsterdam, et même sur celui du Havre (57 francs les 50 kilos de
« Libéria supérieur de Java », en mars 1906, contre 47 fr. 75 le « Santos
good average »), sont toujours très acceptables ; et il est fâcheux pour
nos colons du sud de l'Indo-Chine que la consommation métropoli-
taine n'encourage pas davantage cette sorte, qui, bien préparée, donne
une très belle liqueur, et offre, pour le planteur, le très grand avantage d'une meilleure adaptation au climat et d'une plus grande
résistance à l'*Hemileia* ».

Il est néanmoins bien probable que ce caféier ne sera pas, de
longtemps, une des ressources sérieuses de la Cochinchine.

Une culture, par contre, qui, en Annam et au Tonkin, pourrait
devenir, assez vite, beaucoup plus importante qu'elle ne l'est encore
actuellement est celle de l'arbre à thé.

La production actuelle du thé, dans ces pays, est loin de suffire à
la consommation locale; mais l'initiative de quelques colons, tels que
MM. Lombard et Cie à Tourane, a accru peu à peu un commerce
d'exportation qui était inconnu avant 1897.

En 1904, il était exporté 326.984 kilos (817.460 francs) de thé
d'Annam, dont 324.741 kilos pour la France. Le grand centre de
production, en Annam, est la province de Quang-nam, car c'est là
que se trouvent les plantations de MM. Lombard et celles de
MM. Derobert.

Au Tonkin, les contrées productrices sont, en général, les
provinces dans lesquelles, tout à l'heure, nous avons signalé les
caféeries.

Les thés, en Indo-Chine, sont préparés par la méthode de Ceylan,
qui comprend, comme manipulations successives, le flétrissage, le
roulage, la fermentation, et la dessiccation à chaud, qui ont pour but
de faire disparaître des feuilles certains principes de saveur désagréable, et de faire apparaître par contre les principes aromatiques.

On sait aujourd'hui, par les recherches de MM. Bamber, Newton,
Mann, que ces transformations sont provoquées par des oxydases ;

---

(1) « Pour les plantations du Gouvernement, la proportion se trouve renversée,
mais le « Libéria » fournirait encore environ 1 million de kilos, contre 17 millions
de kilos de café d'Arabie, variété de Java. »

on sait également que parmi les principales substances dont la proportion diminue au cours de la préparation des thés noirs — qui sont les seuls qu'on prépare en Annam comme à Ceylan—est le tanin. De 16 pour 100 environ dans les feuilles non traitées, la teneur en ce tanin tombe à 7,5 pour 100 dans les feuilles manipulées.

Le flétrissage, qui est une demi-dessiccation, s'opérant lentement dans des greniers où la température ne dépasse pas 26°, a pour effet de provoquer dans les cellules des feuilles la production d'une assez grande quantité d'oxydases, et notamment de théase.

La feuille, après ce flétrissage, est devenue brune et souple.

On la roule, soit à la main, soit avec des machines; et ce roulage détermine, dans les tissus intérieurs, des ruptures des parois cellulaires et un mélange à la fois intime et rapide des contenus. Les oxydases, qui sont localisées dans des cellules spéciales, sont ainsi amenées au contact des composés sur lesquels elles doivent agir, et qui se trouvent dans d'autres cellules.

Les conditions optima sont, de la sorte, réalisées pour que s'effectue sans difficulté l'opération suivante, à laquelle on donne, assez improprement, le nom de fermentation.

On s'efforce, au contraire, d'éviter une véritable fermentation, car les feuilles ne sont pas entassées, mais répandues en une couche mince, qu'on recouvre d'un drap mouillé, dans un endroit où la température n'est pas trop haute.

Il ne peut donc y avoir intervention d'aucun organisme étranger, aérobie ou anaérobie; et les seuls processus chimiques qui vont se produire, pendant les quelques heures où les feuilles sont ainsi laissées, sont ceux dus aux oxydases.

Parmi ces processus, un des plus importants est donc la disparition partielle du tanin, sous l'action de la théase.

Mais, cette disparition ne devant pas être complète, et la proportion devant seulement s'abaisser à 7.5 pour 100 — car, au-dessous, le thé perdrait sa saveur — il est nécessaire que, brusquement, toute transformation ultérieure soit entravée.

A cet égard, une dessiccation à basse température — telle que la dessication à l'air — serait, par conséquent, insuffisante, puisque, pendant quelque temps encore, l'action — maintenant nuisible — des oxydases se prolongerait; une dessiccation à haute température, qui tuera ces oxydases, est indispensable.

C'est pourquoi, par simple empirisme, on s'est toujours forcément aperçu que, alors que la première phase opératoire qui précède la fermentation, et que nous avons appelée le flétrissage, ne doit être, pour les raisons que nous savons aujourd'hui et que nous avons indiquées, qu'une dessiccation opérée à la température ordinaire, il en est tout autrement après la fermentation.

Ce n'est pas seulement pour accélérer la dessiccation, mais par nécessité, que les feuilles fermentées sont portées dans des étuves où elles sont soumises à une température de 100 degrés environ.

En même temps, d'ailleurs, cette température provoque une oxydation de l'huile essentielle, une évaporation de divers principes volatils, et contribue ainsi à donner au thé son arome. Elle a bien, en ce dernier cas, l'effet des torréfactions ordinaires.

Avant l'introduction dans le séchoir, les feuilles étaient de coloration jaune cuivre; elles sont noires quand la dessiccation (ou torréfaction) est terminée.

Il n'y a plus qu'à les trier.

Ce triage a, on le sait encore, pour le thé une grande importance, car les feuilles de diverses grandeurs ne diffèrent pas seulement entre elles par l'aspect, mais sont réellement de valeur inégale.

Et la raison est bien connue.

Sur chaque rameau sur lequel, lors de la cueillette, ont été détachés le bourgeon terminal et les deux ou trois (1) feuilles situées immédiatement au-dessous, ce bourgeon et ces feuilles n'ont pas exactement le même contenu cellulaire. La proportion d'oxydases est surtout élevée dans le bourgeon et diminue progressivement dans les feuilles, à mesure qu'elles sont plus âgées, c'est-à-dire plus éloignées de ce bourgeon ; inversement la teneur en principes âcres augmente, et aussi, naturellement, l'épaisseur des tissus. Par suite, plus une feuille est éloignée de l'extrémité du rameau, et moindre est sa qualité. Les dimensions de ces feuilles augmentant, d'autre part, avec l'âge, on voit quel est le résultat du triage suivant la grosseur.

Dans le mélange soumis aux opérations précédentes, les plus petits fragments sont, pour la plupart, les bourgeons, et les plus gros les troisièmes feuilles. Les fragments de dimensions intermédiaires

---

(1) Deux feuilles à la « cueillette fine », trois à la « cueillette moyenne ». On en prendrait même cinq à la « grosse cueillette », d'après le « Catalogue officiel de l'Exposition de Ceylan à Paris, en 1900 ».

correspondent de même, à peu près, respectivement, aux premières et deuxièmes feuilles.

Un tamis à mailles très fines laissera donc seulement passer les petits fragments, et, par suite, presque exclusivement les bourgeons, qui sont — cette classification étant cependant variable et poussée plus ou moins loin — le « pekoe brisé », ou « broken pekoe », ou « pekoe orange ».

Un second tamis, à mailles un peu plus larges, donnera surtout passage aux premières feuilles, qui seront le « pekoe ordinaire ».

Les deux tamisages suivants donnent successivement, à peu près, les secondes et troisièmes feuilles, les secondes constituant le « souchong », et les troisièmes le « congou ».

La poussière qu'on sépare de toutes ces sortes est le « dust ».

Nous répétons que cette classification n'est pas absolue.

A Ceylan, lorsqu'on conserve quatre ou cinq feuilles, au lieu de trois, en plus du bourgeon, on distingue, d'après le *Catalogue officiel de Ceylan en 1900*, le « pekoe fleuri », le « pekoe orange », le « pekoe ordinaire », le « premier souchong », le « second souchong » et le « congou ».

Mais, au surplus, ce qui rend cette classification bien théorique et souvent illusoire, c'est qu'il est évident que chaque fabricant applique aux sortes qu'il prépare les qualificatifs qu'il lui plaît.

Pour l'Indo-Chine, l'histoire du thé, aujourd'hui, ne serait pas complète, s'il n'était fait allusion à un commerce que les planteurs du Tonkin ont tenté de mettre en vogue, en ces dernières années : celui des fleurs.

De tout temps, paraît-il, les Annamites ont été grands amateurs de l'infusion des boutons floraux de l'arbre à thé; et c'est ce qui a suggéré à nos colons l'idée de faire adopter en Europe cet autre produit, pour lequel une certaine réclame était déjà faite à l'Exposition universelle de Paris en 1900.

La préparation, cette fois, est très simple, car elle se réduirait à la dessiccation, à l'air, sur des toiles, des fleurs cueillies avant leur épanouissement.

Ces fleurs, disent les partisans de leur emploi, auraient sur les feuilles l'avantage de contenir autant de tanin que le thé noir fermenté, mais beaucoup moins de théine; et cette proportion plus faible de l'alcaloïde (0,8 pour 100, au lieu de 3) doit convenir aux personnes qui redoutent l'action stimulante du breuvage ordinaire.

A ce raisonnement on pourrait, croyons-nous, objecter que l'effet que ne supportent pas certains tempéraments n'est pas tant celui de la théine, qui, comme la caféine, est plutôt un antidéperditeur, que celui de l'huile essentielle, qui est le véritable excitant cérébral.

Et précisément cette huile essentielle n'a pas, à notre connaissance, été dosée dans les fleurs.

Il est possible qu'il y en ait peu, mais c'est peut-être aussi une des raisons pour lesquelles l'infusion des fleurs, même assez prolongée, n'a jamais, à notre avis, la saveur caractérisée, le montant, et l'arome pénétrant et agréable d'une infusion de feuilles. Un mélange de fleurs et de feuilles nous semble tout au moins nécessaire.

Nous signalons donc sans trop savoir ce qu'il deviendra ce commerce accessoire, qui tente de prendre sa petite place à côté du commerce des feuilles.

La canne à sucre. — Les difficultés contre lesquelles luttent péniblement les planteurs de canne, dans les vieilles colonies sucrières comme la Réunion, ne peuvent pousser l'Indo-Chine à élever le chiffre de sa production en sucre, du moins en vue d'une exportation européenne.

La Chine et le Japon sont les seuls clients possibles pour nos possessions d'Extrême-Orient(1) ; mais même pour ces pays, il faut bien examiner si cette éventualité — pour la réalisation de laquelle il y aura à soutenir la lutte avec Java, merveilleusement outillé — peut encourager, sans hésitation, à porter sur la culture de la canne des efforts qui peuvent s'exercer, avec un succès plus probable, sur d'autres entreprises.

Actuellement, les exportations de sucre de l'Indo-Chine sont de deux millions et demi de kilos, qui représentent le total des qualités suivantes :

Sucre	blanc de l'Annam............,...	31.052	kilos	9.318	francs
»	raffiné en poudre.............	14.018	»	6.308	»
»	candi.....	652	»	391	»
»	brun........................	22.934	»	4.128	»

(1) Sur la question du sucre en Extrême-Orient, voir la très belle étude statistique de M. Brenier paruc dans le « Bulletin économique de l'Indo-Chine » d'août 1903.

Sucres candis indigènes . . . .   506 francs   228 francs
»   noirs, dits « galettes chinoises » 89.765   »   17.953   »
»   bruns en poudre et mélasses (1) 2.378.418   »   475.684   »

Tous ces sucres, dont la plus grande partie est dirigée vers Hong-kong, proviennent d'Annam, qui est la contrée sucrière d'Indo-Chine, surtout dans ses provinces de Quang-nam, de Quang-ngai (qui serait la province fournissant le sucre le mieux préparé de tout l'Annam) de Phu-yen et de Khanh-hoa.

Il est cependant aussi des plantations, mais uniquement en vue de la consommation locale (2), dans les provinces de Hung-yen, de Nam-dinh, de Thaï-binh, de Bac-ninh, etc., au Tonkin, dans les provinces orientales de Baria, de Bien-hoa, de Thu-dau-mot et de Tay-ninh, en Cochinchine, dans les provinces de Bassac, de Khong, etc., au Laos. Au Cambodge, la très grande exploitation du palmier à vin (*Borassus flabellifer* Lin.) — que l'on retrouve, du reste, ailleurs, et, par exemple, dans la province de Vientiane, au Laos — diminue beaucoup naturellement la culture de la Graminée, qui ne dépasse peut-être pas 800 hectares.

Il n'empêche que, au cas où l'Indo-Chine voudrait augmenter sa production générale en sucres, c'est déjà au Cambodge qu'on trouverait une assez grande disponibilité de terres propices, ainsi que dans le Bas-Laos et le Moyen-Laos, puis dans le sud de l'Annam (par exemple la province de Phan-rang) et dans l'est de la Cochinchine.

En résumé, l'Indo-Chine pourrait être un pays sucrier ; la question est de savoir s'il doit l'être.

Le badianier et quelques autres plantes à essences. — La seule plante à essence assez importante, en Indo-Chine, pour que son produit figure nominalement dans les statistiques est le badianier.

En 1904, les exportations d'essence de badiane ont été de 41.558 kilos (623.370 francs), importés en totalité en France, pour la fabrication de l'anisette, de l'absinthe et d'autres liqueurs.

Toute cette essence indo-chinoise provient exclusivement du Haut-Tonkin, car c'est uniquement sur les territoires militaires de

---

(1) Ces mélasses sont classées comme « mélasses autres que pour la distillation, et ayant, en richesse saccharine absolue, 50 o/o au moins ».

(2) Et cette consommation consiste bien souvent, comme en Chine, à mastiquer les tronçons de tiges fraîches.

Lang-son et de Cao-bang, dans les régions de Dong-dang, Vinh-rat, Halang, Nacham, That-khé, et dans le massif du Mauson, qu'est localisé le badianier (*que-hoï*), qui, d'après les études récentes de M. Eberhardt (1), n'est pas, comme on l'a cru longtemps, l'*Illicium anisatum* Gaertn., mais l'*Illicium verum* Hook.

Son étroite localisation dans notre colonie s'explique, d'après M. Eberhardt, par ce fait que le badianier, dans la région de Langson, n'est pas indigène, mais a été apporté par les Chinois du sud de la Chine. « Lors du changement de maîtres, les Thos profitèrent des plantations, se bornant à recueillir les fruits et à les distiller. Ce n'est que depuis quelques années que, se rendant compte des bénéfices à en tirer, certaines riches familles annamites, fixées dans le pays, ont acquis les mamelons déjà couverts de ces arbres et ont planté de nouveaux pieds. »

La culture consiste seulement, au reste, à semer les graines peu de temps après la récolte d'octobre, le plus souvent en pépinières autour des habitations ; puis, quand le moment est venu, les jeunes pieds sont repiqués, et l'indigène ne s'occupe plus de ses arbres que pour débroussailler un peu à l'entour, une fois par an, et pour récolter.

La floraison ne commence que vers 7 à 8 ans ; et la première récolte ne peut être espérée avant la dixième année. Les fleurs apparaissent d'avril à juillet, et les fruits mûrissent en deux mois environ. La récolte est donc faite de juillet à octobre.

L'indigène l'effectue à la main, sans aucune précaution. De 10 à 20 ans, chaque pied donne, en moyenne, 30 à 35 kilos de fruits. A partir de la vingtième année, la moyenne est de 40 à 45 kilos.

Les fruits récoltés sont distillés dans des appareils qui, d'ordinaire, appartiennent au village, qui les loue aux divers propriétaires.

Les fruits sont mis, avec de l'eau, dans une marmite, que surmonte un vase en forme de tronc de cône renversé. Le fond de ce vase — qui est donc la petite base du tronc de cône — est concave sur les bords et percé de trois trous ; dans la partie supérieure, plus large, s'emboîte un plat creux, dans lequel circule continuellement un courant d'eau

---

(1) EBERHARDT, *La badiane au Tonkin* ; Bulletin économique de l'Indo-Chine, 1906. C'est à cette étude très complète que nous empruntons tous les renseignements que nous donnons ici sur le badianier.

qu'amènera un tube en bambou supérieur, et qui s'écoule par un autre tube inférieur.

Lorsque le feu est allumé au-dessous de la marmite, les vapeurs passent, par les trois trous, dans le vase tronc-conique, où elles se condensent. Le mélange d'eau et d'essence se réunit alors dans la rigole annulaire du fond, d'où une ouverture le mène, par un tube en bambou, dans un récipient posé sur un support, près de la marmite.

Dans ce récipient, la différence de densité amène une séparation entre l'eau et l'essence; celle-ci vient surnager, pendant que, par un siphon ingénieusement imaginé, qui fait communiquer le fond du récipient avec le fond de la marmite (placé plus bas), l'eau repasse dans cette marmite. L'essence que cette eau a pu retenir en petite quantité n'est ainsi pas perdue.

Le produit recueilli est vendu par les Annamites, au prix de 8 à 10 piastres environ le kilo, à des commerçants qui le livrent à la l'exportation, après l'avoir toutefois vérifié. Cette vérification consiste à laisser, pendant quelque temps, en repos l'essence achetée, pour permettre la séparation de l'eau ajoutée frauduleusement.

L'exportation est faite en bidons d'une contenance de 7 k. 500, emballés par quatre dans des caisses en bois.

Achetée sur les marchés indigènes 10 francs le kilo environ, l'essence trouve acheteur, sur les marchés européens, à 14 et 15 francs

C'est certainement un commerce de bon rapport pour le producteur, étant donné le rendement élevé des arbres et les faibles frais d'entretien et de préparation.

Il pourrait donc y avoir avantage à développer cette culture. Et, dit M. Eberhardt, « c'est certes une entreprise de longue haleine, mais moins longue encore que celle de l'aréquier, qui ne commence à rapporter qu'au bout de douze ans; et, par contre, si ce dernier peut fournir de bonnes récoltes pendant quarante ans au maximum, le badianier peut en donner pendant toute la durée de son existence; quant au rapport, il n'est pas à comparer. »

La culture pourrait, sans doute, ne pas rester localisée dans le Haut-Tonkin, et être tentée ailleurs, où le permettraient encore les conditions de climat et de terrain.

Le sol doit être profond, frais sans être trop humide, et riche en humus.

Si ces plantations étaient entreprises, elles accroîtraient seulement un commerce déjà établi.

Au contraire, ce serait, dans les statistiques d'exportation, l'apparition d'une nouvelle rubrique, si de bons résultats étaient obtenus d'une culture pour laquelle quelques tentatives ont déjà été faites au Tonkin, celle de la citronnelle (*Cymbopogon Nardus* Rendle) et du lemon-grass, ou essence de verveine des Indes (*Cymbopogon flexuosus* St. et *Cymbopogon citratus* Stapf).

Les colons qui ont songé au commerce des essences de ces deux Graminées y ont été évidemment incités par l'exemple des pays voisins, puisque ces plantes sont cultivées dans les Établissements des Détroits, à Ceylan, et dans l'Inde et à Java.

Il serait peut-être prudent, cependant, avant tout, de peser le pour et le contre, et de voir les avantages et les risques de ces nouvelles cultures.

Considérons, en premier lieu, le *Cymbopogon Nardus*, ou citronnelle.

On peut être tenté par le rapport rapide de la plante. Six mois après que les rhizomes, au moment de la saison pluvieuse, ont été mis en terre, une première récolte est possible.

La citronnelle pousserait parfaitement, dit-on encore, dans des terres maigres et sèches. Un agent de la maison Roure-Bertrand, de Grasse(1), qui a visité, en 1900, une plantation située à Ceylan, dans le district de Galle, dit que c'est dans ces sols que croît, là, le *Cymbopogon Nardus*, qui forme des touffes ayant hauteur d'homme, et distantes, les unes des autres, de 1ᵐ 50 à 2 mètres.

Et une telle plantation alimenterait la distillation pendant dix ans environ, au cours desquels on fait deux coupes annuelles (2), qui fournissent, au total, en moyenne, pour un acre, 28 bouteilles de 22 onces chacune, soit 17 kil. 500 (c'est-à-dire 43 kilos environ par hectare).

Mais, ceci connu, il faut tenir compte aussi de la production

---

(1) Bulletin de la maison Roure-Bertrand fils ; 1901.

(2) A Penang, d'après le «Bulletin de la maison Roure-Bertrand», une plantation de citronnelle ne serait conservée que pendant quatre ans, mais on ferait quatre coupes par an. Ce serait, là aussi, sur les collines, dans les terrains secs, que seraient les cultures.

A Java, d'après M. Stapf (*The Oil-Grasses of India and Ceylon* ; Kew Bulletin 1906), les plantations de citronnelle sont faites en terrain fertile, bien arrosé par les pluies ; et elles sont conservées douze ans, en donnant quatre coupes annuelles actuelle des pays qui se livrent, de longue date, à cette culture, ainsi que des prix de l'essence.

Or, il y a quelques années, les prix de l'essence de citronnelle ont fortement fléchi, jusqu'à tomber à 4 francs le kilo. Ils se sont bien relevés quelque peu depuis lors, mais sans qu'on puisse affirmer que cette réaction sera durable.

Quant au discrédit qu'a subi l'essence de Ceylan, il doit être attribué, en grande partie, aux adultérations commises par les indigènes. Mais que ces fraudes cessent, et que la sorte de Ceylan redevienne plus appréciée, et les grandes quantités du produit (1.478.756 livres en 1899 ; 1.282.471 en 1905) qu'exporte l'île anglaise (où la surface cultivée en *Cymbopogon Nardus* est de 16.000 à 20.000 hectares, tous dans la Province du Sud, entre le Gin-ganga, au Nord-Ouest, et le Walawi-ganga, à l'Est) pourront bien ne pas laisser grande place, sur les marchés, à l'essence indo-chinoise, à côté encore des essences de Penang, de l'Inde et de Java.

Puis il faut aussi bien savoir qu'il n'est pas aujourd'hui qu'une essence de citronnelle, et que le *Cymbopogon Nardus* comprend deux variétés.

L'une est le *maha pengiri*, ou « old-citronnella-grass » ; ou « Winter's grass » ; et ce serait, au surplus, celle qui correspondrait au type de l'espèce, originaire de Ceylan.

L'autre, apparue en 1883 seulement, dans la même île, dans une plantation du district de Matara, est le *lana-batu*, ou *lana-batu-pengiri*, ou « new citronella grass ».

Or les essences de ces deux citronnelles sont loin d'être semblables : celle de *lana-batu* renferme 28 o/o de citronnellal, 38 o/o de géraniol (1) et 8 o/o de méthyleugénol ; celle de *maha-pengiri* contient 50 à 55 o/o de citronnellal, 31 à 38 o/o de géraniol, et 0,78 à 0,84 seulement de méthyleugénol.

---

(1) C'est cette forte proportion de géraniol qui fait, à l'occasion, utiliser l'essence de citronnelle pour la préparation du géraniol, succédané de l'essence de rose ; mais nous avons déjà vu qu'on emploie encore mieux l'essence du *Cymbopogon Martini*, qui est l'essence de « palma-rosa » ou de « géranium de l'Inde », et dont la teneur en géraniol est de 87 à 90 o/o.

Comme l'a établi M. Stapf, c'est par erreur qu'on attribue la source de cette essence de *palma-rosa* au *Cymbopogon Schœnanthus* Spreng., qui donne une essence différente.

Nous avons dit, à propos de la Réunion, que le vétiver est fourni par le *Vetiveria zizanioïdes* Stapf (*Andropogon muricatus* Retz).

De cette différence de composition résulte une différence de qualité ; et c'est l'essence de *maha-pengiri* qui est la plus fine et la plus estimée.

Il semble donc que, dans ces conditions, il n'y ait qu'à cultiver le *maha-pengiri*, sans se préoccuper de la nouvelle variété.

Et c'est bien, croyons-nous — sans trop pouvoir l'affirmer — ce que font les planteurs à Penang et à Java.

Toutefois il aurait également été bien reconnu que le *lana-batu* est beaucoup moins exigeant et fournit des plantations de plus longue durée que le *maha*; et la différence serait assez sensible entre les deux variétés pour que, à Ceylan — ce qui pourrait bien être une seconde cause de la dépréciation de l'essence de l'île — on abandonne de plus en plus l'ancienne citronnelle pour la nouvelle.

Pour l'Indo-Chine, le problème se poserait par conséquent ainsi.

On pourrait probablement cultiver avec chances de succès le *lana-batu*. Mais l'essence obtenue serait médiocre et ne concurrencerait pas, par exemple, l'essence supérieure — qui est de l'essence de *maha* — que le Japon, depuis quelques années, achète en grandes quantités à Java.

Les plantations devraient dès lors, à cet autre point de vue, être faites plutôt avec le *maha-pengiri*. Mais, moins rustique, plus exigeante, cette variété réussirait-elle bien en Indo-Chine ; trouverait-elle les conditions qu'elle recherche ? Il faudrait s'assurer, tout au moins, que les résultats des quelques cultures déjà faites sont bien à rapporter à ce *maha*.

Et il serait d'autant plus nécessaire d'être bien fixé au préalable que la vigueur de végétation a une très grande influence sur la production de l'essence.

On aurait même grand tort de se laisser illusionner par le fait que le *Cymbopogon Nardus* peut pousser en terrain sec ; il importe de considérer quel est, en ce cas, son rendement.

Et les chiffres suivants sont instructifs.

Dans des expériences faites en 1904 à Peradeniya, à Ceylan, une plantation de *maha-pengiri*, établie en juillet 1902, a été coupée deux fois ; et ces deux coupes ont donné, pour un acre :

Le 14 mars.. 10.809 livres d'herbe fraîche, ayant fourni 48 livres d'essence.
Le 1er août .. 8.511   »   »   » 36 »   »

    Total .. 19.320   »   »   » 84 »   »

On a donc obtenu, en d'autres termes, pour un hectare, 21.880 kilos de tiges et feuilles, qui ont produit 95 kilos d'essence, soit 4,5 pour 1000.

Mais d'autres essais ont été encore faits à Peradeniya.

Cette fois, alors qu'une plantation de six mois a donné, en décembre, pour un acre, 9.765 livres d'herbe fraîche, d'où la distillation a retiré 49 livres 500 d'essence, une autre plantation — dans laquelle des ricins étaient cultivés en mélange avec les citronnelles — a donné, pour la même surface, 16.038 livres d'herbe et 60 livres d'essence.

La différence est grande, mais elle s'explique par ce fait que la dernière culture a eu lieu sur une terre bien drainée, meilleure que la première au point de vue physique et chimique.

C'est bien la preuve que, si des sols pauvres sont suffisants pour la croissance de la Graminée, il n'en est pas moins vrai que de bons sols donnent de meilleurs résultats et qu'il y a là un facteur qui n'est pas à négliger.

Nous avons dit plus haut, en note, que, à Java, certaines plantations durent douze ans, et sont coupées quatre fois par an, au lieu de deux, comme à Ceylan ; mais il s'agit de plantations faites en terre très fraîche et riche.

Toutes ces influences extérieures doivent avoir un effet d'autant plus marqué que la teneur des citronnelles en essence semble ne tendre nullement à être une constante.

Ainsi, à Ceylan, trois bottes d'herbe fraîche, pesant chacune 27 kil. 180, ont abandonné respectivement, à la distillation, 82, 84 et 148 centimètres cubes d'essence ; une autre botte de 28 kilos en a donné 140 ; une cinquième, de 30 kilos, en a donné 79.

Une telle sensibilité dans les phénomènes de formation de l'huile essentielle interdit, croyons-nous, de dire que la culture du *Cymbopogon Nardus* soit de celles que l'on puisse entreprendre sans données préalables.

La remarque est la même pour le *lemon-grass*.

Cette autre essence, qui entre, comme la précédente, dans la fabrication des savons parfumés (tels que savons dits « au miel »), des pommades, et de diverses essences de senteur, parmi lesquelles l'eau de Cologne, puis qui est encore employée pour la préparation de l'ionone (qui est le parfum artificiel de la violette), atteint, sur les marchés,des prix quatre ou cinq fois plus élevés que ceux de l'essence de citronnelle.

La culture de la plante peut donc encore être très tentante.

Mais ici il faut être, avant tout, bien averti que jusqu'alors, d'après M. Stapf, il y aurait eu une confusion continuelle entre deux plantes productrices, le *Cymbopogon citratus* Stapf (*Andropogon citratus* DC.) et le *Cymbopogon flexuosus* Stapf (*Andropogon flexuosus* Nees).

La première seule (à tige assez fortement renflée à la base) est toujours considérée comme *lemon-grass*.

Ce serait précisément celle qui donnerait l'essence de moindre qualité ; et la bonne essence de lemon-grass du Malabar serait extraite du *Cymbopogon flexuosus*.

Les 300.000 kilos environ d'essence qu'exporte annuellement l'Inde anglaise auraient pour origine ce *Cymbopogon*, qui est le « Cochin grass », ou « Malabar grass ».

Au contraire, à Ceylan et dans les Établissements des Détroits, ce serait plutôt l'essence de *Cymbopogon citratus* qui serait préparée.

Et ainsi s'expliquent les grandes différences que présentent les analyses de diverses essences de lemon-grass, confondues sous un même nom, alors qu'il en est de deux sortes.

L'essence du *Cymbopogon citratus* serait moins soluble dans l'alcool et contiendrait moins de citral que l'essence de *Cymbopogon flexuosus*.

Malheureusement les indications culturales que nous possédons semblent se rapporter, pour la plupart, au *Cymbopogon citratus*

C'est au sujet de cette espèce qu'on sait bien que les sols qui conviennent sont des sols sablonneux, fortement détrempés par des pluies abondantes comme il en tombe à Ceylan, dans l'ouest de la Province du Sud (2^{m}50 à 3^{m}75 de pluviosité annuelle). C'est pour la même plante, qu'il est établi que deux coupes annuelles seulement sont possibles (dans les Établissements des Détroits, où on coupe quatre fois la citronnelle) et que le rendement des feuilles en essence est très faible et ne dépasse guère 1,70 pour 1.000.

Il est vrai qu'il y a une compensation dans les prix élevés qu'atteint même l'essence inférieure de ce *Cymbopogon citratus* ; et ces plantations, dans la péninsule malaise, sont considérées comme très rémunératrices.

Il n'empêche que le colon qui songera, en Indo-Chine, à établir de nouvelles plantations devra plutôt, incontestablement, porter son attention sur le *Cymbopogon flexuosus* du Malabar, et tenter de se procurer sur cette espèce les renseignements qui nous manquent encore.

Nous nous sommes appesanti sur tous ces faits parce que nous croyons que leur exposé démontre clairement, une fois de plus, combien il est nécessaire que le planteur, avant toute entreprise nouvelle, se documente sérieusement. Sans cette précaution, il peut s'exposer à de gros mécomptes pécuniaires.

Le cocotier. — Le coprah figure dans les exportations de l'Indo-Chine, en 1904, pour un total de 1.833.372 kilos (458.363 francs), dont 1.788.652 kilos pour la France, 38.230 kilos pour Hong-kong, et 5.840 kilos pour la Birmanie et le Siam.

On peut espérer mieux de l'avenir, si la culture du cocotier prend en Indo-Chine l'extension qu'il est permis de souhaiter, puisque, d'une part, elle est possible, et que, d'autre part, les débouchés des produits sont assurés. Marseille seul reçoit annuellement plus de 100 millions de kilos de coprah (109.071.000 kilos en 1903). L'Indo-Chine pourrait donc, sous réserve des prix auxquels il lui serait possible de livrer ses coprahs, nous approvisionner, tout aussi bien que les Philippines (58.352.322 kilos à Marseille en 1903), l'Inde anglaise (4.599.176 kilos), l'Afrique orientale (10.376.599) et les Indes néerlandaises (10.312.465 kilos), le reste venant de l'Indo-Chine, en même temps que de la Nouvelle-Calédonie, des Antilles anglaises et de l'Afrique occidentale, anglaise et française.

Et ces prix sur place pourraient être sérieusement diminués par une exploitation rationnelle et méthodique du cocotier, permettant de tirer parti des produits commerciaux divers qu'il peut fournir.

Le principal est bien le coprah, c'est-à-dire l'amande desséchée du cocotier (1), mais les filaments fibreux qui parcourent la partie

---

(1) Rappelons que le fruit du cocotier est une drupe, c'est-à-dire un fruit à noyau. A l'intérieur de ce noyau — ou noix de coco — est une amande creusée d'une cavité centrale. Avant maturité, l'albumen, qui constitue essentiellement cette amande, est, à la périphérie, de consistance gélatineuse, comme le sont beaucoup de graines non mûres, telles que les graines de l'amandier ; et à l'intérieur de cette enveloppe molle est un liquide laiteux, comestible et rafraîchissant, qui est le « lait de coco » Mais peu à peu les parois cellulaires de l'albumen prennent une consistance plus ferme, pendant que les cellules absorbent les principales substances

charnue du fruit sont, nous le savons déjà, puisque nous en avons parlé plus haut, le coir ; et, en outre, depuis quelques années, on prépare aussi, pour la pâtisserie et la confiserie, les « dessiccated-cocoa-nuts », qui sont l'amande râpée fraîche.

Tous ces produits sont préparés à Ceylan ; ils pourraient l'être, de même, en Indo-Chine.

Actuellement (1) le cocotier est seulement cultivé en Cochinchine et en Annam. En Cochinchine, on évalue à 15.000 hectares la surface complantée dans les provinces limitrophes de l'embouchure du Mékong, c'est-à-dire celles de Mytho, Bentré, Vinh-long, Sadec, Long-xuyen, Soc-trang, Ha-tien, et dans l'île de Phu-quoc.

En Annam, les principales plantations sont celles de la province de Binh-dinh, où elles s'étendent sur une bande littorale d'environ 50 kilomètres de longueur et 20 kilomètres de profondeur, soit donc une surface d'environ 100.000 hectares.

Mais, déjà, dans cette province, les cultures actuelles, très dispersées, pourraient être considérablement augmentées ; puis elles pourraient aussi être plus nombreuses en beaucoup d'autres provinces du littoral de l'Annam ; et, enfin, au Cambodge, les bords du golfe du Siam, où les arbres seraient à l'abri des typhons, offriraient une contrée également propice pour l'installation des cocoteries.

On dit même que, à l'intérieur des terres, le cocotier pourrait encore réussir, puisque, en fait, on le rencontre jusque dans les vallées du Luang-prabang, à 2.000 kilomètres de la mer — ce qui semblerait permettre de douter de la réalité du caractère halophytique qu'on a généralement, jusqu'alors, attribué au palmier — mais il importerait de déterminer quelles sont les variétés spéciales qu'on rencontre à une telle distance de la mer et quels sont leurs rende-ments — peut-être faibles — en fruits et en graines. Et, en attendant que nous soyons renseignés sur ce point, on pourrait tout au moins mettre en valeur les régions littorales.

Le travail du planteur qui possède des cocoteries est aujourd'hui

constituantes du lait ; et finalement, à maturité, le noyau contient une amande creuse, solide à la surface, et dans la cavité centrale de laquelle il ne reste plus qu'un liquide clair et peu abondant. C'est la partie de l'albumen correspondant à la paroi de cette cavité centrale qui, après dessiccation, est le coprah.

(1) Tous ceux qu'intéresse la question du cocotier en Indo-Chine consulteront utilement l'intéressante étude de MM. Brenier et Crevost parue dans le « Bulletin économique de l'Indo-Chine » de septembre 1905.

bien facilité par tout l'outillage que construisent diverses maisons, et dont on a reconnu le bon fonctionnement à Ceylan et à la Trinidad.

Trop coûteux peut-être pour les petits propriétaires — qui devront se contenter d'avoir recours aux méthodes indigènes, bien décrites par MM. Brenier et Crevost dans le travail que nous avons mentionné — tous ces appareils, ou, tout au moins, certains d'entre eux, peuvent être d'un emploi avantageux dans les cocoteries de quelque importance.

Il est, par exemple, des machines construites pour le concassage des fruits. Ce travail est toujours effectué actuellement par les Annamites avec un coupe-coupe ou un fer de lance ; et on ne peut pas dire, d'ailleurs, qu'il ne soit pas rapide, puisque en Indo-Chine, comme au Guatemala et aux Philippines, on estime qu'un ouvrier exercé peut ainsi ouvrir 1.000 noix, et davantage, pendant sa journée. Mais six ou huit fois plus rapide encore est le travail opéré par la machine Haake, de Berlin, qui coûte, en somme, un prix modique (350 francs environ).

Cette machine, munie de trois couteaux qui ont la forme de haches, découpe l'enveloppe du cocotier, y compris le noyau, en trois fragments.

Les trois couteaux, disposés radialement, et fixés chacun par celle de leurs extrémités qui correspond au centre de l'appareil, sont horizontaux quand ils sont au repos ; mais l'abaissement d'un levier, qu'un homme manœuvre à la main, les fait osciller de bas en haut autour de l'extrémité fixe, et ils viennent alors frapper, en se rapprochant, le fruit qui est placé au-dessus de leur centre d'attache, dans un support en fils métalliques ovoïde.

Les trois fragments d'enveloppe fibreuse, qui sont ces fragments de coques que nous avons vu précédemment défibrer pour l'obtention de la filasse, sont mis de côté, et l'amande est dégagée.

Nous avons dit que la râpure de cette amande fraîche est aujourd'hui de plus en plus utilisée en pâtisserie. Ceylan en exportait, en 1901, 5.375.571 kilos, et, en 1903, 7.958.000 kilos.

Pour l'obtenir, on supprime la pellicule brune qui recouvre l'amande, soit au moyen de couteaux qui n'en enlèvent que la partie superficielle, soit en frottant la graine sur des tôles perforées, qui râpent légèrement la surface ; puis des machines spéciales, dans lesquelles le travail est fait par des scies circulaires, débitent l'amande blanche en petits copeaux, ou bien, si les dents sont plus fines, la réduisent en poudre. Finalement le produit — qu'on mélange quelquefois avec du sucre, si c'est de la poudre — est mis sur des tôles et introduit dans des séchoirs, où il est rapidement desséché par un courant d'air chaud.

Lorsque, d'autre part, on n'a en vue, comme c'est le cas le plus fréquent, que la préparation du coprah, la dessiccation des fragments d'amandes extraits de la coque est à peu près toujours obtenue, ou par l'exposition au soleil, ou par enfumage sur une claie de bambou placée au-dessous d'un petit feu.

De ces deux procédés, le second est le plus rapide, mais a le grand désavantage de noircir quelquefois le coprah, s'il n'est pas pratiqué avec soin ; et jusqu'en ces dernières années, la première méthode était, de beaucoup, la plus recommandable. Et elle ne peut être, même aujourd'hui, considérée comme mauvaise, puisque c'est en l'employant qu'on prépare les beaux coprahs (*sundried*) de Ceylan et de l'Inde.

Cependant elle est relativement lente — ce qui peut favoriser le rancissement et le brunissement des coprahs — et l'opération, en certaines saisons et en diverses régions, peut encore être prolongée et compliquée par les pluies qui surviennent plus ou moins fréquemment, et pendant lesquelles il faut prendre les précautions nécessaires pour prévenir les avaries. C'est pour obvier à ces inconvénients que la maison Mason, de New-York, construit aujourd'hui des séchoirs mécaniques qui, aux dimensions près, sont en somme les séchoirs Guardiola employés, de longue date, pour la dessiccation des cafés et des cacaos.

L'amande de coco, débitée en petits cubes, est introduite dans les compartiments d'un cylindre rotatif, au centre duquel passe le tuyau muni de branches perforées, par lequel circule l'air chaud.

Ces machines, d'un prix assez élevé malheureusement, ont donné, paraît-il, d'excellents résultats à la Trinidad ; et la rapidité de la dessiccation permet d'obtenir sûrement un coprah supérieur, d'une blancheur parfaite.

La question est importante — et c'est pourquoi nous y insistons — si l'on songe que la valeur du coprah dépend d'une bonne dessiccation, autant peut-être que de la variété.

D'après M. Crevost, sur le marché de Colombo, l'écart peut

atteindre une vingtaine de roupies, soit 34 francs, entre les coprahs bien séchés et ceux qui le sont mal (1).

Sur le mode d'extraction de l'huile, nous ne voulons pas insister ici, et nous renvoyons, pour les renseignements détaillés qu'on pourrait désirer, au travail de MM. Brenier et Crevost. Disons seulement que la substance grasse est obtenue par les Annamites en piétinant l'amande râpée dans des paniers où est versée continuellement de l'eau tiède. Le liquide laiteux qui se dégage et traverse les mailles est recueilli dans des jarres en terre, où, par repos, l'huile se sépare de l'eau. Elle est isolée par décantation, puis portée à l'ébullition.

C'est le beurre ainsi obtenu qui est le produit d'exportation. Les expéditions ont lieu surtout vers Hong-kong (177.764 kilos en 1904) et la Birmanie (22.174 kilos).

Les autres plantes oléagineuses. -- Le cocotier mis à part, aucune plante oléagineuse n'a de véritable importance en Indo-Chine, au point de vue, du moins, de l'exportation.

Le ricin pousse bien un peu partout et est même, à l'occasion, cultivé au Tonkin, par exemple dans les provinces de Bac-ninh, de Haï-duong, de Son-tay, et dans le cercle de Hagiang, mais l'huile n'est guère employée, paraît-il, que comme huile de graissage.

Le sésame — dont la variété la plus commune serait, croyons-nous, une variété noire — donne lieu à quelque culture au Cambodge, par exemple dans la résidence de Kandal, mais les exportations n'ont jamais, d'après M. Brenier, dépassé 400 tonnes.

L'arachide a été longtemps cultivée, notamment dans l'est de la Cochinchine et le sud et le centre de l'Annam, mais le non-renouvellement des semences, en amenant une diminution progressive des récoltes, a un peu actuellement découragé les Annamites. La Légumineuse ne rentrerait donc en faveur que par l'introduction de nouvelles graines, telles que celles de Java, que le Service de l'Agriculture se préoccupe de propager.

Pour l'exportation vers la métropole, la question est, au surplus,

(1) On trouvera au chapitre des Établissements français de l'Océanie, les prix auxquels étaient côtés les coprahs à Marseille, en juin 1907. Et on verra que les « sundried », c'est-à-dire les coprahs séchés avec soin au soleil, sont les sortes les plus estimées.

sans grand intérêt, ces arachides ne pouvant nous parvenir, comme celles de l'Inde, que décortiquées, et, par conséquent, devant toujours être pour nous une qualité inférieure.

Le camélia à huile (*Thea Sasanqua* Pierre; *Camellia drupifera* Lour.; *Thea oleosa* Lour.) (1) est commun dans certaines parties du Tonkin et du nord de l'Annam, et est très cultivé, au Tonkin, dans la province de Hung-hoa, mais les indigènes n'extraient son huile — par le procédé dont ils se servent pour l'extraction du beurre de coprah — que pour leur alimentation.

D'un intérêt commercial également très restreint aujourd'hui sont ces autres espèces indigènes, le *Garcinia tonkinensis* Vesque, l'*Irvingia Oliveri* Pierre, le *Stillingia sebifera* Mich., le *Rhus succedanea* Lin.

Le *Garcinia tonkinensis* (*cay-gioc* ou *cay-doc* en annamite) est un bel arbre (2) qui pousse dans presque toutes les régions boisées du Tonkin, où il se plaît surtout sur les pentes Est et Sud des mamelons de faible altitude. Il abonde « dans la contrée du Yen-thé, sur les bas contreforts de la chaîne du Tam-dao et sur les mamelons et plateaux boisés des bassins du Fleuve Rouge, de la Rivière Noire et de la Rivière Claire, dans les provinces de Yen-baï, de Thuyen-quang et de Hung-hoa ».

Les fruits mûrissent en octobre et sont récoltés jusqu'en décembre.

Les graines, traitées par le procédé indigène, qui est toujours le même, donnent une huile qui sert pour l'éclairage et pour le graissage des machines, mais est exclusivement l'objet d'un commerce local.

L'*Irvingia Oliveri*, ou *cay-cay*, est un arbre de 30 à 35 mètres de hauteur (3). Il est inconnu au Tonkin et dans le nord de l'Annam. On le trouve en Cochinchine dans les forêts des provinces de Baria, de Tay-ninh, de Thu-dau-mot, de Ha-tien et dans l'île Phu-quoc, puis, au Cambodge, dans presque toutes les parties boisées, notamment dans les résidences de Kompong-thom et de Kompong-cham. En Annam, il est signalé dans la province de Binh-thuan.

(1) Crevost, *Les arbres à suif de l'Indo-Chine*; Bulletin économique, 1902.
(2) D'après Pierre, la variété cultivée en Annam est le *Thea Sasanqua* var. *Loureiri*; au Tonkin, ce serait le *Thea Sasanqua* var. *Kissi* On doit trouver aussi en Indo-Chine la variété *oleosa*. On sait que l'aire de l'espèce, qui habite encore l'Inde orientale, la Chine et le Japon, est comprise entre au moins 14° et 30° de latitude Nord.
(3) Lévêque, *L'huile du Garcinia tonkinensis*; Bulletin économique de l'Indo-Chine, 1902.

Les fruits mûrissent en juillet et août.

Les graines qu'on en extrait contiennent, sèches, 52 pour 100 d'un beurre qui se rapproche des beurres de coprah et de palmiste, en particulier par les propriétés de son savon de soude. Il est peut-être fâcheux que la substance soit délaissée, tout comme celle des graines d'*Irvingia gabonensis* du Congo (1).

En tout cas, ce regret peut être exprimé sans hésitation quand il s'agit du *Stillingia sebifera*.

Exploitée en Chine depuis des temps immémoriaux, cette Euphorbiacée contient dans le tégument de ses graines une substance grasse concrète très appréciée en stéarinerie, et qui est le *pi-ieou* des Chinois (2).

Mais ce suif végétal de Chine est essentiellement un article de spéculation, et les mouvements brusque de hausse et de baisse découragent les industriels européens.

Il est permis, dans ces conditions, d'être surpris qu'on délaisse en Indo-Chine ce *Stillingia*, qui est le *cay-soi* des Annamites, le *kremuoncham-buk* des Cambodgiens, et qui est assez répandu sur tous les terrains.

Au Tonkin, l'arbre est commun dans les provinces de Hung-hoa, de Thuyen-quang, de Hoa-binh, de Son-tay et de Vinh-yen.

Et dans toutes régions il est exploité…. mais il ne l'est que pour ses feuilles, dont les décoctions donnent une belle teinture noire, réservée pour la coloration des soies.

Les indigènes ignorent la ressource plus sérieuse que leur donnerait la récolte des fruits, qui sont délaissés.

Ainsi que le fait remarquer avec raison M. Crevost, il y aurait lieu de les renseigner pratiquement. On le pourrait « à l'aide d'une démonstration effective sur plusieurs points du Tonkin, où les peuplements préalablement reconnus seront suffisants pour alimenter un moulin. Cet enseignement pratique ne peut être effectué que par des Chinois bien au courant des manipulations, et munis d'appareils tels qu'il en est en Chine ».

---

(1) Il est en Cochinchine et au Cambodge une autre espèce d'*Irvingia* moins répandue ; c'est l'*Irvingia malayana* Oliv. (*I. Harmandiana* Pierre). Les amandes sont utilisées par les indigènes pour la fabrication de bougies, d'après Pierre.

(2) L'amande du *Stillingia sebifera* contient une substance grasse fluide. Si donc on broie la graine entière (tégument et amande), on obtient un mélange du beurre du tégument et de l'huile de l'amande. C'est ce que les Chinois appellent le *mouieou*. Le *tsé-ieou* est l'huile de l'amande seule.

Ces leçons pourraient entraîner les indigènes vers l'exploitation, non-seulement des graines du *Stillingia sebifera*, mais encore des fruits du *Rhus succedanea*, ou *cay-son*, auquel s'appliquent, dans les mêmes conditions et pour les mêmes raisons, les lignes précédentes.

On sait qu'au Japon, où ce *Rhus succedanea* (le *haze* des Japonais) est cultivé, en sols profonds et un peu secs, dans la zone sous-tropicale (alors que le *Rhus vernicifera* est plutôt l'espèce de la zone tempérée), la pulpe des fruits fournit la substance grasse concrète que, comme celle des fruits du *Rhus vernicifera*, on appelle improprement dans l'industrie « cire du Japon».

En Indo-Chine, le *Rhus succedanea* est assez commun. Il pousse sur les sommets montagneux du Cambodge, puis se retrouve dans le nord de l'Annam ; et enfin, et surtout — sa variété *Dumoulieri* est très répandue au Tonkin, où elle est cultivée, comme nous le verrons plus loin, pour l'extraction de la laque. L'arbre serait doublement utile si on tirait parti de ses fruits.

M. Crevost fait, il est vrai, remarquer que la courte durée de la végétation de la plante doit avoir pour conséquence une faible fructification, surtout après les incisions opérées pour l'écoulement de la laque ; mais, d'après le même auteur, il serait possible de traiter industriellement ces fruits à titre secondaire, leur exploitation n'étant qu'un complément de travail pour les moulins qui seraient installés, au Tonkin, en vue de l'extraction du suif des graines de *Stillingia sebifera*.

Au reste, c'est ainsi qu'opèrent les Chinois.

Et les cultures nouvelles entreprises spécialement pour la récolte des fruits pourraient être, de même, accessoires, comme elles le sont au Japon. Le hazé étant de croissance lente (1), il ne faut pas compter sur un bénéfice immédiat. Aussi, d'ordinaire, dans le Kiushiu, le plante-t-on sur les bords des champs et des rizières, dans les terrains en pente. Le cultivateur attend ainsi patiemment la fructification.

Mais donc, à propos de toutes ces plantes oléagineuses citées jusqu'alors, nous parlons plutôt d'une exploitation possible que d'une exploitation réelle. En définitive, le seul arbre indigène à graines

---

(1) Nous puisons ces derniers renseignements dans *L'Agriculture au Japon* (Paris, 1900). Dans l'*Iconographie des essences forestières du Japon* de M. Homi Shirasawa (Paris, 1900), il est dit, au contraire, que le *hazé* a une « tige à croissance très prompte, étendant largement ses branches, et atteignant 12 mètres de hauteur, et plus de 70 centimètres de diamètre ».

grasses important aujourd'hui en Indo-Chine est l'*Aleurites cordata* Steud.

Il est (1) quatre espèces connues d'*Aleurites* :

l'*Aleurites triloba* Forst. (*Aleurites moluccana* Willd.), qui est le *bancoulier*, originaire de la Malaisie et de la Polynésie, mais introduit dans beaucoup de pays tropicaux ;

l'*Aleurites cordata* Steud., du Tonkin, sans doute introduit au Japon ;

l'*Aleurites Fordii* Hemsl., de la Chine (provinces du Che-kiang, du Kiang-si, du Fo-kien, du Hu-peh et du Yun-nam) ;

l'*Aleurites trisperma* Blanco, des Philippines.

Les graines de tous ces *Aleurites* donnent une huile très siccative, qui est l' « huile de bancoul » quand elle provient de l'*Aleurites triloba*, l' « huile de trau », ou « huile d'abrasin », quand elle est fournie par l'*Aleurites cordata*, et la « Chinese wood oil », ou « huile de bois de Chine », quand elle a pour origine l'une ou l'autre des espèces *cordata*, *Fordii* et *trisperma*.

La confusion faite jusqu'alors constamment entre ces trois dernières espèces ne permet pas, au reste, encore d'indiquer avec précision tous les caractères respectifs des huiles des trois sortes de graines. Mais pratiquement cela importe, après tout, assez peu ; les

---

(1) *Chinese wood oil* ; Kew Bulletin, 1906. — *Hookers Icones plantarum* ; 1906.
C'est M. Hemsley qui, dans ces deux publications, a démontré qu'on réunissait à tort, jusqu'alors, sous le seul nom d'*Aleurites cordata*, cet *Aleurites* du Tonkin et l'*Aleurites* de Chine, qui serait, en réalité, une autre espèce, l'*Aleurites Fordii*. Les deux arbres sont bien distingués dans le Fo-kien (où l'*Aleurites cordata* a été introduit dans les plantations) car les Chinois appellent *hwa-tung* l'*Aleurites cordata*, et *guong-tung* l'*Aleurites Fordii*.

Entre autres caractères distinctifs, l'*Aleurites Fordii* a des pétales plus larges que l'*Aleurites cordata*, ses styles sont très brièvement bifides, au lieu de l'être profondément, et ses capsules (verruqueuses dans l'*Aleurites cordata*) sont à surface lisse. En outre, les feuilles de l'*Aleurites Fordii* sont plus coriaces ; et, sur les rameaux *en fleurs*, elles sont entières, tandis que, chez l'*Aleurites cordata*, sur les mêmes rameaux, elles sont ordinairement lobées.

L'*Aleurites Fordii* ainsi compris serait l'*Aleurites cordata* Muell. Arg., l'*Eleococca verrucosa* (fruits et graines) de Jussieu, le *Dryandra oleifera* Wall.

L'*Aleurites cordata* vrai serait le *Dryandra cordata* Thunb., le *Dryandra oleifera* Lamk., l'*Eleococca cordata* Blume, le *Vernicia montana* Lour., le *Dryandra Vernicia* Correa, l'*Aleurites Vernicia* Hassk., l'*Aleurites japonica* Blume, l'*Aleurites verniciflua* Baill., l'*Eleococcus Vernicia* Juss., l'*Eleococca verrucosa* (fleurs) de Jussieu.

Quant à l'*Aleurites trisperma* Blanco, des Philippines, c'est l'espèce dont les graines sont connues industriellement sous le nom de *balucanat*.

différences qu'on relèvera ne présenteront certainement qu'un intérêt de laboratoire. La très grande siccativité des unes et des autres — siccativité supérieure à celle de l'huile de bancoul et aussi à celle de l'huile de lin — ne fait aucun doute.

Du reste, pour l'huile d'abrasin, les analyses faites sur place, comme celles de M. Lemarié (1), avec une substance fournie par des graines qui, puisqu'elles avaient été récoltées au Tonkin, étaient bien celles de l'*Aleurites cordata* (2), sont une indication suffisante, que confirme encore l'utilisation indigène.

Et cette utilisation est courante, étant donné l'importance qu'a dans tout l'Extrême-Orient la fabrication des vernis.

Elle est assez grande pour que le *trau* soit l'objet de cultures au Tonkin, en Annam et en Cochinchine, quoiqu'il croisse à l'état spontané dans presque toutes les forêts de l'Indo-Chine.

En Indo-Chine, comme en Chine, il n'est guère de vernis dans la préparation desquels n'entre pas l'huile d'*Aleurites.*

« La cuisson de cette huile, dit M. Crevost, est effectuée sur un feu doux, qui doit être surveillé très attentivement pour empêcher l'ébullition. Lorsque des bulles d'air se manifestent à la surface, signe d'une entrée prochaine en ébullition, on enlève le récipient du feu pour l'y replacer quelques instants après. La cuisson est complète lorsque l'huile, étendue sur une baguette en fer, présente des filaments gluants, au contact des doigts. Bien cuite, cette huile, remarquablement siccative, prend ainsi la consistance d'un vernis qui supporte bien les colorants.

Les bordures des chapeaux de l'armée et des milices indigènes, rouges, bleues, jaunes ou vertes, ainsi que certaines faces des divinités du culte, sont enduites de colorants mélangés à l'huile d'abrasin cuite.

On ajoute parfois à cette huile en cours de cuisson (mais non pour des mélanges à la laque) du blanc de céruse ou de la litharge, selon les usages auxquels elle est destinée.

Les indigènes prétendent que la cuisson de l'huile d'abrasin est assez difficile, qu'elle ne doit pas excéder deux heures, et qu'un manque de surveillance, si léger qu'il soit, peut tout compromettre ».

---

(1) LEMARIÉ, *Les huiles d'abrasin et de bancoulier* : Bulletin économique de l'Indo-Chine. 1901.

(2) A moins pourtant que l'*Aleurites Fordii* n'existe aussi au Tonkin ; ce qui serait à rechercher.

Pourquoi cette huile si connue, si employée en Indo-Chine, n'est-elle pas un objet d'exportation, comme l'est l'huile analogue de Chine ?

Elle n'est pas ignorée des industriels européens et américains ; et aux États-Unis comme en Europe, elle est demandée (1) par les fabriques de linoleum et pour la préparation des vernis gras au copal. En France, il est bien connu que certains spécialistes de vernis colorés en vogue l'emploient.

Or, actuellement, la Chine est le seul pays exportateur.

En ces dernières années, les exportations de Han-keou ont été (d'après le Bulletin de Kew), en piculs de 60 kilos environ :

1901.....	23.636	1903.....	39.447
1902.....	102.021	1904.....	84.249

Sur les 84.249 piculs (5.100.000 kilos à peu près) de 1904, il a été importé :

49.514 piculs en Amérique			911 piculs au Havre	
12.595	»	à Hambourg	872 »	à Rotterdam
10.749	»	Anvers	526 »	Marseille
8.521	»	Londres	420 »	Liverpool

On voit que ce n'est pas une nouvelle substance que l'Indo-Chine aurait à proposer à la métropole ou pourrait diriger vers Hong-kong.

Il y a bien, d'après M. Brenier, une difficulté. La très grande utilisation locale fait courir le risque que l'huile pour l'exportation ne soit cédée qu'à des prix trop élevés. Mais la culture, en ce cas, pourrait être étendue, et devenir en d'autres endroits ce que, paraît-il, elle serait déjà, au Tonkin, dans les provinces de Hung-hoa et de Ninh-binh.

L'alimentation indigène. — Après le riz, la céréale qui entre pour la plus grande part dans l'alimentation indigène est le maïs, très cultivé au Tonkin, et plus ou moins aussi au Laos, en Annam (par exemple dans la province de Khanh-hoa), au Cambodge (à peu près partout, mais en petites quantités) et en Cochinchine (provinces de Baria, de Chaudoc, de Go-cong, de Tay-ninh).

---

(1) Il paraît que l'huile importée en Europe et aux États-Unis est souvent adultérée avec l'huile, également très siccative, des graines de *Soja hispida*.

Les variétés sont nombreuses. Celles du Tonkin sont à grains petits, mais assez appréciées ; et il en est même un peu exporté (113.684 kilos, au total, au prix de 11.369 francs, en 1904) en France (97.447 kilos) et au Japon (13.237 kilos).

La culture des petits mils est plus rare, quoiqu'elle ait lieu en quelques endroits, tels que la province de Quang yen, au Tonkin, et celle de Muong-son au Laos, où le millet est, avec le maïs, la nourri-ture principale des Méos.

Plus importants, soit par leurs graines, soit par leurs jeunes pousses, sont les bambous. Les genres, espèces, ou variétés de Bambusées qui fournissent au Tonkin les pousses les plus estimées sont (1) le *buong*, le *tre-cay*, le *tre-loc-ngoc*, le *giang* et le *mua*.

Pour les récolter, on enlève la terre autour des bourgeons sortant du sol, et on les coupe avec un couteau près du rhizome. Les feuilles extérieures sont supprimées, et la partie intérieure est coupée en tran-ches minces, pour être assaisonnée à diverses sauces.

Comme graines de Légumineuses alimentaires, il est fait une grande consommation de haricots, de doliques, et, plus encore, de sojas.

Parmi les haricots, la principale espèce est le *Phaseolus radiatus* Lin. (le *mungo* d'Afrique), dont les Annamites mangent les graines germées. Ces graines servent aussi (2) pour la fabrication d'un vermi-celle que la province de Binh-dinh, en Annam, exporte en assez grande quantité en Chine.

Parmi les doliques, le plus apprécié est toujours le *Vigna Catjang* Walp., qui, suivant la variété, est récolté à l'état vert ou en graine.

La forte consommation du soja est due à ce que ses graines, non seulement sont mangées après longue cuisson, mais, plus encore, servent de base à diverses préparations, comme au Japon et en Chine (3). C'est ainsi que les Annamites en font un fromage, qui est le *teou-fou* des Chinois, le *tofu* du Japon, et qu'ils appellent le *dau-phu*.

1) POUCHAT, *Les légumes indigènes* : Bulletin économique de l'Indo-Chine, 1905.
(2) Bui-Quang-Chieu. *Des cultures vivrières au Tonkin* : Bulletin économique de l'Indo-Chine ; 1905.
(3 C'est avec ce soja, mélangé avec du blé et du *koji*, et additionné de sel de cui-sine, que les Japonais font leur *shoyou* et leur *miso*, et les Chinois leurs sauces ou mets analogues, le *teou-yu* et le *teou-tiung*. A Java, les indigènes font des prépara-tions analogues. Les fermentations sont, dans tous ces cas, provoquées par des moisissures diverses.

Ils fabriquent également une sauce, qui est le *tuong* — à peu près analogue au *teou-tiung* des Chinois — et deux fromages, l'un solide, l'autre de consistance plus molle, appelés *dau-hu* et *dau-hu-ao* en Cochinchine.

Dans la catégorie des plantes qui sont alimentaires par leurs tubercules, il faut mentionner le manioc, la patate, les ignames, le dolic bulbeux et les taros.

La culture du manioc, qui est un manioc doux (*Manihot palmata*), est pratiquée au Tonkin (provinces de Hung-hoa, de Son-tay, de Thaï-nguyen, de Vinh-yen) ainsi qu'en Cochinchine, pour la consommation. Elle pourrait être étendue si l'Indo-Chine, à l'exemple de Java et de Singapore, voulait s'adonner à la fabrication du tapioca.

La patate (à variétés blanches, jaunes et rouges) est plus largement cultivée et consommée que le manioc; c'est essentiellement, en Indo-Chine, le tubercule qui remplace notre pomme de terre.

Les ignames seraient surtout représentées par plusieurs variétés, à couleurs diverses, du *Dioscorea alata* Lin.

On cultive plus ou moins le dolic bulbeux (*Pachyrhizus angulatus* Rich.), dont le tubercule est un bon aliment quand il est jeune.

Quant aux taros (*Colocasia antiquorum* Schott), il en est de nombreuses variétés indigènes, qu'on distingue (1), au point de vue cultural, en deux groupes principaux : les taros dont la culture ne nécessiterait que six mois d'attente, et qui sont plantés dans les terres élevées non submergées ; et les taros dont la végétation complète ne s'effectue qu'en une année entière, et qui sont plantés dans les régions basses ou au bord de l'eau.

Les tubercules de toutes ces variétés sont cuits à l'eau et mangés avec du riz. On les réduit également en farine (2), avec laquelle on fait des pâtisseries légères.

A tous les légumes précédents — en plus desquels il faut encore citer le *pe-tsaï* ou chou de Chine (*Brassica sinensis* Lin.) bien connu — viennent s'ajouter, pour une part plus ou moins grande, dans l'alimentation les fruits de Cucurbitacées variées : pastèques (*Cucurbita*

---

(1) Lan, *Les légumes annamites* ; Bulletin économique de l'Indo-Chine, 1905.

(2) Il s'agit bien de *farine* et non de *fécule*. Les fécules sont peu préparées en Indo-Chine ; la plus fréquemment employée est peut-être celle de l'arrow-root (*Maranta arundinacea* Lin.), qu'on vend en petites boules enveloppées dans du papier, et avec laquelle les Annamites font des potages. Dans le Haut-Tonkin, les indigènes extraient aussi, dit-on, un peu d'amidon de la moelle de divers *Caryota*.

Citrullus Lin.), pipengaille (*Luffa acutangula* Roxb.), concombres, courges, margose à piquants (*Momordica Charantia* Lin.), etc.

Comme fruits proprement dits — c'est-à-dire comme fruits pour dessert — l'Indo-Chine cultive, en somme, toutes les espèces ordinaires des pays chauds : papayers, manguiers, ananas, bananiers, letchis, goyaviers, mangoustaniers, corossoliers, kakis, orangers, citronniers, pamplemoussiers, etc.

Au point de vue de l'exportation, les ananas surtout pourraient offrir de l'intérêt, car il serait possible en Indo-Chine, aussi bien qu'à Singapore, de préparer des conserves.

Le seul commerce actuel est celui des citrons et des oranges, que reçoit Hong-kong (105.733 kilos, en 1904, sur une exportation totale de 136.426 kilos, vendus 102.366 francs).

Les bois. — Le commerce des bois d'Indo-Chine est insignifiant : 123.439 francs en 1904.

Cette valeur représente 1.188.014 kilos, dont les quantités sont les suivantes, pour les bois de construction et d'ébénisterie (le reste comprenant les bois à brûler, le charbon de bois, et les bois en éclisses) :

Bois communs bruts.. ....: Kil .	282.662	F.	22.613
» équarris...........	204.347		20.435
Autres bois communs	102.574		10.257
Bois d'ébénisterie	254.928		50.986
Bois odorants	22.497		17.998
Bois pour constructions navales.	11.005		1.150

Presque tous les bois communs non équarris et les bois odorants sont expédiés en Chine. La France n'a reçu, en 1904, que 13.342 kilos de bois bruts et 593 kilos de bois odorants.

Les bois équarris, les bois d'ébénisterie et les bois pour constructions navales sont, par contre, en grande partie, importés chez nous, car nous avons reçu, en 1904, 122.220 kilos de bois équarris (73.367 kilos ayant été, d'autre part, expédiés en Chine), 241.498 kilos de bois d'ébénisterie (7.300 ayant été envoyés en Chine et 6.131 à Singapore) et 9.505 kilos de bois pour constructions navales (1.500 ayant été dirigés vers Hong-kong).

Toutes les contrées indo-chinoises peuvent exploiter ces bois, car les forêts sont, dans toutes, plus ou moins étendues.

En Cochinchine, les principales provinces où se trouvent les massifs forestiers sont celles de Bien-hoa, de Thu-dau-mot et de Tay-ninh. Quelques bois sont aussi fournis cependant par les provinces de Baria et de Rach-gia.

Dans la région Nord des provinces de Bien-hoa et de Thu-dau-mot, les forêts sont exploitées (1) dans la vallée du Song-bé, entre Phu-trit et le Suoi-ni, au nord duquel ce sont surtout ensuite des bambous.

Au sud de ce Suoi-ni, au contraire, les arbres prédominent. Et les principales essences sont le *sao* (*Hopea sp.*), le *go* (*Sindora cochinchinensis* Pierre), le *ven-ven* (*Anisoptera sp.* et *Shorea sp.*), le *dau-con-rai*, ou *Dipterocarpus alatus* Roxb (2) et *Dipterocarpus Jourdainii* Pierre, le *chaï* (*Shorea vulgaris* Pierre), le *huynh-dwong* (*Dysoxylum Loureiri* Pierre), les *lim*, qui sont le *Baryxylum inerme* Pierre et le *Baryxylum dasyrachis* Pierre (3), le *cam-lai* (*Dalbergia fusca* Pierre et *Dalbergia mammosa* Pierre).

La plus grande forêt est celle qui s'étend entre le Sroc-rum et le Sroc-buthonh. C'est dans cette forêt que sont abattus presque tous les bois qui descendent le Song-bé et qui sont vérifiés à Than-huyen. Beaucoup de pièces de *sao*, dit M. Gourgand, donnent 12 mètres de fût, sur 45 à 50 centimètres d'équarrissage (4).

D'autres essences intéressantes plus ou moins communes en Cochinchine sont le *say* et le *mun*, qui sont des *Diospyros*, le *vap*, qui

---

(1) Gourgand, *Les boisements de la vallée du Song-bé* ; Bulletin économique de l'Indo-Chine, 1903.

(2) L'abatage de ce *Dipterocarpus alatus*, qui donne l' « huile de bois » que nous étudierons plus loin, est d'ailleurs interdite en Cochinchine, d'après le « Catalogue-Memento des produits de l'Indo-Chine ».

(3) Le *Baryxylum dasyrachis* (*lim-xet* ou *lim-xe*) est encore le *Cœsalpinia dasyrachis* Miq. et le *Peltophorum dasyrachis* Kurz. Le *Baryxylum inerme* (*lim-vang* et *lim-xet*) est le *Cœsalpinia inermis* de Roxburgh et le *Peltophorum inerme* de Bentham. Pierre admet toutefois une variété *cochinchinense* de ce *Baryxylum inerme*, qui n'existerait qu'en Basse-Cochinchine, tandis que le *Baryxylum dasyrachis* est d'aire plus étendue.

(4) De tout temps, ce *sao* a été remarqué pour les dimensions de son tronc, car on peut lire dans les *Annales du Commerce extérieur* d'avril 1857 : « A Chantaboum, principal port du royaume de Siam, après Bangkok, il y a aussi, en quantités considérables, diverses espèces de bois très estimées pour les constructions navales ; mais le plus précieux de tous est celui qui est appelé en siamois *may-ta-kien*, et en cochinchinois *cay-sao*.

Le *maï-ta-kien*, dont le grain et la dureté sont semblables à ceux du teck lui-même, atteint des proportions énormes. On a vu des madriers de plus de 1ᵐ 50 d'épaisseur, autant de largeur, et de 18 mètres de longueur. La durée de ces bois est

est le *Mesua ferrea* Lin.; le *cam-xé*, qui est le *Xylia dolabriformis* Benth.

Des essais de coupes méthodiques ont été faits avec succès dans les provinces de Tay-ninh et de Bien-hoa, et, en particulier, dans les réserves de Ben-keo et de Hiep-ninh.

Par contre, il ne semble pas que les reboisement tentés avec le teck dans les provinces de Thu-dau-mot, de Bien-hoa et de Baria soient réellement satisfaisants, pour des raisons diverses.

Au Cambodge, le domaine forestier prend une bien plus grande importance qu'en Cochinchine. Il représenterait le tiers du territoire, soit 40.000 kilomètres carrés.

Les plus grandes forêts sont celles des résidences de Kompong-chnang, de Kompong-speu, de Kompang-thom, de Prey-veng (dans le nord et le nord-ouest), de Stung-treng, de Takeo (province de Triang).

Ces masses peuvent être divisées en trois catégories :

1° les forêts en coteaux ou en montagnes ;
2° les forêts sur plateaux ou en plaines, à l'abri des inondations ;
3° les forêts en plaines inondées.

C'est dans les forêts de la deuxième catégorie qu'abondent les arbres à résines.

Mais les plus beaux boisements sont ceux de la première catégorie, qui sont aussi les plus nombreux et les plus étendus.

Dans le nord est la chaîne de Phnum-dangrek (ou Monts du Fléau) dont les contreforts s'étendent jusqu'à Kompong coni et séparent le Haut-Mékong des parties méridionales plus basses et des lacs. Au sud de cette chaîne est le Phnum-dek (ou Montagne de Fer).

Au Nord-Est et à l'Est, est la chaîne de l'Annam.

A l'ouest des Grands Lacs, sont les montagnes de Pursat.

Au Sud-Ouest, est le Phnum-papok-vel (ou Montagne de l'Éléphant), sillonné par de nombreux cours d'eau.

Dans le centre sont les monts de Kompong-chnang et de Kompong-

---

la même que celle du teck. Les Siamois, les Cochinchinois et les Chinois les emploient surtout comme bordages, mais ils seraient aussi très précieux pour les grandes pièces primes et les membrures. »

M. Berrier-Fontaine, dans la *Revue maritime et coloniale* de janvier 1873, signale la confusion faite très souvent, à cette époque, entre le *sao* et le teck (*soc*) et l'attribue à une erreur commise par Mgr Thabord dans son Dictionnaire annamite-latin.

seng, généralement formés de grès, et, par suite, très favorables au teck.

Ce teck, qui est le *Tectona grandis* Lin., constitue de vrais peuplements dans la province de Loveck. Il n'est pas exploité par les Cambodgiens, et c'est ce qui explique qu'il n'ait pas disparu.

Une essence également intéressante, au Cambodge, est un pin (le *sral* des Cambodgiens) qui se plaît dans les sables siliceux, et qui forme des forêts dans les provinces de Kompong-thom, de Krang et de Pursat.

Les autres bois sont, pour la plupart, ceux de Cochinchine.

Par arrêté du 5 janvier 1895, les essences forestières de la Cochinchine et du Cambodge sont rangées dans cinq catégories.

Tout d'abord sont placés en *catégorie hors classe* les bois les plus précieux, et aussi les plus rares, tels que le *cam-lai*, qui est le *Dalbergia fusca* et le *Dalbergia mammosa*, le *trac*, qui est le *Dalbergia cochinchinensis* Pierre, le *huyn-duong* ou santal, qui est le *Dysoxylum Loureiri*, le *cam-thi*, qui est le *Diospyros decandra* Lour., le *vap*, ou *Mesua ferrea*.

Le *Dysoxylum Loureiri*, assez abondant dans la province de Thu-dau-mot, sert pour la confection de cercueils et de bibelots de luxe, et est employé aussi pour les sculptures sur bois.

Avec le *Mesua ferrea*, fréquent dans la province de Bien-hoa, on fait quelquefois des traverses de chemin de fer. On sait que ce *Mesua ferrea* est un « bois de fer » très dur, très lourd et indestructible.

Dans la *première catégorie* rentrent, entre autres : les *sao*, qui sont des *Hopea* ; le *go-mat*, qui est le *Sindora cochinchinensis* Baill, assez commun dans les provinces de Thu-dau-mot, de Bien-hoa et de Baria ; le *cam-xe*, qui est le *Xylia dolabriformis* ; les *binh-linh*, qui sont des *Vitex*.

Le *cam-xe*, assez abondant dans la province de Baria, est utilisé en ébénisterie, en charronnage et pour les traverses de chemin de fer.

Le *binh-linh-vang* (*Vitex sp.*) et le *binh-linh-xanh* (*Vitex capitata* Wahl.) trouvent emploi en ébénisterie et en carrosserie. Ces *Vitex* sont souvent de très beaux bois de construction. A Ceylan, le *Vitex altissima* Lin. est très réputé comme tel, tout en servant aussi en ébénisterie, et est considéré comme sans égal pour traverses de chemin de fer.

En *seconde catégorie* sont les *lim*, qui sont des *Baryxylon*, le *da-da*, qui serait le *Walsura elata* Pierre, les *lau-tau*, qui sont des *Vatica* et des *Sypnatea*, le *ca-chac-xanh*, qui est un *Shorea*.

Ce *ca-chac*, qui est rare, et se trouve surtout dans l'est de la province de Tay-ninh, est encore une des essences qui donnent un excellent bois pour les traverses de chemin de fer.

Le *lau-tau* de la province de Bien-hoa, qui est le *Synapta faginea*, est employé en charpenterie, et aussi pour les traverses.

Le *lim-vang* (*Baryxylon inerme* Pierre), commun dans la province de Thu-dau-mot, est un bois d'ébénisterie, ainsi que le *lim-xet* (*Baryxylon dasyrachis* Pierre).

Le *hau-phat* de la province de Tay-ninh, qui est un *Cinnamomum*, est excellent pour la fabrication de meubles.

En *troisième catégorie* se placent les *ven-ven*, qui sont des *Anisoptera*, le *tram*, dont une espèce serait le *Melaleuca Leucadendron;* les *boi-loi*, qui sont diverses Laurinées, parmi lesquelles le *Tetranthera laurifolia* Jacq., les *su*, qui sont des *Magnolia*, etc.

Enfin, en *quatrième catégorie*, on range divers *tram*, les *sang*, qui peuvent être des *Hopea*, etc.

Le *trac*, le *lim-vang*, le *lim-xet* sont, en raison de leur dureté, reconnus comme particulièrement convenables pour la fabrication des pavés en bois.

En Annam, les forêts occupent la partie occidentale, là où commence la chaîne montagneuse qui sépare cet Annam du Laos.

On signale de très beaux bois dans les provinces de Than-hoa, de Nghé-an, de Ha-tinh (très forestière), de Quang-binh, de Quang-tri, de Quang-ngai, de Phu-yen, de Khanh-hoa, de Binh-thuan.

Les essences utilisables sont, entre autres, le *trac* (*Dalbergia cochinchinensis*) des provinces du sud, et de plus en plus rare, le *cam-xe* (*Xylia dolabriformis*), les ébènes (*Diospyros* sp.), le *chaï* (*Shorea vulgaris*), le *go* (*Sindora* sp.), le *lim-vang* (*Baryxylum inerme*) et le *lim-xet* (*Baryxylon dasyrachis*).

Au Laos, l'un des arbres exploitables qui offriraient le plus grand intérêt serait le teck, puisqu'on le retrouve là comme au Cambodge.

Malheureusement, il est assez rare et on n'en connaît que deux peuplements, l'un, et le plus important, dans le Haut-Mékong, dans la région du Xieng-kong, et l'autre dans la province de Savannakel.

Une entrave, du reste, au commerce de ces tecks du Laos est la difficulté du transport. Les essais de flottage, soit en radeaux de

50 billes, soit à billes perdues, n'ont pas, paraît-il, donné de bons résultats. Les bois franchissent bien, au moment de la crue annuelle du Mékong, les rapides du Mékong supérieur et ceux de Kemmara, mais à Khong les chutes de Khône sont un gros obstacle, qui est diminué, mais n'est pas supprimé par les travaux d'aménagement de la passe de Hou-sahong.

Les mêmes difficultés de transport gênent naturellement l'exploitation des autres essences du Laos, telles que le *trac* (*kok-kha-nioung* en laotien) le *lim* (*kok-tham*), le *yao*, le *lam-dam*, le *sua*, etc.

Au Tonkin, les massifs forestiers se trouvent dans les provinces de Bac-kan, de Hung-hoa, de Quang-yen, de Son-la, de Thaï-nguyen, de Thuyen-quang, de Vinh-yen, de Yen-baï, et sur les quatre Territoires militaires.

Dans le troisième de ces Territoires, celui de Hagiang, les forêts sont surtout vastes dans le secteur de Coc-rau. Dans la vallée du Lao-tchay on exploite deux Conifères dont le bois, inaltérable et fortement odorant, est exporté en Chine pour la fabrication des cercueils. Ces deux Conifères seraient une espèce de *Thuyopsis* (*pe-mou*) et le *Cunninghamia sinensis* R. Br. (*sa-mou*).

Les autres bois sont encore des *trac*, des *lim*, puis des espèces complètement indéterminées, telles que les *ga*, les *tram* (dont une espèce, le *tram-huong*, est vendu comme bois odoriférant, qu'on brûle dans les cérémonies boudhiques) et plusieurs Laurinées et *Quercus*. Il y a, par exemple, des *Quercus* dans la province de Thaï-nguyen.

Pour le Tonkin, l'arrêté du 9 juin 1903 distingue trois catégories d'essences.

De la *première* font partie le *trac*, les *gu*, les *pe-mou*, le *sa-mou*, les *sua*, le *tram-huong*, etc., c'est-à-dire les bois d'ébénisterie.

Dans la *seconde catégorie*, qui est celle des bois d'œuvre, de charpente et de sciage, rentrent les *cam-ke*, les *gaoi*, les *tram*, les *sen*, etc.

La *troisième catégorie* est celle des bois ordinaires, tels que les *gioi*, les *sui*, etc.

Ajoutons que l'exploitation de tous ces bois en Indo-Chine est libre, à condition :

1° de payer le prix d'un permis de coupe annuel, dont le montant est fixé à 140 piastres en Cochinchine et 80 piastres au Tonkin ;

2° de ne couper que des bois ayant les dimensions imposées ;

3° de payer les redevances.

Exceptionnellement, et pourvu qu'elles satisfassent à certaines obligations, imposées par les arrêtés du 20 août 1902 et du 3 juin 1903, quelques exploitations sont dispensées de ces conditions. Ce sont les « privilèges de coupe en périmètre réservé ».

Les rotins. — La préparation des rotins est une forme de l'exploitation forestière qui n'est peut-être pas, non plus, en Indo-Chine, ce qu'elle pourrait être.

Les exportations, en 1904, étaient de 1.927.154 kilos (481.788 francs), dont la presque totalité (1.903.198 kilos) à destination de Hong-kong. 23.006 kilos seulement ont été importés en France.

Cependant nous recevons annuellement de 1 million à 1 million et demi de cet article, que nous exporte Singapore, le grand marché des rotins de la péninsule malaise et de la Malaisie.

Ne serait-il pas possible d'accroître ce commerce en Indo-Chine ?

Il semble bien qu'on puisse répondre affirmativement.

Et cette réponse n'est pas dictée seulement par le fait reconnu que les palmiers-lianes sont abondants dans toutes les forêts indo-chinoises, car cette abondance ne serait pas, par elle-même, une indication suffisante. Les tiges, en effet, de beaucoup d'espèces ne sont pas utilisables ; le sont seulement déjà — indépendamment des autres caractères que nous allons énumérer plus loin — les tiges sur lesquelles les points d'insertion des gaînes foliaires sont assez espacés pour qu'on puisse les débiter en longues baguettes complètement lisses, ou, tout au plus, à nœuds très rares.

Mais certainement il est en Indo-Chine des palmiers dont les divers caractères réalisent toutes les conditions requises ; et il suffit, pour s'en assurer, de parcourir la liste que, dans le « Catalogue-Memento des produits de l'Indo-Chine » publié à l'occasion de l'Exposition de Marseille, M. Crevost a dressée des rotins de la Cochinchine, du Cambodge, de l'Annam, du Laos et du Tonkin.

En Cochinchine, le *may-ra* serait le *Calamus Rotang* Lin., le *may-tran* serait le *Calamus Scipionum* Lour.

Or, en général, c'est parmi les *Calamus*, plus que parmi les *Demonorops*, ou les *Korthalsia*, ou les *Pleclocomia*, qu'on trouve des espèces ayant des tiges très grêles, comme il convient pour les rotins du commerce.

Et le *Calamus Scipionum* est, sans aucun doute, une liane exploitable, puisque c'est le *rotan-semanbu* de la péninsule malaise, où il sert pour la préparation des cannes brunes de Malacca.

Pour la vannerie, d'autre part, le *Calamus Rotang* est des plus appréciés.

Dans le reste de l'Indo-Chine, les rotins ne sont malheureusement pas aussi bien connus botaniquement que pour la Cochinchine, et nous ne pouvons, par conséquent, les comparer directement avec les sortes malaises, mais la valeur de certaines espèces est établie par l'usage.

Au Cambodge, où les principales régions à rotins sont les provinces de Kampot, de Pursat, de Kratié et de Kompong-thom, le *phdau-chvang*, qui semble être un *Calamus*, est à tiges très souples, très résistantes, à entre-nœuds très longs, et très belles lorsqu'elles sont bien préparées. Il en est de même du *phdau-som* et du *phdau-lopeoc*, qui sont de moindre durée, mais aussi très souples. Le *phdau-trey* est cassant, mais son écorce sert pour la confection des nattes ; le *phdau-krek* peut être employé pour le tressage ; dans le *phdau-chno*, le *phdau-dam-bang* et le *préa-phdau* on débite de jolies cannes.

En Annam, il est bien connu qu'il y a de bons rotins, puisqu'ils sont depuis longtemps exportés.

Nous pouvons donc répéter ce que nous écrivions, en novembre 1904, dans les *Annales coloniales* : « Il importerait de connaître exactement ces espèces de rotins et leurs valeurs respectives, ainsi que les usages auxquels ils conviendraient ; il serait nécessaire aussi de savoir dans quelles conditions pourrait être faite l'exploitation... Autant de points qui ne peuvent être précisés que sur place, par une étude sérieuse qu'il y aurait quelque intérêt à entreprendre. »

C'est au Service forestier que cette mission évidemment incomberait ; et nous croyons qu'il ferait œuvre utile en se livrant à ces recherches.

Pourquoi même ne serait-ce pas ce Service qui se livrerait à cette exploitation, au moins au début, alors que sa réussite comporte une part d'inconnu, qui la rend un peu aléatoire pour un particulier?

Nous avons déjà décrit ailleurs (1), mais nous pouvons redire ici

(1) *Annales coloniales*, novembre 1904.

comment, en Malaisie, ont lieu la récolte et la préparation des rotins (1).

Avec son couteau, ou *golok*, le Malais coupe à la base la liane qu'il a choisie; puis il la débarrasse de ses gaînes épineuses, et la débite en tronçons de quelques mètres, tout en rejetant la partie terminale qui est trop grêle.

Il importe, en effet, pour que le rotin ait une bonne valeur marchande, qu'il soit également calibré sur toute sa longueur. Malgré son désir de tout utiliser, le travailleur doit donc, bon gré mal gré, laisser de côté les extrémités de tiges, qui déprécieraient l'ensemble de sa récolte.

N'ayant, par conséquent, pris ainsi que la partie dont l'accroissement est terminé, il réunit en bottes toutes ces baguettes ; et c'est là le *rotin brut*, qui est exporté à Singapore, où il va subir une nouvelle préparation.

D'après M. Preyer, cette préparation est un peu variable suivant la sorte qu'on désire obtenir.

Le mode le plus simple consiste à laver les tiges dans l'eau courante, et à les frotter ensuite avec du sable. On les laisse sécher au soleil pendant trois jours, tout en prenant la précaution de les rentrer pendant la nuit. Après cette petite manipulation, le rotin qui, brut, valait à Singapore 39 francs le picul (60 k. 800), vaut 45 francs.

Il paraîtrait, au reste, que nous recevons rarement en Europe les meilleures sortes, qui sont principalement expédiées aux Etats-Unis.

Notre continent européen n'est donc le principal client de Singapore qu'au point de vue de la quantité, comme l'établissent les statistiques suivantes, où sont relevées les exportations faites, de 1897 à 1903, par Singapore, à destination de l'Angleterre, des Etats-Unis et des divers ports d'Europe (Hambourg, Brême, Le Havre, Amsterdam, Marseille et Gênes) :

Années.	Angleterre.	États-Unis.	Continent européen.	Total.
	piculs	piculs	piculs	piculs
1897........	56.264	56 454	248.873	361.591
1898........	31.582	61.002	203.478	296.062
1899........	61.089	46 225	217.124	324.438
1900........	73.303	100 938	231.525	405.766
1901..	46.332	101.969	190 355	338.656
1902........	41.274	69.752	170.939	281.965

(1) H. Ridley, *Rattans* ; Agricultural Bulletin of the Straits, avril et mai 1903.

Le picul de Singapore représentant 60 kilos 800, c'est donc environ 20 millions de kilos de rotins (rotins filés et moelle de rotin) que Singapore expédie, au minimum, chaque année.

Et ce commerce semble d'une importance assez grande pour qu'on commence aujourd'hui, dans la péninsule malaise et à Sumatra, à faire des cultures des palmiers à rotin.

Dans la péninsule malaise, on cultive le *Calamus cæsius* Bl., qui est le *rotin segar-Perak*.

Les graines sont semées en pépinières, et on transplante quand les tiges ont 15 centimètres de hauteur à peu près. L'emplacement définitif est naturellement toujours un sous-bois ; mais, pour l'espèce citée, le meilleur semble un terrain relativement sec, car les terres humides ne lui conviennent pas. On conserve assez d'arbres pour que la liane puisse grimper, mais on en supprime aussi assez pour que la lumière pénètre largement. On commence à couper au bout de 6 à 7 ans, alors que la liane est déjà en état de fructifier. Les coupes sont faites, de préférence, avant la floraison ; on ne conserve que quelques tiges comme porte-graines.

A Sumatra, on ne cultive pas seulement ce *Calamus cæsius* ; on a entrepris aussi des plantations d'une autre espèce encore indéterminée, le *rotan-segar-Benar*.

Ces efforts, dans les grands centres d'exploitation des rotins, témoignent que c'est là un produit commercial qui offre de l'intérêt ; c'est pourquoi nous avons cru pouvoir dire qu'on devrait tenter de le faire figurer en meilleur rang qu'à l'heure actuelle dans les statistiques d'exportation de l'Indo-Chine.

Les plantes à vannerie et à papeterie. — Nous nous contenterons de mentionner rapidement quelques-unes de ces plantes, pour lesquelles de longues explications nous semblent superflues.

Les plantes à papier, dans notre Extrême-Orient, sont nombreuses, mais beaucoup restent inutilisées ; et l'Indo-Chine importe une grande quantité de papier de Chine.

Au Tonkin seulement, surtout dans la province de Hung-hoa, on cultive le *Daphne involucrata* Wall, ou *cay-gio* (1), sauvage dans

(1) CLAVERIE, *L'arbre à papier du Tonkin* ; Bulletin économique de l'Indo-Chine, 1903.

d'autres provinces, celle de Thaï-nguyen par exemple, ainsi qu'en Annam.

L'emploi de l'écorce de cette Thyméléacée pour la fabrication du papier indigène remonte, à Hung-hoa, à plusieurs siècles ; et il en est de même de l'outillage, qui ne s'est jamais guère perfectionné. Le papier vendu à Hanoï est divisé en trois qualités : la première, blanche ; la seconde, blanc-jaunâtre ; et la troisième, gris-brunâtre.

Le *Broussonetia papyrifera* Vent. (*cay-giuong*), qui est commun au Tonkin à l'état spontané, n'est l'objet d'aucune culture.

Le jour où la fabrication du papier prendrait en Indo-Chine quelque importance, cette Urticacée serait cependant parmi les espèces les plus précieuses.

Ce jour-là aussi, on trouverait tout de suite une matière première abondante, aussi bien dans l'« herbe à paillotte » (*cay-tranh*) (1) — qui pousse de tous côtés et est une des premières plantes qui couvrent le sol dans les parties de forêts récemment abattues — que dans les bambous.

Ces derniers comprennent de nombreuses espèces croissant dans toutes les forêts, soit qu'ils parsèment les boisements formés par les arbres dont nous avons parlé plus haut, soit qu'ils constituent même, comme dans les régions forestières orientales de la Cochinchine, de vastes peuplements plus ou moins exclusifs.

Cet emploi du bambou, pour la pâte à papier, viendrait alors s'ajouter aux multiples ressources que les Bambusées (*Phyllostachys. Bambusa, Dendrocalamus, Schizostachyum, etc.*) fournissent déjà aux indigènes.

Les gros bambous servent pour la construction des habitations, et pour celle des radeaux sur lesquels sont transportés les bois.

Ceux qui sont épineux forment des haies protectrices.

Les embarcations légères sont faites avec des tiges débitées en lanières, puis tressées, un mastic spécial enduisant l'intérieur.

Au point de vue alimentaire, nous avons déjà vu que les jeunes pousses et les graines sont consommées.

Enfin, c'est dans l'industrie du meuble et en vannerie, en menui-

---

(1) Cette « herbe à paillotte » est, croyons-nous, l'*Imperata arundinacea* Cyr., qui est l'*alang-alang* de Malaisie. Elle est très probablement une des « paillottes » que les Statistiques mettent à part de la « paillotte blanche » et dont de petites exportations ont lieu vers la Birmanie et le Siam (28.941 kilos, à 868 francs, en 1904).

serie, etc., que le bambou fournit, pour la confection des objets les plus divers, la grande matière première dont, avec le rotin, se servent les indigènes. Et chaque espèce, suivant la grosseur, la dureté, la flexibilité, la densité, la couleur de ses tiges, reçoit ses applications particulières.

Ce serait une étude intéressante à faire que la détermination de toutes ces espèces de Bambusées, avec leurs emplois respectifs. Elle n'est même pas ébauchée.

En vannerie, les « joncs », qui sont, soit vraiment des *Juncus*, soit peut-être, plus souvent, des *Cyperus*, jouent, en Indo-Chine, un rôle également important, tout indiqué par leur abondance. Non seulement, en effet, Cypéracées et Joncacées couvrent en Cochinchine cette Plaine des Joncs qui occupe 180.000 hectares entre les provinces de Mytho, de Tan-an (où il y a une grosse industrie de nattes), de Sadec, de Long-xuyen, mais elles sont communes aussi au Cambodge (par exemple dans la résidence de Kompong-chan) et dans le delta du Tonkin. Et nous avons dit précédemment que, au Tonkin, les « nattes de Chine » sont faites avec des joncs et du jute non roui. La province de Nam-dinh est un des grands centres de cette fabrication.

Enfin, en Indo-Chine comme dans tous les pays chauds, les segments foliaires, les nervures ou les tiges des palmiers — indépendamment des rotins — sont d'utilisation courante.

Les tiges sont employées en charpenterie, les nervures en vannerie, les segments foliaires en vannerie, en chapellerie, pour les toitures des maisons et pour la confection des manteaux de pluie.

Les plus communs de ces palmiers ainsi utilisés sont le *Borassus flabellifer* Lin., des *Trachycarpus*, des *Corypha*, des *Rhapis*, et le *Nipa fruticans* Thunb., ou « palmier d'eau », ou encore « paillotte d'eau ».

Le *Rhapis cochinchinensis* Mart. notamment ne doit pas être oublié. Il pousse dans toute l'Indo-Chine. On l'appelle à Saigon « paillotte blanche » (1). En certaines régions, comme dans la résidence de Kratié, au Cambodge, il constitue de beaux peuplements. La Birmanie et le Siam reçoivent de petites quantités de cette paillotte blanche (21.683 kilos, au prix de 1.735 francs, en 1904).

Dans le nord de l'Annam, nous dit M. Brenier, il y a aussi une

---

(1) Gourgand, *Le la-buom, ou Rhapis à feuilles d'éventail* ; Bulletin économique de l'Indo-Chine, 1902. M. Gourgand dit que les fruits de *Rhapis* sont employés par les pêcheurs cambodgiens pour empoisonner le poisson.

assez grande exportation des petites tiges du *Rhapis* ; on en fait des cannes et des manches de parapluie, qu'on vend en Europe sous le nom de « faux laurier ». Les Chinois les exportent à Hong-kong ; de là ils sont envoyés à Londres, où on les nomme « Tonkin canes », et ils reviennent en France. Sur place, il y a quatre qualités commerciales, dont les prix varient de 14 à 3 francs le cent.

Les feuilles du *Rhapis cochinchinensis* sont très résistantes et lisses ; et c'est pourquoi elles servent, à défaut de l'« herbe à paillotte » et de la « paillotte d'eau », pour faire des toitures, quoiqu'elles n'aient pas la durée de ces autres feuilles. Mais leur principal emploi est dans la fabrication des nattes, des voiles et des paniers.

Les arbres à résines. — Les forêts indo-chinoises sont riches en arbres résineux ; et un grand nombre des espèces que nous avons citées comme bois de construction ou d'ébénisterie laissent écouler des résines lorsqu'on en incise le tronc.

Tel est le cas des Diptérocarpées appartenant aux genres *Hopea*, *Shorea*, *Anisoptera* et *Synaptea*.

Il serait d'un grand intérêt d'être fixés sur les valeurs respectives de toutes ces résines.

Pour l'instant, nous savons seulement qu'elles sont plus ou moins comparables, par leurs emplois possibles, au damar dit « damar de Batavia », sécrété, au reste, par des *Hopea* et, peut-être, d'autres Diptérocarpées de Malaisie.

Sans doute, cette assimilation commerciale n'assure pas des débouchés considérables aux résines de l'Indo-Chine, puisque nous ne recevons pas en France annuellement plus de 300.000 kilos de « damar de Batavia », coté sur nos marchés 2 francs environ le kilo (1) ; mais les exportations vers l'étranger, en s'ajoutant à l'importation française — ce total étant actuellement de 2 millions de kilos à Java — pourraient encore représenter un certain appoint, nullement à dédaigner, dans le commerce extérieur de nos possessions d'Extrême-Orient.

Le « damar de Batavia », qui est une résine tendre, sert surtout pour la préparation des vernis à l'essence, tels que le « vernis cristal »,

(1) 200 à 225 francs les 100 kilos en janvier 1907. Le « damar de Singapore » valait au même moment, 160 à 175 francs.

le « vernis copal » (qui n'est pas ordinairement un vernis à base de copal), certains vernis pour tableaux, etc.

Ce « damar de Batavia » est une résine blanche, se présentant dans le commerce en morceaux mamelonnés, très facilement pulvérisables entre les doigts. D'après M. Coffignier, la vraie sorte de Batavia a pour densité 1,031, pour point de fusion 100°, comme chiffre d'acide 35,5, et comme indiee de Köttstorfer 39,2. L'essence de térébenthine, le chloroforme, la benzine, le tétrachlorure de carbone la dissolvent entièrement ; l'alcool éthylique en dissout 71,4 o/o ; l'alcool amylique, 87,6 ; l'éther sulfurique. 96,2 ; l'acétate d'amyle, 97,2.

Des études analogues seraient à faire pour toutes ces résines des Diptérocarpées d'Indo-Chine, dont les caractères et les propriétés sont certainement variables.

Actuellement, d'après le « Catalogue-Memento des produits de l'Indo-Chine », on considère comme se rapprochant plus spécialement des damars de Batavia les résines de l'*Hopea odorata* Roxb. (*sao-den* de la Cochinchine et de l'Annam, *koki* du Camboge)(1), de l'*Hopea Recopei* Pierre (*so-chaï* de Cochinchine et du Bas-Annam, *koki-masau* du Cambodge), à sécrétion abondante, de l'*Hopea dealbata* Hance (*sao-xenh* de Cochinchine et du Bas-Annam, *koki-dek* du Cambodge) de l'*Hopea Pierrei* Hance (*kien-kien* de Cochinchine et d'Annam, *koki-tsat* du Cambodge), de l'*Hopea Thorelii* Pierre (*may-ken* et *may-koki-ken* du Laos).

Toutes ces résines, qui sont ordinairement en fragments plus ou moins volumineux, souvent mamelonnés ou irrégulièrement et grossièrement cannelés, sont d'un jaune plus ou moins pâle.

Elles sont recueillies, soit fraîches, sur le tronc ou les grosses branches, soit dans le sol, au pied du tronc, à l'état semi-fossile.

Seraient des damars plus inférieurs les résines jaune-brunâtre de certains *Shorea*, tels que le *Shorea Thorelii* Pierre (*sen-cho-chaï* ou *chaï-vang* de Cochinchine et du Bas-Annam, *khtim* du Cambodge, *kok-may-chik* du Laos), le *Shorea Harmandii* Pierre (*sen-do* de Cochinchine et du Bas-Annam).

Sont de valeur encore mal déterminée (2) les résines du *Shorea*

---

(1) D'après Pierre, l'*Hopea odorata* est, avec le *Dipterocarpus alatus*, la Diptérocarpée dont l'aire d'extension est la plus large en Indo-Chine. L'*Hopea odorata* est commun particulièrement au Cambodge.

(2) Nous avons établi ce semblant de classification après examen des produits apportés à l'Exposition coloniale de Marseille, et en nous rapportant à l'étiquetage.

hypochra Hance (*ven-ven-nghe*, *ven-ven-tran* et *ven-ven-xang* de Cochinchine et du Bas-Annam ; *deum-phdiec* du Cambodge), du *Shorea cochinchinensis* Pierre (*sen-cat* de Phu-quoc, *sen-mu* de Baria, *deum-propel masau* du Cambodge), du *Shorea Henryana* Pierre (*sen-ho qua* de Cochinchine), du *Shorea maritima* Pierre, de Phu-quoc, du *Shorea Cambodiana*, du Cambodge, ainsi que de l'*Anisoptera cochinchinensis* Pierre et de l'*Anisoptera robusta* Pierre. Certaines de ces dernières résines sont jaune-verdâtre et molles, ainsi que celles de *Synaptea astrotricha* Pierre et de *Synaptea Dyeri* Pierre.

Il est probable que, après essais, les résines préférées seront celles des *Hopea* ; mais encore serait-il nécessaire de s'en assurer.

Une résine qu'il y aurait lieu d'examiner également, c'est la résine fossile de ce pin du Cambodge que nous avons cité plus haut, sous le nom de *sral*, parmi les essences forestières de notre Protectorat.

Il ne faut pas oublier que, *a priori*, c'est parmi les résines des Conifères, ou encore des Légumineuses, et surtout les résines fossiles, qu'il y a les plus grandes chances de trouver des résines semi-dures ressemblant aux kaoris et à certaines résines de Manille.

Ce seraient surtout de telles résines qui, convenant pour la préparation des vernis gras, augmenteraient sérieusement, au point de vue de la valeur, les exportations indo-chinoises.

Les plantes à oléo-résines. — Les oléo-résines — qui sont des résines auxquelles reste mélangée une plus ou moins forte proportion d'essence — sont solides ou liquides.

Les oléo-résines solides sont : les « élémis », sécrétés par les *Protium* dans le Nouveau-Monde et les *Canarium* dans l'Ancien Monde ; les « tacamaques », donnés par les *Calophyllum* ; et les « gommarts », provenant des Burséracées autres que les deux genres *Protium* et *Canarium*.

Les oléos-résines liquides sont les « huiles de bois » (1), ou « baumes de Gurjum », découlant de diverses espèces de *Dipterocarpus*.

En Indo Chine, les oléo-résines solides qu'on pourrait obtenir seraient les « élémis », car le *Canarium commune* Lin. est une espèce

---

(1) Et les véritables « huiles de bois », car nous avons dit que le même nom est improprement et fâcheusement appliqué aux huiles grasses d'*Aleurites*. La vraie « wood oil » des Anglais n'est donc pas une huile, mais un mélange de résine et d'huile essentielle.

indigène, qu'on rencontre un peu en Cochinchine et en Annam, où c'est le *ca-na*, et fréquemment en quelques régions du Tonkin.

Or, nous avons déjà dit, à propos du *ramy* de Madagascar, que l'« élemi de Manille » du commerce serait donné par le *Canarium album* Raeusch, l'« élemi du Bengale », par le *Canarium bengalense* Roxb, et l'« élemi d'Afrique» par le *Canarium Schweinfurthii* Engl.

L'élemi d'Indo-Chine — qui entre, au Tonkin, d'après M. Brenier, dans la fabrication des bâtons d'encens annamites — serait donc probablement utilisable comme toutes ces autres sortes par l'industrie européenne.

Il est vrai que ces élemis ne sont employés — et encore en faible proportion — que pour les vernis à l'alcool ; ce qui restreint beaucoup l'intérêt du produit.

Au contraire sont très importantes, tout au moins au point de vue local, les huiles de bois, qui sont d'un usage courant, en Extrême-Orient, pour le calfatage des barques et, avant tout, pour la préparation des vernis (1).

L'Inde, la péninsule indo-chinoise, la Malaisie sont les régions où poussent les Diptérocarpées productrices.

Dans l'Inde, les principales espèces sont le *Dipterocarpus turbinatus* Gaertn (2), le *Dipterocarpus Griffithii* Miq. et le *Dipterocarpus tuberculatus* Roxb., cette dernière donnant le produit appelé *jusi*, qui a la consistance du miel.

A Java, on exploiterait surtout le *Dipterocarpus trinervis* Bl.

En Indo-Chine, où le genre est largement représenté en Cochinchine, au Cambodge, au Laos et dans le Bas-Annam, l'espèce la plus fréquemment incisée est le *Dipterocarpus alatus* Roxb. (*dau-muoc* et *dau-con-rai-trang* de Cochinchine ; *deum-chœu-teal-thom* du Cambodge ; *yang-may-yang* du Laos).

Une espèce aussi très commune au Cambodge est le *Dipterocarpus artocarpifolius* Pierre, qui est le *deum-chœu-teal-neang-phac* des Cambodgiens, et le *dau-cat* de Cochinchine et du Bas-Annam.

L'huile est peu abondante, et souvent colorée, dans le *Dipterocarpus*

---

(1) On s'en sert encore pour la fabrication de torches ; et les « huiles de bois » donneraient, par distillation, un gaz très éclairant, car M. Disler dit que, au Siam, dans les jours de grande solennité, le palais du roi est ainsi éclairé.

(2) Un produit exceptionnel serait donné notamment par le *Dipterocarpus turbinatus* var. *andamanicus*.

insularis Hance, le *Dipterocarpus intricatus* Dyer, le *Dipterocarpus Dyerii* Pierre, le *Dipterocarpus tuberculatus* Roxb.

Elle est en plus grande quantité dans le *Dipterocarpus obtusifolius*, Teysm., qui est le *dau-tra-ben* de Cochinchine et du Bas-Annam, le *deum-chœu-thbeng* du Cambodge, le *yang-may-ta-beng* du Laos.

Les huiles de bois de divers *Dipterocarpus* sont, d'ailleurs, toujours plus ou moins mélangées au moment même de la récolte, qui se fait par les procédés souvent décrits.

Le récolteur — qui, en Cochinchine, a loué au village les arbres qu'il exploite — creuse dans le tronc de l'arbre, soit un trou oblique qui traverse presque tout ce tronc, soit une véritable niche, qui est parfois tellement grande qu'il reste juste, comme paroi, l'épaisseur nécessaire pour que l'arbre ne se brise pas.

Dans le premier cas, un petit feu est allumé au pied de l'arbre ; dans le second, des charbons en combustion sont déposés dans la niche.

Mais, par un procédé ou par l'autre, la chaleur active l'écoulement de l'oléo-résine, qui est recueillie dans des bouteilles.

Il paraît que, par la première méthode, qui est évidemment la moins barbare et celle qui assure le mieux la conservation de l'arbre, il est possible d'obtenir, annuellement, au moins 80 litres d'huile de bois sur un seul pied. Ces 80 litres sont obtenus pendant les six mois correspondant à la saison sèche. Pendant les six autres mois, l'arbre est laissé en repos.

L'exploitation d'un pied, si elle est méthodique, peut durer pendant huit ou dix ans.

On prétend que la proportion de résine — puisque l'huile de bois est une dissolution incomplète de résines dans de l'huile essentielle — ne varie pas seulement suivant l'espèce, mais, pour une même espèce, suivant la vigueur de l'individu. Il faut donc éviter d'épuiser l'arbre par des incisions trop fréquentes.

Les plantes à baumes. — Les baumes sont des résines ou des oléo-résines qui sont accompagnées d'acide cinnamique ou d'acide benzoïque.

Ils sont solides si ce sont des résines ou des oléo-résines ayant cette consistance ; ils sont liquides si ce sont des oléo-résines liquides.

Il y aurait au Laos, d'après le Catalogue-Memento de l'Indo-Chine, dans la province d'Attopeu, une plante indéterminée donnant du sang-dragon.

Mais la rareté de cette espèce et la complète ignorance où l'on est de sa nature botanique laissent suffisamment deviner que le produit n'est pas actuellement exporté ; et il n'est, sans doute, pas davantage utilisé sur place.

Au contraire, les statistiques indiquent quelques exportations de benjoin, qui, en 1904, ont été de 27.026 kilos (65.190 francs), à destination totale de la France.

Le *Styrax Benzoin* Dryander, sans être commun, croît, en effet, çà et là, à l'état sauvage, en Indo-Chine.

Il est connu, par exemple, dans le nord de l'Annam, dans la province de Than-hoa ; et on le retrouve dans la province voisine de Hoa-binh, qui fait partie du Tonkin.

Vers l'Ouest, il n'y a pas à être surpris de le voir réapparaître au Laos, qui avoisine le Siam ; et il est là assez commun, surtout dans les provinces de Tran-ninh et de Luang-prabang. Il est rare cependant au Cambodge.

Les plantes à gommes-résines. — Parmi les gommes-résines, l'Indo-Chine fournit tout d'abord au commerce extérieur la gomme-gutte, qui entre dans la fabrication des peintures à l'eau, et aussi, pour une petite part, à côté des accroïdes et du sang-dragon, dans divers vernis colorés, tels que les « vernis d'or à l'essence » et les « vernis à l'alcool pour métaux ».

C'est au Cambodge surtout que cette gomme-gutte est récoltée, dans les résidences de Kompong-cham (partie méridionale, entre le bassin du Mékong et celui du Tonlé-lap), de Kompong-speu, de Kompon-thom (partie septentrionale) et de Prey-veng.

Les arbres producteurs sont le *Garcina Hanburgi* Hook. fils et le *Garcinia Gaudichaudi* Pierre.

Par de longues incisions en hélice, faites sur le tronc, depuis la naissance des premières branches jusqu'au sol, les indigènes provoquent la sortie de la matière gommo-résineuse, qui, à ce moment, est liquide. Mais, dans les entre-nœuds en bambou où elle se déverse, elle se solidifie peu à peu, par suite de l'évaporation de l'eau. Lorsque cette solidification est complète, le récolteur fend le bambou, et il obtient la gomme-gutte en bâton.

Ce travail a lieu en saison sèche, de novembre ou décembre à avril ou mai. Un même arbre n'est incisé que tous les deux ans, et donne chaque fois environ 750 grammes de produit.

Toute cette gomme-gutte est centralisée à Singapore, où les prix sont, en moyenne, de 5 francs le kilo pour la première sorte, et 3 francs pour la seconde. Sur les marchés européens, la bonne qualité « Cambodge-tuyaux » valait, en janvier 1907, 8 fr. 25 à 8 fr. 40 le kilogramme.

Quant à la part exacte qui revient dans le commerce de Singapore à la production du Cambodge, il est difficile de la préciser.

A ne considérer que les statistiques d'Indo-Chine, qui, d'ordinaire, ne citent même pas nominalement le produit, elle serait faible ; mais ces chiffres sont certainement, en la circonstance, une indication trompeuse, car beaucoup de gomme-gutte du Cambodge doit franchir la frontière siamoise et être exportée par le Siam.

Une seconde gomme-résine — mais qui, celle-ci, dans le commerce reste liquide — est la laque (1), dont il n'est pas nécessaire de rappeler la large utilisation dans les diverses industries du meuble, des poteries et des bibelots de toutes sortes, en Extrême-Orient.

Aussi bien par ses emplois locaux que par ses exportations vers la Chine et le Japon, la laque d'Indo-Chine offre un haut intérêt.

Tandis que la laque japonaise provient exclusivement du *Rhus vernicifera* DC. (2), et que, d'autre part, la laque du Siam et de Birmanie est extraite du *Melanorrhæa usitata* Wall. (3), la laque indo-chinoise

(1) Il est toujours nécessaire de rappeler que cette « laque » dont nous parlons ici ne doit pas être confondue avec la « gomme-laque » d'origine animale, sécrétée par le *Carteria Lacca*. On sait, depuis les travaux de M. Bertrand, que le noircissement de la laque, pendant le laquage, est dû à l'action d'une diastase oxydante, la laccase, sur le laccol. Cette laccase a même été la première oxydase connue et étudiée.

(2) Le *Rhus vernicifera* se plaît au Japon, à l'état sauvage et cultivé, dans la zone tempérée. Il ne dépasse pas, vers le Sud, la latitude de Tokio (36 degrés); et la grande région de culture est la partie septentrionale de l'île principale, notamment à Yamagata et dans l'Aomori. L'ensemble des plantations représentait, en 1897, 5.902.092 arbres, qui donnaient 116.463 kilos de liquide du tronc, ou *shomi*, et 39.078 kilos de liquide des branches, ou *seshitsu*.

(3) De très intéressants et très complets renseignements sur l'exploitation de ce *Melanorrhæa* en Birmanie sont donnés par M. Watt dans le « Bulletin of miscellaneous information » de Kew, de 1906 (n° 6).

Sur l'exploitation des arbres à laque d'Indo-Chine, les données les plus précises et les plus détaillées que nous possédions sont celles qu'a données M. Crevost (*Les arbres à laque d'Indo-Chine*) dans le « Bulletin économique de l'Indo-Chine » de 1905.

provient, suivant les régions, du *Rhus succedanea* Lin. var. *Dumoutieri* Pierre, si c'est la laquedu Tonkin, ou du *Melanorrhœa laccifera* Pierre, si c'est la laque du Cambodge, de Cochinchine et du sud de l'Annam.

Au Tonkin, le *Rhus succedanea* var. *Dumoutieri*, spontané dans le bassin de la Rivière Noire, est un peu cultivé dans les provinces de Son-tay, de Thuyen-quang, de Thaï-nguyen et de Yen-baï,et beaucoup dans la province de Hung-hoa.

Les plantations, dit M. Crevost, sont faites en terre argilo-sablonneuse. Les semis ont lieu en septembre ; et à l'âge de 3 ans, quand l'arbuste a environ 2 mètres, avec un tronc de la grosseur du poignet, il subit les premières entailles.

Ces saignés sont ensuite pratiquées continuellement pendant trois ans, après lesquels l'arbre épuisé meurt, et est utilisé comme bois de chauffage.

Ce sont des femmes et des enfants qui, pendant la période d'exploitation, procèdent aux incisions.

Celles-ci sont faites en forme de V, et renouvelées tous les deux jours, sauf les jours de pluie. Pour éviter un soleil trop ardent, on les effectue vers 5 heures du matin en été, et pendant toute la matinée en hiver.

Dans la région de Thanh-ba, dans le nord de la province de Hung-hoa, il est admis qu'un arbuste rapporte annuellement 42 centilitres de vernis, représentant 60 centimes.

Le liquide recueilli contient une forte proportion d'eau, qui s'en sépare par le repos en vase clos. On recueille ce qui surnage avec des cuillers, et on le filtre à travers une étoffe en coton.

Les laques du Tonkin sont classées en deux qualités : celle de Than-ba, qui est la meilleure ; et celle des autres régions de la province de Hung-hoa, qui est dite « laque de Hung-hoa·».

Les laques de Than-ba sont elles-mêmes subdivisées en trois catégories, et celles de Hung-hoa en deux.

A Hanoï, toutes ces sortes subissent une nouvelle classification, car les marchands les conservent pendant cinq mois dans des endroits sombres ; et dans la masse de chacune, pendant ce nouveau repos, il se fait une séparation en quatre couches.

La valeur est en raison inverse de la densité ; la première qualité est donc la couche superficielle, et la quatrième la couche inférieure.

La première qualité est le *son-mat* ; on en obtient 2 kilos pour 12 kilos de laque brute.

Ce *son-mat* est réservé pour les beaux laquages en noir et en rouge; il est ordinairement acheté par les Chinois à raison de 45 piastres (108 francs environ) le picul de 60 kilos.

Les expéditions sont faites, en jarres cylindriques, sur Hong-kong, d'où le produit, soit pur, soit mélangé avec des laques chinoises, est réexpédié au Japon.

La sorte la plus courante est celle de seconde qualité (*son-danh*) qui vaut 35 piastres (84 francs) le picul.

Le *son-cai-dat* (troisième qualité) est la laque commune, vendue 25 piastres, et qui sert, par exemple, pour vernir les pousse-pousse.

Enfin le résidu, ou *son-hom*, appelé vulgairement « laque à bateau », est employé comme mastic à calfatage, en mélange avec de la sciure de bois, de la pâte de riz et des fruits pilés de petit litchi.

Mais toutes ces données se rapportent donc au *Rhus succedanea* var. *Dumoutieri* du Tonkin.

La seconde espèce indo-chinoise d'arbre à laque, le *Melanorrhœa laccifera*, appelée *cay-son* par les Annamites, comme la précédente, et *dom-kreul* par les Cambodgiens, habite à peu près tout le Cambodge.

En Cochinchine, on la trouve dans les provinces de Bien-hoa et de Thu-daumot, ainsi qu'à Phu-quoc.

En Annam, elle est signalée dans les provinces de Quang-nam et de Quang-ngai.

Mais il n'y a qu'au Cambodge que l'extraction de la laque est une exploitation régulière ; et les trois principales résidences où a lieu la récolte sont celles de Kompong-chnang, de Kompong-thom et do Kompong-speu.

Le *Melanorrhœa laccifera* est un arbre de 15 à 25 mètres de hauteur, dont le bois, rouge et veiné de noir, est une sorte de faux-acajou, avec lequel on fait de jolis meubles (1).

La croissance est rapide, et les premières incisions peuvent être pratiquées après deux ans de plantation.

Pour récolter le liquide, ou *mereak*, les Cambodgiens — de même que, au Salvador, les récolteurs du « baume du Pérou » sur le *Myroxylon Pereiræ* Kl. — battent tout d'abord l'écorce à coup de maillet. Ils font ensuite les entailles, au-dessous desquelles ils fixent les entre-

---

(1) M. Crevost dit qu'un ébéniste de Tourane fabrique de ces meubles, qu'il expédie en France démontés. Les industriels de Nancy auraient donné au bois de *Melanorrhœa* le nom de « bois jonquille ».

nœuds de bambou (1) destinés à recevoir le liquide qui s'écoule.

Tous les quatre ou cinq jours, le contenu des tubes est versé dans des vases hermétiquement clos. Et cette précaution de clore les vases est nécessaire, car, à l'air — et évidemment sous l'action de l'oxydase (laccase) qui agirait trop vite et trop tôt -- la laque noircirait et durcirait rapidement. Au contraire, dans des vases bien fermés, le liquide peut être conservé pendant deux ans.

La récolte a lieu pendant environ deux mois de l'année.

Le *mereak* est livré au commerce tel qu'il est recueilli ; mais, pour être propre au vernissage, il est mélangé avec l'oléorésine du *Dipterocarpus alatus*, dans la proportion de deux parties de laque et une partie d'huile de bois.

Le mélange filtré est un très beau vernis très brillant, propre au laquage de tous les objets en pierre ou en bois.

D'autres mélanges sont faits par les Chinois avec les huiles d'*Aleurites*, qui leur servent couramment pour la préparation des vernis à base de laque de *Rhus*.

Au Cambodge, on distingue, d'après l'âge des arbres — les plus vieux donnant le mereak de première qualité — trois catégories de laques de *Melanorrhœa laccifera*. La meilleure est vendue à Kompong-speu 1 piastre 30 la cruche, soit 3 fr. 12 les 2 kil. 100.

Mais ce commerce est exclusivement local, puisque la laque que reçoit Hong-kong n'est que de la laque du *Rhus succedanea* du Tonkin.

Au sujet de cette laque de *Rhus*, M. Brenier nous dit que la Chambre de Commerce de Hanoï a eu l'heureuse idée de créer, dans son École professionnelle, une section de laqueurs qui reçoivent les leçons d'un spécialiste japonais.

Camphre et camphrée. — Le pays producteur du camphre est essentiellement le Japon, où le camphrier (*Cinnamomum Camphora* Nees), le *kusunoki* des Japonais, habite les zones tropicale et subtropicale, remontant jusqu'à 34 degrés environ de latitude Nord. Au-delà, on ne rencontre plus l'arbre que cultivé ; il n'est pas sauvage, par exemple, dans la région de Tokio.

Au contraire, il est spontané sur les côtes des provinces Kii,

(1) En Birmanie, le bambou dont les entre-nœuds sont ainsi utilisés est, d'après M. Watt, le *Cephalostachyum pergracile* Munro.

Suruga, Izu, dans les îles Kushu et Shikoku, et enfin, et surtout, dans le sud, à Formose, renommée depuis longtemps pour son camphre (1.676.400 kilos exportés en 1901).

Là, dans l'île aujourd'hui japonaise, le camphrier, dans les forêts du nord, croît depuis la plaine jusqu'à,1.100 mètres; dans le centre, on le trouve entre 200 et 1.500 mètres ; dans la partie méridionale, il est plus rare, au-dessous du 22ᵉ parallèle. Les principaux centres seraient, en définitive, ceux de Guiran, de Heilinbi, de Daïkakan, de Baboutok, de Taïko, de Horicha, etc.

Partout, au reste, dans ces forêts où les camphriers ne sont pas groupés, mais disséminés (sur plus de 387.000 hectares), les arbres géants signalés par les écrits anciens ont disparu. Il en est cependant encore — tout au moins autour des temples et des habitations — qui ont 20 mètres de hauteur et un tronc de 2 mètres de diamètre.

Les Japonais distinguent une variété à bourgeons rouges et une variété à bourgeons verts, mais qui semblent d'égale valeur.

Le camphre est ainsi obtenu.

Les récolteurs, entamant le tronc des arbres laissés sur pied, détachent, au fur et à mesure de leur travail, des copeaux, dont ils remplissent un grand tronc de cône en bois, qui repose, par sa base la plus large, sur une bassine pleine d'eau. La petite base supérieure du tronc du cône est fermée par un couvercle ou un tampon ; au-dessous se raccorde un tube en bambou, qui aboutit à une caisse en bois, renversée, par sa face ouverte, sur une autre caisse plate. Un second tube de bambou relie cette première caisse à une seconde caisse plus grande disposée de même.

Dans les caisses plates inférieures passe continuellement de l'eau qui, auparavant, a coulé le long des parois des caisses renversées, sur lesquelles elle tombe. Ces caisses sont donc des réfrigérants.

Lorsque du feu a été allumé au-dessous de la bassine pleine d'eau, la vapeur traverse les copeaux, entraîne le camphre, et, après avoir subi un début de refroidissement dans la première caisse, passe dans la seconde, où elle se condense.

Mais, en même temps que se produit cette condensation de la vapeur, du camphre solide se dépose contre les parois de la caisse; et l'essence (ou « huile ») de camphre qui l'accompagne — ou, plus exactement, un mélange de cette essence et d'une plus ou moins grande quantité de camphre solide — s'étale à la surface de l'eau.

Toutes les vingt-quatre heures, les copeaux sont renouvelés par la partie supérieure du tronc de cône, qu'on referme ensuite.

L'opération dure ainsi dix jours, au bout desquels on laisse refroidir pendant vingt-quatre heures, pour recueillir enfin les produits déposés dans les caisses de réfrigération.

Les appareils ordinairement employés contiennent 180 kilos de copeaux, qui abandonnent, par jour, 3 kilos 900 de camphre brut.

Tout ce camphre doit être vendu au gouvernement japonais, qui, depuis le 1er juillet 1899, s'est attribué le monopole de ce commerce,

L'État seul a le droit d'acheter aux récolteurs, qui doivent, d'autre part, se munir de permis pour entreprendre la distillation, après avoir justifié qu'ils sont bien les propriétaires des concessions sur lesquelles ils travaillent.

En 1903, le Japon a exporté 2.375.873 kilos de camphre, dont :

$$839.597 \text{ kilos aux États-Unis.}$$
$$456.720 \quad » \quad \text{en Allemagne.}$$
$$363.306 \quad » \quad \text{dans l'Inde.}$$
$$329.498 \quad » \quad \text{en Angleterre.}$$
$$228.676 \quad » \quad \text{en France.}$$

La France venait donc, cette année-là, au cinquième rang, parmi les pays importateurs ; mais, l'année suivante, elle recevait de bien plus grandes quantités, qui s'élevaient à 430.000 kilos, sur 2.199.320 kilos d'exportation japonaise totale.

Il y aurait, dès lors, un réel intérêt à ce que notre Indo-Chine pût contribuer à ces importations, qui nous affranchiraient des caprices du monopole japonais.

C'est déjà pour échapper à cette sujétion, et aux prix arbitraires qui en résultent, que beaucoup de recherches ont été faites et sont encore poursuivies, en vue de la préparation du camphre synthétique. Divers procédés (Béhal, Magnier et Tissier ; Dubosc et Picquet ; Boehringer, etc.) ont été proposés ; et il se peut qu'on aboutisse à des résultats satisfaisants.

Mais il resterait certainement place, même en ce cas, sur nos marchés, pour le camphre naturel, si nos possessions nous le fournissaient.

L'Indo-Chine pourrait peut-être être ce pays fournisseur.

L'habitat du camphrier n'est pas étroitement limité au Japon. De

Formose l'arbre passe sur la côte du continent asiatique et s'étend même assez loin vers l'intérieur, au sud du Yang-tsé-kiang ; c'est ce qui explique les petites exportations chinoises (1). Puis il descend de là jusqu'au Tonkin, où il a été vu par M. Crevost, par exemple (2), sur le premier Territoire militaire, dans la province de Bac-giang, aux abords de la province de Thaï-nguyen ; et peut-être même le retrouve-t-on encore en Annam et au Cambodge.

Partout, il est vrai, il est assez rare. Mais peu importe ; son indigénat prouve que, tout au moins, en principe, sa culture serait très possible.

Et ce n'est pas, d'autre part, la présence, dans toute l'Indo-Chine, du *Blumea balsamifera*, ou *camphrée*, qui peut en détourner.

Ce *Blumea balsamifera* DC. (*dai-bi* des Annamites, *bang-phien* des Thaïs, *foung-pieune-mich* des Mans) est une Composée à fleurs jaunes, dont la tige, très ramifiée dès la base, a de 1^{m}10 à 2^{m}50 de hauteur. Les feuilles, lancéolées et denticulées, très velues ainsi que la tige, exhalent une odeur balsamique.

C'est sans doute cette odeur qui amena les indigènes à remarquer que les feuilles contiennent une substance assez analogue au camphre.

En tout cas, ils l'extraient depuis longtemps par distillation, soit au Tonkin, dans la province de Bac-kan par exemple, soit au Laos, dans la province de Xieng-khouang.

Les feuilles, récoltées en octobre, sont mises avec de l'eau dans une marmite en fonte posée sur le feu. Sur cette marmite en est renversée une autre, de mêmes dimensions ; et les bords sont lutés avec de la glaise.

La marmite supérieure est, en outre, entourée d'un tronc d'arbre évidé, dans lequel passe de l'eau, et qui forme réfrigérant.

Le camphre qui se dégage des feuilles vient se déposer sur les parois continuellement refroidies.

Le feu est entretenu, jour et nuit, pendant quarante-huit heures ; 25 kilos de feuilles donneraient 120 grammes de camphre (3).

---

(1) En janvier 1907, le camphre de Chine cru valait 9 fr. 75 ; le camphre du Japon demi-raffiné, 11 francs à 11 fr. 50 ; le « Japon en tablettes », 12 fr. 50 à 13 francs.

(2) CREVOST, *Une tournée de recherches au Tonkin* ; Bulletin économique de l'Indo-Chine, mai 1904.

(3) Au sujet de la teneur en camphre, il résulterait d'analyses faites en Cochinchine que les feuilles fraîches sont plus riches que les feuilles sèches ; et c'est sans doute pour cette raison que M. Dunstan, qui, dans l'Inde, a analysé des feuilles provenant de Selangor, mais sèches, n'a trouvé que 0,05 p. 100 de camphre.

Ce produit, qui est un bornéol (lévobornéol), comme celui du *Cinnamomum Camphora*, serait tout à fait comparable à ce dernier, d'après les études faites par les Anglais dans la péninsule malaise, où croît aussi le *Blumea balsamifera*; et il est très recherché des Chinois qui le nomment *ngai-camphon* et l'emploient beaucoup en médecine, et pour parfumer leur première qualité d'encre de Chine.

Cette faveur dont jouit la camphrée en Chine est même la cause des prix élevés — trop élevés pour le commerce européen — qu'atteint en Chine le camphre de Composée (dont l'Indo-Chine a exporté vers Hong-kong, en 1904, 406 kilos, au prix de 2030 francs).

Et est-ce donc cette cherté du produit qui nous faisait dire, plus haut, que l'utilisation du *Blumea balsamifera* n'exclut pas la culture du vrai camphrier?

Nullement, car il est à prévoir que ces prix baisseraient si l'exploitation de la camphrée devenait plus active, sous l'impulsion des demandes de la métropole.

Et ce résultat serait d'autant plus facile à obtenir que le *Blumea balsamifera* — dont l'aire de distribution est vaste, car elle s'étend jusqu'à l'Himalaya, à l'Ouest, et jusqu'à Java et aux Philippines, vers le Sud — est commun en diverses régions de l'Indo-Chine, où il occupe parfois de grands espaces dans les endroits découverts des forêts. On ne le trouve pas seulement dans le nord, au Tonkin ; il est signalé aussi, par exemple, en Cochinchine — où les Annamites ne le distillent pas — près de la ligne du chemin de fer de Saigon à Khan-hoa, à partir du cinquante-cinquième kilomètre.

Mais ce qui restreindrait l'intérêt de la camphrée, c'est qu'elle ne conviendrait pas pour la fabrication du celluloïd, qui est un des gros débouchés du camphre.

Voici ce qu'écrivait, en effet (1), en 1904, la « Société industrielle de cellulose », à la suite d'expériences entreprises sur la demande de l'Office national du commerce extérieur :

« La camphrée de l'Indo-Chine se dissout très bien dans l'alcool, mais la solution n'a pu être employée seule avec la nitro-cellulose. Elle a dû être mélangée, à parties égales, avec du camphre ; et, malgré cette addition, la matière s'est mal travaillée, car, ne se soudant pas, elle n'a pas donné au produit l'homogénéité nécessaire. De plus, la

---

(1) *La camphrée*; Bulletin économique de l'Indo-Chine, septembre 1904.

violente odeur aromatique qui s'en dégage serait un obstacle sérieux à son écoulement. »

La note est pessimiste, puisqu'elle élimine la camphrée de l'une précisément des industries qui utilisent les plus grandes quantités de camphre.

Mais, comme la camphrée peut certainement aussi recevoir d'autres applications, pour lesquelles elle rendra les mêmes services que le camphre, on s'explique maintenant ce que nous voulions dire plus haut, que, en principe, la culture du *Cinnamomum Camphora* pourrait être faite, concurremment avec l'exploitation du *Blumea balsamifera*.

Nous n'hésitons pas, au reste, à répéter la remarque que nous avons tant de fois faite, que cette culture du camphrier, comme toutes les autres, ne devrait pas être entreprise en grand sans de sérieuses études préalables, au point de vue de la réussite de l'arbre ; et il faudrait tenir compte également des résultats que peuvent donner, au premier jour, les essais d'obtention du camphre de synthèse.

KOUANG-TCHEOU-WAN

Cédé à bail à la France, pour une période de 99 ans, par l'accord du 10 avril 1898, intervenu entre notre chargé d'affaires à Pékin et le Gouvernement chinois, ce petit territoire, d'une surface de 84.244 hectares, est, comme nous l'avons déjà rappelé au commencement de ce chapitre, complètement séparé géographiquement de notre Indo-Chine. Par mer, il est à 300 milles de Haïphong ; par terre, le poste-frontière du Tonkin le plus rapproché est Moncay, à 300 kilomètres.

La concession française comprend une étroite bande de terre qui embrasse le pourtour de la baie, et une série d'îles, dont les deux plus importantes sont Tang-hai et Nao-tcheou, qui forment l'entrée de la rade.

Pour une aussi faible superficie, quelques mots suffisent (1).

Les principales cultures alimentaires sont celles du riz et de la patate douce.

(1) *Territoire de Kouang-tcheou-wan* ; Notice publiée à l'occasion de l'Exposition coloniale de Marseille. 1906.

Dans les années de moyenne récolte, la production du riz dépasse la consommation. Suivant le régime climatique de l'année, on cultive plus ou moins le riz de plaine ou le riz de montagne. Il y a deux récoltes de riz de plaine (blanc ou rouge), l'une en juillet ou août, et l'autre, qui est la plus importante, en décembre.

Avec les diverses variétés de patates qu'ils cultivent, les Chinois préparent une fécule qu'ils emploient en pâtisserie.

Parmi les plantes industrielles, la plus importante est la canne à sucre, cultivée sur les terrains élevés (pendant que les terres basses sont réservées aux rizières), et récoltée au commencement de novembre. Il y a aussi une certaine culture de l'indigo et du tabac. Comme plantes oléagineuses, la plus commune est l'arachide; le sésame (à variétés blanche et noire) vient au second rang ; le ricin pousse partout à l'état spontané.

Mais la plante qui, peut-être, au point de vue du commerce extérieur, est la plus intéressante du territoire est le camphrier.

Le *Cinnamomum Camphora*, qui se plaît dans toutes les régions exposées directement à la mousson du Nord-Est (cette mousson étant celle de la saison froide et sèche, de novembre à avril), pousse à l'état sauvage et vigoureusement en beaucoup de points du Kouang-tcheou-wan.

Actuellement, l'exploitation, dit M. Crévost (1), est faite par un Japonais, nommé Wada. L'huile essentielle provenant de la distillation est expédiée vers le Japon, au prix de 25 à 30 piastres le picul. Les industriels japonais en séparent le camphre qu'elle contient encore, et utilisent le liquide restant, comme d'ordinaire, pour la fabrication des vernis et l'éclairage.

D'après les analyses de copeaux faites au Laboratoire d'analyses du Tonkin, le bois du camphrier du Koung-tcheou-wan donne, à la distillation, 2,10 o/o d'essence et 1,45 o/o de camphre. L'essence a pour densité 0,970, est soluble dans l'alcool à 96°, et bout entre 170° et 204°.

Les branches donnent 1,80 o/o d'essence et 1,45 de camphre.

A côté de cette industrie, il y aurait peut-être place aussi pour un petit commerce de coprah et — sauf les réserves faites à propos du Congo — d'écorces de palétuviers.

(1) CREVOST, *Une tournée de recherches au Tonkin* ; Bulletin économique de l'Indo-Chine, mai 1904.

. Ces palétuviers couvrent, au bord de la mer, de vastes espaces. Quant au cocotier, il est, paraît-il, disséminé un peu partout dans la colonie, et fructifie bien. On cite les plages sablonneuses de Nam-sam comme un endroit où des plantations pourraient être entreprises avec chances de succès.

La surface restreinte du petit territoire ne doit pas empêcher de chercher à en tirer tout le parti possible.

ANTILLES FRANÇAISES

Les Antilles françaises, qui font partie du groupe des Petites Antilles, et sont situées entre 16° 30 et 14° 20 de latitude Nord, comprennent la Guadeloupe et ses dépendances et la Martinique.

La Martinique est à 110 kilomètres au sud de la Guadeloupe, dont elle est séparée par la Dominique.

Alors que la Martinique est une seule ile, plusieurs ilots se rattachent à la Guadeloupe : ce sont Marie-Galante, le groupe des Saintes, la Désirade, Saint-Martin et Saint-Barthélemy. La Guadeloupe, en outre, se compose elle-même de deux îles que sépare un bras de mer, la Rivière-Salée ; l'ile occidentale est la Guadeloupe proprement dite, ou Basse-Terre, et l'ile orientale est la Grande-Terre.

La superficie de la Martinique est de 98.782 hectares. La superficie de la Guadeloupe est de 178.000 hectares, qui se répartissent ainsi :

Guadeloupe proprement dite	94.631	hectares
Grande-Terre	56.631	»
Marie-Galante	14.927	»
Désirade et Petite-Terre	3.063	»
Saint-Martin (partie française)	5.177	»
Saint-Barthélemy	2.150	»
Saintes	1.422	»

Les trois grandes îles des Antilles françaises sont donc, en définitive, d'une part, la Martinique et, d'autre part, la Guadeloupe proprement dite et la Grande-Terre.

Orographiquement, la Grande-Terre est caractérisée par l'absence de montagnes. La Guadeloupe proprement dite, au contraire, est traversée, du Nord au Sud, par une chaine montagneuse et richement boisée qui la divise en deux versants inégaux, le versant oriental étant plus large, moins rocheux et mieux arrosé que le versant occidental, aux côtes abruptes et escarpées.

Etant moins boisée, la Grande-Terre est aussi plus pauvre en cours d'eau que la Basse-Terre.

Entre les deux îles il est une autre différence. La Guadeloupe proprement dite est essentiellement volcanique, et la terre arable, qui provient de la décomposition des trachytes et des basaltes, est argileuse. A la Grande-Terre, la roche volcanique est recouverte d'une couche calcaire.

Marie-Galante, la Désirade et Saint-Martin ont le même sol que la Grande-Terre ; les Saintes et Saint-Barthélemy sont de formation plutôt analogue à celle de la Guadeloupe.

A la Martinique, la composition géologique générale est aussi celle de Basse-Terre; dans le sud cependant sont quelques terrains calcaires. L'ensemble de l'île peut être considéré comme formé de deux massifs, l'un septentrional et l'autre méridional, reliés par les collines et les plaines qui s'étendent entre la baie du Lamentin et la baie du Galion. Les nombreuses rivières qui descendent de toutes ces montagnes font de la Martinique, comme de la Guadeloupe proprement dite, un pays largement arrosé, surtout dans le nord.

En altitude, le Père Düss (1) distingue, dans les Antilles françaises, quatre zones de végétation.

La première, qui est la *basse région*, ou *région champêtre*, commence au niveau de la mer et s'élève jusqu'aux grands bois, à une altitude moyenne de 500 mètres. A l'exception du Camp-Jacob et du Matouba, où, dans le sud de la Basse-Terre, l'homme est allé s'établir plus haut, c'est la zone habitée et cultivée. A cette zone correspond naturellement toute l'étendue de la Grande-Terre, puisque les plus hauts mamelons de l'île ne dépassent guère une centaine de mètres. Le centre de la Grande-Terre, qui représente une vaste plaine fertile, est donc cultivé, alors que, à la Basse-Terre, la culture se localise, au contraire, sur les côtes.

La seconde zone de végétation est la *région moyenne*, ou *région des grands bois*, qui commence à 500 mètres, et comprend tous les bois à haute futaie, jusqu'à une élévation variant entre 800 et 1.000 mètres. C'est la forêt vierge.

Mais à mesure qu'on s'élève, la taille des arbres diminue, en même

____

(1) P. Düss, *Flore phanérogamique des Antilles françaises* ; Annales de l'Institut colonial de Marseille 1896.

temps que la température s'abaisse graduellement ; et on atteint la *région de transition,* ou *région des bois à petite futaie,* qui, par sa limite inférieure, se confond avec les grands bois, mais dont la limite supérieure est bien tracée par l'apparition des sphaignes. C'est alors la *région supérieure,* où une végétation rabougrie et uniforme recouvre les sommets, les plateaux et les flancs des plus hautes montagnes.

La première de toutes ces zones est la seule qui nous intéresse ici. C'est là que sont préparés ou récoltés les produits suivants, dont il a été exporté en 1904 :

De la Guadeloupe :

Sucre......	35.976.311 kilos	8.484.508 francs
Rhum.......	5.660.567 litres·	1.387.681 »
Cacao en fèves......	625.249 kilos	1.017.921 »
Café en fèves.............	521.886 »	1.198.947 »
Vanille.....	8.657 ʋ	119.875 »
Ananas conservés	74.926 »	51.841 »
Coprah..........	3.090 »	1.545 »
Fruits frais..............	58.539 »	12.214 »
Fécules............... ..	55.979 »	23.331 »
Tubercules	10.875 »	4.349 »
Bois de Campêche........	280.173 »	15.410 »
Rocou................ ...	105.376 »	43.247 »
Feuilles de bois d'Inde....	304.701 »	46.528 »
Essence de bois d'Inde....	523 »	8.845 »
Ambrettes.............. ..	166 »	73 »

De la Martinique :

Sucre.....	23.935.579 kilos	7.108.069 francs
Rhum	6.860.344 litres	2.446.220 »
Cacao en fèves........	318.922 kilos	427.535 »
Café en fèves.............	1.499 »	3.108 »
Vanille...................	318 »	5.094 »
Fruits frais	5.114 »	911 »
Fruits conservés (Ananas)..	1.699 »	1.602 »
Fécules..................	1.430 »	690 »
Bois de Campêche........	378.092 »	21.123 »
Casse...................	35.964 »	9.501 »
Ambrettes...	21.572 »	13.772 »
Feuilles de bois d'Inde	1.049 »	191 »

En 1905, les exportations ont été :

De la Guadeloupe :

Sucre......	27.335.904 kilos	10.946.765 francs
Rhum...	3.282.605 litres	984.781 »

Cacao en fèves	637.794 kilos	912.283 francs
Café en fèves	829.725 »	1.814.305 »
Vanille	7.111 »	77.850 »
Ananas	49.328 »	34.529 »
Coprah	2.025 »	1.012 »
Fruits frais	10.526 »	1.518 »
Fécules	12.012 »	4.213 »
Tubercules	13.946 »	1.395 »
Bois de Campêche	3.370 »	1.853 »
Rocou	85.944 »	41.983 »
Feuilles de bois d'Inde	87.779 »	13.167 »
Essence de bois d'Inde	1.132 »	10.428 »

De la Martinique :

Sucre	30.067.134 kilos	11.652.518 francs
Rhum	9.155.404 litres	3.415.866 »
Cacao en fèves	469.629 kilos	597.978 »
Café en fèves	1.291 »	1.495 »
Fruits frais	1.245 »	239 »
Fécules	7.835 »	1.730 »
Bois de Campêche	104.775 »	6.236 »
Casse	112.092 »	39.425 »
Ambrettes	12.636 »	12.372 »
Feuilles de bois d'Indes	2.820 »	620 »

La canne à sucre. — Le sucre et le rhum étant, comme le rappellent les statistiques précédentes, les deux grands articles d'exportation des Antilles françaises, la culture de la canne à sucre est la culture qui, dans nos deux colonies, prime de beaucoup toutes les autres. Le cacao et le café même ne représentent qu'un relativement faible revenu, à côté des deux produits précédents.

On peut, d'ailleurs, peut-être le regretter, en raison de la grosse concurrence de la betterave européenne ; l'avenir serait peut-être plus sûr pour les plantations de cacaoyers et de caféiers.

Mais il faut bien reconnaître aussi qu'il est plus facile en paroles qu'en fait de modifier, dans un pays, des habitudes séculaires, de remplacer des cultures qui rapportent immédiatement par des plantations dont la première récolte devra être attendue plusieurs années, puis de faire abandonner à de nombreux ouvriers, pour une nouvelle besogne, le travail auquel ils sont, de longue date, accoutumés. Qu'on songe que, par exemple, à la Guadeloupe, sur 68.000 cultivateurs 29.000 sont des cultivateurs de cannes. Et un autre problème surgirait : les nouvelles cultures feraient-elles employer autant d'ouvriers que celle de la canne ? Il est probable que non ; ce serait, dès lors, une crise sociale, avec toutes ses conséquences, dans des colonies déjà quelque peu troublées. Le meilleur remède serait peut-être donc plutôt de chercher à perfectionner les procédés de culture de la plante et d'extraction du sucre, comme on l'a fait en d'autres pays, notamment à Java et aux Hawaï, et comme on ne semble pas l'avoir toujours assez tenté, jusqu'alors, aux Antilles.

La rhummerie pourrait être aussi une industrie à développer et améliorer (1).

En 1902, à la Guadeloupe, la superficie des champs de canne était de 27.000 hectares environ, sur un total approximatif de cultures de 57.000 hectares. C'est à la Grande-Terre surtout que se trouvent ces champs (20.000 hectares en 1904). Un autre centre sucrier est Marie-Galante (3.000 hectares environ). A la Basse-Terre, la culture de la canne (4.000 hectares) devient relativement bien moins importante, remplacée par celle du caféier (2.200) hectares) et du cacaoyer (4.000 hectares), qui ne sont pas cultivés à la Grande-Terre.

A la Martinique, avant le cataclysme de 1902, il y avait environ 13.000 hectares de cannes, sur 40.000 hectares, à peu près, de cultures totales.

La principale variété cultivée autrefois était l'*Otahiti*, mais sa faible résistance aux maladies et la dégénérescence résultant d'une culture trop ancienne la font aujourd'hui abandonner; et on a essayé surtout, en ces derniers temps, d'après M. Légier (2), les *seedlings* suivants :

Canne rubanée violette, productive et très riche ;
   »   n° 147, jaune, très bonne, donnant 70 tonnes par hectare ;
   »   n° 109, jaune ;
   »   n° 208, verte, qui serait la meilleure pour la Martinique ;
   »   n° 145, de Démérara ;
Cannes n°ˢ 116, 117, 625, 80, 96, sur lesquelles on ne possède encore que peu de renseignements.

---

(1) D'après M. Pairault (*Le rhum et sa fabrication* : Paris, 1903), la production annuelle du rhum dans les divers pays de production serait actuellement d'au moins 1.100.000 hectolitres, si l'on calcule en alcool à 55°.

(2) Légier, *La Martinique et la Guadeloupe*: Sucrerie indigène et coloniale, Paris, 1905.

L

Ces essais, paraît-il, continuent; il faut espérer que nos planteurs réussiront à obtenir un type qui sera à la fois résistant et d'un rendement satisfaisant.

A la Guadeloupe aussi bien qu'à la Martinique, le terrain est préparé de juillet à septembre, la plantation est faite en octobre et décembre, on bine en janvier, on fume d'avril à juin, on sarcle et on épaille de juin à décembre, et on coupe de janvier à juin.

Après les trois coupes (cannes de plant et rejets), on laisse généralement le terrain en jachère pendant deux ans.

En 1903, il y avait, à la Guadeloupe, 1300 habitations, alimentant une vingtaine d'usines. Ces habitations appartiennent aux usines mêmes ou à des particuliers.

La récolte de ces derniers est achetée d'après des contrats établis pour un certain nombre d'années, et basés sur les prix du sucre. A la Martinique, la canne est évaluée à raison de 6 o/o, et, à la Guadeloupe, à raison de 6,5 o/o de son poids, en sucre à 70°. Ces coefficients représentent respectivement 4,77 et 5,17 o/o en sucre à 88°, et 4,20 et 4,55 en sucre pur à 100°.

Lorsque les propriétaires ont été payés sur ces bases, il se peut que, après prélèvement des intérêts statutaires dus aux actionnaires par les usines, il y ait bénéfice; le solde est alors partagé entre les actionnaires et les planteurs.

Sur le travail effectué dans les usines, il serait hors de notre sujet d'insister ici ; disons seulement qu'il semble bien établi que l'extraction du vesou par diffusion n'est pas, pour diverses raisons, telles notamment que le prix du charbon et le coût du matériel, le procédé à recommander dans nos colonies. En fait, le seul système employé est celui du broyage ; les cannes passent au moins deux fois entre les cylindres d'un ou de deux moulins.

Avant l'éruption de la Montagne-Pelée, la plupart de ces grandes sucreries ne fabriquaient pas de rhum, ni à la Martinique ni à la Guadeloupe. Elles vendaient leurs mélasses (1) aux rhummeries spéciales, installées toutes à Saint-Pierre.

---

(1) La préparation, en France, de la « paille mélassée », de plus en plus employée pour la nourriture des chevaux et du bétail, peut devenir un nouveau débouché de ces mélasses ; et c'est ainsi que s'expliquerait l'accroissement brusque de l'exportation des mélasses de la Guadeloupe en 1905. En 1904, la colonie exportait 1.191.001 litres (153.637 francs) de ces mélasses, dont 1.475 litres seulement pour la France ; en 1905, les expéditions de la même île ont été de 1.654.318 litres, dont 828.544 litres pour la métropole.

Mais toutes ces rhummeries — qui, chaque année, produisaient environ 12 millions de litres de rhum à 55 degrés — ayant disparu, presque toutes les usines centrales ont, depuis lors, entrepris la distillation ; et le rhum exporté est donc aujourd'hui fourni par ces usines et les quelques rhummeries qui se sont rouvertes à la Martinique.

Le rhum d'exportation, dit *rhum industriel* ou *rhum d'usine*, est obtenu par fermentation et distillation de la mélasse (1). Ou, du moins, plus exactement, on mélange cette mélasse avec de l'eau et de la vinasse (qui est le résidu d'une distillation précédente) ; et c'est ce mélange, ou *composition*, qui est soumis à la fermentation alcoolique, puis distillé. A la sortie de l'appareil distillatoire, le liquide est plus ou moins fortement coloré au caramel, suivant le pays de destination.

Nous faisions remarquer plus haut qu'il serait peut-être possible d'apporter dans cette industrie quelques perfectionnements ; c'est notamment la composition du levain qu'il importerait de mieux connaître pour la préparation de levures sélectionnées.

Et nos renseignements sur ce point sont encore assez vagues, malgré les premières recherches de MM. Greg, Hart et Pairault.

D'après M. Greg, l'un des principaux *Saccharomyces* du rhum serait la levure qu'il appelle « levure n° 18 », et qui serait une levure haute.

M. Pairault dit, d'autre part, que les levures de rhum sont, pour la plupart, au fond des cuves, et que les espèces de surface, à la Guadeloupe et à la Martinique, sont plutôt des *Schizosaccharomyces* (2).

---

(1) Il est un autre rhum, d'arome différent et plus fin, mais qui est exclusivement consommé sur place : c'est le *rhum d'habitant* préparé avec le vesou, et fabriqué dans les petites distilleries, ou *rhummeries agricoles*, dont les propriétaires exploitent eux-mêmes leur récolte de cannes. Il est peut-être fâcheux que cet autre rhum ne soit pas exporté. Sans doute, le consommateur métropolitain serait tout d'abord surpris d'un goût qui n'est pas celui qu'il considère comme caractéristique du rhum ; mais, une fois prévenu, il est probable qu'il s'habituerait volontiers à cet alcool nouveau, et ne tarderait même pas à le préférer à l'ancien.

A la Guadeloupe, le *rhum d'habitant* est le vrai rhum ; le *rhum industriel* est le *tafia*, ce terme étant pris dans un sens différent de celui qu'il avait jadis chez nous, où il s'appliquait aux alcools de mélasse nouveaux et non colorés.

(2) Les *Schizosaccharomyces*, signalés seulement depuis une dizaine d'années, sont des *Saccharomyces* qui se multiplient par cloisonnement, et non par bourgeon-

Et, pour le même auteur, ces *Schizosaccharomyces* donneraient de mauvais rendements, tandis que M. Greg admet que leur action est très variable, au point de vue de l'arome comme au point de la rapidité et de l'intensité de la fermentation, suivant les espèces ou les races.

Il y a là, on le voit, autant de points confus, qu'il est cependant indispensable d'éclaircir.

Le cacao et le café. — Après le sucre et le rhum, les deux plus importants articles d'exportation des Antilles françaises sont : le cacao, à la Guadeloupe et à la Martinique, et le café, à la Guadeloupe.

A la Guadeloupe, le commerce du cacao a depuis longtemps, constamment augmenté. Les exportations des fèves atteignaient, pour la première fois, 100.000 kilos (exactement 106.159) en 1868, et elles étaient encore de 100.082 kilos en 1875 ; mais elles se sont élevées ensuite à :

155.598	kilos	en	1878	588.435	kilos	en	1902
194.405	»		1883	625.249	»		1904
238.382	»		1889	637.794	»		1905
393.076	»		1895				

nement. En outre, les quelques espèces actuellement connues présentent des phénomènes de conjugaison égale *précédant la formation des asques*. Au contraire, dans les trois espèces de *Saccharomyces* (*Sacch. Ludwigii*, Levure de Johannisberg, et *Sacch. Saturnus*) où une isogamie analogue a été constatée, cette conjugaison est *consécutive à la formation des asques*, et elle a lieu entre les spores, au début de la germination, et non entre les cellules adultes.

La première espèce de *Schizosaccharomyces* découverte l'a été en 1893 par M. Saare dans de la bière de mil *(pombe)* rapportée de l'Afrique orientale allemande, en 1890, par le major Wissmann ; c'est le *Schizosaccharomyces Pombe* Lindn Une seconde espèce, le *Schizosaccharomyces octosporus*, fut trouvée en 1891 par M. Beyerinck sur des moûts de raisin de Corinthe provenant de Zante ; elle serait commune sur les raisins, les figues, etc., en Grèce, en Turquie d'Europe et en Asie mineure. Très voisine de ce *Schizosaccharomyces octosporus* est la troisième et dernière espèce actuellement décrite, et qui est le *Schizosaccharomyces melassei* de MM. Holm et Joergensen, isolé précisément par M. Greg de mélasses en fermentation, à la Jamaïque. C'est de cette espèce qu'il y aurait plusieurs races, agissant de façons différentes sur les mélasses.

Ce sont, sans doute, des *Schizosaccharomyces* que MM. Vordermann et Eijkmann ont observés dans les mélasses d'arack de Java, et que M. Eijkman appelle les « corps en fléaux ». S'il en est ainsi, il faudrait bien admettre que, contrairement à ce que pense M. Pairault, ces *Schizosaccharomyces* peuvent être des organismes utiles, car, en plaçant une culture pure de ces corps en fléaux dans de la mélasse stérilisée, M. Eijkmann a obtenu une fermentation qui a duré une ou deux semaines et a fourni un bon arack.

Ajoutons encore que des corps analogues n'ont pu être trouvés par M. Eijkmann dans les riz fermentés de Java. Les *Schizosaccharomyces* interviendraient donc dans la fabrication des aracks de mélasse, mais non dans celle des aracks de riz.

A la Martinique, elles ont naturellement quelque peu diminué après 1902, car elles étaient de :

353.797	kilos	en	1868	488.090	kilos	en	1901
466.108	»		1878	435.462	»		1902
440.239	»		1887	333.637	»		1903
397.695	»		1894	318.922	»		1904
511.303	»		1899	469 629	»		1905

C'est ainsi, en moyenne, de 100.000 kilos que s'étaient abaissées les exportations après l'éruption de la Montagne-Pelée. Et, en effet, la catastrophe avait atteint la partie de l'île où étaient précisément de nombreuses cacaoyères, car nous lisons dans la Notice publiée par la colonie à l'occasion de l'Exposition de 1900 : « De nos jours, ces plantations se rencontrent principalement sur le versant méridional de la Montagne-Pelée, dans le quartier du Prêcheur ». Au reste, à une époque antérieure les cultures auraient subi le même sort, car elles occupaient alors le versant opposé de la même montagne.

Mais le chiffre des exportations de 1905 nous fait constater avec plaisir que les planteurs reprennent courage, et que des cacaoyères abandonnées, au voisinage de la zone atteinte par le volcan, ont été réoccupées ; et on commence de nouveau à récolter.

Et il est heureux qu'il soit possible de remettre ainsi en état quelques-unes des anciennes plantations, car l'installation de cultures nouvelles en d'autres endroits peut être aléatoire. Toutes les parties de l'île ne sont pas également propices.

Non seulement le cacaoyer ne se plaît qu'aux basses altitudes, mais encore exige un terrain riche, bien abrité contre le vent, et une atmosphère chaude et humide ; les gorges des torrents sont son habitat de prédilection. En 1900, où il y avait, à la Martinique, environ 1.500 hectares de cacaoyers, on n'évaluait pas à plus de 3.000 hectares la superficie des sols convenables.

A la Guadeloupe, il n'y a plus, depuis longtemps, de cacaoyers à la Grande-Terre, dont le climat est trop sec. Tout le cacao est récolté à la Guadeloupe proprement dite, où il y a environ 2.500 hectares de plantations. Il ne semble pas, d'ailleurs, que cette culture puisse, en Basse-Terre, s'étendre beaucoup plus. Comme nous l'avons déjà écrit dans un volume antérieur (1), beaucoup d'essais tentés sur de nouveaux points n'ont donné que des mécomptes. Souvent l'arbre pousse bien, mais ne vit pas longtemps.

La culture qui serait susceptible d'une plus grande extension — pour remplacer, par exemple, progressivement celle de la canne — serait la culture du caféier (2), qui jadis fut peu à peu négligée, précisément parce que, à l'inverse d'aujourd'hui, les planteurs fondaient de plus grands espoirs sur la canne.

En 1830, la Guadeloupe exportait 1.129.572 kilos de café ; les exportations commencèrent à diminuer l'année suivante, et elles étaient de :

248.718	kilos	en	1860	732.513	kilos	en	1902
278.152	»		1875	746.332	»		1903
447.657	»		1885	521.886	»		1904
387.637	»		1890	829.725	»		1905
791.926	»		1899				

Après un fléchissement prolongé, il y aurait donc aujourd'hui une reprise assez accentuée, et qui probablement se maintiendra, en raison de l'état actuel de l'industrie sucrière.

En 1902, la production était de 1.365.466 kilos.

Au 1er janvier 1901, la superficie des plantations était de 3.890 hectares ; en 1902, elle était de 5.138 (3). Presque toutes ces cultures sont entre 200 et 600 mètres d'altitude. Quelques-unes seulement (4), dans les parties plus basses, ont remplacé des champs de canne.

Comme pour le cacaoyer, c'est surtout à la Guadeloupe proprement dite que sont les caféiers, qui sont presque toujours le *Coffea arabica*. Il n'y a que quelques rares essais de culture du *Coffea liberica*, qui n'intéresse guère les planteurs guadeloupiens que comme porte-greffe du caféier d'Arabie.

(1, H. JUMELLE, *Le cacaoyer* ; Challamel, 1900. — Voir aussi : H. LECOMTE et CHALOT, *Le cacaoyer et sa culture* ; Paris, 1897.

(2) En 1906, la consommation du café en France a été de 90.985.000 kilos, dont 44.926.000 kilos de provenance brésilienne. Nos colonies ont fourni :

Guadeloupe...........	576.000 kilos.	Afrique occidentale...	86 000 kilos.
Nouvelle-Calédonie....	305 000 »	Réunion...............	25.000 »
Indo-Chine...........	136 000 »	Autres colonies.......	43.000 »

(3) L'*Annuaire de la Guadeloupe* de 1904 indique seulement 4.000 hectares de caféries et 2.200 hectares de cacaoyères.

(4) H. LECOMTE, *Le café* ; Paris, 1899.

En 1894, M. L. Guesde a introduit dans l'île la variété de *Coffea arabica* dite « caféier d'Abyssinie » ; il en existe, depuis lors, quelques spécimens dans certaines plantations.

Quant à la Martinique, il y a longtemps que, dans le commerce européen, ce sont d'autres cafés, de la Guadeloupe ou du Brésil, qui fournissent la sorte vendue sous ce nom.

En 1827, l'île exportait 1 013.136 kilos de café; mais, dès 1853, elle n'en expédiait plus que 116.234 kilos ; et successivement les expéditions sont devenues ;

42.021	kilos en	1854	3 328	»	1899
31.161	»	1863	4.183	»	1902
16.534	»	1867	1.017	»	1903
7.007	»	1876	1.499	»	1904
3.084	»	1884	1.291	»	1905
1.710	»	1893			

L'extension des champs de canne et les maladies de l'arbre furent les deux causes concomitantes qui amenèrent cette disparition des caféiers à la Martinique; et, si quelques régions — comme le Vauclin, qui, jusqu'à son sommet (500 mètres), est couvert de caféeries — possèdent encore des plantations assez importantes, qui alimentent la consommation locale, rien ne permet cependant de prévoir un nouveau et sérieux développement de la culture. On essaie néanmoins, comme à la Guadeloupe, le greffage de l'espèce d'Arabie sur celle de Libéria.

Vanille et épices. — Les diverses plantes à épices et à aromates des pays chauds sont cultivées, çà et là, dans les habitations, à la Guadeloupe et à la Martinique.

Le muscadier, par exemple, se trouve dans les deux colonies, quoique surtout à la Martinique.

Le giroflier, au contraire, d'après le Père Düss, est plus commun dans les propriétés, à la Guadeloupe.

De petites quantités de cannelle sont fournies par le *Cinnamomum zeylanicum* Nees, qui est cultivé, et même s'est naturalisé dans les deux îles.

Autour des habitations on entretient aussi des pieds de poivriers.

Mais, au point de vue de l'exportation, tous ces produits ne représentent pour nos Antilles qu'une valeur insignifiante.

Ainsi, en 1904, il est sorti :

De la Guadeloupe :

Muscades en coques	25	kilos
Girofles,	11	»
Cannelle	118	»
Poivre	760	»

Et de la Martinique :

Muscades,	72	kilos
Girofles	36	»
Cannelle	1676	»

La seule culture d'une petite importance est celle de la vanille, dont il a été expédié, en 1904 :

De la Guadeloupe : 8.657 kilos, au prix de 119.875 francs
De la Martinique : 317 » » 5.094 »

A la Martinique, ce commerce de la vanille est ·tout récent, car les premières exportations ne remontent pas au-delà de 1899; et, en 1900, il n'y avait (1) qu'une seule propriété, située dans le sud, dans les environs de Saint-Esprit, qui possédait des vanilleries. L'exemple donné commencerait à être suivi aujourd'hui par d'autres habitations.

A la Guadeloupe, les premières exportations datent de 1864; elles se sont poursuivies depuis lors sans interruption, mais avec de très larges oscillations Elles étaient, par exemple, de 2.246 kilos en 1887, 11.107 en 1888, 4.871 en 1889, 24.275 en 1899, 2.591 en 1905, 9.240 en 1903. Les plantations sont surtout à la Basse-Terre.

On cultive la vanille (*Vanilla planifolia* Andr.) et le vanillon (*Vanilla claviculata* Sw.) (1).

Les vanilles préparées sont classées, comme toujours, suivant la longueur des gousses, et en :

Extrafines, saines, noires et onctueuses;

Fines, saines mais moins grosses;

Bonnes ordinaires, peu onctueuses, maigres;

Rougeâtres, plus ou moins moisies;

Fendues, qui correspondent à plusieurs qualités.

---

(1) C'est le Père Düss qui considère comme *Vanilla claviculata* Sw. le *vanillon* des Antilles françaises. Ce vanillon ne serait pas, dès lors, le vanillon du Mexique, qu'on admet être la gousse du *Vanilla Pompona* Sch.

D'après les renseignements fournis par M. Légier, on obtient, dans les vanilleries de la Guadeloupe, à raison de 2500 pieds par hectare, et en évaluant le rendement moyen d'un pied à 100 grammes, 250 kilos de récolte; soit un rapport brut de 3.750 francs, si le kilo est payé environ 15 francs.

Les fruits. — Les statistiques de la Guadeloupe nous indiquent la répartition suivante, en kilos, des exportations de fruits faites par la colonie en 1904.

	France	Colonies françaises	Etats-Unis	Autres pays
Citrons et oranges.........	491	2.449	9 340	11.894
Noix de coco..............	35	15.165	—	—
Bananes	3.041	2 711	—	930
Autres fruits frais...	2.615	6.523	—	3.345
Ananas conservés.........	74.926	—	—	—

De la Martinique il a été expédié, la même année, en kilos :

	France	Colonies françaises	Possessions anglaises d'Amérique
Fruits frais......	5.001	43	70
Fruits conservés.	1.699	—	—

Le principal commerce serait donc encore, actuellement, aux Antilles françaises, celui des ananas conservés, tenté, pour la première fois, à la Guadeloupe, en 1887. Et il fut exporté, cette année-là, en France 329.602 kilos de ces conserves. Mais jamais, depuis lors, les expéditions n'ont été aussi fortes. Elles s'abaissaient déjà à 145.348 kilos en 1888, et elles ne se sont ensuite maintenues, jusqu'en 1904, qu'entre 100.000 et 220.000 kilos, car elles étaient de :

> 115.735 kilos en 1898
> 234.678 — — 1902
> 191.152 — — 1903.

Puis elles sont devenues :

> 74.926 kilos en 1904
> 49.328 — — 1905

L'obstacle au maintien de cette industrie dans nos colonies — et obstacle tel que, à plusieurs reprises, des fabriques qui s'étaient montées ont dû ensuite fermer leurs portes — est la concurrence que font sur les marchés européens les conserves de Singapore. Les fruits de cette provenance ne sont pas supérieurs à ceux de la Guadeloupe ou de la Martinique, mais le bon marché de la main-d'œuvre dans l'île anglaise permet de livrer les boîtes à des prix qui sont peu rémunérateurs pour nos colons.

Il n'en importerait donc que davantage de tenter de trouver une compensation dans le transport des fruits frais, tel que l'effectuent les Antilles anglaises.

Nous avons déjà rappelé, au chapitre de l'Afrique occidentale française, ce qu'est aujourd'hui le commerce des fruits de la Jamaïque, et quelle énorme extension il a prise depuis que, en 1869, le capitaine Bush chargeait, à titre d'essai, quelques navires de ces fruits pour l'importation aux États-Unis.

En 1879, la valeur des exportations de la Jamaïque était de 573.475 francs ; dix années plus tard, l' « Atlas Steam Ship Company » ayant été subventionnée, elle s'élevait à 8 080.750 francs ; et, en 1900, elle était de 12.733.275 francs, se détaillant ainsi (1) :

Bananes	F.	8.313.100
Oranges		4.206.500
Pamplemousses		173.750
Citrons		19.200
Oranges de Tanger		3.000
Ananas		13.100
Fruits divers		4.625
Total	F.	12.733.275

Presque tous ces fruits étaient alors envoyés à New-York, à Philadelphie et à Boston. Mais, vers la même époque, un courant commençait aussi à s'établir vers l'Angleterre ; et les paquebots anglais de la « Royal Mail Steam Packet Company » installaient des appareils

(1) G. LANDES, *Étude sur le commerce des fruits tropicaux entre la France et ses colonies de l'Atlantique tropical ;* Revue des cultures coloniales, 1900.

permettant de maintenir les cales fraîches (1), et assurant ainsi la conservation pendant les quinze à dix-huit jours de voyage. Les résultats ont été tels que, aujourd'hui, ce commerce des fruits frais de la Jamaïque en Angleterre est devenu un commerce régulier dont nous avons déjà dit l'importance.

Voilà qui peut évidemment encourager les colons de nos Antilles.

Et c'est dès 1900 qu'un publiciste de la Martinique, M. Gaston de Pompignan, aidé de M. Landes, se préoccupait d'établir un commerce analogue dans notre colonie.

M. de Pompignan faisait même venir de la Jamaïque 25.000 plants du bananier cultivé là, pour pouvoir fournir des bananes absolument semblables à celles adoptées par le commerce anglais. Deux ans plus tard, quand ces plantes furent bien développées, on s'aperçut d'ailleurs, que la variété (appelée aux États-Unis « banane de la Jamaïque ») n'était autre que la « banane de la Martinique » ! Mais il avait fallu attendre deux ans pour faire cette découverte ! (2)

Et, après ces deux ans d'attente, ce fut une déception d'un autre genre, car voici ce qu'écrivait alors M. Landes :

« Les régimes de bananes étaient à la disposition des planteurs. On s'aperçut un peu tard qu'on manquait du nécessaire pour les transporter. Les ânes, si communs à Cuba et à la Jamaïque, où on les charge chacun de 2 à 4 régimes, faisaient presque totalement défaut à la Martinique.

D'autre part, en utilisant les moyens de transport ordinairement usités dans cette île, on aurait triplé les prix de revient, tout en

(1) Les cales étaient ainsi rafraîchies, d'après M. Landes (Bulletin agricole de la Jamaïque, 1899) : « La dynamo du bord fournit un courant qui, envoyé à une deuxième dynamo, la met en mouvement. Cette dernière, placée à l'entrée de la cale, actionne des ventilateurs, ou comprime de l'air qui, se détendant dans cette dernière, la refroidit suffisamment. La cale qui contient les fruits est donc constamment parcourue par un courant d'air suffisamment frais pour assurer la conservation. »

(2) « Si, dit M. Landes, au lieu d'envoyer un publiciste à la Jamaïque pour y chercher des plants de bananier, on y eût dirigé une personne compétente, cette dernière eût reconnu quel était le bananier qu'on désirait importer, et eût prévenu à temps les personnes qui demandaient des plants. »

M. Landes explique aussi comment le bananier de la Jamaïque est celui de la Martinique : « Un navire de guerre anglais, pendant les guerres du Premier Empire, aurait capturé un bâtiment martiniquais sur lequel se trouvaient des plants du bananier en question, qui, multipliés à la Jamaïque, y furent appelés, en souvenir de cet événement, bananiers de la Martinique. » Car il faut observer que ces bananiers appelés aux États-Unis « bananiers de la Jamaïque » sont bien appelés à la Jamaïque « bananiers de la Martinique ».

détériorant les régimes. Enfin, en supposant que les difficultés inhérentes aux transports eussent pu être surmontées, il eût encore fallu, pour la facilité de l'embarquement, que les vapeurs à charger fussent accostés à un quai, et il n'y en a qu'un dans la colonie, réservé aux navires de l'État ou aux paquebots de la Compagnie Générale Transatlantique.

La vente fut nulle, et les régimes restèrent pour compte. Personnellement, ils me revenaient à 0 fr. 60 chacun, en tenant compte de la valeur du terrain, des frais de plantation et d'entretien. Je les vendis, pour m'en débarrasser, à des prix variant de 0 fr. 50 à 1 fr. 50. Les régimes qui atteignaient ce dernier prix pesaient de 50 à 80 kilos, et portaient de 120 à 180 fruits. En ajoutant au prix de revient le prix de transport de la propriété en ville, on se rend compte que le bénéfice n'a jamais pu exister. »

On voit, par ces lignes, que beaucoup d'améliorations sont déjà à apporter sur place pour que ce commerce des fruits de la Guadeloupe et de la Martinique avec la métropole soit possible.

Puis il serait aussi nécessaire que les Compagnies de navigation aménageassent dans les conditions voulues les cales de leurs navires.

En 1900, à l'occasion de l'Exposition universelle de Paris, la Compagnie Générale Transatlantique installa, sur ses paquebots rapides de la ligne des Antilles, des glacières, et divers fruits tropicaux (mangues, papayes, goyaves, sapotilles, caïmites, pommes de Cythère) purent être apportés à Paris.

Mais ce fut un effort tout momentané. Ou, du moins, la Compagnie continue bien à rapporter dans ses glacières quelques fruits en colis postaux ; mais c'est un transport sur une petite échelle, et non un service organisé en grand, comme il l'est sur les vapeurs anglais, subventionnés, croyons-nous, tout spécialement à cet effet par leur Gouvernement.

La question devrait pourtant, chez nous aussi, être sérieusement étudiée.

Ce serait peut-être l'amélioration la plus réelle et la plus sûre que l'on pourrait apporter actuellement à la situation économique de nos Antilles. Il y en a une preuve par avance, puisque c'est ainsi que, vers 1890, la Jamaïque s'est relevée de sa crise sucrière de 1884.

Sans doute le commerce des fruits tropicaux spéciaux, mangues, avocats, sapotilles, goyaves, papayes, corossols, etc., serait toujours limité, et il n'y a pas de raison pour faire venir d'aussi loin des oranges et des citrons (1), que peuvent nous fournir en quantités suffisantes des pays bien plus rapprochés ; mais ce sont les ananas et surtout les bananes qui deviendraient, comme pour les Antilles anglaises, les grands articles d'exportation.

Nous avons décrit, au chapitre de l'Afrique occidentale française, le mode d'emballage de ces fruits. Ajoutons que la variété d'ananas à cultiver de préférence pour le commerce — non parce qu'elle est vraiment la meilleure de toutes, car d'autres peuvent la valoir, mais parce que c'est celle à laquelle est habitué le consommateur européen, est la « Cayenne à feuilles inermes ».

Pour le bananier, nous venons de dire que la variété exportée du Centre-Amérique aux Etats-Unis est la variété du *Musa sapientum* Lin. dite « de la Martinique » (ou encore « Gros-Michel »); mais il paraîtrait que, depuis quelques années, à la Jamaïque, on cultive aussi beaucoup le « bananier nain », ou *Musa sinensis* Sw., parce que c'est cette espèce qui fournit les fruits des Canaries auxquels s'est accoutumé le public anglais.

Les bananes consommées en France, ayant même origine, sont donc aussi plutôt de ces fruits de *Musa sinensis* Sw. (ou *Musa Cavendishii* Lamb.); nos colonies devraient par conséquent, pour la même raison qu'à la Jamaïque, établir de préférence des plantations de cette espèce (2).

Quant aux industries accessoires de la farine de banane et des bananes sèches, il sera prudent, avant de les entreprendre, de s'assurer, par quelques essais, de l'accueil que fera décidément à ces deux produits le client français. Sur la farine de banane — dont il y aurait déjà un certain commerce en Angleterre, et surtout aux Etats-Unis — les opinions sont diverses (3), les uns vantant le produit, les autres,

---

(1) Ces citrons pourraient plutôt servir de matière pour l'extraction du jus de citron, dont d'assez grandes quantités sont préparées à la Dominique et à Monserrat. Les citrons sont broyés dans des moulins à cannes ; puis on distille le jus, pour volatiliser l'essence, et on concentre à feu nu. D'après M. des Grottes (cité par M. Légier), 1 hectolitre de jus concentré de citron abandonne 50 kilos d'acide citrique. Un hectolitre de ce jus concentré vaut en Angleterre 81 à 84 francs, l'hectolitre de jus brut vaut de 25 à 36 francs.

(2) Même remarque pour nos autres colonies, telles que la Guinée française.

(3) De nombreux articles, les uns pessimistes et les autres favorables, ont été écrits sur ce sujet dans le *Journal d'agriculture tropicale* de ces dernières années.

au contraire, le considérant comme invendable. Nous doutons, en tout cas, que, en France, où, d'une façon générale, ces farines ou fécules exotiques sont peu employées, il ait grand succès.

Ce succès est encore, d'autre part, moins à prévoir, de longtemps, pour les bananes sèches, sur lesquelles il y a une plus grande unanimité d'opinion que sur la farine. On s'accorde généralement à les trouver exécrables, telles, du moins, qu'elles sont présentées actuellement (1).

Sans compliquer le problème, il y a donc surtout lieu, pour l'instant, de se préoccuper des fruits frais.

Et on ne peut pas dire que le problème ainsi posé soit entièrement à résoudre et rempli d'inconnu, puisqu'il n'y aurait qu'à imiter les colonies voisines.

Nous avons déjà vu que le transport de ces fruits des Antilles anglaises était fait par la « Royal Mail ». La Compagnie prend, pour prix du fret en chambre froide (sans responsabilité), 3 fr. 10 par régime de bananes et 4 fr. 65 par baril d'ananas (à 8 barils à la tonne).

Sur le marché anglais, le régime de bananes est vendu de 9 à 12 francs. Apporté ensuite à Paris, il revient à 16 ou 18 francs. Or M. de Saumery calcule qu'on pourrait importer directement des bananes de la Guadeloupe à Paris à raison de 10 à 11 francs. Nous serions ainsi à peu près dans les mêmes conditions que l'Angleterre.

Le cocotier. — Le cocotier ne donne lieu, aux Antilles françaises, qu'à un commerce extérieur insignifiant. Ni les noix, ni le coprah ne figurent dans les statistiques de la Martinique; et la Guadeloupe a exporté, en 1904, 3.090 kilos de coprah (importés en France) et 15.200 kilos de noix de coco (927 francs), dont 15.165 kilos pour les colonies françaises.

A la Guadeloupe, le palmier se plaît principalement à la Grande-Terre. Malheureusement ses ennemis ordinaires, cochenilles, larves, rats, etc., ont causé de grands dégâts, il y a un certain nombre d'années, et à tel point qu'on fut forcé de faire venir des autres Antilles

(1) Pour la préparation de ces bananes sèches, il y aurait peut-être surtout à tenir grand compte — et plus qu'on ne semble le faire — de la variété fournissant les fruits. Nous avons goûté des bananes sèches de la Guadeloupe qui n'étaient certainement pas un régal; nous avons mangé, par contre, des bananes sèches qui nous avaient été envoyées de Madagascar par M. Perrier de la Bathie et qui étaient, en confitures, un excellent dessert.

les noix de coco nécessaires à la consommation locale (1). Ce n'est que peu à peu que les plantations ont pu être reconstituées.

Ce ne seront néanmoins, jamais, très probablement, que des cultures disséminées, qui ne justifient pas une plus longue étude, contrairement à ce qui serait si nous nous occupions des Antilles anglaises.

Les cultures vivrières ; les plantes féculentes. — Les principales plantes à tubercules qui constituent les vivres des Antilles sont :

diverses ignames, dont les principales sont le *Dioscorea alata* Lin., ou « igname blanc », le *Dioscorea cayennensis* Lam., ou « igname Guinée », le *Dioscorea trifida* Lin., ou « cousse-couche » ;

les patates douces (*Ipomoea Batatas* Poir.) ;

les malangas, ou choux-caraïbes (*Xanthosoma sagittifolium* Schott) ;

les madères (*Colocasia antiquorum*, Schott).

On cultive, en outre :

pour la farine et la fécule, le manioc amer (*Manihot utilissima* Pohl) ;

pour la fécule, le dictame, qui est le *Maranta arundinacea* Lin. (*Maranta indica* Tussac).

Le manioc doux est excessivement peu cultivé, surtout à la Guadeloupe.

La culture du dictame est assez restreinte; elle n'occupait, en 1902, que 12 hectares à la Guadeloupe.

Par contre, dans la même colonie, la même année, il y avait 6.926 hectares plantés en manioc amer (les vivres proprement dits occupant 10.596 hectares).

Le Lamentin et Capesterre sont, à la Basse-Terre, de grands centres de culture du manioc.

Toute la farine préparée avec les tubercules de manioc est consommée sur place, puisque c'est une des bases de l'alimentation, aux Antilles.

Mais on sait que, lorsque cette farine a été obtenue, par râpage des tubercules dans des moulins spéciaux, on la presse fortement dans des sacs, pour faire écouler l'eau qu'elle contient ; et cette eau entraîne une fécule très fine, ou *moussache*, qu'on isole et qu'on dessèche.

(1) L. Guesde, *Petite école d'agriculture coloniale;* Basse-Terre, 1889.

Une partie de cette fécule est livrée à l'exportation, en même temps que la *moussache de la Barbade,* ou *véritable arrow-root,* retiré des rhizomes du *Maranta arundinacea* par les procédés ordinaires des féculeries.

C'est l'ensemble de ces fécules qui représenterait les 55.979 kilos exportés de la Guadeloupe en 1904.

Sur ces 55.979 kilos, 558 seulement ont été Importés en France ; 55.421 kilos étaient à destination d'autres colonies françaises, notamment de la Guyane.

Les plantes tinctoriales. — Les exportations de bois de Campêche et de rocou sont en continuelle décroissance.

A la Guadeloupe, le commerce du bois de Campêche a commencé en 1847, et celui du rocou en 1848 ; et il a été exporté successivement depuis lors :

	Campêche	Rocou
En 1850...... ...	17.330 kilos	20.543 kilos
1857.........	131.313 »	131.528 »
1869.........	167.825 »	296.673 »
1878.........	612.410 »	390.490 »
1886.........	1.890.724 »	629 718 »
1889..........	7.232.792 »	68.612 »
1891.........	9.645.520 »	126.285 »
1895.........	8 826.411 »	86.290 »
1897.........	1.338.009 »	159.289 »
1900	593 018 »	63.709 »
1901.........	564 590 »	66 315 »
1902...	210.170 »	55.936 »
1903.........	521.810 »	114.160 »
1904.........	280.173 »	105.376 »
1905.........	3.370 »	85.944 »

C'est donc depuis dix ans environ que cette diminution du commerce des deux articles se manifeste ; et il en est de même à la Martinique pour le bois de Campêche.

Les premières expéditions de ce bois, antérieures à celles de la Guadeloupe, remontent à 1823. Elles furent, dès cette première année, de 1.501.584 kilos, et elles n'augmentèrent jamais guère dans la suite. Exceptionnellement, elles furent de 2.006.954 kilos en 1839, puis de 2.234.365 kilos en 1895 et 2.034.488 kilos en 1896. Mais, après ces deux derniers maxima, elles ont régulièrement baissé jusqu'à 1905, car elles ont été de :

1.545.182	kilos	en	1897	282.692	kilos	en	1902
932.192	»		1898	270.593	»		1903
622.902	»		1899	378.092	»		1904
357.410	»		1900	104.775	»		1905
271.334	»		1901				

Quant au rocou, il n'a donné lieu, à la Martinique, qu'à un commerce tout momentané, qui commença en 1869 et, après une interruption, de 1879 à 1884, cessa définitivement en 1891.

L'emploi des couleurs d'aniline explique suffisamment l'abandon de la culture du rocouyer.

A la Guadeloupe, il y a longtemps déjà qu'on n'installe plus guère — et avec raison — de nouvelles plantations ; on se contente d'entretenir et d'exploiter les anciennes, lorqu'on ne les a pas détruites. En 1902, il y avait encore 101 hectares de ces plantations (1).

Il y a deux récoltes par an, en janvier et décembre, et en juillet et août.

Les capsules sont cueillies au moment où elles commencent à s'ouvrir.

Pour opérer le broyage des graines — qui est la première phase de la préparation de la pâte — on se sert, depuis au moins cinquante ans, dans la colonie, de moulins, qui sont composés de cylindres en fonte (60 centimètres de longueur, ordinairement, sur 25 centimètres de diamètre) entre lesquels ces graines passent plusieurs fois.

La pâte préparée est mise en boules de 3 à 5 kilos, qu'on enveloppe dans des feuilles de *Philodendron giganteum* Schott, ou *siguine blanc*.

Ces boules, dit M. L. Guesde (2), sont entassées dans des barriques à vin, et on ajoute de l'eau par la bonde, pour empêcher la dessiccation. La France reçoit la plus grande partie de ce rocou ; le reste est dirigé vers les États-Unis.

(1) Il y a à la Guadeloupe, comme dans l'Inde, deux variétés de rocouyer, l'une à fleurs blanches et l'autre à fleurs roses. La première est la plus rare dans notre colonie. Dans l'Inde on admet que cette variété blanche (dite « Indica ») ne donne pas une aussi bonne teinture que la rouge (dite « Caribo »).

(2) L. GUESDE, *Petite école d'agriculture coloniale* ; Basse-Terre, 1889.

La seconde plante tinctoriale des Antilles françaises citée plus haut est l'arbre de Campêche (*Hematoxylon campechianum* Linn.), originaire des côtes du Golfe du Mexique.

Introduit depuis fort longtemps à la Guadeloupe et à la Martinique, comme en d'autres îles des Antilles, telles que la Jamaïque (1), l'arbre s'est là admirablement acclimaté, et tout particulièrement dans tous les fonds calcaires de la Grande-Terre et à Marie-Galante.

L'*Annuaire de la Guadeloupe* de 1904, dans ses statistiques de cultures, indique 150 hectares de campêches à la Basse-Terre et 3.000 hectares à la Grande-Terre.

Lorsque l'arbre est abattu, le tronc est débarrassé de l'aubier; c'est le cœur seul qui fournit la matière colorante (hematoxyline) et qui, par suite, est exporté. La « coupe Guadeloupe » et la « coupe Martinique » ne sont malheureusement pas les sortes de bois de Campêche les plus estimées par le commerce européen.

Bois d'Inde, casse et ambrettes. — Il est toujours fait mention de ces trois articles dans les statistiques d'exportation des Antilles françaises ; nous devons donc les citer ici, si faible que soit leur importance.

Le *bois d'Inde*, ou *Pimenta acris* Wight, indigène à la Guadeloupe et à la Martinique, est surtout commun à la Grande-Terre, sur les mornes calcaires ; il croît aussi à la Désirade et à Marie-Galante.

Il est bien connu que les feuilles de cet arbre entrent dans la préparation du *bay-rum*. Ce sont ces feuilles qui — de la Guadeloupe principalement — sont exportées en France et aux États-Unis. Les statistiques signalent aussi quelques faibles exportations de fleurs et de graines, ainsi que l'envoi en France d'une certaine quantité d'essence préparée.

A l'inverse de ces produits, surtout récoltés ou préparés à la Guadeloupe, les deux suivants font plutôt partie du commerce de la Martinique.

La Guadeloupe, par exemple, n'a exporté, en 1904, que 72 kilos de gousses de *casse*, alors que nous avons reçu, en France, la même année, de l'autre colonie, 35.950 kilos de ces mêmes gousses (et 112.092 kilos en 1905).

---

(1) L'introduction de l'arbre de Campêche à la Jamaïque — et peut-être dans les autres Antilles — daterait de 1715. Elle serait due à Barham, l'auteur du *Hortus americanus.*

Dans toutes nos Antilles, le *Cassia fistula* Linn., peut-être originaire de l'Inde, s'est si bien naturalisé qu'il est parfois considéré comme indigène.

C'est de la Martinique aussi (21.582 kilos en 1904), bien plus que de la Guadeloupe (166 kilos), que viennent les *ambrettes*, qui sont les graines odorantes de l'*Hibiscus Abelmoschus* Linn., ou *gombo musqué*.

D'origine probablement indienne, la plante, qui est annuelle, se rencontre aujourd'hui à l'état sauvage aux Antilles. Cependant c'est sur les pieds obtenus par culture par de petits propriétaires que sont récoltées toutes les graines du commerce, cotées actuellement, sur les marchés français, 75 francs les 100 kilos.

GUYANE FRANÇAISE

Trois chaînes de montagnes, parallèles à la côte, traversent, de l'Ouest à l'Est, la Guyane française.

La plus intérieure, et la plus haute (400 à 800 mètres), est celle des Tumuc-Humac, où prennent leurs sources les deux grands fleuves de la colonie, le Maroni et l'Oyapock.

La chaîne médiane (200 à 400 mètres), où prennent naissance les autres cours d'eau, comprend les Montagnes françaises, la Montagne magnétique, la Montagne des Émerillons, etc.

La chaîne littorale, la moins élevée (80 à 300 mètres), comprend la Montagne de Fer, la Montagne des Singes, les Monts Macouria, les Monts d'Aprouague, etc.

Entre cette chaîne littorale et la mer s'étendent les *terres basses*, qui bordent la côte depuis l'Oyapock jusqu'au Maroni, sur une profondeur moyenne de 40 kilomètres.

On divise cette Basse-Guyane en deux sections : la *Section du Vent*, qui est la section orientale, de l'Oyapock à Cayenne ; et la *Section Sous le Vent*, qui est la section occidentale, de Cayenne au Maroni.

Les *terres hautes* commencent, vers l'intérieur, en avant de la chaîne littorale, par d'immenses savanes, qu'arrosent les nombreuses rivières qui, de sauts en sauts, coulent du Sud au Nord, perpendiculairement aux lignes montagneuses qu'elles traversent. Ces *savanes hautes* — à l'encontre des savanes basses du littoral, noyées pendant la saison des pluies — sont à l'abri de toutes les inondations de l'hivernage. C'est là que furent établies jadis les premières cultures, descendues aujourd'hui dans les parties de la Basse-Guyane convenablement aménagées.

Au delà des savanes hautes apparaît, dans toute cette série de terrains étagés qui s'élèvent en gradins vers les Tumuc-Humac, la luxuriante végétation arborescente qui fait — ou devrait faire — de la Guyane française une de nos plus belles colonies forestières.

En 1904 — où, sur un total d'exportations de 10.475.275 francs, l'or a représenté 9.943.418 francs — les produits végétaux sortis de la colonie ont été les suivants :

Essence de bois de rose.....	9.182 kilos	193.640 francs
Bois odorants...............	74.760 »	6.729 »
Bois d'ébénisterie..........	16.865 »	1.549 »
Balata.....................	11.374 »	34.124 »
Cacao en fèves.............	9.246 »	9.235 »
Café......................	160 »	480 »
Fécules exotiques..........	235 »	122 »
Graines oléagineuses.......	1.785 »	1.785 »
Rhum.....................	827 litres	331 »
Produits divers......		4.532 »

Soit un total de 252.527 francs ! Nous serions presque en droit de passer ici sous silence une telle colonie ! Car c'est même perdre son temps que de redire une fois de plus toutes les ressources que cependant elle pourrait offrir, à côté de ses terrains aurifères.

Le bois de rose. — Si l'arbre à bois de rose n'était pas au nombre des espèces qui peuplent les forêts de la Guyane française, ce serait à 58.556 francs que se seraient élevées, en 1904, les exportations de la colonie.

C'est à peu près cette valeur (63.387 francs, par exemple, en 1890) que représentaient ces exportations lorsque, il y a quelques années, la fabrication de l'essence de bois de rose n'avait pas pris, dans le pays, le développement qu'elle commence à avoir aujourd'hui, grâce surtout à la maison Roure-Bertrand fils, de Grasse.

L'essence de rose de la Guyane est pourtant connue en France, depuis longtemps, sous le nom d' « essence de linaloe », appliqué également à une autre essence plus ou moins analogue, provenant du Mexique.

L'essence mexicaine serait fournie par la distillation du bois de deux Térébinthacées, le *Bursera aloexylon* Engl. et le *Bursera Delpechiana* Pierre.

A la Guyane, l'arbre producteur est une Laurinée, dite « bois dé rose femelle », qui serait le *Licaria guyanensis* Aubl. (1).

(1) Si étrange que cela paraisse, le véritable nom botanique de cette Laurinée n'a pu être encore établi. Le genre *Licaria* créé par Aublet (parce que les indigènes

De l'avis de la maison Roure-Bertrand, l'essence de bois de rose de la Guyane est bien supérieure, par la finesse de son parfum, à celle du Mexique ; et il importe de le dire très haut, car l'erreur trop longtemps répandue que l'essence de la Guyane n'est qu'une essence de linaloe préparée avec plus de soin est préjudiciable au produit de notre colonie. Il y aurait entre l'essence de linaloe et celle de bois de rose la même différence qu'entre l'essence de cananga et celle d'ylang-ylang.

Plusieurs fabriques de distillation ont été installées soit à Cayenne soit à Sinnamarie. La maison Roure-Bertrand, qui avait provisoirement, en 1900, monté son usine dans le second de ces centres, l'a transportée, l'année suivante, à Cayenne, où les facilités de communication sont plus grandes.

En 1903, cet établissement — dont nous parlons plus particulièrement parce que c'est celui pour lequel nous avons les renseignements les plus précis — a travaillé 310.000 kilos de bûches, qui ont fourni 3.200 kilos d'essence.

Les approvisionnements en bois furent, au début, assez irréguliers. Les indigènes ne manifestaient qu'un faible enthousiasme pour reprendre un travail que de sérieuses difficultés, insuffisamment payées, leur avaient fait peu à peu abandonner.

Les *Licaria*, en effet, en forêt, ne sont pas groupés, mais croissent disséminés parmi les autres espèces. Il n'y a pas, d'autre part, de routes ; ce n'est donc qu'en remontant les cours d'eau que les récolteurs peuvent aller à la recherche des arbres.

Dans ces conditions, il y a longtemps que les pieds avoisinant le bord de ces rivières sont devenus très rares ; et il faut s'avancer de plus en plus à l'intérieur de la forêt pour rencontrer des troncs à abattre. Et ces troncs doivent être alors débités, sur place, par charges de 30 kilos qui sont transportées à dos jusqu'aux barques.

Après un tel travail, le récolteur autrefois était ordinairement mécontent des prix trop faibles qui lui étaient offerts à Cayenne.

appellent l'arbre *licari*) n'est certainement pas à conserver, mais aucune détermination n'a encore été faite, qui permette de dire à quel autre genre il doit être rattaché. Nees a bien prétendu autrefois que ce *Licaria guyanensis* est son *Dicypellium caryophyllatum*, mais cette synonymie n'est pas admise par Baillon. Une nouvelle vérification serait par conséquent nécessaire.

« C'est à peine (1) si, de temps à autre, un prospecteur malheureux, descendant des placers, apportait quelques tonnes de bois, récoltées en suivant le cours de la rivière. On pouvait donc considérer cette petite industrie locale comme destinée à disparaître. Il a fallu insister vivement pour engager les anciens forestiers à reprendre leurs recherches ; ils s'y sont décidés successivement et comme à regret. Mais lorsqu'ils ont pu se rendre compte que le bois de rose trouverait désormais un écoulement régulier et serait payé à un prix suffisamment rémunérateur, ils ont repris avec empressement leurs investigations à travers les forêts, et ils apportent maintenant à Cayenne les quantités de bois qui leur sont demandées. »

Ce bois de rose a été ainsi payé parfois jusqu'à 120 francs la tonne (2) ; mais les prix ont, croyons-nous, heureusement baissé depuis lors, et cette baisse est nécessaire pour que la fabrication de l'essence soit rémunératrice.

Nous ignorons les prix actuels du produit ; mais, en mai 1907, l'essence de linaloe du Mexique valait de 20 à 21 francs.

C'est, d'ailleurs, l'essence même qui doit être exportée. Les bois, qu'on expédie quelquefois, subissent en cours de route une dépréciation ; la distillation doit donc toujours avoir lieu le plus tôt possible, dans la colonie. La maison Roure-Bertrand, en établissant le prix de revient de l'essence fabriquée en France avec des bois importés, a constaté que ce prix serait de 20 o/o supérieur au prix de vente.

Nous avons dit plus haut que c'est depuis surtout que la maison Roure-Bertrand a installé une usine à Cayenne que le commerce de l'essence de la Guyane a pris quelque importance. Il y avait bien antérieurement, et depuis longtemps, quelques exportations, mais toujours assez faibles. Ainsi il sortait de la colonie en 1890 182 kilos, au prix de 1.820 francs. Mais depuis 1899 les expéditions ont représenté progressivement : 19.722 francs en 1899 ; 52.360 francs en 1900 ; 83.176 francs en 1901 ; 93.506 francs en 1902 ; 121.604 francs en 1903 ; 193.640 francs en 1904 (3).

---

(1) *Bulletin de la maison Roure-Bertrand fils, de Grasse*; avril 1904.

(2) Nous avons retrouvé, par hasard, des prix de 1880 ; les bûches étaient payées, à cette époque, 40 francs.

(3) Ces lignes étaient à l'impression, quand nous avons eu connaissance des statistiques de 1905, qui n'indiquent, pour l'essence de bois de rose, qu'une exportation de 15.984 kilos, représentant 47.952 francs. Nous ignorons, à l'heure présente, la cause de cette baisse, et ne pouvons dire si elle est accidentelle et doit être considérée comme momentanée.

Les bois de construction et d'ébénisterie. — Si l'exploitation des bois est délaissée à la Guyane, on ne peut pas donner pour excuse que les ressources qu'offrent les forêts de la colonie sont ignorées. A maintes reprises, l'inventaire des espèces intéressantes, soit pour la construction, soit pour l'ébénisterie, a été dressé.

Dès 1750, Godin des Odonais rédigeait un *Mémoire sur les différents bois de l'île de Cayenne*. En 1785, Guisan publiait un *Mémoire sur l'exploitation des bois de la Guyane française*. En 1820, dans les *Annales maritimes*, paraissait, sous la signature de Dumonteil, un *Mémoire détaillé sur les bois de la Guyane*. De 1823 à 1826, les mêmes Annales donnaient la *Liste des bois de la Guyane française propres à la confection des meubles et aux constructions navales et civiles*. En 1827, c'était un travail de Noyer sur *Les forêts vierges de la Guyane française, considérées dans le rapport des produits qu'on peut en retirer pour les chantiers maritimes de la France*... Et nous pourrions continuer jusqu'à nos jours cette énumération bibliographique.

Rappelons seulement encore les études particulièrement documentées de Sagot, qui a réparti en quatre catégories, d'après leurs propriétés et leurs modes possibles d'emploi, les principaux de ces arbres.

Sont à bois dur et incorruptible, par exemple, le *wacapou*, ou *Andira Aubletii* Benth., le *faux-gaiac*, ou *Dipterix odorata* Willd., le *balata*, ou *Mimusops Balata* Gaertn., l'*ébène verte*, ou *Tecoma leucoxylon* Mart., le *bois violet*, ou *Peltogyne venosa* Benth., divers *Sideroxylon*, ou *bois de fer*, etc.

Ont un bois d'une dureté moyenne, et plus ou moins propre à être scié en planches, le *wapa gras*, ou *Eperua falcata* Aubl., l'*angélique*, ou *Dicorynia paraensis* Benth., le *courbaril*, ou *Hymenea Courbaril* Lin., le *bagasse*, ou *Bagassa guianensis* Aubl., le *grignon*, ou *Terminalia Buceras* Wright, le *sassafras*, ou *Acrodiclidium chrysophyllum* Meissn., le *cèdre jaune*, ou *Ocotea commutata* Nees, le *cèdre gris*, ou *Ocotea splendens* Mez., le *cèdre blanc*, ou *Ocotea guyanensis* Aubl. (1), le *cèdre noir*, ou *Nectandra Pisi* Miq., le *bois-cannelle*, ou *Dycipellium caryophyllatum* Nees, l'*acajou*, ou *Cedrela guianensis* Juss., etc.

(1) Cette dernière détermination est du moins, celle de Sagot, et vraisemblablement la bonne. Le *cèdre blanc* est, pour d'autres auteurs, le *Protium altissimum* March. Ce cèdre blanc est encore appelé *cèdre bagasse*, qu'il ne faut pas confondre avec le *bagasse*, qui est une Artocarpée, le *Bagassa guianensis* Aubl.

Parmi les essences précédentes, il en est déjà qui fourniraient tout aussi bien d'excellents et superbes bois d'ébénisterie. Tels sont l'*ébène verte*, le *bois violet* (1), le *courbaril*, l'*acajou*. Mais d'autres espèces également intéressantes à cet autre point de vue sont le *satiné*, ou *bois de Féroles*, ou *Parinarium guyanense* (*Ferolia guyanensis* Aubl.) (2), le *bois de lettres moucheté*, ou *Brosimum Aubletii* Poepp. et Endl., le *bois de lettres rubané*, ou *Amanoa guianensis* Aubl., le *boco*, ou *Inocarpus prouacensis* (*Bocoa prouacensis* Aubl.), le *moutouchi*, ou *Pterocarpus Draco* Lin. (3), le *patavoua*, ou *Oenocarpus Bataua* Mart., le *panacoco*, ou *Swartzia tomentosa* DC, etc.

Dans une quatrième catégorie, Sagot range les bois inférieurs, non utilisés à la Guyane.

Mais pourquoi insister davantage ? Nous reproduisons une fois de plus une liste déjà maintes fois donnée inutilement.

La balata. — Pendant que cette sorte de gutta donne lieu à un commerce très actif dans les Guyanes anglaise et hollandaise, ainsi qu'au Vénézuela (4), la Guyane française se contente d'en exporter quelques milliers de kilos (12.277 kilos en 1903, et 11.374 en 1904, contre 255.000 kilos, en 1904, de la Guyane hollandaise et 1.500.000 environ du Vénézuela).

Et cependant c'est encore là un produit qui, dans notre colonie, est connu depuis longtemps. Déjà en 1859 le Ministre de l'Algérie et des colonies attirait l'attention de la Chambre de Commerce de Marseille sur la substance. Et nous avons rappelé, à plusieurs reprises, dans des ouvrages antérieurs, que vers 1890 M. Heckel essaya de réagir contre l'indifférence de la Guyane française en faisant charger d'une mission un pharmacien M. Geoffroy, qui alla sur place (5) étudier la question. Mais ce fut peine perdue. Son exploration

---

(1) Il y a un autre *bois violet*, qui est le *Copaifera bracteata* Benth.

(2) Il y a toutefois plusieurs *satinés*, dont l'un seulement est ce *Parinarium guyanense*.

(3) Ce serait le *moutouchi grand bois*. Il y aurait un autre *moutouchi*, qui serait le *moutouchi marécage*, à bois tendre. On a indiqué quelquefois pour celui-ci, mais probablement à tort, le nom de *Machœrium Schomburghii* Benth.

(4) Nous avons donné de nombreux détails sur l'exploitation du balata aux Guyanes et au Vénézuela dans *Les Plantes à caoutchouc et à gutta* (Challamel ; Paris, 1903).

(5) GEOFFROY, *Rapport de mission à la Martinique et à la Guyane* ; Annales de l'Institut colonial de Marseille, 1898.

coûta inutilement la vie à Geoffroy, qui mourut peu de temps après son retour en France ; et les balatas furent délaissés comme auparavant, malgré les renseignements contenus dans le rapport posthume qui fut publié par les soins de M. Heckel.

Nous lisons, par exemple, dans ce rapport :

« En Guyane, où les balatas sont abondants, il y aurait des siècles d'exploitation de gutta à faire.

« Les arbres végètent le plus souvent isolés, quelquefois par groupes de trois ou quatre ; rarement ils vivent en famille.

« On les a signalés sur tous les points connus de notre Guyane ; et j'ai pu constater leur présence partout où j'ai séjourné : aux environs de Cayenne, sur les différents chantiers forestiers de l'Administration pénitentiaire, aux Nattes, à Saint-Laurent, à Saint-Jean, au village d'Apatou, le long du Maroni, sur les rives de l'Awa, dans le Contesté de l'Awa, le long de l'Itani et chez les Roucouyennes.

« D'après le témoignage des surveillants militaires employés aux chantiers forestiers, d'après les chercheurs de bois de l'Administration pénitentiaire, et d'après mes observations personnelles, je crois pouvoir affirmer que, pour un hectare de forêt non exploitée, il y a une moyenne de 20 à 25 pieds de balatas. La proportion est bien plus forte en certains points, où les balatas manifestent une tendance à vivre en famille : aux Nattes, sur certains plateaux du Nouveau-Chantier, dans la portion de forêt qui s'étend entre l'Orapu et la rivière de Counana, etc.

« J'ai surtout visité le territoire forestier du Maroni et de l'Orapu ; et mes observations portent sur plus de mille hectares. »

On dit bien qu'il y a une tendance, actuellement, à l'extension de l'exploitation de ces arbres. L'Administration pénitentiaire s'en occuperait activement, et les habitants commenceraient à suivre cet exemple.

Ce ne sont pas néanmoins les exportations indiquées plus haut qui peuvent permettre d'affirmer, dès maintenant, que, sous peu, le commerce de la balata en Guyane française acquerra une réelle importance.

Il importerait, du reste, de surveiller le mode de récolte, qui doit être celui des autres Guyanes, et non celui du Vénézuela, où les arbres sont abattus. Il faut engager également les récolteurs à adopter les procédés de coagulation à froid du Surinam ou de la Guyane anglaise, plutôt que les habitudes des *gummeros* vénézuéliens, qui font chauffer le lait. La balata des Guyanes, telle que la balata de Demerara, se vend à des prix plus élevés, parce qu'elle est plus convenablement préparée que le produit du Vénézuela.

C'est un arrêté du 18 janvier 1895 qui a réglé, dans notre colonie, les conditions auxquelles sont accordées les concessions du *Mimusops Balata*. Les permis d'exploitation sont de quatre ans, et renouvelables ; l'étendue des concessions peut varier de 5.000 à 25.000 hectares (5.000 à 50.000 en Guyane hollandaise).

Les plantes oléagineuses. — Beaucoup d'arbres des forêts de la Guyane ont des fruits ou des graines riches en substances grasses.

Parmi les Palmiers, le plus connu et le plus utilisé sur place est l'*aouara*, ou *avoira*, qui est l'*Astrocaryum aculeatum* Mey. La pulpe du fruit donne une huile comestible ; les graines fournissent un beurre également alimentaire.

D'autres Palmiers à graines oléagineuses sont le *maripa Maximiliana Maripa* Drude), le *comou* (*Œnocarpus Bacaba* Mart.) (1), le *pataoua* (*Œnocarpus Bataua* Mart.), le *pinot* (*Euterpe oleracea* Mart.).

Parmi les Euphorbiacées, la liane *ouabé*, ou *Omphalea diandra* Lin., a des graines dont le tégument contient superficiellement — comme celui des graines de *Stillingia* et de *Sapium* — une substance butyreuse abondante.

Parmi les Ternstremiacées, diverses espèces de *Caryocar* produisent des drupes dont la pulpe renferme un beurre et l'amande une huile, l'un et l'autre comestibles.

Le *yayamadou*, ou *guinguamadou*, est une Myristicacée, le *Virola sebifera* Aubl., dont les graines abandonnent à la pression un suif depuis longtemps connu en stéarinerie.

Enfin une autre graine grasse déjà anciennement signalée est celle du *Carapa guianensis* Aubl., qui, décortiquée, renferme (2) 30 o/o d'une huile bien différente du beurre du *Carapa Touloucouna* G. et P.

---

(1) LIÉNARD, *Recherches sur la composition de l'albumen des graines* d'Astrocaryum vulgare *et* d'Œnocarpus Bacaba ; Annales de l'Institut colonial de Marseille, 1903.

(2) E. HECKEL, *Graines grasses nouvelles ou peu connues des colonies françaises ;* Annales de l'Institut Colonial de Marseille, 1898. Pour divers renseignements sur l'origine botanique des produits de la Guyane française, on pourra consulter le travail de M. Heckel : *Les plantes médicinales et toxiques de la Guyane française.* 1897.

de l'Afrique occidentale. Le beurre de touloucouna n'est pas employable en savonnerie ; l'huile de carapa serait utilisable en savonnerie comme en stéarinerie.

Certaines, au moins, de ces graines, et d'autres encore qu'il y aurait intérêt à étudier et à essayer industriellement, pourraient donner lieu à des exportations dépassant le chiffre de 1785 kilos que nous relevons dans les statistiques de 1904, et dans lequel vraisemblablement il faut comprendre une certaine quantité de coprah.

NOUVELLE-CALÉDONIE

ET DÉPENDANCES

Comprise entre 20° 40 et 22° 26 de latitude Sud, la Nouvelle-Calédonie est une île étroite (50 kilomètres, en moyenne) et allongée (400 kilomètres), d'une superficie de 1.196.000 hectares, que traverse, suivant sa longueur, du Nord-Ouest au Sud-Est, une chaîne montagneuse.

A quelque distance de la côte est une ceinture de récits madréporiques qui ménage entre ces rochers et le rivage une sorte de canal, où les eaux sont tranquilles.

En raison de la faible largeur de l'île, la chaîne qui la parcourt, et dont les dernières ondulations (de 100 à 200 mètres de hauteur) atteignent le littoral, réduirait à une bien faible surface l'étendue des terres facilement cultivables, si elle n'était heureusement entrecoupée de nombreux cols peu élevés, qui, descendant en pente douce vers les deux côtes, constituent, au contraire, autant de vallons propices à la culture.

Le vent qui souffle le plus fréquemment sur l'île est l'alizé du Sud-Est. La côte la plus humide est, en conséquence, la côte orientale. Beaucoup moins fertile est la côte occidentale, exposée à de longues sécheresses.

C'est naturellement, tout d'abord, dans les parties du littoral situées aux débouchés des vallons — et où se trouvaient déjà les cultures indigènes — que se sont établis les colons. Mais peu à peu les nouvelles plantations remontent les vallées, vers l'intérieur.

Les dépendances de la colonie sont : l'île des Pins, l'archipel des Loyalty (Moré, Lifou et Ouvéa), les îles Huon, les Chesterfield, l'archipel des Wallis et les îles Horn.

En 1904, il a été exporté :

Coprah	2.214 850 kilos	678.576	francs
Café en fèves	346.313 »	584.035	»
Caoutchouc	17.099 »	138 234	»
Bois de santal	55.363 »	30.403	»
Champignons de bois	15.261 »	13.163	»
Huile de ricin	14.594 »	10.288	»
Essence de niaouli	563 litres	3.505	»
Kaori	1.075 kilos	1.115	»
Rhum	819 litres	2.511	»
Vanille	78 kilos	864	»

En 1905 et 1906, les exportations ont été :

	1905	1906
Coprah	1 710.417 kilos	1.264.210 kilos
Café	295.412 »	283.798 »
Caoutchouc	22.647 »	36.111 »
Bois de santal	149.652 »	194.206 »
Champignons de bois	4.515 »	2.052 »
Essence de niaouli	856 litres	1.055 litres
Kaori	13.440 kilos	28.059 kilos
Vanille	60 »	7 »

Le cocotier et le ricin. — En 1889, la Nouvelle-Calédonie n'exportait que pour 75.270 francs de coprah. C'est depuis cette époque que le commerce a peu à peu augmenté, atteignant progressivement les valeurs suivantes : ·

En 1891	276.712	francs
1897	216.573	»
1899	416.514	»
1901	377.917	»
1902	439.003	»
1903	485.880	»
1904	678.576	»

Les Nouvelles-Hébrides (1) sont bien, en ces dernières années, venues apporter un assez fort appoint à ces exportations de coprah

(1) C'est en octobre 1906 qu'a été signée la convention franco-anglaise par laquelle « l'archipel des Nouvelles-Hébrides, y compris les îles de Banks et de Torrès, formera un territoire d'influence commune à la France et à l'Angleterre, sur lequel

de la Nouvelle-Calédonie ; et c'est ainsi que s'explique, en particulier, la brusque élévation de 1904, qui, du reste, n'a pas persisté, comme nous l'indiquent plus haut les statistiques de 1905 et 1906.

Mais déjà, par elle-même, la Nouvelle-Calédonie, avec ses dépendances, suffit pour assurer un commerce régulier important du produit.

Les cocotiers sont communs aux Loyalty. En Nouvelle-Calédonie, surtout dans le nord, en deçà du 21ᵉ degré de latitude, ils sont nombreux, et les plantations sont prospères, dans les plaines sablonneuses du littoral ; on en trouve même ailleurs, dans des terres arides, et jusqu'à 300 à 500 mètres d'altitude.

La colonie a donc tout intérêt à soigner — comme nous l'avons dit pour l'Indo-Chine — la préparation du produit, dont l'écoulement est assuré. Il y aurait peut-être aussi lieu de voir si le commerce du coir ne pourrait pas accompagner celui de l'amande.

En ce qui concerne les plantations, les avis des personnes compétentes sont divers, soit au sujet du mode d'installation, soit même sur le point de savoir si, pour un colon, il est avantageux d'entreprendre une culture qui est à assez longue échéance. Nous avons entendu soutenir qu'il fallait laisser aux Canaques le soin d'établir de nouvelles cocoteries ; trop souvent des colons ont dû, faute de capitaux, abandonner leurs plantations avant d'en voir la première récolte. Il est certain qu'il faut des ressources sérieuses — comme en ont, par exemple, des Sociétés — pour supporter une attente de dix ans, qui nécessite évidemment qu'on se livre, entre temps, à d'autres exploitations d'un bénéfice plus immédiat.

Pour l'installation de la cocoterie on recommande le plus souvent 250 à 300 pieds par hectare. Quelques colons cependant, faisant remarquer que, dans les plantations canaques, on en compte parfois jusqu'à 700, estiment qu'on peut admettre le chiffre moyen de 500 à 600 (1),

les sujets et citoyens des deux puissances signataires jouiront des droits égaux de résidence, de protection personnelle et de commerce, chacune des deux puissances demeurant souveraine à l'égard de ses nationaux, et ni l'une ni l'autre n'exerçant une autorité séparée sur l'archipel. »

(1) C'est le chiffre de 600, par exemple, qui est indiqué dans la *Notice sur la Nouvelle-Calédonie* (Paris, 1900). Jeanneney (*La Nouvelle-Calédonie* ; Paris, 1894) n'admet que 250. L'auteur du *Guide de l'émigrant en Nouvelle-Calédonie* dit 300.

Nous avons dit plus haut que les Nouvelles-Hébrides commencent à fournir un appoint sérieux aux exportations de coprah de Nouvelle-Calédonie. Un de nos correspondants, M. A. Vézia, qui possède une plantation à Sakau des Maskelynes, aux îles Mallicola, a décrit, en janvier dernier, dans le *Journal d'agriculture tropicale*, les conditions dans lesquelles est exploité le cocotier dans ces îles.

Les palmiers, là, sont espacés habituellement, en plaine, de 9 à 10 mètres, soit en lignes parallèles, soit en quinconce, et, en montagne, de 7 à 8 mètres.

Il faut attendre sept ans pour obtenir la première récolte. Le rendement augmente progressivement ensuite; et il n'est pas rare que des cocotiers donnent de 60 à 120 noix par an, ce qui est une bonne moyenne.

Les indigènes ne cueillent pas sur l'arbre, mais se contentent de ramasser les fruits qui tombent.

Ces fruits ensuite sont quelquefois simplement attachés par paquets de dix, et apportés sur le rivage, où des pirogues ou des baleinières viennent les chercher, pour les transporter aux stations à coprah.

Dans les endroits plus éloignés de la mer, les récolteurs, à l'aide d'un bout de bois pointu enfoncé en terre, enlèvent la bourre, ou même ouvrent déjà les noix en deux ; et ce sont ces noix ainsi partiellement préparées qui sont vendues.

A la station à coprah, les noix ouvertes sont placées sur une claie, dans une case qui est l'« enfumoir », ou « smoking house ». La claie est à une hauteur de 1 m 50 à 2 mètres ; les noix y sont déposées par leur partie ouverte.

On entretient le feu pendant un ou deux jours ; c'est la bourre de coco qui sert de combustible.

L'enfumage terminé, l'amande est facilement détachée ; on la débite en fragments, et c'est le « smoke coprah ».

Jusqu'alors on prépare, dans les îles, peu de « sundried », c'est-à-dire de coprah séché au soleil. Les indigènes s'y refusent ; les colons seuls sont plus disposés à le faire, en raison des prix plus élevés de cette sorte (25 francs de différence environ par tonne).

Actuellement, dit M. Vezia, « le coprah, aux Nouvelles-Hébrides, est à un prix très rémunérateur : entre 350 et 400 francs, pris sur place, sans aucun frais. Les vapeurs ou voiliers font même l'ensachage et le pesage, et rendent les sacs vides. Tout est payé en or anglais, très peu en argent français, ou bien en échange contre des articles de traite ou de première nécessité. Dans ma tournée, ce mois-ci, j'ai pu obtenir le prix de 402 fr. 50 pour la tonne de coprah vendue à un négociant de la place de Nouméa, prix net, sans aucun frais. Les courriers anglais font la concurrence à nos nationaux, à l'avantage des exploitants et planteurs du pays. »

Après le cocotier, une plante oléagineuse qui peut offrir quelque intérêt en Nouvelle-Calédonie est le *ricin*, dont les graines sont travaillées par quelques usines qui fabriquent sur place des savons. Et il faut croire que la production de l'huile est, à l'heure actuelle, assez forte, puisque nous trouvons cette huile mentionnée dans les exportations de 1904 (14.594 kilos),

Le caféier. — La culture du caféier pouvait paraître définitivement, il y a trois ans, une des grandes culture d'avenir de la Nouvelle-Calédonie. Depuis 1897, notamment — où il était exporté 268.712 kilos de café en grains, alors que la colonie n'en expédiait que 25.020 kilos en 1891 — le commerce s'était rapidement accru, représentant successivement, en valeur :

793.110 francs	en	1899
654.610 »		1900
879.455 »		1901
955.938 »		1902
1.035.741 »		1903

Mais, en 1904, brusquement, une diminution de 584.000 francs environ s'est produite sur les exportations proprement dites de la colonie (*proprement dites*, car il faut déduire des 584.035 francs exportés une valeur de 100.000 francs environ correspondant aux importations des Nouvelles-Hébrides) ; et malheureusement cette baisse a, depuis lors, persisté, et s'est même accentuée, puisque, en poids, il n'est sorti de la colonie en ces trois dernières années que :

346.313 kilos	en	1904
295.412 »		1905
283.798 »		1906

Les causes de cette baisse inquiétante sont, du reste, connues.

Il peut en être une première, qui est indiquée dans les *Statistiques coloniales de l'année 1904* :

« Le café, qui trouverait, sur cette vaste terre de la Nouvelle-Calédonie, des champs propices à l'extension de sa culture, subit rudement la concurrence étrangère sur les marchés de France.

« Non seulement il a à payer la moitié des droits de douane, mais il subit la concurrence des cafés torréfiés falsifiés importés d'Allemagne, fabriqués avec du carton, dans lequel il est mis de l'essence de café, ou plutôt un produit chimique en imitation de cette essence.

« J'en ai vu introduire même à Madagascar ; et j'en ai bu à bord d'un vapeur allemand. Un Allemand me l'a offert comme tel, c'est-à-dire comme café fabriqué avec du carton et de l'essence.

« Je conclus donc, pour que les colonies trouvent un bénéfice à sa culture, à l'application d'un droit prohibitif sur cette denrée et à l'exonération de tous droits des cafés coloniaux à l'entrée en France. »

En réalité, si la concurrence n'était réduite qu'à celle de ces faux cafés, le mal ne serait pas bien grand ; et nous avons plutôt cité à titre de curiosité le passage précédent.

Bien plus dangereuse est la surproduction brésilienne actuelle. Là est la principale raison de la lourdeur générale des cours des cafés en ces derniers temps ; et, dans ces conditions, les planteurs néo-calédoniens ne peuvent espérer l'écoulement de leur récolte, sur les marchés français, que s'ils sont favorisés par la suppression complète de la taxe.

Puis il faut bien dire toute la vérité. Ces mêmes planteurs devraient peut-être aussi, dans leur intérêt, ne pas trop négliger les conseils que leur donnait en 1899 M. Feillet, alors gouverneur de la colonie.

A l'ouverture de la session annuelle du Conseil général, M. Feillet — qui se préoccupait vivement du développement des caféeries en Nouvelle-Calédonie, disait, cette année là :

« Il suffit de connaître nos cafés, et d'étudier leurs cours, comparés à ceux des Antilles et de la Réunion, pour se rendre compte de la cause principale de leur dépréciation.

Les cafés des Antilles et de la Réunion se vendent toujours 1 franc de plus, par kilogramme, que les nôtres.

Ainsi, au Havre, les cafés des Antilles se vendaient, en mars 1898, de 142 à 156 francs ; ceux de la Réunion, de 163 à 173 francs ; et les nôtres, de 90 à 122 francs, les 50 kilos.

En mars 1899, le café des Antilles valait de 123 à 145 francs ; celui de la Réunion, de 150 à 160 francs ; celui de la Nouvelle-Calédonie, de 75 à 93 francs, les 50 kilos.

Cette différence se justifie-t-elle par l'infériorité de nos produits ? Assurément non ; et la preuve c'est que, dès à présent, les colons qui peuvent, par leurs relations, opérer des ventes directes, obtiennent très facilement des prix comparables à ceux de la Réunion et des Antilles.

Comment s'explique donc cette marge excessive ?

Par une mauvaise préparation, par le défaut de triage, par le manque d'entente entre les colons, qui emploient des méthodes de décortication très différentes, les uns lavant leurs cafés, les autres les laissant se dessécher dans la cerise.

De cette situation est née l'idée d'une spéculation qui a porté un grave préjudice aux intérêts de la colonie.

Les vendeurs de nos cafés ont fait eux-mêmes le triage qui aurait dû être fait par les colons ; et nos cafés bonifiés, triés par leurs soins, se sont trouvés avoir de grandes ressemblances avec les cafés rivaux, de meilleures marques.

On les a donc vendus, tantôt pour des « Moka », tantôt pour des « Bourbon », tantôt pour des « Martinique ».

On ne vendit sous le nom de cafés calédoniens que le déchet, ce qui, après triage, se vendait le moins bien.

On obtint ainsi un double résultat : on ruina sur les marchés en gros la réputation des cafés de la Nouvelle-Calédonie ; et les cours de ceux-ci baissèrent rapidement, perdant la haute cote obtenue au début. En même temps, les spéculateurs réalisèrent, sur cette ruine des cours de nos cafés, de beaux bénéfices, car ils purent acheter à un prix avili des cafés qui, triés et démarqués, pouvaient se vendre à des cours beaucoup plus élevés. Quel est le remède ?

Changer résolument le mode de vente, le système commercial employé jusqu'ici. Et ceci implique deux sortes d'efforts individuels se réunissant dans un but commun : pour les colons, soigner la préparation de leurs cafés, les trier, obtenir, non seulement de bons, mais de beaux cafés ; pour les négociants, changer leurs procédés de vente. Et, pour ces derniers, ce n'est pas une utopie; l'évolution nécessaire s'opère actuellement. J'en connais qui sont en train de s'organiser dans ce but.

J'ai déjà résumé tous les vices du système actuel en disant que l'erreur de notre mode de vente peut être comparée à celle d'un propriétaire de Clos-Vougeot ou de Château-Laffitte qui vendrait son vin à Bercy.

Il faut donc nous inspirer du système employé par la plupart des négociants en vins pour le placement de leurs vins fins, et rechercher une clientèle obtenue, autant que possible, directement. Et la combinaison la plus pratique serait peut-être celle qui est actuellement en voie d'exécution, et qui consisterait à utiliser, pour la vente de nos cafés, l'organisation très savante et très complète qui fonctionne depuis longtemps déjà pour la vente des vins.

Il y a près d'un an que cette organisation est étudiée. Quelques-uns l'ont déjà expérimentée sur une petite échelle et s'en sont bien trouvés. Les colons qui ont pu en profiter par leurs relations n'ont jamais vendu leur café moins de 2 fr. 20, et souvent plus.

Le remède à la baisse ne doit donc pas seulement être cherché dans la détaxe totale; il doit être poursuivi par l'initiative privée des colons et des négociants unis dans un même intérêt.

Je suis heureux de pouvoir reconnaître que cette initiative ne fait pas défaut et qu'elle est sur le point d'aboutir à un résultat favorable.

Tout fait ainsi présager que la baisse actuelle des cafés sera passagère. »

Il faut bien avouer que l'avenir n'a pas tout à fait donné raison à ces prévisions optimistes, car, en mai 1907, les prix des sortes de nos colonies étaient toujours comparativement les suivants :

    Bourbon......................... F. 170
    Guadeloupe bonif.........   130
    Nouméa.........................   98

Les « Nouméa » restent dont cotés plus bas que les deux autres provenances.

Et malheureusement ce ne sont pas les apports des Nouvelles-Hébrides qui contribuent à les améliorer, car c'est dans un journal commercial de la Nouvelle-Calédonie, à la date du 9 mars 1907, que nous lisons :

« Des lots de cafés arrivant des Nouvelles-Hébrides présentent beaucoup d'irrégularités : autant de sacs, autant de sortes. Le planteur ne peut se figurer combien cette absence de triage déprécie non seulement son lot, mais encore la marque néo-hébridaise, dont l'apparition sur le marché est toute récente ».

Pour toutes ces causes réunies, beaucoup de personnes commencent à penser que, tant que les conditions présentes n'auront pas changé, il peut être de toute prudence — contrairement aux encouragements hâtifs donnés souvent à la légère — de ne pas entreprendre trop de nouvelles plantations.

En tout cas, ces nouvelles caféeries devront être établies avec le désir et dans l'intention d'obtenir une amélioration du produit du pays; et, à cet égard, il faut répéter qu'on s'acheminera déjà vers ce résultat — en même temps qu'on aura, en principe, plus de chances de réussite et l'espoir d'un plus fort rendement — en choisissant toujours désormais des terres d'une certaine altitude. Le caféier cultivé dans la colonie est le *Coffea arabica*, indemne jusqu'alors, dans l'île, de l'*Hemileia vastatrix*; il peut donc, même sous la latitude de la Nouvelle-Calédonie, se contenter de la température des parties relativement élevées. En fait, il y a, paraît-il, des plantations qui, jusqu'à 500 mètres, sont prospères ; et on s'accorde à admettre que cette culture sur les hauteurs doit être, sans hésitation, préférée à la culture en plaine, qui n'est satisfaisante qu'exceptionnellement.

C'est par des créoles de la Réunion que le caféier d'Arabie aurait été introduit en Nouvelle-Calédonie ; et on distingue encore aujourd'hui, dans l'île océanienne, les deux variétés bourboniennes : le *café du pays*, plus ou moins modifié, et le *Leroy*, qui est pointu. Et, en mars 1907, à Nouméa, ces cafés valaient, les 50 kilos :

1er choix...................... ..	F. 90
Nouméa pointu (Leroy).........	97 50
Autres qualités.	80

Les plantes à caoutchouc. — Longtemps récolté seulement par intermittences, et en très faibles quantités, dans la colonie, le caoutchouc n'apparaît dans les statistiques, sous une rubrique spéciale, qu'en 1898, où il sort de la colonie 30 kilos de la substance, pour une valeur de 60 francs.

Mais, les années suivantes, les expéditions sont de :

1.524 kilos en 1899	11.268 kilos en 1903
23.110 » 1900	17.099 » 1904
16.510 » 1901	22.647 » 1905
8.514 » 1902	36.111 » 1906

Nous allons dire, du reste, plus loin, qu'il ne faut pas se réjouir trop vite de cet accroissement rapide des exportations du caoutchouc calédonien en ces dernières années. Sur un territoire limité comme l'est celui de la Nouvelle-Calédonie et de ses dépendances, il ne peut être que l'indication d'une exploitation barbare et irrationnelle, pratiquée frauduleusement. Et la conséquence doit en être à bref délai l'épuisement des arbres et le déclin d'un commerce à peine commencé.

Mais quelques mots sur l'arbre producteur sont, tout d'abord, nécessaires, car ce n'est que depuis 1903 que l'examen d'échantillons botaniques recueillis par le Dr Schlechter a permis à M. Warburg (1) de reconnaître que le *Ficus* à caoutchouc de Nouvelle-Calédonie n'est nullement le *Ficus prolixa* Forst., comme on l'avait cru jusqu'alors, mais une autre espèce notablement différente, et non encore décrite, que le botaniste allemand nomma *Ficus Schlechteri.*

Peut-être même le *Ficus prolixa* n'existerait-il pas en Nouvelle-Calédonie ; et une espèce qu'on rencontre, et qui en est voisine, le *Ficus inæquibracteata* Warb. n'est pas caoutchoutifère.

Le *Ficus Schlechteri*, qui est le *sa* des Canaques, se rapproche surtout du *Ficus retusa* Lin. var. *nitida* Miq., très répandu en Malaisie, dans les Indes et jusque dans le sud de la Chine. Il s'en distingue surtout par ses feuilles et ses stipules plus étroites, par des bractées basilaires du réceptacle plus petites, par un ostiole moins proéminent, puis aussi parce qu'il donne du caoutchouc.

C'est un arbre à écorce rouge-grisâtre, d'une hauteur moyenne de 15 à 20 mètres, à très large frondaison ; de ses branches partent des racines aériennes, comme dans beaucoup d'autres *Ficus*, le *Ficus elastica*, par exemple.

Les rameaux sont glabres, gris-blanchâtre, à lenticelles blanches punctiformes, éparses. Les feuilles, de 6 à 8 centimètres de longueur

---

(1) O. WARBURG, *Der Kautschukliefernde Feigenbaum von Neucaledonien* ; Tropenpflanzer, 1903. — R. SCHLECHTER, *Neue Kautschukbäume aus Neucaledonien* ; id., 1903.

sur 2$^{c/m}$ 5 à 3$^{c/m}$ 5 de largeur, sont glabres, obovales ou oblancéolées, aiguës à la base, plus obtuses au sommet, deux ou trois fois plus longues que larges, à nervures basilaires à peine plus fortes que les latérales, qui sont au nombre de huit environ. Les pétioles ont de 10 à 15 millimètres de longueur.

Les figues sont par deux, axillaires, pisiformes (8 à 9 millimètres de diamètre), parfois légèrement comprimées, brunâtres à l'état sec.

L'espèce est très abondante aux Loyalty. En Nouvelle-Calédonie, elle est disséminée un peu partout, dans des sols très divers ; cependant elle est plus commune sur la côte que dans la chaîne centrale ; elle ne semble pas se plaire en terrains miniers. On la retrouve sur les récifs madréporiques qui forment ceinture autour de l'île.

Aux Loyalty, l'exploitation a été faite tout d'abord par les indigènes sans la moindre précaution. A coups de hachette, le Canaque pratiquait de nombreuses incisions, très profondes et très rapprochées. Les entailles n'étaient même pas espacées de 10 centimètres, et, en profondeur, atteignaient plus de la moitié de l'épaisseur de la branche. De telles plaies ne se cicatrisaient pas et étaient envahies par les insectes. Puis les racines mêmes qui couraient à la surface du sol étaient sectionnées. C'était donc, à bref délai, le dépérissement, puis la mort de l'arbre. Mais il parait que, en ces derniers temps, sur les conseils des commerçants, la récolte est devenue plus méthodique. Les indigènes commenceraient à se servir de gouges avec lesquelles ils font des incisions obliques. Le latex, qui jadis s'écoulait simplement sur une plaque de tôle, est recueilli maintenant dans des gobelets. La coagulation est obtenue par dessication au soleil.

Malheureusement les Canaques ne sont pas les seuls récolteurs. Dans la grande île, en Nouvelle-Calédonie, une autre catégorie de gens s'adonne au même métier, et ceux-là, — Français plus ou moins sans aveu — se préoccupent bien peu des avis donnés, puisque leur seule vraie profession est le vol. S'introduisant dans les propriétés, ils incisent frauduleusement les *Ficus* ; et peu leur importent évidemment les moyens employés et les conséquences qui en résultent.

C'est à ces individus que nous faisions allusions plus haut, en déplorant l'augmentation trop rapide du commerce du caoutchouc calédonien en ces derniers temps. La production de 1906 est excessive et ne s'explique que par cette origine illicite d'une partie du caoutchouc acheté à Nouméa.

A maintes reprises, les tribunaux ont dû sévir, mais sans réussir — ce qui est bien difficile — à supprimer ces agissements, qui se renouvellent tous les jours (1).

Et les premières victimes de ces déprédations sont les concessionnaires, auxquels des terrains ont été accordés avec les conditions suivantes, que règle l'arrêté du 20 février 1901 :

Article premier. — La concession du droit d'extraire le suc laiteux des arbres à caoutchouc se trouvant sur les terrains du Domaine de l'Etat ne peut en principe être accordée que par voie d'adjudication publique. Toutefois, quand il s'agit d'une concession dont la durée ne doit pas dépasser six ans, et que le même territoire n'est demandé que par une seule personne, la concession pourra être accordée à l'amiable.

Article 2. — La durée de chaque concession sera de six ans au moins.

Article 3. — La même personne ne pourra obtenir une concession sur une surface de plus de 10.000 hectares.

Article 4. — Sont seuls compris dans la concession le banian et ses variétés. En sont formellement exclus les araucarias, ou pins colonnaires, le chêne-gomme, et les kaoris.

Article 9. — Le concessionnaire sera tenu de planter, chaque année, sur le territoire compris dans sa concession, un nombre d'arbres au moins égal au dixième des arbres par lui exploités pendant la même année.

Article 10. — Il ne pourra vendre ou exploiter les jeunes plants de caoutchouc accrus spontanément ou repiqués par lui, sans l'assentiment de l'Administration.

Article 12. — Il ne pourra se servir, pour faire les incisions, que de la griffe (espèce de gouge recourbée, en acier) conforme au modèle présenté par l'Administration. Sous aucun prétexte, les inci-

---

(1) Nous lisons, par exemple, dans le *Bulletin du Commerce de la Nouvelle-Calédonie et des Nouvelles-Hébrides* (4 mai 1907) : « Bourail. — Les voleurs de caoutchouc continuent leurs exploits malgré les pénalités encourues ; ce qui démontre que le juge est souvent trop indulgent pour eux. Quelques jeunes gens bien connus de la Justice se livrent à la vente illicite et vendent le caoutchouc aux commerçants de la place, qui se soucient fort peu de sa provenance. Un de ces saigneurs de banians, le nommé D.. , un professionnel de ce vol, a été pincé en pleine opération, en sortant, à l'aurore, de la propriété de Gabé. Son matériel et du lait extrait ont été saisis. »

sions ne pourront être faites à coup de hache. Elles pénètreront dans toute la profondeur de l'écorce, sans s'enfoncer dans le bois.

ARTICLE 13. — Le gemmage des arbres et la récolte du caoutchouc ne pourront avoir lieu, chaque année, que du 1ᵉʳ mai au 31 août (1).

ARTICLE 14. — Le gemmage ne devra être pratiqué, dans le cours d'une même période, que d'un seul côté de l'arbre, et au moyen seulement d'une incision longitudinale et d'incisions latérales et légèrement obliques y aboutissant.

Ces dernières incisions ne doivent pas s'étendre chacune sur plus d'un quart de la circonférence de l'arbre. Elles devront être faites tantôt à droite et tantôt à gauche de l'incision longitudinale, à une distance de 30 centimètres les unes des autres.

Article 15. — Il est rigoureusement interdit de gemmer les branches et les racines, et de faire du feu près des arbres soumis au gemmage.

On voit que, parmi ces conditions, il en est une qui impose des plantations ; et ce n'est, en effet, que si le repeuplement — dont quelques essais ont déjà été faits, à l'instigation de l'Administration — réussit que le commerce du caoutchouc en Nouvelle-Calédonie, dans quelques années, pourra se maintenir. Mais il ne faut pas se dissimuler que les *Ficus* sont loin d'être des arbres à rendement hâtif.

Le caoutchouc du *Ficus Schlechteri*, brun rougeâtre, a été vendu, en ces derniers temps, à des prix élevés, égalant ceux des « Conakry niggers ».

En avril 1907, lorsque le « Para » valait 13 fr. 40, on cotait :

Conakry niggers	F.	11	
Soudan twists		9 40 à	9 50
Madagascar-Majunga		7 85	8
Calédonie belle qualité		11 25	11 50
Calédonie inférieure		9 50	9 70

Seul, d'ailleurs, le *Ficus Schlechteri* donnerait actuellement ce caoutchouc de Nouvelle-Calédonie. Nous ne croyons pas qu'on récolte le produit d'un *Alstonia* que M. Schlechter découvrait, en 1903, dans les montagnes du sud de l'île, sur le bord des ruisseaux et dans les forêts des vallées.

(1) C'est l'époque de la saison froide, qui dure d'avril à septembre, les trois mois les plus chauds de l'année étant de décembre à mars.

Cette Apocynée serait une espèce nouvelle, l'*Alstonia Durckhei-miana* Schltr., voisine de l'*Alstonia plumosa* Lab., avec lequel on la rencontre souvent.

C'est un arbre de 6 à 15 mètres de haut, lâchement ramifié, à feuilles assez distantes, elliptiques-lancéolées, acuminées, glabres, avec un pétiole long de 4 à 5 centimètres et un limbe de 20 à 26 centimètres de longueur, sur 7 à 12 centimètres,de largeur. Les fleurs sont d'un jaune soufre pâle. Les fruits sont des follicules cylindriques, grêles, atteignant 30 centimètres de longueur et 5 millimètres de diamètre ; les graines sont comprimées, glabres, oblongues, et entourées d'une aile hyaline.

Le caoutchouc serait abondant, et déjà de bonne qualité dans les parties jeunes.

Son étude mériterait d'être faite. Il faudrait aussi savoir quelle est, au juste, la fréquence de l'arbre et connaitre sa répartition dans la colonie ; ce qui est encore ignoré.

Les plantes à essences ; niaouli et bois de santal. — La citronnelle et le vétiver sont deux plantes depuis longtemps introduites en Nouvelle-Calédonie, où elles poussent aujourd'hui partout, à l'état sauvage ; elles pourraient donc être cultivées, et leurs essences régulièrement exportées.

Pour les raisons exposées à propos de l'Indo-Chine, il serait bon toutefois de déterminer exactement la citronnelle naturalisée dans la colonie et s'assurer si c'est bien la variété ou l'espèce qui convient. En cas contraire, des essais pourraient être faits pour l'acclimatation d'un type meilleur.

Une observation faite par la maison Roure-Bertrand fils, de Grasse, vient à l'appui de cette réserve. De l'essence de citronnelle provenant de Nouvelle-Calédonie,et analysée à l'usine (1),a été reconnue de composition très différente de celle de l'essence fournie par la Malaisie et l'Inde. Tandis que cette dernière contient principalement du géraniol, c'est-à-dire l'alcool correspondant au citral, le produit néo-calédonien est surtout formé de citral.

(1) *Bulletin de la maison Roure-Bertrand fils, de Grasse* ; avril 1904.

Sa composition est la suivante :

> Citral................................... .... 43.2 o/o
> Aldéhyde ayant les caractères de citronellal....... 7
> Ether (en acétate de géranyle).................... 5.5
> Alcool libre (en géraniol)...................... 10.2
> Autres constituants........................... 34.1

On voit donc que l' « essence de citronnelle » de Nouvelle-Calédonie serait toute différente de l'essence de citronnelle ordinaire du commerce.

La question est de savoir si c'est cette essence que la colonie devrait chercher à produire pour l'extraction du citral, ou s'il ne serait pas préférable — au cas où ce serait possible et où la citronnelle actuelle de Nouvelle-Calédonie serait une variété ou même une espèce distincte — de remplacer la culture de cette citronnelle par celle de la forme-type du *Cymbopogon Nardus*, qui est, nous l'avons vu, le *maha-pengiri* de Ceylan.

Pour le moment, la seule essence exportée, et en petites quantités, de la Nouvelle-Calédonie est l'*essence de niaouli*, dont il a été expédié en 1904 :

> 162 litres en France.
> 401 » Australie.

Il s'agit, cette fois, d'un produit dont la colonie pourrait, du jour au lendemain, fournir toutes les quantités qui lui seraient demandées, si la médecine l'utilisait davantage, car l'arbre dont les feuilles, par distillation, abandonnent l'essence, et qui est le *Melaleuca Leucadendron* Lin., est tellement abondant en Nouvelle-Calédonie qu'il imprime une physionomie spéciale à la végétation des terres schisteuses des parties basses.

Il constitue, là, aux altitudes inférieures à 300 ou 400 mètres, les « forêts blanches » (1).

---

(1) On oppose, en Nouvelle-Calédonie, la « forêt blanche » des basses altitudes, avec ses niaoulis aux feuilles argentées, à la « forêt verte », aux espèces variées, qui recouvre les hauteurs. « Jetée, dit M. J. Carol, comme une housse sur l'échine d'un cheval, la forêt humide et verte, la forêt aux riches essences, laisse retomber en plus d'un endroit, parfois plus bas que 300 mètres, ce que j'appellerai les pointes

« Son tronc tortueux, dit Vieillard, peu fourni en branches, son écorce blanche, souvent fendillée ou déchirée, ses rameaux élancés, garnis de feuilles étroites, d'un vert sombre, lui donnent un aspect de tristesse que son insociabilité rend fatigante. Le niaouli, en effet, ne permet à aucune essence de croître dans les lieux qu'il occupe ; il forme presque à lui seul les bois qui couvrent la zone de terre qui s'étend de la mer au pied de la montagne, ainsi que ceux des vallées intérieures et des basses montagnes. Ces bois ne sont cependant pas continus ; de place en place ils sont coupés par des oasis dans lesquelles on chercherait vainement un pied de *Melaleuca*. »

C'est bien indéfiniment et à volonté que la Nouvelle-Calédonie pourrait satisfaire aux demandes de la métropole ou des pays étrangers.

Il n'en est malheureusement pas de même pour le *bois de santal*. L'arbre (*Santalum austro-caledonicum* Vieil.; *Santalum pyrularium* Gray var. *neo-caledonicum* Meur.) habite les lieux montueux et humides du littoral, mais son exploitation l'a rendu depuis longtemps de plus en plus rare, et il n'est pas sûr que le repeuplement en cette espèce soit facile.

Il est toujours recommandé d'expédier les bûches de santal bien débarrassées de leur aubier.

Le 4 mai 1907, à Nouméa, le bois de santal était vendu depuis 380 francs la tonne.

Au Havre, en janvier, les bûches valaient 85 à 95 francs les 100 kilos, et les racines 60 à 70 francs.

Les arbres à résines. — La Nouvelle-Calédonie est riche en arbres résineux.

de son étoffe. » (Jean CAROL, *La Nouvelle-Calédonie minière et agricole;* Ollendorff, 1900).

Les très faibles exportations de bois de la colonie (*bois communs*, qui, loin d'être exportés, sont importés des États-Unis, d'Australie et même de France, et *bois d'ébénisterie*) ne nous ont pas paru justifier, dans ce chapitre, une étude spéciale, qui ne pourrait être qu'un résumé de la *Notice sur les bois de la Nouvelle-Calédonie* du général Sébert, publiée dans la « Revue maritime et coloniale » de 1873 et 1874.

Actuellement, le commerce des bois de construction en Nouvelle-Calédonie est presque entièrement entre les mains de la Société «▪Le Kaori », qui n'exploite pas, d'ailleurs, seulement les *Dammara*, mais débite aussi d'autres arbres, indigènes ou importés (tamanou, chêne d'Australie, chêne de France, sapin rouge, frène, etc.).

Le *Spermolepis gummifera* Br. et Gris (1), ou *chêne-gomme*, représenté par des millions de pieds dans la zone forestière de la baie de Prony, où il est, sur les terres ferrugineuses, ce que le niaouli est sur les sols schisteux du centre, donne une tano-résine.

L'*Araucaria Cooki* R. Br., ou *pin colonnaire*, de la grande île et de l'île des Pins, excrète une gomme-résine, ainsi que l'*Araucaria Rulei* Mull. (2).

L'*Oncocarpus vitiensis* Gray, ou *nolé* des indigènes, laisse, comme les *Rhus* d'Extrême-Orient, écouler une sorte de laque.

Mais tous ces produits, en dépit de toutes les tentatives, restent ignorés de l'industrie européenne ; et les résines exportées ne sont guère que du kaori, fossile ou récent.

Le kaori — et surtout, comme toujours, la sorte fossile — est une résine de valeur reconnue et incontestée en tant que bonne résine semi-dure, utilisable pour les vernis gras ; et l'Angleterre et les États-Unis font un emploi considérable du kaori de Nouvelle-Zélande, provenant du *Dammara australis* Lamb.

En Nouvelle-Calédonie, les arbres producteurs sont d'autres espèces du même genre de Conifères.

Ce sont le *Dammara Moorii* Lindl. dans le nord de l'île, le *Dammara lanceolata* P. et S., qui est le plus commun, sur les montagnes du centre et dans le sud, le *Dammara ovata* Moore dans le sud.

Mais les résines de ces autres *Dammara* sont considérées comme valant le kaori de Nouvelle-Zélande ; elles conviennent pour les vernis gras, et on peut, à la rigueur, les utiliser pour la fabrication de fume-cigares ou d'objets analogues.

Il est regrettable que, dans notre colonie, les gisements — qui, de tout temps, ont été moins nombreux et moins étendus que ceux de la colonie anglaise — aient été autrefois exploités par des procédés du plus pur vandalisme.

(1) Heckel et Schlagdenhauffen, *Coup d'œil sur la flore générale de la baie de Prony ;* Annales de la Faculté des Sciences de Marseille, 1891.

(2) Heckel et Schlagdenhauffen, *Sur la sécrétion gommo-résineuse des Araucaria ;* Comptes Rendus de l'Académie des Sciences, 1890. ·

E. Heckel : *Sur l'introduction et la culture des Araucaria dans les colonies françaises ;* Revue générale des Sciences, mai 1898. — *Sur l'Araucaria Rulei de la Nouvelle-Calédonie, et sur la composition chimique et l'emploi de sa gomme-résine ;* Revue générale de botanique, juin 1901.

« On raconte, dit M. J. de Cordemoy (1), que des étrangers débarquaient clandestinement, et faisaient sauter à la poudre et à la dynamite tout ce qui les gênait dans la recherche des gisements ; et, parmi ces obstacles, il faut entendre tout d'abord les racines des kaoris vivants et ces arbres eux-mêmes. Il en résulte que, là où s'étendait une vaste forêt des précieuses Conifères, 200 arbres subsistent à peine ».

Il paraît que, à une époque récente, quelques essais de repeuplement ont été faits, et qu'on s'est décidé aussi, un peu tardivement, à surveiller plus rigoureusement qu'autrefois la récolte de la résine fossile et l'extraction de la résine fraîche.

A la fin de 1906, à Nouméa, les prix du kaori étaient les suivants, par kilo :

Sorte transparente blonde	F.	0.75
» opaque blonde		0.65
» brune claire		0.40
» » opaque		0.30

Les deux premières qualités sont toutefois excessivement rares, et représentées seulement par quelques kilos. Le kaori le plus courant est le dernier, coté 300 francs la tonne.

Le « champignon de bois ». Le champignon ainsi indiqué est cette espèce d'Hyménomycète-Auriculariée très ubiquiste que nous nommons en France — où elle pousse principalement sur les troncs de sureau — l'« oreille de Judas », que les indigènes de Tahiti — où nous la retrouverons — appellent le *taria iore*, ou « oreille de rat », et qui, pour les colons de Nouvelle-Calédonie, est l'« oreille de Canaque ». C'est l'*Auricularia Auricula-Judæ* Lin.

On le récolte, dans la colonie, sur les vieux troncs de divers arbres tels que le *Calophyllum Inophyllum*, ou *tamanou*.

Les expéditions — qui ont, en somme, une petite importance, puisqu'elles représentaient, par exemple, 13.163 francs en 1904 — sont faites à destination de l'Australie.

Le champignon vaut, en moyenne, 80 à 90 francs les 100 kilos en Nouvelle-Calédonie.

(1) H. JACOB DE CORDEMOY, *Gommes, résines et végétaux qui les produisent*; Annales de l'Institut colonial de Marseille, 1900.

ÉTABLISSEMENTS FRANÇAIS

DE L'OCÉANIE

Si rapide que soit l'étude que nous allons faire pour les Établissements français de l'Océanie, il faut bien commencer par rappeler qu'on réunit sous ce nom une centaine d'îles disséminées sur une étendue de 600 lieues de long et 500 lieues de large, et représentant, au total, une superficie de 400.000 hectares.

Toutes ces îles forment six groupes :

1° Les Iles du Vent (Tahiti, Moorea, Tetiaroa et Meetia) ;

2° Les Iles sous le Vent (Raiatea, Tahaa, Huahine, Borabora, etc.) ;

3° Les Tuamotou, qui sont 80 ilots dispersés ;

4° Les Gambier, archipel dont quatre iles seulement sont habitées ;

5° Les Tubuai (Tubuaï, Raivavae, Rurutu et Rimatara) ;

6° Les Marquises, composées de deux groupes d'îles, le groupe Nord-Ouest et le groupe Sud-Est.

Toutes ces îles, sauf les Tuamotou, ou Iles Basses, sont montagneuses. Tahiti, la plus importante, d'une superficie de 104.215 hectares, et entourée, à 1 kilomètre environ du rivage, par des récifs de coraux, est formée de deux parties très inégales, reliées par l'isthme de Taravao; la partie Nord-Ouest est Tahiti-nui, et la partie Sud-Est est Tahiti-iti, ou Taïarapu.

Les montagnes et vallées de Taïarapu sont peu importantes. A Tahiti-nui, au contraire, le centre est occupé par de hauts sommets. Toutes ces montagnes, entre lesquelles se creusent de profondes vallées, viennent se terminer à quelque distance de la côte, laissant entre leur base et le rivage une bande de terre très fertile. Les vallons et le flanc des montagnes sont aussi propres aux cultures.

Les exportations qui nous intéressent ont été, en 1904, les suivantes :

Coprah	5.475.566 kilos	1.642.669 francs
Noix de coco	613.551 noix	37.431 »
Vanille	134.405 kilos	403.215 »
Oranges	1 890.000 fruits	18.900 »
Café	128 kilos	192 »
Coton égrené	10.315 »	7.219 »
Graines de coton	12.735 »	700 »
Paille de bambou		13.815 »
Bois		859 »
Champignons	19.378 »	7.267 »

En 1905 :

Coprah	7.293.331 kilos	1.818.133 francs
Noix de coco	1.049.605 »	73.473 »
Vanille	120.306 »	300.935 »
Oranges	3.789.900 fruits	37.899 »
Café	196 kilos	294 »
Coton égrené	8.349 »	8.349 »
Paille de bambou		17.419 »
Bois		555 »
Fungus	30.679 »	30.679 »

Le cocotier. — Les deux articles d'exportation fournis par le palmier sont le coprah et les noix.

Les noix sont à destination exclusive de San-Francisco ; et les États-Unis les utilisent pour la préparation des « dessicated-cocoa-nuts ».

Le coprah est expédié en France (871.887 kilos en 1904), en Angleterre (1.759.218 kilos), aux États-Unis (2.797.098 kilos) et en Nouvelle-Zélande (47.363 kilos).

Depuis 1892, les exportations totales ont été :

1892	2.898.267 kilos		1900	5.263.205 kilos
1894	4.904.541 »		1902	7.005.120 »
1895	6.663.563 »		1903	8.377.894 »
1897	3.430.209 »		1904	5.475.566 »
1898	5.448.169 »		1905	7.293.331 »

C'est donc un commerce qui, depuis dix ans, se maintient sensiblement au même niveau, malgré les dégâts causés par une cochenille, l'*Aspidiotus destructor* Sign.

Mais, d'après M. Seurat (1), les palmiers, en certaines îles du moins, paraissent s'habituer à la maladie.

A Taravao, par exemple, les pieds atteints fructifieraient normalement. Il n'en est pas de même malheureusement aux Tuamotou, qui, avec leur sol bas, sur lequel partout poussent les cocotiers, sont précisément les îles fournissant une très grande part à l'exportation.

Les dégâts, dans ces îles, sont actuellement très graves. Des arbres sains, brusquement saisis, sont rapidement détruits ; les pieds qui résistent donnent peu de fruits.

La maladie, en 1906, était en pleine intensité dans les îles du nord-ouest de l'archipel et dans quelques îles centrales ; certaines îles seulement, comme Fakahina, Fagatau, Hao — où une Tinéide toutefois s'attaque aux feuilles — Amanu, Hikueru, Tauere, étaient indemnes.

Et la propagation continue à se faire d'île en île sans qu'on cherche suffisamment à y porter remède.

L'isolement même des îles se prêterait cependant admirablement aux mesures qui pourraient être prises pour arrêter la marche du fléau.

La cause de transmission est le colportage, à bord des cotres ou des goélettes qui naviguent dans l'archipel, des noix de coco non décortiquées ; c'est aussi le transport de diverses espèces de plantes vertes sur lesquelles l'insecte vit aussi bien que sur le cocotier.

Il pourrait suffire, dans ces conditions, d'empêcher l'introduction de ces plantes, ainsi que des noix de coco non décortiquées et des paniers en feuilles de cocotier, dans les îles qui ne sont pas encore atteintes.

Et M. Seurat fait remarquer que « les indigènes accepteraient très volontiers une semblable mesure, si on leur en faisait ressortir la nécessité ; c'est ainsi que les indigènes des îles Takoto et Fakahina s'opposent, de la façon la plus rigoureuse, à l'introduction de toute plante vivante, y compris les taros (*Colocasia antiquorum*). »

(1) G. SEURAT, *Observations sur la propagation de la maladie des cocotiers aux îles Tuamotou* ; Première réunion internationale d'agronomie coloniale, 1906.

Des règlements analogues devraient être édictés dans toutes les îles de la colonie. Qu'on n'oublie pas qu'il s'agit de défendre contre la destruction la plante qui, au point de vue de l'exportation, est la grosse ressource végétale de nos îles polynésiennes !

Toutes les plages, toutes les îles basses conviennent pour les plantations de cocotiers, dont le nombre pourra être encore augmenté, si les facilités d'écoulement le nécessitent et y encouragent ; et le coprah de Tahiti, sans être coté, sur nos marchés, aussi haut que les coprahs de Ceylan et de Singapore, est encore une sorte suffisamment estimée.

Les prix étaient comparativement les suivants, à Marseille, en juin 1907 :

Ceylan sundried......	F.	57 »
Java sundried........		56 50
Singapore...........		55 75
Manille		54 50
Zanzibar............		55 75
Saigon		55 »
Cotonou.............		55 »
Pacifique (Samoa)....		55 »
Océanie française.....		56 »

Ces coprahs de l'Océanie française sont desséchés au soleil.

La Caisse agricole, établissement financier qui fonctionne sous la garantie de la colonie, et qui sert d'intermédiaire pour l'exportation des produits agricoles, achète les coprahs aux producteurs 0 fr. 18 le kilo.

Vanille et café. — Nous avons vu, par les statistiques, que le commerce du café en fèves est absolument insignifiant.

Plus importante reste toujours la culture de la vanille, quoique la baisse de ces dernières années ne soit pas encourageante.

Cette vanille est surtout achetée par les États-Unis, qui en ont reçu, en 1904, 105.480 kilos, alors qu'il n'en a été expédié que 16.605 kilos en France. 9.931 kilos ont été importés par la Nouvelle-Zélande.

On sait, du reste, que la vanille de Tahiti est une sorte inférieure, se rapprochant plutôt commercialement des vanillons que des vraies vanilles, quoiqu'elle soit le fruit du *Vanilla planifolia*. Comme les vanillons, elle est riche en pipéronal, qui lui donne une odeur d'héliotrope — et la fait employer pour la préparation des parfums à l'héliotrope — et elle est, en outre, d'après les recherches de M. Lecomte (1), pauvre en oxydase. Elle ne givre jamais.

Les prix suivants, qui sont ceux du kilo, à l'acquitté, en mai 1907, indiquent bien la différence entre cette sorte et les autres provenances :

Réunion, 1re qualité..... F. 32 à 38
Madagascar............ 24 à 32
Guadeloupe............ 18 à 20
Tahiti, 1re qualité....... 15 à 16

La vanille, d'après M. Lecomte, a été apportée de Manille à Tahiti, en 1848, par l'amiral Hamelin.

En 1884, il y avait, dans nos Établissements, 81 hectares de vanilleries ; et il y en avait 186 en 1891.

Les exportations sont en accroissement continuel, puisqu'elles étaient de :

1.230 kilos en 1883	73.758 kilos en 1900
7.119 » 1889	134.405 » 1904
26.818 » 1896	120.306 » 1905
59.008 » 1899	

Les Iles du Vent (Tahiti et Moorea) et les Iles sous le Vent (Raiatea et Tahaa) sont les centres de culture. Il n'y a pas, au contraire, de vanilleries aux Tuamotou.

Sur place, la Caisse agricole achète les gousses aux colons 2 francs le kilo.

Oranges et ananas. — Cuzent, en 1860, dans *O'Taïti*, décrivait le commerce important d'oranges que faisaient alors avec la Californie les Iles de la Société.

C'étaient des navires anglais et américains qui, en février, venaient effectuer des chargements ; et les exportations annuelles étaient d'au moins cinq millions de fruits, achetés 25 francs le mille à Tahiti, et vendus 200 à 300 francs à San-Francisco.

Mais, depuis lors, la culture de l'oranger s'est développée en

(1) H. LECOMTE et CHALOT. *Le vanillier* ; Naud, Paris, 1902.

Basse-Californie ; et aujourd'hui l'unique client est la Nouvelle-Zélande, qui a reçu les 1.890.000 oranges expédiées en 1904.

La colonie anglaise a acheté, en même temps, quelques ananas (250, au prix de 25 francs), dont une quantité à peu près égale (320, au prix de 32 francs) a été expédiée, d'autre part, à San-Francisco.

Le cotonnier. — Il fut un temps où le coton de Tahiti, très réputé, et fort recherché par certaines filatures, constituait une des richesses de nos Établissements français de l'Océanie.

Ainsi les exportations de 1880 étaient de 569.471 kilos, dont 136.567 kilos pour la France et 431.904 kilos pour les pays étrangers.

En 1890, il n'était plus expédié que 219.788 kilos, dont 22.799 pour la France.

Et, depuis lors, les statistiques ne mentionnent plus que :

23.743 kilos en 1901	15.493 kilos en 1903
17.132 » 1902	12.735 » 1904

Ce serait cependant le moment — pour les raisons que nous avons exposées à propos de l'Afrique occidentale française — de remettre en honneur, dans les limites où le permet la surface cultivable malheureusement restreinte, une culture dont le succès n'est pas douteux, puisqu'il y a comme preuve et garantie l'expérience du passé.

Il semble bien établi que l'épuisement de la variété jadis introduite, et qui n'a pas été renouvelée, est la seule cause qui a déprécié peu à peu sur les marchés le produit tahitien, autrefois excellent.

Le remède serait donc simple, puisqu'il n'y aurait qu'à introduire de nouvelles semences. Et il y aurait d'autant moins de difficultés dans la réorganisation rapide de ces cultures qu'il y a toujours deux usines d'égrenage qui fonctionnent, quand elles sont alimentées, l'une à Papeete, pour Tahiti, et l'autre à Taiohae, pour les Marquises.

Dans ces dernières îles, le coton est exporté par la « Société commerciale de l'Océanie », dont le siège est à Hambourg.

Les pailles. — Des plantes très diverses, à Tahiti et dans nos autres îles polynésiennes, sont utilisées pour la fabrication des chapeaux ou d'objets en vannerie.

Les feuilles d'*oaha* — qui est une Fougère, l'*Asplenium Nidus* Lin. — et les lanières découpées dans les tiges de canne à sucre sont même parfois indiquées aux exportations.

Il y a aussi, de temps en temps, quelques expéditions de paille de *pia*, préparée par le grattage des hampes florales du *Tacca pinnatifida* (1), dans lesquelles on isole — comme dans la tige du *Sechium edule* — le péricycle sclérifié.

Mais la paille de *pia*, tout en étant assez belle, ne semble pas aussi recherchée en Europe que celle de *chouchou*; et, alors que cette dernière, très blanche et très brillante, donne lieu, à la Réunion, à un un commerce régulier, la paille de pia de Tahiti n'est exportée qu'accidentellement.

En ces dernières années, le seul article qui soit sorti de la colonie est la paille de bambou, achetée par la France (11.645 francs en 1904) et la Nouvelle-Zélande (1.105 francs).

Les bois. — Nous pourrions — tout comme pour la Nouvelle-Calédonie — passer sous silence les bois, dont il a été exporté, en 1904, pour 300 francs aux États-Unis et 559 francs en Nouvelle-Zélande.

Indiqués comme « bois des îles », ces bois peuvent être du *tamanou* (*Calophyllum Inophyllum* Lin.), du *tou* (*Cordia subcordata* Lam.), du *miro*, ou *bois de rose* (*Thespesia populnea* Cor., et de l'oranger et du citronnier.

Il est aussi parfois embarqué quelques billes de cocotier et de *Pandanus*.

Comme bois de construction, les deux principaux que demande la Californie sont le *tamanou* et le *bourao* (ce dernier étant l'*Hibiscus tiliaceus* Lin.).

Le *tamanou*, estimé pour l'industrie du meuble, est un arbre des plages, qui ne s'élève jamais en montagne (2). Il en est de même du *Cordia subcordata*.

L'*Hibiscus tiliaceus*, au contraire, tout en étant encore commun dans les parties basses, s'élève, dans les vallées, jusqu'à 900 mètres.

---

(1) C'est le même *Tacca* qui, à Madagascar, était le *kobitso* des Sakalaves.

2 Dans toute la région indo-océanique, le *Calophyllum Inophyllum* est ainsi exclusivement une espèce de la flore littorale. En Nouvelle-Calédonie, les *tamanous* qu'on trouve en montagne sont deux autres espèces, le *Calophyllum caledonicum* Vieil. et le *Calophyllum montanum* Vieil.

Le fungus. — Cette rubrique des statistiques de nos Établissements d'Océanie correspond à celle de « champignon de bois » de la Nouvelle-Calédonie.

Nous avons dit, à propos de la précédente colonie, que ce champignon, qui est le *taria iore*, ou « oreille de rat », de Tahiti, est notre *Auricularia Auricula-Judæ* de France, qui pousse sur les vieux troncs sous les climats les plus divers, tempérés ou tropicaux.

La récolte a lieu surtout dans les Iles sous le Vent et aux Marquises.

Jadis les achats étaient faits par la Chine et San-Francisco. Aujourd'hui les demandes proviennent de la Nouvelle-Zélande, car, en 1904, sur les 19.378 kilos expédiés, 19.207 ont été envoyés dans la colonie anglaise et 171 seulement à San-Francisco.

NOTE COMPLÉMENTAIRE

SUR

L'EXPLOITATION DES PLANTES A CAOUTCHOUC

DANS L'EXTRÈME-SUD DE MADAGASCAR

L'impression du chapitre de Madagascar était complètement terminée lorsque nous avons reçu de M. le capitaine Vacher, qui, pendant quatre ans, a séjourné dans le cercle de Fort-Dauphin, d'importants documents sur l'exploitation des plantes à caoutchouc dans cette région de l'extrême-sud. Nous croyons que l'intérêt des renseignements qui nous sont fournis justifie cette note-annexe, qui contribue à compléter l'étude de répartition géographique que nous avons tentée plus haut pour les espèces caoutchoutifères de l'île.

Nous avons vu que la terminaison de la chaine montagneuse orientale divise le cercle de Fort-Dauphin en deux parties, et que c'est dans la partie Est que croissent essentiellement les *Landolphia* et les *Mascarenhasia* que nous retrouvons ensuite tout le long de la côte, lorsque nous remontons vers le Nord.

Comme *Mascarenhasia*, nous avons cité, dans le voisinage de Fort-Dauphin, l'*hazondrano*, qui serait peut-être le *Mascarenhasia speciosa* Elliott.

Comme *Landolphia*, les trois principaux seraient, d'après M. Prudhomme, l'*erobahy-ravina-singaina*, l'*erobahy-ravina-mampay*, et l'*erobahy-ravina-voavontaka*.

Pour la même région, M. le capitaine Vacher signale, à son tour, l'*hazondrano* et l'*herobahy*, mais en précisant davantage les zones d'habitat.

L'*hazondrano* occupe entre le Manampanihy et la côte une bande plus une moins parallèle au cours de ce Manampanihy ; on le trouve encore, au nord de l'embouchure de cette rivière, entre cette embouchure et les confins du cercle.

L'*herobahy* (1) croît principalement sur la rive droite du Manampanihy, jusqu'à la limite du versant.

En outre, l'*hazondrano* suit, vers l'intérieur, à des altitudes supérieures à 800 mètres, la ligne montagneuse qui, se détachant de l'arête parallèle à la côte, sépare le bassin du Mandraré des bassins du Ranotsara et du Mangoky. Et il attend ainsi, à l'Ouest, le niveau de Tsivory.

Mais cette extension vers l'intérieur ne doit pas surprendre, et n'est nullement en contradiction avec la distribution que nous avons antérieurement admise et que nous venons de rappeler, puisque la région montagneuse dont il s'agit continue à présenter plus ou moins — comme nous allons le voir tout à l'heure, lorsque nous décrirons la partie occidentale — les mêmes caractères de climat et de végétation que la côte Est.

L'*hazondrano* dont parle M. Vacher — et dont les caractères ne correspondent pas absolument à ceux du *Mascarenhasia speciosa* — est un arbre de 5 à 10 mètres de hauteur, et de 30 à 50 centimètres de diamètre, à fleurs blanches (2).

Il paraît qu'il était autrefois commun dans le Betsileo, où il a aujourd'hui presque complètement disparu, à la suite d'une exploitation trop intensive.

Il semble se plaire principalement sur le bord des ruisseaux.

Jusqu'en 1905, les Betsileo seuls exploitaient l'*hazondrano* ; et leur méthode était l'extraction mécanique du caoutchouc des écorces.

L'arbre était abattu, et le tronc et les rameaux étaient décortiqués. Les écorces étaient ensuite maintenues, pendant quinze ou vingt jours, dans des silos humides, où elles commençaient à se décomposer. Le pilonnage au mortier les réduisait facilement, au bout de ce temps, en une bouillie d'où, par lavages successifs, le caoutchouc était peu à peu dégagé. Finalement, ce caoutchouc était agglutiné en boules, par immersion dans l'eau chaude. D'abord blanc, il devient rapidement noirâtre.

---

(1) Nous conservons pour tous ces noms l'orthographe de M. le capitaine Vacher, qui n'est pas toujours celle que nous avons donnée dans le chapitre de Madagascar.

(2) Au sud de Fort-Dauphin, sur la côte, à l'ouest de la Fanjahira, croît un autre hazondrano, l'*hazondrano-bevody*.

Et, hélas ! quoique, depuis 1905, ce procédé soit formellement interdit, les Betsileo continuent à l'employer ; et ils l'ont même perfectionné en traitant de même les racines (1).

L'*herobahy* — pour lequel les renseignements qui suivent ont été fournis à M. le capitaine Vacher par M. le capitaine Dayre, commandant le secteur de Ranomafana — est représenté, dans les forêts de l'Anosi, de l'Ambolo et des Imatios, par trois types, qui sont probablement les trois espèces dont nous avons déjà cité les noms indigènes d'après M. Prudhomme.

L'*herobahy-heromavo* est une liane dont les feuilles ont 5 à 6 centimètres de longueur, sur 2 à 3 centimètres et demi de largeur, et sont vert clair, arrondies au sommet. Les fleurs, longues de 2 à 3 centimètres, sont blanches intérieurement, et légèrement teintées, à l'extérieur, de violet brunâtre. Le fruit est ovoïde.

L'*herobahy-ravintsangina* est à feuilles plus petites et plus allongées que celles de l'espèce précédente. Les fleurs sont teintées de jaune extérieurement.

L'*herobahy-ravinivontoka* a des feuilles ressemblant à celles des *vontaka* ou *Pachypodium*. Cette liane atteint de telles dimensions que les indigènes, quand ils l'exploitent, se bornent à couper le tronc et abandonnent les branches dans la ramure des arbres sur lesquels elles grimpent.

La croissance de ces trois *herobahy* est lente. Une plante de dix ans n'atteindrait guère plus de 2 à 3 centimètres de diamètre, dans la partie la plus forte de son tronc. La grosseur maxima serait de 12 à 15 centimètres.

L'exploitation a lieu dès que les tiges ont 1 centimètre 5 à 2 centimètres.

(1) On remarquera qu'il ne s'agit pas, en la circonstance, de la récolte du caoutchouc de racines, tel qu'on l'entend ordinairement, c'est-à-dire du caoutchouc fourni par les parties souterraines de plantes dont, d'autre part, les parties aériennes peu développées ne seraient pas exploitées. C'est seulement l'utilisation supplémentaire des racines.

D'après M. le capitaine Vacher, les racines de beaucoup de ces plantes du sud de Madagascar sont très riches en caoutchouc, et souvent plus riches que les tiges. C'est pour cette raison que, en certaines régions, vers Tuléar, ce sont ces racines seules qui sont exploitées, et non pas parce que les tiges sont trop basses ; celles-ci contiennent du caoutchouc et sont seulement plus pauvres.

D'après M. Perrier de la Bathie on ne constate jamais le même fait dans le nord-ouest ; les racines du *Landolphia Perrieri*, par exemple, contiennent, au plus, autant de caoutchouc que les tiges.

Comme pour les *Landolphia* des autres régions de Madagascar, ces tiges — dont la base, après l'abatage, repousse en buisson — sont débitées en tronçons de quarante à cinquante centimètres, qu'on fait égoutter dans un récipient.

La coagulation quelquefois se produit spontanément; plus souvent, elle est provoquée par l'ébullition, ou par l'addition de jus de citron, ou de sel marin, ou d'urine de bœuf fermentée.

M. le capitaine Dayre, dans le secteur de Ranomafana, a recommandé aux indigènes l'emploi d'une solution d'acide sulfurique à 1 o/o, et, la coagulation par ce procédé étant très rapide, l'indication a été bien accueillie.

Le rendement est très variable suivant l'âge des lianes; mais il serait ordinairement très élevé, puisque, en moyenne, d'après M. le capitaine Dayre, après coagulation à l'acide sulfurique, 3 à 4 litres de lait donneraient 1 kilo de caoutchouc.

Ce sont, du moins, là les rendements du *ravintsangina* et du *ravinivontaka;* le lait de l'*heromavo* serait plus pauvre.

En août et septembre 1906, le caoutchouc d'*herobahy* était vendu, à Ranomafana, 5 fr. 75; et le produit ainsi fourni en plaques a été jugé très bon par les commerçants. Il est nerveux et non visqueux.

Telles sont donc les plantes à caoutchouc de la partie orientale du cercle de Fort-Dauphin, c'est-à-dire de la région de l'Anosy, que couvrent de hautes montagnes sur les flancs desquelles se développe la forêt tropicale, pays arrosé par d'innombrables cours d'eau qu'alimentent, toute l'année, les pluies du versant Est de l'île.

Mais passons maintenant de l'autre côté de la chaîne montagneuse, dans la partie occidentale (1).

Cette partie peut être subdivisée elle-même en deux zones : la zone Nord et la zone Sud.

La zone Nord est formée par la partie submontueuse de la chaîne centrale et comprend les bassins supérieurs du Mandraré, du Manambovo et du Menarandra. C'est une zone de transition, aussi bien au

______

(1) Une certaine quantité du caoutchouc récolté dans cette partie est plutô exportée par Tuléar que par Fort-Dauphin, car elle est apportée à la côte Sud, et embarquée sur des goélettes qui font le service entre cette côte et Tuléar. Ainsi l'exploitation plus active du caoutchouc dans l'ouest du cercle de Fort-Dauphin peut être une des causes pour lesquelles les exportations de caoutchouc de Tuléar se sont accrues en ces dernières années.

point de vue géographique qu'au point de vue ethnique, entre la partie orientale et la zone Sud de la partie occidentale. Le terrain est accidenté ; il n'y a pas de forêts, mais des ravins boisés, avec *Eugenia* et *Pandanus*, et des bosquets. Les mamelons sont fréquemment couverts de blocs gréseux. Les pluies sont abondantes et régulières ; l'hivernage dure quatre à cinq mois.

C'est un pays de pâturage, habité par une population hétérogène, mélange d'une multitude de races.

On trouve déjà la végétation épineuse de l'Androy, mais, au lieu que cette végétation constitue une mer continue, semée seulement de quelques clairières, ce sont, au contraire, ces clairières qui occupent la plus grande partie du terrain. Les fourrés épineux ne sont que des îlots.

Toute cette zone a pour limite méridionale une ligne sinueuse qui passerait par Bekitro, Antanimoro, Ranomainty, Tsilamahana et Andrahomena.

Et c'est donc là que commence la zone Sud, ou l'Androy, c'est-à-dire le « pays de la ronce (*roy*) », plaine sablonneuse, sans cesse balayée par les vents, hérissée de fourrés épineux impénétrables, de 4 à 5 mètres de hauteur, pays sans eau courante, sans hivernage, et à pluies rares, « apparemment désert, dit M. Vacher, mais, en réalité, habité par une population dense, très riche en troupeau de bœufs, et considérant le vol comme le plus noble des sports. »

C'est dans ces deux zones Nord et Sud de la partie occidentale que pousse l'*intisy*.

Et peut-être, au premier abord, le fait surprendra-t-il.

On s'est, en effet, unanimement habitué à considérer l'*intisy* comme une des espèces les plus caractéristiques de la zone épineuse ; et nous-même, au chapitre de Madagascar, avons laissé entendre que l'Androy devait commencer au sud de Tsivory, puisqu'on trouve là l'euphorbe caoutchoutifère.

Mais les documents de M. Vacher nous font précisément acquérir cette notion nouvelle, et d'un très haut intérêt puisqu'elle rectifie une idée devenue courante, qu'il n'y a nullement concordance étroite entre la zone de l'*intisy* et la vraie zone épineuse du sud-ouest.

L'Euphorbiacée sort de l'Androy, et s'avance, par exemple, en dehors du cercle de Fort-Dauphin, entre Betroka et Benenitsa. Dans le cercle, elle serait peut-être moins caractéristique de la région épineuse que l'*angalora* et le *kompitso*. Ces deux lianes, dont nous allons parler plus loin, forment dans l'Androy des peuplements plus étendus que l'*intisy*.

Exactement M. le capitaine Vacher signale l'*Euphorbia Intisy* à l'est et à l'ouest du Mandraré, dans la région du Manambovo, et, plus au Nord-Ouest, vers la limite du cercle, dans le Haut-Menarandra entre la source de ce cours d'eau et Bekily.

Sur la rive gauche du Mandraré, la zone d'habitat de l'*intisy* est principalement au nord du confluent du Mananara et du Mandraré. Sur la rive droite (1), elle est surtout comprise, à peu près, entre Tsivory et le niveau de Ranomainty; on rencontre cependant aussi des peuplements, en revenant vers la côte, à Antanimora et dans la partie qui est environ à égale distance d'Antanimora et de Tsihombé.

Enfin, dans le sud-ouest du cercle, vers sa limite, il y a des îlots d'*intisy* à quelque distance autour de Beloha.

En tous ces endroits, l'Euphorbiacée pousse de préférence à l'ombre et à l'abri des vents, sur les mamelons boisés, secs et pierreux. Elle disparaît dans les parties humides.

Nous n'avons pas à redonner la description de la plante. Reproduisons seulement cette remarque de M. le capitaine Vacher que, nulle part, dans le cercle de Fort-Dauphin, les indigènes n'appellent l'*intisy* sous le nom qui est aujourd'hui adopté en Europe. La plupart le nomment *herotsy*; d'autres, dans la région de Beketro, *hisitsy* ou *hititsy*, et d'autres encore, dans la région de Ranomainty, *hisatsy*.

Il est donc probable que le terme d'*intisy* est une altération de ces diverses appellations, involontairement déformées par les premiers exportateurs du produit.

M. le capitaine Vacher nous fait également remarquer que les indigènes distinguent deux sortes d'*intisy* : l'un à écorce vert-clair, l'autre à écorce vert-sombre, presque noire. Le second serait plus riche en latex que le premier.

---

(1) M. le capitaine Jouannetaud, commandant le secteur d'Ambovombé (sur la côte, à l'ouest de l'embouchure du Mandraré) a communiqué le renseignement suivant à M. le capitaine Vacher :

« Il existait encore, en 1903, à trois heures au nord d'Ambondro, par conséquent au centre de la plaine Antandroy, une magnifique forêt d'*intisy*, dont quelques-uns avaient jusqu'à 50 et 60 centimètres de diamètre. Ces arbres, enclavés dans la forêt où se trouvent les tombeaux de la grande tribu des Analavondrove, avaient toujours été respectés, Mais ils ont été tous détruits en 1904. »

Il est bien connu que les racines de l'euphorbe sont tuberculeuses. Au cours de leurs déplacements, dans ces contrées desséchées, les indigènes utilisent souvent ces tubercules pour se rafraîchir.

C'est encore malheureusement de ces racines tuberculeuses qu'ils retirent une grande quantité de caoutchouc, en même temps qu'ils incisent le tronc à coups de hache. Et cette exploitation barbare fait naturellement disparaître avec rapidité les intisy, comme nous l'avons déjà dit. On rencontre rarement aujourd'hui, dit M. le capitaine Vacher, des sujets dont le tronc soit plus gros que le pouce.

Et le repeuplement semble assez difficile, si nous en jugeons par la note suivante de M. Vacher :

« En 1901, à Imanombo (au sud-ouest de Tsivory), où je m'occupais déjà d'étudier ces caoutchoutiers, je fis repiquer, sur le glacis Est du poste, 100 plants d'intisy, pris dans les bois environnants. Autant que nous en pûmes juger, ces plants devaient avoir, à ce moment, deux ou trois ans.

Or, sur 100, il en restait exactement, en décembre 1906, deux, âgés, par conséquent, d'au moins sept ans. Leur tige avait 4 centimètres de diamètre ; leurs rameaux, fasciculés à l'infini, formaient, à 40 centimètres environ au-dessus du sol, un buisson touffu, d'un beau vert tirant sur le jaune. Mais aucun n'avait plus d'un mètre de hauteur, et n'avait encore fleuri.

D'autre part, en 1906, toujours à Imanombo, M. le lieutenant Boulangé, essayant de reproduire l'intisy par bouturage, n'a obtenu aucun résultat.

Sur 60 boutures, prélevées un peu partout, sur le tronc, sur les branches, ou aux extrémités des tiges, et mises en terre au commencement du printemps, aucune n'a pris racine, malgré les irrigations convenables.

Enfin à Tsivory, au commencement de cette année, j'ai tenté, à deux reprises différentes, d'établir une plantation d'intisy avec des pieds poussés dans les bois voisins ; et j'ai eu, au cours de chacun des repiquages (250 pieds la première fois, et 750 la seconde), 30 o/o de déchet environ.

« De cet ensemble d'expériences, je crois donc pouvoir conclure que, livré à lui-même, l'*intisy* est d'une croissance lente, d'une fructification tardive, et d'une multiplication difficile.

« En tout cas, maintenant que se trouve constituée à Tsivory une plantation de 1.000 pieds d'intisy, ombragés par autant de plants de Céara, il sera facile de poursuivre d'une façon méthodique la série des observations commencées. »

Et il serait intéressant aussi de rechercher parallèlement ce que pourraient donner — et peut-être les résultats seraient-ils meilleurs — les autres plantes de la partie occidentale du cercle.

Ces autres végétaux à caoutchouc sont :

Dans la zone Nord et dans la zone Sud, le *lombiri*, le *kompitso* et l'*angalora* ;

Dans la zone Nord exclusivement, le *kidroa* et le *vahyvanda*.

Le *lombiri* est le *Cryptostegia madagascariensis* que nous avons déjà trouvé dans le nord-ouest de Madagascar et que nous avons vu descendre jusqu'au sud du Ménabé.

Nous avons dit que, dans le Boina et dans l'Ambongo, l'Asclépiadée se plaît surtout en terrains calcaires, dans les régions à flore cactiforme et ventrue. Il n'y a donc pas lieu d'être surpris de la retrouver dans l'extrême-sud, au nombre des représentants d'une flore analogue.

Dans le cercle de Fort-Dauphin, elle est très répandue dans tout le bassin du Mandraré, dans la vallée moyenne du Manambovo, et dans la haute et moyenne vallée du Menarandra.

Il est à noter toutefois que, dans toutes ces régions, elle se cantonne étroitement dans les endroits où il y a une certaine humidité, et sur les bords des cours d'eau.

Au contraire, bien que croissant dans les deux mêmes zones, et dans les mêmes régions, le *kompitso* (*Kompitsia elastica*) et l'*angalora* n'ont jamais été vues par M. le capitaine Vacher au voisinage immédiat des rivières.

Ces deux lianes sont surtout dans les bois des steppes sans eau, et sur les mamelons recouverts par la végétation épineuse.

Nous répétons que, plus encore que l'*intisy*, elles sont au nombre des plantes typiques et communes de l'Androy, bien qu'elles n'y soient pas, non plus, limitées, et qu'elles remontent, par le nord-ouest du cercle, vers Tuléar.

Kompitso et *angalora* vivnt presque toujours associés dans le bassin du Mandraré, dans le bassin supérieur et le bassin moyen du Menarandra, et sur la rive gauche de l'Isoanala, affluent de l'Onilahy.

L'*angalora*, qu'il est vraiment fâcheux de ne pas connaître encore botaniquement, est, suivant les circonstances, une plante grimpante ou un buisson. La grosseur maxima des tiges est de 5 à 6 centimètres. Les fleurs sont jaunes. Les fruits sont des follicules de 5 à 6 centimètres de longueur, renflés à la base. Les feuilles, sur un même pied, sont étroites ou larges.

Les racines sont aqueuses et comestibles ; et les indigènes s'en servent pour se rafraîchir, comme des racines d'intisy. En cas de disette, ils les utilisent aussi comme aliment, en les réduisant en farine qu'ils font cuire avec du lait.

Le *kompitso* est aussi liane ou buisson, mais atteint des dimensions moindres que l'*angalora*. Ses tiges ne dépassent guère deux centimètres d'épaisseur. Les fleurs sont violettes, et les follicules grêles. Il y a, comme dans l'*angalora*, sur un même pied, des feuilles larges et des feuilles étroites. Les racines sont aussi rafraichissantes et comestibles.

Ce n'est qu'en 1903 qu'a commencé l'exploitation des deux lianes. Elle consiste à creuser un peu le sol autour du pied de chaque plante et à pratiquer, sur la partie déchaussée, quatre ou cinq incisions. Le lait qui s'écoule se coagule peu à peu sur la blessure ou sur la terre ; le caoutchouc est recueilli le lendemain. L'indigène peut ainsi, sans grande peine, saigner en une journée un grand nombre de pieds, qui sont indistinctement des *kompitso* et des *angalora*. Il est bien évident, malheureusement, que le produit est chargé d'impuretés, débris végétaux et terre.

Nous avons dit, dans notre étude générale antérieure, que la valeur du caoutchouc de *kompitso* semble dépendre beaucoup du mode de coagulation. Les plaques que nous a montrées M. Vacher, et qui ont été obtenues par dessiccation du lait au soleil, étaient de bonne qualité moyenne. Le caoutchouc de l'*angalora* nous semble, par contre, plus médiocre, au point de vue de la nervosité. Le mélange des deux laits déprécierait plutôt, par suite, le caoutchouc de *kompitso*.

Au point de vue de la multiplication des lianes, il résulte des expériences faites à Tsivory par M. le capitaine Vacher que la reproduction par semis est très facile. Les deux espèces cependant ne peuvent guère être incisées avant cinq ou six ans.

Pour le *lombiri*, M. Vacher remarque que les semis réussissent aussi facilement, mais que la plante ne se développe bien et vite que si elle trouve un appui sur un support. Rapprochons cette observation de la recommandation que fait M. Perrier de la Bathie de toujours cultiver le *Cryptostegia madagascariensis* sous sa forme liane, parce que c'est exclusivement le tronc et les très grosses branches qui peuvent être saignés, les petits rameaux ne donnant pas de caoutchouc.

C'est M. le capitaine Vacher qui, dans le cercle de Fort-Dauphin, a habitué les indigènes à récolter le caoutchouc de *lombiri* ; et ce ne fut pas sans difficultés.

Le latex toxique de la liane était, en effet, jusqu'alors, surtout utilisé (1) par eux pour se suicider, ou pour se débarrasser de leurs ennemis.

« Avant donc de les décider à exploiter le *lombiri* comme caoutchoutier, nous eûmes à vaincre de leur part la vive répugnance que leur inspirait une plante dont ils ne connaissaient que les propriétés toxiques. Aujourd'hui, ils ont tellement oublié leurs premières appréhensions que, pour coaguler le latex par cuisson, sur feu nu ou au bain-marie, ils se servent, le plus souvent, des marmites qu'ils emploient pour la cuisson de leurs aliments.

« Les saignées sont surtout faites à la base de la tige et à la naissance des fruits ; c'est là qu'elles donnent le latex le plus abondant. »

Après les trois lianes *lombiri*, *kompitso* et *angalora*, nous avons précédemment cité, mais exclusivement dans la zone Nord de la partie occidentale, le *kidroa* et le *vahyvanda*.

Le terme de *kidroa* indique immédiatement que la plante doit être un *Mascarenhasia*, puisque c'est sous ce nom de *kidroa*, ou *guidroa*, que toutes les espèces du genre semblent désignées par les indigènes, dans l'ouest de Madagascar.

Le *kidroa* de Tsivory est-il le *kidroa* de Tuléar, que MM. Costantin et Poisson ont appelé *Mascarenhasia Kidroa*, et qui alors, de Tuléar, suivant les terrains gréseux, reviendrait — ce qui n'est pas invraisem-

---

(1) Comme dans le nord-ouest, les indigènes du sud savent bien aussi que l'écorce de *lombiri* peut donner une bonne filasse pour cordages. Les aigrettes des graines, nous dit encore M. Vacher, servent aux enfants pour empenner les flèches de leurs sarbacanes.

blable — jusqu'à Tsivory vers le Sud-Est ? Nous l'ignorons, puisque nous n'avons pas vu les échantillons ; et le terme indigène n'est, ainsi que nous venons de le rappeler, qu'une vague indication générique.

En tout cas, ce qui est certain, et ce qu'il est intéressant de constater, c'est que le genre *Mascarenhasia*, que nous avions vu disparaître au sud de l'Ambongo, et que nous ne connaissons pas, jusqu'alors, dans le cercle de Morondava, réapparaît vers Tuléar, pour se diriger de là, à l'Est, vers Tsivory. Et les *kidroa*, espèces de l'ouest, rencontrent ici un *hazondrano*, espèce de l'est, qui, de son côté, quittant la côte orientale qui est son habitat principal, s'est avancé, à l'intérieur, au nord du Haut-Mandraré, jusqu'à cette même région de Tsivory.

Le *kidroa* de Tsivory est un arbuste de 2 à 4 mètres, avec un tronc dont le diamètre moyen est de 3 à 4 centimètres. Les fleurs sont blanches ; les follicules, grêles, ont de 10 à 14 centimètres.

L'espèce pousse généralement sur les mamelons herbeux, dont elle constitue souvent toute la végétation arborescente, à l'est de Tsivory et dans les régions d'Imanombo et d'Isoanala.

Jusqu'en 1905, elle n'était pas exploitée dans le secteur ; mais, signalée aux indigènes par M. le capitaine Vacher, elle est aujourd'hui traitée par saignées, qui sont pratiquées au bas de la tige. Le latex, recueilli dans une assiette en fer émaillé, est exposé au soleil, où il se coagule spontanément.

Les échantillons en plaque ainsi obtenus, et que nous avons vus, sont brunâtres, et d'élasticité moyenne.

M. Vacher dit que, en certaines régions, les indigènes, pour recueillir plus de lait, ont songé d'eux-mêmes, comme pour l'*hazondrano*, à traiter mécaniquement les écorces ; et ils obtiennent un produit assez pur, d'aspect spongieux.

L'arbre, d'après M. Vacher, est facilement multiplié par semis, mais est de croissance lente.

Le *vahyvanda* — qui est la dernière espèce que nous ayons à mentionner — croit déjà dans l'une des régions où nous venons de signaler le *kidroa*, celle d'Imanombo, entre le Mandraré et le Manambo. On le retrouve, en outre, à l'est de Tsivory, au nord de la zone à *kidroa*, dans la bande montagneuse où, au-dessus de 800 mètres, nous avons vu s'étendre l'*hazondrano*. Et le *vahyvanda*, vivant aux mêmes altitudes, accompagne donc exactement ce *Mascarenhasia*.

La liane, qui est à tige grêle, à fleurs jaunes, à longs follicules quadrangulaires — et est complètement indéterminée — pousse de préférence dans les bosquets, sur le bord des torrents, en terrains pierreux.

Son caoutchouc a été apporté pour la première fois sur les marchés locaux en juin 1906 par les Tanala du sous-secteur d'Imanombo et par les Bara de Marofohoro. Les uns et les autres, quoique de pays différents, l'avaient préparé par pilonnage des écorces et lavage du magma élastique dégagé.

Il semble, d'ailleurs, que les faibles dimensions du *vahyvanda* ne permettent pas les incisions, et que le traitement mécanique soit bien le seul procédé possible d'exploitation.

Le caoutchouc obtenu — et tel que nous l'avons vu — est blanchâtre, ou blanc-noirâtre, et paraît de bonne qualité.

Et ainsi c'est, en définitive, une étonnante diversité de plantes à caoutchouc qu'offre le cercle de Fort-Dauphin, dans lequel, il y a quelques années, on ne connaissait guère que le caoutchouc d'intisy.

Il faut bien ajouter malheureusement que toutes ces espèces sont à faible rendement.

D'après M. Vacher, on ne peut guère obtenir, par pied, que les quantités suivantes de caoutchouc :

Hazondrano........	20 à 30	grammes
Intisy..............	20 à 30	»
Angalora..........	4 à 6	»
Kompitso..........	2 à 4	»
Lombiri............	10 à 15	»
Vahyvanda...	10 à 15	»

Et la lenteur de l'écoulement, l'épaisseur du latex, la rapidité de coagulation constituent autant de conditions défavorables, qui ne peuvent vraiment guère permettre d'engager les indigènes à abandonner leurs méthodes de coagulation spontanée pour les procédés plus rationnels de coagulation dans des récipients.

M. Vacher a, en effet, entrepris à ce sujet quelques expériences comparatives dont les résultats, au point de vue du rendement, sont loin d'être à l'avantage de ces procédés rationnels.

En octobre et novembre 1906, M. Vacher a fait, d'une part, récolter du caoutchouc coagulé sur le tronc de la plante ou sur le sol, et, d'autre part, préparer du caoutchouc en recueillant les latex et en les chauffant au bain-marie.

Les quantités obtenues en une demi-journée par cinq bourjanes ont été les suivantes, dans les deux cas :

Dates des expériences	Plantes	Méthode indigène (coagulation spontanée)		Méthode rationnelle (coagulation par ébullition)	
26 Novembre 1906	Intisy..	0 kil.	420	0 kil.	040
29 Octobre 1906	Angalora et Kompitso.	0	225	0	020
10 Novembre 1906	Vahyvanda....	0	350	0	100
23 Octobre 1906	Lombiri.	0	200	0	020
10 Novembre 1906	Hazondrano	0	370	0	140
30 Novembre 1906	Kidroa	0	350	0	060

Il faut, il est vrai, observer que ces essais ont eu lieu en octobre et novembre, c'est-à-dire à l'époque où le latex est le moins abondant ; en avril, mai ou juin, les rendements eussent été sensiblement doubles. Mais tous ces chiffres n'en conservent pas moins leurs valeurs relatives, et établissent que, dans le même temps, on obtient par la méthode indigène une récolte beaucoup plus forte que par la méthode rationnelle. Cette récolte est double pour l'*hazondrano*, triple pour le *vahyvanda*, quintuple pour le *kidroa*, décuple pour l'*intisy*, le *lombiri*, l'*angalora* et le *kompitso*.

Il est bien difficile, après ces résultats, de penser qu'on réussira à convaincre l'indigène qu'il doit changer ses procédés, et d'autant plus que déjà la récolte, sur ces plantes à latex peu abondant, est assez lente même par la méthode actuelle.

Pour recueillir 1 kilo de caoutchouc, en bonne saison, d'avril à juin. M. Vacher estime qu'un bourjane doit travailler pendant :

6 jours si la plante est l'intisy

7	»	»	l'hazondrano
7	»	»	le vahyvanda
8	»	»	le kidroa
9	»	»	l'angalora
9	»	»	le kompitso
12	»	»	le lombiri

Quant au traitement mécanique des écorces, les quelques expériences faites par M. Vacher ne lui ont pas donné, sauf pour le *kompitso*, de résultats bien satisfaisants. Et c'est pourquoi l'une des conclusions de l'intéressant travail que nous venons de résumer est la suivante :

« Bien que les caoutchoucs qui proviennent de latex recueillis dans un récipient, puis coagulés par évaporation ou par ébullition, soient incontestablement plus purs que les caoutchoucs obtenus, même après lavage. avec les latex coagulés spontanément sur la plante ou sur le sol, ils n'ont jamais atteint, sur place, des valeurs doubles de celles de ces derniers.

« Tout décompte fait, et en l'état actuel, il n'est pas, parmi tous les caoutchoûtiers du cercle de Fort-Dauphin, une seule espèce pour laquelle l'indigène ait avantage à abandonner sa méthode d'extraction pour la méthode que nous avions cru, tout d'abord, pouvoir lui conseiller. »

La vraie amélioration à apporter dans l'exploitation serait d'interdire les incisions de racines, et aussi d'exiger que les boules apportées sur les marchés — et qui, en ces derniers temps, ont été trop souvent additionnées de corps étrangers — soient fendues au préalable.

Enfin il faudrait encourager les plantations des diverses espèces sur les terrains qui leur conviennent, pour remplacer ainsi peu à peu les peuplements détruits.

ADDITIONS ET CORRECTIONS

Page 181 ; note, 9ᵉ ligne. — *Au lieu de* « étaient devenus un arbre » *lire :* « étaient devenus des arbres ».

Page 215 ; note, 2ᵉ ligne. — *Au lieu de* « de la Côte orientale d'Afrique », *lire :* « de la côte orientale d'Afrique ».

Page 175. — Sur la carte de Madagascar — qui n'est pas celle que nous avions choisie, et que nous n'avons vue qu'après tirage définitif — plusieurs noms ont été mal orthographiés. Il faut lire par exemple . « cap d'Ambre », *au lieu de* « cap d'Ambro » ; baie de Narinda », *au lieu de* « baie de Narendy » ; « Manambolo », *au lieu de* « Manumbolo ».

On remarquera aussi que certaines provinces citées dans le texte ne sont pas indiquées sur cette carte. La raison en est que nous avons écrit le chapitre de Madagascar pendant l'Exposition, et nous avons naturellement adopté la division administration qui était celle du moment, mais, depuis lors, quelques remaniements ont été opérés, dont il a été tenu compte sur la carte.

Il sera néanmoins très facile de raccorder carte et texte, si l'on sait que les modifications apportées sont les suivantes :

La *province de Mandritsara* est supprimée. Le nord-ouest de cette province (rive droite de la Sofia) est rattaché au cercle d'Analalava, qui, ainsi augmenté, devient la « province d'Analalava ». Tout le reste de la province de Mandritsara est réuni à la *province des Betsimisaraka du Nord*, qui devient la « province de Maroantsetra ».

La *province de l'Angavo-Mangoro* est supprimée. La partie septentrionale est réunie à la *province des Betsimisaraka du Centre*, qui devient la « province de Tamatave ». L'est de la partie méridionale (rive gauche du Mangoro) est réuni à la *province des Betanimena*, qui devient la « province d'Andevorante ». L'ouest de cette même partie méridionale est rattaché à la nouvelle province de Tananarive.

La *province de l'Imerina centrale, Tananarive-ville,* et l'ouest de la partie méridionale de la province de l'Angavo-Mangoro forment maintenant cette « province de Tananarive ».

La *province de l'Imerina du Nord* est supprimée. L'est constitue le « district autonome d'Ankazobé ». L'ouest est réuni à la « province de l'Itasy » qui, quoique ainsi agrandie, conserve son ancien nom.

La *province de Tuléar* est réduite dans sa partie orientale, car le sud-est de cette province (région de Betroka), puis l'extrême-pointe Nord-Ouest du cercle de Fort-Dauphin, ainsi que l'ouest de la province de Faranfagana et le sud (région de Ihosy) de la province de Fianarantsoa constituent la nouvelle « province de Betroka ».

TABLE DES MATIÈRES

Pages

AVERTISSEMENT... VII

ALGÉRIE... 1

Les céréales. 3. — Les cultures fourragères, 6. — Les cultures maraîchères, 9. — Les cultures fruitières, 11. — Le figuier, 14. — Le dattier, 18. — La vigne, 23. — L'olivier, 25. — Les plantes à essences, 29. — Le tabac, 32. — Le savonnier, 33. — Le crin végétal, 37. — L'alfa, 40. — Les forêts, 45.

TUNISIE... 53

Les céréales, 54. — Les cultures fourragères, 56. — Les cultures maraîchères, 57. — Les cultures fruitières, 57. — Le figuier, 59. — Le dattier, 60. — La vigne, 61. — L'olivier, 63. — L'alfa, 68. — Les forêts, 70.

AFRIQUE OCCIDENTALE FRANÇAISE... 73

L'arachide, 77. — Le palmiste, 85 — Le cocotier, 92. — Le sésame, 93. — Le karité, le lamy et le méné, 93 — Les plantes à caoutchouc, 97. — Les plantes à gomme arabique, 105. — Le copalier, 109. — L'acajou, 110. — Les kolatiers, 112. — Le piassava, 116. — L'alimentation indigène, 117. — Les bananes et les ananas, 121. — Le café et le cacao, 125. — Le coton, 127. — Le kapok, 134.

CONGO FRANÇAIS... 139

Les plantes à caoutchouc, 144. — Les essences forestières, 152. — Les palétuviers, 154. — Les plantes oléagineuses, 158. — Les kolatiers, 161. — Le piassava, 162. — Le copal, 163. — Le café et le cacao, 164. — L'alimentation indigène, 166

MADAGASCAR... 173

Les plantes à caoutchouc, 179. — Le raphia, 200. — Le crin végétal, 210. — Les plantes à chapellerie et à vannerie, 212. — Les plantes textiles, 215. — Le coton, 219. — Les essences forestières, 221. — Les arbres à gommes et à résines, 225. — L'alimentation indigène, 228. — Les végétaux oléagineux, 234. — Les cultures riches, 241.

Pages

LA RÉUNION 247

La canne à sucre, 250. — La vanille, 250. — Les plantes à essences, 253. — Le manioc, 258. — Les plantes textiles et les plantes à vannerie et à chapellerie, 260. — Le caféier et le cacaoyer, 263. — Giroflier et muscadier, 264. — Les légumes d'exportation, 265.

INDO-CHINE 267

Le riz, 268. — Le poivrier, 285. — La cannelle d'Annam, 289. — Les cardamomes, 292. — Le cotonnier, 296. — Les autres végétaux textiles, 298. — Les plantes à caoutchouc, 303. — Le café et le thé, 308. — La canne à sucre, 313. — Le badianier et quelques autres plantes à essences, 314. — Le cocotier, 322. — Les autres plantes oléagineuses, 326. — L'alimentation indigène, 332. — Les bois, 335. — Les rotins, 341. — Les plantes à vannerie et à papeterie, 344. — Les arbres à résines, 347. — Les plantes à oléo-résines, 349. — Les plantes à baumes, 351. — Les plantes à gommes-résines, 352. — Camphre et camphrée, 356. — *Kouang-tcheou-wan*, 361.

ANTILLES FRANÇAISES 365

La canne à sucre, 368. — Le cacao et le café, 372. — Vanille et épices, 375. — Les fruits, 377. — Le cocotier, 382. — Les cultures vivrières; les plantes féculentes, 383. — Les plantes tinctoriales, 384. — Bois d'Inde, casse et ambrettes, 386.

GUYANE FRANÇAISE 389

Le bois de rose, 390. — Les bois de construction et d'ébénisterie, 393. — La balata, 394. — Les plantes oléagineuses, 396.

NOUVELLE-CALÉDONIE ET DÉPENDANCES 399

Le cocotier et le ricin, 400. — Le caféier, 403. — Les plantes à caoutchouc, 407. — Les plantes à essences : niaouli et bois de santal, 412. — Les arbres à résines, 414. — Le « champignon de bois », 416.

ÉTABLISSEMENTS FRANÇAIS DE L'OCÉANIE 417

Le cocotier, 418. — Vanille et café, 420. — Oranges et ananas, 421. — Le cotonnier, 422. — Les pailles, 422. — Les bois, 423. — Le fungus, 424.

NOTE COMPLÉMENTAIRE SUR L'EXPLOITATION DES PLANTES A CAOUTCHOUC DANS L'EXTRÊME-SUD DE MADAGASCAR 425

ADDITIONS ET CORRECTIONS (*notamment à la carte de Madagascar*)... 439

Marseille. — Imprimerie du *Sémaphore*, BARLATIER, rue Venture, 19.